어떻게 인간과 공존하는
인공지능을 만들 것인가

어떻게 인간과 공존하는
인공지능을 만들 것인가 : AI와 통제 문제

1판 1쇄 발행 2021. 6. 30.
1판 3쇄 발행 2022. 12. 10.

지은이 스튜어트 러셀
옮긴이 이한음

발행인 고세규
편집 강영특 디자인 유상현 마케팅 정성준 홍보 홍지성
발행처 김영사

등록 1979년 5월 17일(제406-2003-036호)
주소 경기도 파주시 문발로 197(문발동) 우편번호 10881
전화 마케팅부 031)955-3100, 편집부 031)955-3200 | 팩스 031)955-3111

값은 뒤표지에 있습니다.
ISBN 978-89-349-8843-4 03500

홈페이지 www.gimmyoung.com   블로그 blog.naver.com/gybook
인스타그램 instagram.com/gimmyoung   이메일 bestbook@gimmyoung.com

좋은 독자가 좋은 책을 만듭니다.
김영사는 독자 여러분의 의견에 항상 귀 기울이고 있습니다.

스튜어트 러셀

어떻게 인간과 공존하는 인공지능을 만들 것인가

AI와 통제 문제

이한음 옮김

HUMAN COMPATIBLE

Artificial Intelligence
and the Problem of Control

Stuart Russell

김영사

로이, 고든, 루시, 조지, 아이작에게

왜 이 책일까? 왜 지금일까?

이 책은 지능을 이해하고 창조하려는 노력의 과거, 현재, 미래를 살펴본다. 이 문제는 중요하다. AI가 현재 우리 삶에 급속히 널리 퍼지고 있기 때문이 아니라, 미래의 주된 기술이 될 것이기 때문이다. 세계의 강대국들은 이 사실을 깨닫고 있으며, 세계의 대기업들은 이미 알고 있었다. 그 기술이 언제 어떻게 발전할지 정확히 예측할 수는 없다. 그렇긴 해도 우리는 기계가 현실 세계에서 의사 결정을 내리는 능력 면에서 인간을 훨씬 뛰어넘게 될 가능성을 염두에 두어야 한다. 그렇다면 그 뒤에는 어떻게 될까?

문명이 제공해야 하는 것들은 모두 우리 지능의 산물이다. 우리 지능보다 훨씬 더 뛰어난 지능을 만난다는 것은 인류 역사상 가장 큰 사건이 될 것이다. 이 책의 목적은 왜 그 일이 인류 역사의 마지막 사건이 될 수도 있는지, 그리고 그렇게 되지 않게 하려면 어떻게 해야 하는지를 설명하는 것이다.

이 책의 개요

이 책은 세 부분으로 나뉜다. 1-3장에서는 인간과 기계의 지능이라는 개념을 살펴본다. 전문 지식이 전혀 없어도 읽을 수 있지만, 관련 지식에 관심이 있는 독자를 위해서 현재의 AI 시스템의 토대를 이루는 몇 가지 핵심 개념을 네 편의 부록으로 실었다. 4-6장에서는 기계에 지능을 부여할 때 생기는 문제들을 논의한다. 여기서는 특히 통제 문제에 초점을 맞출 것이다. 우리보다 강력한 기계를 통제할 절대적인 힘을 보유하는 문제다. 7-10장에서는 AI를 바라보는 새로운 관점과 기계가 인류에게 도움을 주는 상태로 영구히 남아 있게 할 방법을 제시한다. 이 책은 일반 독자를 위해 썼지만, 인공지능 전문가에게도 자신의 근본적인 가정을 재고할 기회를 제공할 것이라고 본다.

우리가 성공한다면

HUMAN COMPATIBLE

오래전 내 부모님은 영국 버밍엄대학교 근처에 사셨다. 그러다가 그 도시를 떠나기로 하고서 집을 영문학 교수인 데이비드 로지David Lodge에게 팔았다. 그 무렵에 로지는 소설가로 명성을 날리고 있었다. 나는 그를 만난 적이 없지만, 작품을 읽어보기로 했다. 《자리바꿈Changing Places》과 《교수들Small World》이었다. 허구의 버밍엄에서 허구의 캘리포니아 버클리로 옮겨 간 허구의 학자들이 주인공이었다. 나는 진짜 버밍엄에서 진짜 버클리로 막 옮긴 진짜 교수였으므로, 허구의 정부 기관인 '우연의일치부'에서 일하는 누군가가 내게 한번 읽어보라고 말하는 것 같았다.

《교수들》에서 내게 특히 인상적인 장면이 하나 있었다. 열정이 넘치는 문학이론가인 주인공은 큰 학술대회에 참석하여, 저명한 인물들로 구성된 토론자들에게 묻는다. "여러분의 견해에 모두가 동의한다면 어떻게 되나요?" 그 질문에 토론자들은 당황한다. 그들은 진리를 확인하거나 이해에 이르기보다는 지적인 논쟁을 벌이는 데 더 관심이 있었기 때문이다. 바로 그때 AI 연구를 이끄는 인물들에게 비슷한 질문을 할 수 있지 않을까 하는 생각이 떠올랐다. "성공한다면요?" 이 분야는 언제나 인간 수준의 또는 초인적인 AI를 만드는 것을 목표로 삼았지만, 성공했을 때 과연 어떤 일이 일어날지는 거의 또는 전혀 생각해본 적이 없었다.

몇 년 뒤 나는 피터 노빅Peter Norvig과 새 AI 교과서를 쓰기 시작했다. 초판은 1995년에 나왔다.[1] 그 책의 1부 제목은 "우리가 성공한다면?"이었다. 우리는 어떤 좋고 나쁜 결과가 나올지 가능성을 지적하긴 했지만, 결코 확실한 결론에는 이르지 못했다. 2010년 3판이 나올 즈음에는 많은 이들이 마침내 초인적인 AI가 좋은 것이 아닐 가능성을 고려하기 시작했다. 그러나 그들은 대부분 AI 연구의 주류에 속한 이들이 아니라 변두리에 있는 이들이었다. 2013년 무렵에야 나는 그 문제가 주류 세계로 들어왔을 뿐 아니라, 아마 인류가 직면한 가장 중요한 질문일 것이라고 확신하게 되었다.

2013년 11월, 나는 덜위치 미술관에서 강연을 했다. 런던 남부에 있는 유서 깊은 미술관이다. 청중은 주로 지적인 문제에 전반적으로 관심을 가진 비과학자인 은퇴자들이 대부분이었기에, 전공 용어를 전혀 쓰지 않은 채 강의를 해야 했다. 내 생각을 처음으로 대중에게 공개하기에 딱 좋은 자리처럼 여겨졌다. 나는 AI가 무엇인지 설명한 뒤, 다섯 가지 후보를 제시하면서 '인류의 미래에 가장 큰 사건'이 무엇일지 한번 골라보라고 했다.

1. 우리 모두 죽는다(소행성 충돌, 기후 재앙, 팬데믹 등).
2. 우리 모두 영생을 얻는다(의학이 노화의 해결책을 발견).
3. 빛보다 더 빨리 나아가는 방법을 발견하여 우주를 정복한다.

4. 우리보다 우월한 외계 문명의 방문을 받는다.

5. 초지능 AI를 창안한다.

나는 다섯 번째인 초지능 AI가 뽑힐 가능성이 가장 크다고 주장했다. 그 AI는 우리가 물리적 재앙을 피하고 영생을 얻고 빛보다 빨리 나아가는 데 도움을 줄 것이기 때문이다. 그런 일들이 실제로 가능하다면 말이다. AI 발명은 우리 문명이 엄청난 도약을 이룬다는 의미가 될 것이다. 초지능 AI의 등장은 여러 면에서 우월한 외계 문명인의 방문과 비슷하지만, 일어날 가능성이 훨씬 더 크다. 아마 가장 중요한 점은 우리가 외계인에 관해서는 잘 모르지만, AI에 관해서는 뭔가 이야기할 수 있는 게 있다는 사실이다.

그래서 나는 청중에게 우월한 외계 문명으로부터 30-50년 안에 지구에 도착할 것이라는 통보를 받았을 때 어떤 일이 일어날지 상상해보라고 했다. 아수라장이라는 말로도 부족한 대혼란이 벌어질 것이다. 그러나 우리는 초지능 AI가 곧 출현할 것이라는 말에는 아수라장이라는 표현이 멋쩍게 느껴질 정도로 밋밋한 반응을 보여왔다. (더 뒤에 한 어느 강연에서는 이 내용을 그림 1과 같은 전자우편 형태로 보여주었다.) 이윽고 나는 초지능 AI의 의미를 다음과 같이 설명하게 되었다. "그 성공은 인류 역사상 가장 큰 사건이 될 것이다. … 그리고 아마도 인류사의 마지막 사건이 될 것이다."

몇 달 뒤인 2014년 4월, 학술대회 참석차 아이슬란드에 가 있는데, 미국공영라디오에서 전화가 왔다. 미국에서 막 개봉된 〈트랜센던스〉에 관해 인터뷰하자는 것이었다. 나는 그 영화의 줄거

발신: 우월한 외계 문명 〈sac12@sirius.canismajor.u〉
수신: 인류@UN.org
제목: 접촉
경고: 우리는 30-50년 뒤에 도착할 예정이다.

발신: 인류@UN.org
수신: 우월한 외계 문명 〈sac12@sirius.canismajor.u〉
제목: 부재중: Re: 접촉
인류는 현재 부재중입니다. 돌아오면 답장을 보내드리겠습니다. ☺

그림 1 우월한 외계 문명과 처음 접촉했을 때 주고받을 법한 전자우편.

리와 비평을 여기저기서 읽긴 했지만, 당시 파리에 살고 있어서 영화는 보지 못했다. 파리에서는 6월에야 개봉될 예정이었다. 그런데 마침 미국 국방부에서 회의가 있어서, 아이슬란드에서 돌아가는 길에 보스턴에 들를 참이었다. 그래서 보스턴 로건 공항에 내려서 택시를 타고 가장 가까운 극장으로 향했다. 나는 두 번째 줄에 앉아서, 조니 뎁이 연기한 버클리의 AI 교수가 초지능 AI를 우려하는 AI 반대 단체의 총에 맞는 장면을 지켜보았다. 그 순간 나도 모르게 몸을 움츠렸다. (우연의일치부에서 다시금 내게 알림을 보낸 것이 아닐까?) 조니 뎁은 죽기 전에 자신의 정신을 양자 컴퓨터에 업로드했고, 곧 인류의 능력을 초월하여 세계를 장악하려 한다.

2014년 4월 19일, 물리학자 맥스 테그마크Max Tegmark, 프랭크 윌첵Frank Wilczek, 스티븐 호킹Stephen Hawking이 공동 저술한 〈트랜센던스〉 영화평이 〈허핑턴포스트〉에 실렸다. 거기에는 내가 덜위치에서 강연할 때 말한 "인류사에서 가장 큰 사건이 무엇일까?"라는 내용이 인용되어 있었다. 그 뒤로 나는 내 연구 분야가 인류 종에게 위험을 끼칠 가능성이 있다는 견해를 공공연하게 밝혀 왔다.

우리는 어떻게 여기까지 왔을까?

AI 분야는 근원을 따지면 고대까지 거슬러 올라가지만, '공식' 출범은 1956년에 이루어졌다. 두 젊은 수학자 존 매카시John McCarthy와 마빈 민스키Marvin Minsky는 정보 이론의 창안자로 이미 널리 알려진 클로드 섀넌Claude Shannon과 IBM의 첫 상업용 컴퓨터를 설계한 너대니얼 로체스터Nathaniel Rochester를 설득하여 다트머스 대학에서 여름 연구 프로그램을 수행하기로 했다. 그 프로그램의 목표는 이러했다.

이 연구는 학습의 모든 측면이나 지능의 다른 어떤 특징을 원리상 기계에 모사할 수 있을 만큼 아주 정확히 기술할 수 있다는 추정을 토대로 진행될 것이다. 기계가 어떻게 언어를 쓰고, 추상화를 이루고 개념을 형성하고, 현재 인간만이 풀 수 있는 유형의 문제를 풀고, 자신을 스스로 개선하게 할지를 찾아내려는 시도가 될 것이다. 우리는 세심하게 선별한 과학자들이 여름 동안 공동으로 연구한다면, 이런 문제 중 하나 이상에서 중요한 발전이 이루어질 수 있을 것으로 본다.

말할 필요도 없겠지만, 그 연구에는 여름 한 철보다 훨씬 더 긴 시간이 필요했다. 우리는 지금도 여전히 그 문제들을 모두 다 연구하고 있다.

다트머스 모임 이후로 10여 년에 걸쳐서, AI는 몇 가지 중요한 성과를 거두었다. 앨런 로빈슨Alan Robinson의 범용 논리 추론 알고리듬[2]과 아서 새뮤얼Arthur Samuel의 체커 프로그램[3]이 대표적이다. 이 프로그램은 스스로 학습하여 창작자를 이겼다. 그러다가 1960년대에 AI의 첫 번째 거품이 터졌다. 기계 학습과 기계 번역 분야에서 초창기 노력이 기대에 부응하지 못하면서다. 1973년 영국 정부의 의뢰로 발간된 보고서는 이렇게 결론을 내렸다. "그 분야의 어느 영역에서도 당시 약속했던 큰 충격을 안겨줄 만한 발견은 이루어진 적이 없다."[4] 다시 말해, 기계는 충분히 영리해지지 않았다.

다행히도, 당시 열한 살이었던 나는 이 보고서를 몰랐다. 2년 뒤 싱클레어 케임브리지 프로그래머블Sinclair Cambridge Programmable 이라는 계산기를 선물 받았을 때, 나는 그 기계에 지능을 부여하고자 애썼다. 그러나 싱클레어에 입력할 수 있는 프로그램의 최대 크기는 자판을 36번 누르는 것에 불과했기에, 인간 수준의 AI에 도달하는 데는 한참 못 미쳤다. 그래도 굴하지 않고, 나는 런던 임피리얼 칼리지의 거대한 CDC 6600 슈퍼컴퓨터[5]를 사용할 권한을 얻어서, 체스 프로그램을 짰다. 입력용 펀치 카드가 높이 60센티미터까지 쌓일 정도였다. 그다지 좋은 프로그램은 아니었지만 상관없었다. 나는 내가 뭘 하고 싶은지 깨달았다.

1980년대 중반에 나는 버클리에서 교수로 지내고 있었고, AI는 이른바 전문가 시스템의 상업적 잠재력 덕분에 부활하여 큰 활황을 누렸다. 그러다가 이런 시스템이 많은 일을 제대로 해내지 못한다는 사실이 드러나면서 두 번째 거품이 터졌다. 이번에도 기계가 충분히 영리하지 못한 탓이었다. 이어서 이른바 AI 겨울이 닥쳤다. 버클리의 내 AI 강좌는 지금은 수강 인원이 900명을 넘어서 강의실이 미어터질 지경이지만, 1990년에는 겨우 25명만 들었다.

AI 학계는 나름 교훈을 얻었다. 영리할수록 좋다는 것은 분명하지만, 그런 일이 일어나게 하려면 먼저 묵혀둔 숙제를 해야 했다. 그 뒤로 이 분야는 훨씬 더 수학적이 되었다. 확률, 통계, 제어 이론이라는 전통적인 분야와 연계가 이루어졌다. 현재 이루어진 발전들의 씨앗이 바로 이 AI 겨울 때 뿌려졌다. 대규모 확률 추론 시스템과 나중에 심층 학습deep learning이라고 불리게 될 것의 초창기 연구도 이때 이루어졌다.

2011년경부터 심층 학습 기법은 음성 인식, 시각적 대상 인식, 기계 번역—이 분야에서 공개된 문제로서 가장 중요한 것 중 세 가지—영역에서 극적인 발전을 이루기 시작했다. 몇몇 척도로 보자면, 이제 기계는 이들 영역에서 인간과 대등하거나 인간을 초월하는 능력을 지니고 있다.

2016-2017년에 딥마인드DeepMind의 알파고AlphaGo는 전직 세계 바둑 챔피언 이세돌과 현 챔피언 커제柯潔를 이겼다. 몇몇 전문가가 설령 AI가 이긴다고 할지라도, 2097년쯤에나 가능할 것이라고 내다보던 일이 현실에서 일어난 것이다.[6]

현재 AI는 매일같이 언론의 전면을 장식한다. 밀려드는 벤처 자본에 힘입어서 수많은 스타트업 기업이 생겨나고 있다. 온라인으로 AI와 기계 학습 강좌를 듣는 학생이 수백만 명에 이르고, 이 분야의 전문가들은 수백만 달러의 봉급을 요구한다. 벤처 펀드, 정부, 대기업에서 연간 수백억 달러의 투자금이 쏟아지고 있다. 이 분야가 출범한 이래 받은 돈보다 지난 5년 사이에 받은 돈이 더 많다. 자율주행차와 개인 비서처럼 이 분야에서 이미 이루어진 발전들은 앞으로 10여 년 사이에 전 세계에 상당한 영향을 미칠 가능성이 크다. AI가 가져올 경제적·사회적 혜택은 엄청나고, 그런 혜택은 AI 연구에 더욱 큰 추진력을 부여할 것이다.

다음은 어떻게 될까?

이런 급격한 발전 속도는 기계가 곧 우리를 정복할 것이라는 의미일까? 그렇지 않다. 초인적 지능을 갖춘 기계와 비슷한 무언가가 출현하려면, 먼저 몇 가지 돌파구가 일어나야 한다.

과학적 돌파구는 예측하기 어려운 것으로 악명이 높다. 얼마나 어려운지 감을 잡고 싶다면, 문명을 끝낼 잠재력을 지닌 다른 분야의 역사를 돌아보면 된다. 바로 핵물리학이다.

20세기 초에 아마 세계에서 가장 유명한 핵물리학자는 어니스트 러더퍼드Ernest Rutherford였을 것이다. 양성자의 발견자이자 '원자를 쪼갠 사람' 말이다(그림 2-a). 동료들과 마찬가지로, 러더퍼드도 원자핵이 엄청난 양의 에너지를 저장하고 있음을 오래전부터 잘 알고 있었다. 그러나 이 에너지원을 이용하기란 불가능하다는 것이 당시의 주류 견해였다.

1933년 9월 11일, 레스터에서 영국과학진흥협회의 연례 총회가 열렸다. 어니스트 러더퍼드가 폐회식 연설을 했다. 앞서도 몇 차례 그랬듯이, 그는 원자 에너지의 이용 전망에 다시금 찬물을 끼얹었다. "원자를 변환시켜서 힘의 원천으로 삼으려는 이들은 모두 헛짓거리를 하는 겁니다." 러더퍼드의 연설 내용은 다음 날 아침 런던의 〈타임스〉에 실렸다(그림 2-b).

헝가리 물리학자 레오 실라르드(Leó Szilárd, 그림 2-c)는 나치 독일에서 막 탈출해 당시 런던 러셀스퀘어에 있는 임피리얼 호텔에 머물고 있었다. 그는 아침 식사를 하면서 〈타임스〉 기사를 읽었다. 읽은 내용을 곰곰이 생각하면서 산책을 했고, 이윽고 중성자 유도 핵 연쇄 반응을 창안했다.[7] 24시간이 채 지나기도 전에,

(a)   (b)   
(c)

그림 2 (a) 핵물리학자 어니스트 러더퍼드. (b) 1933년 9월 12일 자 〈타임스〉 기사의 일부로 전날 저녁 러더퍼드가 한 연설을 다루었다. (c) 핵물리학자 레오 실라르드.

원자 에너지를 해방시키는 문제는 불가능한 것에서 본질적으로 풀린 것으로 바뀌었다. 이듬해 레오 실라르드는 비밀리에 원자로 특허를 출원했다. 핵무기와 관련된 이 최초의 특허는 1939년 프랑스에서 등록되었다.

이 이야기의 교훈은 인간의 창의성을 깔보는 쪽에 내기를 거는 행위가 어리석은 짓이라는 것이다. 우리의 미래가 걸린 일이라면 더욱 그렇다. AI 학계에서는 현재 일종의 부정론이 출현하고 있다. AI의 장기 목표를 달성하는 데 성공할 가능성까지 부정하는 견해도 있다. 마치 모든 인류를 승객으로 태운 버스 운전사가 이렇게 말하는 것과 같다. "맞아요, 지금 낭떠러지를 향해 열심히 몰고 가는 중이지만, 날 믿어요. 도착하기 전에 연료가 바닥날 겁니다!"

그 같은 AI 개발에 반드시 성공할 것이라는 말이 아니다. 나는 앞으로 몇 년 안에 그 일이 일어날 가능성을 아주 낮게 본다. 그렇긴 해도, 혹시라도 그런 일이 일어날 가능성에 대비하는 것이 현명해 보인다. 모든 일이 잘 풀린다면 인류의 황금시대가 도래하겠지만, 우리는 우리가 인간보다 훨씬 뛰어난 존재를 만들려 하고 있다는 사실도 직시해야 한다. 그런데 AI가 결코, 절대로 우리를 지배할 능력을 갖지 못하게 하려면 어떻게 해야 할까?

우리가 지금 어떤 불장난을 하고 있는지 어렴풋이 감을 잡을 수 있도록, 소셜 미디어에서 콘텐츠 선택 알고리듬이 어떻게 작동하는지 생각해보자. 그런 알고리듬은 그다지 지적이지 않지만, 전 세계 수백만 명에게 직접 영향을 미치기 때문에 전 세계에 영향을 끼칠 위치에 있다. 대개 그런 알고리듬은 사용자 클릭, 즉 제시된 항목을 사용자가 클릭할 가능성을 최대화하도록 설계된다. 그냥 사용자가 클릭할 가능성이 큰 항목을 보여주면 되지 않을까? 틀렸다. 사용자의 선호를 더 예측 가능하게 바꾸는 것이야말로 해결책이다. 사용자의 행동이 더 예측 가능해야 클릭할 가능성이 큰 항목을 보여줄 수 있고, 그럼으로써 더 큰 수익을 올릴 수 있다. 더 극단적인 정치적 견해를 지닌 이들은 어떤 항목을 클릭할지 더 예측 가능한 양상을 띠는 경향이 있다. (아마 확고한 중도파들이 클릭할 가능성이 큰 범주의 기사도 있긴 하겠지만, 그 범주가 무엇으로 이루어져 있을지는 떠올리기가 쉽지 않다.) 모든 합리적인 존재가 그렇듯이, 알고리듬도 보상을 최대화하기 위해서 자기 환경—여기서는 사용자의 마음—을 바꾸는 법을 배운다.[8] 그 결과 파시즘의 재유행, 전 세계 민주주의의 토대를 이루는 사회계약의 해체, 유럽연합과 나토의 해체도 일어날 수 있다. 몇 줄의 코드치고는 꽤 엄청난 위력을 발휘하는 셈이다. 설령 일부 사람에게 도움을 주긴 해도 그렇다. 그러니 이제 진정으로 지적인 알고리듬이라면 어떤 위력을 발휘할지 상상해보라.

무엇이 잘못되었을까?

지금까지 AI의 역사를 이끈 것은 그 분야 사람들이 으레 읊곤 하던 주문이었다. "지능은 뛰어날수록 좋다." 나는 바로 이 부분에서 우리가 실수했다고 확신한다. 인류가 정복될 것이라는 막연한 두려움 때문이 아니라, 우리가 지능 자체를 이해해온 방식 때문에 그렇다.

지능 개념은 "우리가 누구인가?"라는 질문의 핵심에 자리하고 있다. 그것이 바로 우리가 스스로 호모 사피엔스, 즉 '슬기로운 사람'을 자처하는 이유다. 2천 년 넘게 자기 분석을 한 끝에, 우리는 지능의 특징을 다음과 같이 요약할 수 있는 수준에 이르렀다.

우리의 행동이 우리의 목적을 달성할 것으로 예상되는 한, 인간은 지적이다.

지능의 다른 모든 특징 ─ 지각, 생각, 학습, 창안 등 ─ 은 성공적으로 행동하는 능력에 기여하는 것이라고 볼 수 있다. AI 연구가 시작될 때부터, 기계의 지능도 같은 식으로 정의되어왔다.

기계의 행동이 기계의 목적을 달성할 것으로 예상되는 한, 기계는 지적이다.

인간과 달리 기계는 자기 자신의 목적을 지니고 있지 않기 때문에, 달성할 목적을 우리가 부여한다. 다시 말해, 우리는 최적화한 기계를 만들고, 그 기계에 목적을 부여한 뒤, 기계를 작동시킨다.

이 일반적인 접근법은 AI에만 국한된 것이 아니다. 우리 사회의 모든 기술적·수학적 토대에서도 나타난다. 점보제트기에서 인슐린 펌프에 이르기까지 온갖 것의 제어 시스템을 설계하는 제어 이론 분야에서, 시스템이 하는 일은 대개 바람직한 행동에서 어느 정도 벗어나는지를 측정하는 비용 함수를 최소화하는 것이다. 경제학에서는 개인의 효용, 집단의 복지, 기업의 이익을 최대화하도록 제도와 정책을 설계한다.[9] 물류와 제조 쪽의 복잡한 문제를 푸는 경영학에서는 정해진 기간에 보상의 기대 총합을 최대화하는 것이 해결책이다. 통계학에서는 예측 오차의 비용을 정의하는 기대 손실 함수를 최소화하도록 학습 알고리듬을 짠다.

이 일반적인 체계―이를 표준 모형이라고 부르자―는 널리 퍼져 있으며 대단히 강력하다. 불행히도, 우리는 이런 의미에서의 지적인 기계를 원하는 것이 아니다.

표준 모형의 결함은 1960년 노버트 위너Norbert Wiener가 간파했다. 그는 MIT의 전설적인 교수이자, 20세기 중반에 세계 최고의 수학자에 속했다. 위너는 아서 새뮤얼의 체커 프로그램이 자신의 창조자보다 체커를 훨씬 더 잘 두는 법을 터득하는 모습을 막 지켜본 참이었다. 그 경험을 토대로 그는 거의 알려지지 않았지만 선견지명이 담긴 논문을 한 편 썼다. 〈자동화의 몇 가지 도덕적·기술적 결과Some moral and technical consequences of automation〉라는 제목이었다.[10] 논문의 요지는 이러하다.

우리가 우리의 목적을 달성하기 위해서 우리가 효과적으로 개입할수 없는 방식으로 작동하는 기계 행위자를 이용한다면 … 우리가 기계에 부여하는 목적이 우리가 정말로 원하는 목적이 되도록 확실히 조치해야 할 것이다.

'기계에 부여하는 목적'은 표준 모형에서 기계가 달성하기 위해 최적화하는 바로 그 목표다. 기계에 우리보다 더 지적인 존재가 되라는 잘못된 목적을 부여한다면, 기계는 그 목적을 달성할 것이고 우리는 패배할 것이다. 앞서 말한 소셜 미디어의 붕괴는 이 일의 맛보기에 불과하다. 잘못된 목적을 부여받은 '그리 지적이지 않은' 알고리듬조차도 세계적인 규모에서 최적화할 때 그런 결과를 빚어낼 수 있다. 5장에서 우리는 훨씬 더 나쁜 결과들을 살펴볼 것이다.

이런 사례에 그리 놀랄 필요는 없다. 수천 년 동안 우리는 자신이 원하는 것을 얻을 때 어떤 위험이 닥칠지 잘 알고 있었다. 세 가지 소원을 들어준다는 이야기의 판본들은 모두 언제나 세 번째 소원으로 앞서 이루었던 두 소원을 되돌리는 것으로 끝난다.

요약하자면, 초인적 지능을 향한 행군을 멈출 수는 없어 보이지만, 그 성공은 인류의 파멸이 될 수도 있다는 것이다. 그러나 다 잃을 필요는 없다. 그러려면 어디가 잘못되었는지 이해하고 바로잡을 필요가 있다.

바로잡을 수 있을까?

문제는 AI의 기본 정의 자체에 있다. 우리는 기계의 행동이 기계의 목적을 달성할 것으로 예상되는 한 기계가 지적이라고 말하지만, 기계의 목적이 우리의 목적과 똑같아지게 할 신뢰할 만한 방법을 전혀 갖고 있지 않다.

　기계에 자신의 목적을 추구하도록 허용하는 대신에, 우리의 목적을 추구하라고 고집한다면 어떻게 될까? 그런 기계를 설계할 수 있다면, 그 기계는 지적일 뿐 아니라 인류에게 유익할 것이다. 그렇다면 이렇게 해보자.

　기계의 행동이 우리의 목적을 달성할 것으로 예상되는 한, 기계는 유익하다.

　아마도 이것이 우리가 계속 읊어야 할 주문이 아닐까?

　물론 여기서 어려운 부분은 우리의 목적이 우리(온갖 찬란한 다양성을 지닌 총 80억 명에 달하는)에게 있지, 기계 안에 있지 않다는 점이다. 그렇긴 해도, 바로 이런 의미에서 이로운 기계를 만드는 것은 가능하다. 그럴 때 그런 기계는 우리의 목적을 확실히 알지 못하겠지만―어쨌거나 우리도 자신의 목적을 확실히 알지 못한다―그래도 그 점은 버그가 아니라 한 특징이(즉, 나쁜 것이 아니라 좋은 것이) 된다. 목적이 불확실하다는 것은 기계가 필연적으로 인간을 따를 수밖에 없다는 의미다. 즉, 기계는 허가를 요청하고, 수정을 받아들이고, 작동을 멈추는 일을 허용할 것이다.

　기계가 명확한 목적을 지녀야 한다는 가정을 제거한다는 것은 인공지능의 토대 중 일부를 찢어내고 다른 것으로 대체할 필요가 있다는 의미다. 우리가 이루려고 시도하는 것의 기본 정의를 말이다. 또 그 상부구조―실제로 AI를 만들기 위해 쌓은 개념과 방법의 축적물―중 아주 많은 부분을 재구축해야 한다는 의미다. 그렇게 한다면, 인간과 기계는 새로운 관계를 맺게 될 것이다. 나는 그 관계가 앞으로 수십 년에 걸쳐서 우리가 성공적으로 미래를 항해할 수 있게 해줄 것이라고 기대한다.

인간과 기계의 지능

HUMAN COMPATIBLE

막다른 골목에 이르면, 돌아가서 잘못 돈 모퉁이에서부터 다시 길을 찾아가는 것이 좋다. 나는 AI의 표준 모형, 즉 인간이 부여한 정해진 목표를 기계가 최적화한다는 모형이 일종의 막다른 골목이라고 주장하련다. 문제는 우리가 AI 시스템을 구축하는 일에 실패할 수도 있다는 것이 아니다. 우리는 대성공을 거둘 수도 있다. 문제는 AI 분야에서 성공의 정의 자체가 잘못되었다는 것이다.

그러니 뒤로 돌아가서, 출발점까지 쭉 돌아가보자. 우리의 지능 개념이 어떻게 출현했고, 기계에 어떻게 적용되었는지 살펴보자. 그런 뒤에 좋은 AI 시스템이라고 말하는 것의 더 나은 정의를 도출할 기회를 가져보기로 하자.

지능

우주는 어떻게 움직일까? 생명은 어떻게 시작되었을까? 내 열쇠는 대체 어디에 있을까? 이런 것들은 생각할 가치가 있는 근본적인 질문이다. 그런데 이런 질문을 하는 이는 누구일까? 나는 이런 질문에 어떻게 대답하고 있는 것일까? 약간의 물질, 즉 우리가 뇌라고 부르는 1킬로그램 남짓 되는 분홍빛이 감도는 회색의 블랑망제(우유, 아몬드, 젤라틴으로 만드는 젤리 같은 과자 – 옮긴이)가 어떻게 상상도 할 수 없을 만큼 광대한 세계를 지각하고 이해하고 예측하고 조작할 수 있는 것일까? 오래전에 그런 의문을 떠올린 우리의 마음은 자기 자신을 살펴보는 쪽으로 방향을 돌렸다.

우리는 수천 년 동안 마음이 어떻게 작동하는지 이해하고자 애썼다. 처음에는 호기심, 자기 관리, 설득, 그리고 수학 논증을 분석하려는 좀 실용적인 목표도 그런 목적에 포함되어 있었다. 그런데 마음의 작동 방식을 설명하기 위한 단계 하나하나는 마음의 능력을 담은 인공물을 창조하기 위한 단계이기도 하다. 즉, 인공지능을 향한 단계다.

지능을 창조하는 법을 이해하려면, 먼저 지능이 무엇인지 이해하는 것이 도움이 된다. 지능이 무엇인가 하는 질문의 답은 IQ 검사에도 튜링 검사Turing test에도 들어 있지 않다. 우리가 무엇을 지각하고, 무엇을 원하고, 무엇을 하는가 사이의 단순한 관계에 들어 있다. 대강 말하자면, 한 존재는 자신이 하는 일이 자신이 지각해온 것을 토대로 자신이 원하는 것을 성취할 가능성이 있는 한 지적이다.

진화적 기원

대장균 같은 하등한 세균을 생각해보자. 대장균은 약 여섯 개의 편모가 있다. 편모는 밑동이 시계 방향 또는 시계 반대 방향으로

회전하는 긴 털 같은 구조물이다. (편모의 회전 모터 자체도 놀라운 구조물이지만, 안타깝게도 그 이야기는 이 책과 상관이 없다.) 대장균은 액체로 찬 집—우리의 큰창자—에서 떠다닐 때, 편모를 시계 방향으로 돌렸다가, 시계 반대 방향으로 돌렸다가 한다. 전자일 때는 이쪽저쪽으로 '공중제비를 넘는' 움직임이 일어나고, 후자일 때는 편모들이 서로 감기면서 마치 프로펠러처럼 된다. 그럴 때면 직선으로 헤엄쳐 나아간다. 따라서 대장균은 일종의 랜덤 워크random walk를 한다. 헤엄치고, 공중제비를 넘고, 헤엄치고, 공중제비를 넘는 과정을 되풀이한다. 그럼으로써 한곳에 가만히 머물다가 굶어 죽는 대신에 포도당을 찾아내 먹을 수 있다.

이야기가 여기에서 끝이라면, 우리는 대장균이 매우 영리하다고 말하지 못할 것이다. 그 행동은 어떤 식으로도 환경에 의존하지 않을 것이기 때문이다. 진화를 통해 유전자에 담긴 고정된 행동을 그냥 실행하는 것일 뿐, 어떤 결정을 내리는 것이 아니게 된다. 다행히 이야기는 거기에서 끝나지 않는다. 대장균은 포도당 농도가 점점 높아지는 것을 감지하면, 헤엄치는 시간을 늘리고 공중제비를 넘는 시간을 줄인다. 포도당 농도가 낮아지는 것을 감지하면, 정반대로 행동한다. 따라서 대장균이 하는 일(포도당을 향해 헤엄치기)은 자신이 지각한 것(포도당 농도 증가)을 토대로, 자신이 원하는 것(포도당을 더 얻는 것이라고 가정해보자)을 성취할 가능성을 높이는 것이다.

아마 독자는 이렇게 생각할지도 모르겠다. "하지만 진화가 유전자에 그렇게 하도록 새긴 것이기도 하잖아! 그것이 어떻게 대장균을 지적으로 만든다는 거지?" 이렇게 잇는 추론은 위험하다. 진화는 우리 유전자에 뇌의 기본 설계도도 담아놓았는데, 그 점을 근거로 우리 자신의 지능을 부정하고 싶지는 않을 테니까. 요지는 진화가 우리 유전자에 새겨놓은 것과 마찬가지로 대장균 유전자에 새겨놓은 것은 일종의 메커니즘, 즉 세균이 스스로 환경에서 지각한 것에 따라 행동을 바꿀 수 있게 하는 메커니즘이라는 것이다. 진화는 포도당이 어디에 있을지, 또는 당신의 열쇠가 어디에 있을지 미리 알지 못한다. 따라서 그것들을 찾을 능력을 생물에 부여하는 것이 차선책이다.

대장균은 결코 지능이 뛰어나지 않다. 우리가 아는 한, 대장균은 자신이 어디에 있었는지 기억하지 못하며, 따라서 A에서 B로 갔는데 포도당을 찾아내지 못했을 때, 포도당을 찾겠다고 그냥 A로 돌아갈 가능성도 얼마든지 있다. 모든 유혹적인 포도당 농도 기울기가 페놀(대장균에게는 독소다)이 있는 곳으로 이어지도록 환경을 조성한다면, 대장균은 반복하여 그 기울기를 계속 따라갈 것이다. 결코 학습하지 못한다. 대장균은 뇌가 없다. 그저 몇 가지 단순한 화학 반응을 써서 자기 일을 할 뿐이다.

그러다가 활동 전위action potential가 등장하면서 큰 도약이 이루어졌다. 활동 전위는 약 10억 년 전에 단세포 생물에서 처음 진화한 전기 신호 전달의 한 유형이다. 나중에 다세포 생물은 몸속에서 활동 전위를 써서 신호를 빠르게—초속 최대 120미터로—전달하는 뉴런이라는 특수한 세포를 진화시켰다. 뉴런 사이의 연결은 시냅스라고 한다. 시냅스 연결의 강도에 따라서, 한 뉴런에서 다른 뉴런으로 전기 흥분이 얼마나 잘 전달되는지가 정해진다. 동물은 시냅스의 연결 강도를 바꿈으로써 학습한다.[1] 학습은 엄청난 진화적 이점을 제공한다. 학습 덕분에 동물이 다양한 상황에 적응할 수 있기 때문이다. 또 학습은 진화의 속도를 높인다.

처음에 동물의 뉴런은 신경망nerve net이라는 형태로 체계를 갖추었다. 이 신경망은 하등한 동물의 몸 전체에 분산되어서, 먹고 소화하고 넓은 영역에 걸쳐서 근육세포를 때맞추어 수축시키는 등의 활동을 조율하는 일을 한다. 해파리가 우아하게 나아가는 모습은 신경망의 산물이다. 해파리는 뇌가 아예 없다.

뇌는 더 나중에, 눈과 귀 같은 복잡한 감각기관과 함께 출현했다. 신경망을 갖춘 해파리가 출현한 지 수억 년 뒤, 커다란 뇌를 지닌 우리 인간이 등장했다. 뇌는 1천억(10^{11}) 개의 뉴런과 1천조(10^{15}) 개의 시냅스를 지닌 기관이다. 전자 회로에 비하면 느리지만, 뇌는 상태 변화의 '주기 시간cycle time'이 몇 밀리초이므로 대부분의 생물학적 과정에 비해 빠르다. 우리는 인간의 뇌가 '우주에서 가장 복잡한 기관'이라고 말하곤 하는데, 그 말은 아마 사실이 아니겠지만 뇌가 실제로 어떻게 작동하는지 우리가 아직 거의 이해하지 못하고 있다는 사실에는 좋은 변명거리가 된다. 우리는 뉴런과 시냅스의 생화학, 뇌의 해부구조는 꽤 많이 알고 있지만, 뉴런의 인지 수준에서 이루어지는 과정―학습, 앎, 기억, 추론, 계획, 결정 등―은 여전히 대체로 추측만 할 뿐이다.[2] (아마 우리가 AI를 더 잘 이해하거나, 뇌 활성을 측정하는 더 정확한 도구를 개발함에 따라서 상황은 바뀔 것이다.) 따라서 이런저런 AI 기법이 "인간의 뇌처럼 작동한다"라는 기사를 읽을 때면, 그 말이 그저 누군가의 추측이 거나 그냥 허구라고 의심해도 괜찮다.

정말로 우리는 의식이라는 영역에 관해서는 아무것도 모르기에, 나도 아무 말도 하지 않으련다. AI 분야에서 누구도 기계에 의식을 부여하려는 연구를 하고 있지 않고, 그 일을 어디에서 시작해야 할지 아는 사람도 전혀 없을 것이고, 그 어떤 행동도 의식을 선행조건으로 삼지 않는다. 내가 프로그램을 하나 내놓으면서 이렇게 묻는다고 하자. "이것이 인류에게 위협이 될까?" 당신이 코드를 분석해보니, 정말로 작동시키면 그 코드가 인류를 파괴하는 결과를 빚어낼 계획을 짜고 실행할 것임이 드러난다. 체스 프로그램이 상대가 누구든 물리칠 결과를 내놓으려는 계획을 짜고 실행하는 것과 마찬가지로 말이다. 이제 그 코드를 실행하면 코드가 일종의 기계 의식도 창조할 것이라고 내가 당신에게 말한다고 하자. 그 말을 듣고서 당신이 예측을 바꿀까? 결코 그러지 않을 것이다. 결코 아무런 차이도 빚어내지 않을 것이다.[3] 코드의 행동에 관한 당신의 예측은 전과 동일하다. 그 예측은 코드에 토대를 둔 것이기 때문이다. 기계가 수수께끼처럼 의식을 획득하고 인간을 증오하게 된다는 할리우드의 모든 시나리오는 사실 그 점을 놓치고 있다. 중요한 것은 의식이 아니라, 기계의 능력이라는 점 말이다.

우리가 이해하기 시작한 뇌의 한 가지 중요한 인지적 측면이 있긴 하다. 바로 보상 체계다. 보상 체계는 뇌 안에서 도파민이 중개하는 신호 전달 체계다. 긍정적 또는 부정적 자극을 행동과 연결한다. 이 체계는 1950년대 말에 스웨덴 신경과학자 닐스오케 힐라르프Nils-Åke Hillarp 연구진이 발견했다. 이 체계는 도파민 농도를 증가시키는 단맛이 나는 음식 같은 긍정적 자극을 추구하도록 우리를 부추긴다. 또 도파민 농도를 떨어뜨리는 허기나 통증 같은 부정적 자극을 피하게 만든다. 어떤 의미에서 보면 대장균의 포도당 추구 메커니즘과 매우 비슷하지만, 훨씬 더 복잡하다. 내재된 학습 방법이라는 형태이므로, 우리의 행동은 시간이 흐르면서 보상을 얻는 데 점점 효과적인 양상을 띤다. 또 이 체계는 만족을 지연시킬 수 있게 해준다. 그래서 우리는 당장의 보상보다 나중에 보상을 제공할 돈 같은 것들을 바라는 법을 배운다. 우리가 뇌의 보상 체계를 이해하는 한 가지 이유는 그것이 AI 분야에서 개발된 '강화 학습' 방법과 비슷하기 때문이다. 강화 학습은 아주 탄탄한 이론적 토대를 갖추고 있다.[4]

진화 관점에서 볼 때는 뇌의 보상 체계를 대장균의 포도당 추구 메커니즘과 마찬가지로, 진화적 적응도를 개선하는 방법이라고 생각할 수 있다. 보상을 추구하는 일—즉, 맛있는 음식을 찾고, 고통을 피하고, 성행위를 하는 등—을 더 효과적으로 하는 생물은 유전자를 퍼뜨릴 가능성이 크다. 장기적으로 자신의 유전자를 성공적으로 전파하는 결과를 낳을 가능성이 가장 큰 행동이 무엇인지를 생물이 판단하기란 극도로 어려우므로, 진화는 우리가 좀 더 그 일을 쉽게 하도록 이정표를 내재시켰다.

그러나 이 이정표들은 완벽하지 않다. 보상을 얻는 방법 중에는 아마 유전자를 퍼뜨릴 가능성을 줄이는 것들도 있을 것이다. 예를 들어, 마약을 하고, 가당 탄산음료를 많이 마시고, 하루 18시간 비디오게임을 하는 것은 모두 번식 기회를 줄이는 듯하다. 게다가 보상 체계를 직접 전기로 자극할 수 있다면, 생물은 아마 죽을 때까지 스스로 자극하는 짓을 멈추지 않을 것이다.[5]

이런 보상 신호와 진화적 적응도의 불일치는 고립된 개인에게만 영향을 미치는 것이 아니다. 파나마 연안의 한 작은 섬에는 피그미세발가락나무늘보가 산다. 이 동물은 먹이인 맹그로브 잎에 든 발륨 유사 물질에 중독된 듯하고, 아마 멸종할지도 모른다.[6] 따라서 부적응을 일으키는 방식으로 보상 체계를 충족시킬 수 있는 생태적 지위ecological niche를 찾아낸다면, 종 전체가 사라질 수 있는 듯하다.

그러나 이런 뜻하지 않은 사고 형태의 실패 사례를 제외하면, 자연환경에서 보상을 최대화하는 학습은 대개 자신의 유전자를 퍼뜨리고 환경 변화에도 살아남을 기회를 높일 것이다.

진화 가속기

학습은 생존과 번성에만 좋은 것이 아니다. 진화를 가속하는 일도 한다. 어떻게 그럴 수 있을까? 어찌 되었든 간에, 학습은 우리의 DNA를 바꾸지 않는 반면, 진화는 세대에 걸쳐 DNA를 바꾸는 것인데? 학습과 진화를 연결 짓는 이론은 1896년 미국 심리학자 제임스 볼드윈James Baldwin[7]과 영국의 동물행동학자 콘위 로이드 모건Conwy Lloyd Morgan[8]이 각각 독자적으로 내놓았지만, 당시에는 널리 받아들여지지 않았다.

현재 볼드윈 효과Baldwin effect라고 부르는 이 개념은 진화가 모든 반응을 미리 고정시킨 본능적 생물과 어떤 행동을 취할지를 학습하는 적응적 생물 사이에 선택한다고 상상하면 이해하기 쉽다. 이제 설명을 위해서, 최적화한 본능적 생물은 472116이라는 여섯 자릿수로 코드화할 수 있는 반면, 적응적 생물은 진화가 472***만 지정하고 나머지 세 자릿수는 평생에 걸쳐 학습을 통해 스스로 채워야 한다고 가정하자. 진화가 어떻게 고를지 고민해야 하는 것이 세 자릿수뿐이라면, 진화의 일은 훨씬 쉬워진다. 적응적 생물은 마지막 세 자릿수를 학습할 때, 진화가 여러 세대에 걸쳐서 해야 할 일을 한 생애에 하는 것이다. 따라서 학습하는 동안 적응적 생물이 생존할 수만 있다면, 학습 능력은 진화적 지름길을 제공하는 듯하다. 컴퓨터 시뮬레이션은 볼드윈 효과가 실제로 일어남을 시사한다.[9] 문화는 오로지 이 과정을 가속하는 효과만 일으킨다. 조직화한 문명은 학습 단계에 있는 각 개인을 보호하고, 문화가 없었다면 개인이 스스로 맨땅에서부터 새로 배워야 할 정보를 전달하기 때문이다.

볼드윈 효과의 이야기는 흥미롭지만 불완전하다. 학습과 진화가 반드시 같은 방향을 가리킨다고 가정하기 때문이다. 즉, 내부 피드백 신호가 생물 내에서 학습 방향을 어떻게 정하든 간에, 진화적 적응도와 완벽하게 들어맞는다고 가정한다. 피그미세발가락나무늘보의 사례에서 보았듯이, 이 가정은 참이 아닌 듯하다. 내재된 학습 메커니즘은 어떤 행동이 진화적 적응도에 장기적으로 영향을 미칠지에 대해 기껏해야 엉성한 단서만 제공할 뿐이다. 게다가 우리는 이렇게 물어야 한다. "애초에 보상 체계는 어떻게 발전한 것일까?" 물론 진화 과정을 통해서다. 적어도 어느 정도는 진화적 적응도와 들어맞는 피드백 메커니즘을 내면화하는 과정을 통해서다.[10] 짝이 될 만한 상대에게서 달아나 포식자를 향해 가게 만드는 학습 메커니즘은 분명히 오래가지 못할 것이다.

따라서 학습과 문제 해결 능력을 갖춘 뉴런이 동물계에 아주 널리 퍼져 있는 것은 볼드윈 효과 덕분이다. 그런 한편으로, 진화는 우리에게 뇌가 있는지, 흥미로운 생각을 하는지에 사실상 전혀 관심을 두지 않는다는 점을 이해하는 것도 중요하다. 진화는 우리를 오로지 행위자agent, 즉 행동하는 무엇이라고만 여긴다. 논리 추론, 의도적 계획, 지혜, 재치, 상상, 창의성 같은 가치 있는 지적 특징은 어떤 행위자를 지적으로 만드는 데 필수적일 수도 있고, 그렇지 않을 수도 있다. 인공지능이 그토록 흥미로운 이유 중 하나는 이런 문제를 이해할 잠재적인 경로를 제공한다는 데 있다. 그 경로를 통해서 우리는 이런 지적인 특징이 어떻게 지적인 행동을 가능하게 하는지, 그리고 왜 그런 특징 없이는 진정으로 지적인 행동을 일으키기가 불가능한지 이해할 수 있을지도 모른다.

한 행위자를 위한 합리성

고대 그리스 철학의 초창기부터 지능이라는 개념은 지각하고, 추론하고, 성공적으로 행동하는 능력과 긴밀하게 연관되어 있었다.[11] 긴 세월이 흐르는 동안, 그 개념은 응용 범위가 더 넓어지는 한편으로 정의도 더 명확해졌다.

아리스토텔레스가 연구한 많은 개념 중에는 성공적인 추론이라는 개념도 있었다. 참인 전제가 주어질 때 참인 결론으로 이어지는 논리적 연역법이다. 또 아리스토텔레스는 어떻게 행동할지를 판단하는 과정—때로 '실천적 추론'이라고 부르는—도 연구했고, 특정한 행동 경로가 원하는 목표를 달성할지를 연역하는 일이 거기에 포함된다고 주장했다.

우리가 심사숙고하는 것은 목적이 아니라 수단이다. 의사는 환자를 완치시킬지 말지 숙고하는 것이 아니고, 연설가는 청중을 설득시킬지 말지 숙고하는 것이 아니다. … 그들은 목적을 상정하고서, 어떤 수단으로 어떻게 그 목적을 달성할지를 생각한다. 목적을 달성할 수단이 여럿이라면, 쉽게 그리고 가장 잘 달성할 수 있는 수단이 어떤 것인지를 생각한다. 목적을 달성할 수단이 하나뿐이라면, 그 수단을 통해 어떻게 달성할지 그리고 그 수단이란 것을 어떤 수단으로 달성할지를 생각하면서, 이윽고 첫 번째 원인에 이를 때까지 계속 나아간다. … 분석 순서에서 마지막에 놓이는 것이 존재의 순서에서는 첫 번째에 놓이는 듯하다. 그리고 돈이 필요한데 구할 수 없을 때처럼, 불가능한 상황에 다다르면, 우리는 그 탐색을 포기한다. 그러나 어떤 일이 가능해 보인다면 우리는 그것을 시도한다.[12]

이 대목이 그 뒤로 2천여 년에 걸쳐 합리성에 관한 서양 사상의 논조를 정했다고 주장할 수도 있다. 여기서는 '목적'—당사자가 원하는 것—이 고정되어 있고 주어진 것이라고 본다. 그리고 일련의 행동으로 이루어지는 논리적 연역을 통해서 '쉽게 그리고 가장 잘' 목적을 이루는 것이 합리적 행동이라고 말한다.

아리스토텔레스의 주장은 합리적으로 보이지만, 합리적 행동의 완벽한 지침은 아니다. 특히 불확실성이라는 문제가 빠져 있다. 실제 세계에서는 현실이 개입하는 경향이 있으며, 어떤 행동이나 일련의 행동이 의도한 목표를 성취한다고 진정으로 보장할 수 있는 사례는 거의 없다. 예를 들어, 나는 파리에서 일요일에 이 문장을 쓰고 있다. 지금은 비가 오고 있다. 나는 화요일 오후 2시 15분에 샤를드골 공항에서 로마행 비행기를 탈 예정이다. 공항은 우리 집에서 약 45분 거리에 있다. 나는 오전 11시 30분경에 공항으로 출발할 계획이다. 그러면 꽤 여유가 있겠지만, 출국장에서 적어도 한 시간은 빈둥거리게 될 것이다. 그렇다고 해서 비행기를 탄다고 확신할 수 있을까? 결코 그렇지 않다. 극심한 교통 정체가 일어날 수도 있고, 택시 기사들이 파업을 할 수도 있고, 내가 탄 택시가 고장 나거나 운전사가 과속하다가 체포될 수도 있고, 온갖 일이 일어날 수 있다. 아니면 아예 월요일에 미리 공항으로 출발할 수도 있다. 그러면 비행기를 놓칠 가능성은 대폭 줄겠지만, 출국장 라운지에서 밤새울 생각을 하면 그다지 내키지 않는다. 다시 말해, 내 계획은 성공의 확실성과 확실성의 수준을 확보하는 데 드는 비용 사이의 트레이드오프trade-off를 수반한다. 주택을 구입하겠다는 다음의 계획도 비슷한 트레이드오프를 수반한다. 복권을 사서 1백만 달러에 당첨된다면, 집을 사겠다는 계획이다. 이 계획은 '쉽게 그리고 가장 잘' 목표를 달성하겠지만, 성공할 가능성이

극히 낮다. 그러나 이 무모한 주택 구입 계획과 냉철하면서 분별 있는 나의 공항 계획은 그저 정도의 차이만 있을 뿐이다. 둘 다 도박이지만 한쪽이 더 합리적으로 보인다.

도박은 불확실성을 설명하는 데까지 아리스토텔레스의 논지를 일반화하는 데 핵심적인 역할을 했다. 1560년대에 이탈리아 수학자 지롤라모 카르다노Gerolamo Cardano는 수학적으로 정확한 확률 이론을 최초로 개발했다. 주사위 놀이를 주요 사례로 들어서였다. (안타깝게도 그의 연구 결과는 1663년에야 발표되었다.)[13] 17세기에 앙투안 아르노Antoine Arnauld와 블레즈 파스칼Blaise Pascal 같은 프랑스 사상가들은—단연코 수학적인 이유로—'도박에서의 합리적인 결정'이라는 문제를 연구하기 시작했다.[14] 다음의 두 내기를 생각해보자.

A: 10달러를 딸 확률이 20퍼센트
B: 100달러를 딸 확률이 5퍼센트

수학자들이 도출한 제안은 아마 독자가 내놓을 안과 같을 것이다. 양쪽 내기의 기댓값을 비교하는 것이다. 기댓값이란 각 내기에서 딸 것이라고 기대할 수 있는 평균 액수를 뜻한다. A는 기댓값이 10달러의 20퍼센트, 즉 2달러다. B는 기댓값이 100달러의 5퍼센트, 즉 5달러다. 따라서 이 이론에 따르면, B에 거는 편이 더 낫다. 이 이론은 일리가 있다. 똑같은 내기를 반복해서 계속한다면, 그 규칙을 따르는 사람이 그렇지 않은 사람보다 결국에는 더 많이 딸 것이기 때문이다.

18세기에 스위스 수학자 다니엘 베르누이Daniel Bernoulli는 이 규칙이 판돈이 더 많을 때는 잘 맞지 않는 듯하다는 것을 알아차렸다.[15] 다음의 두 내기를 생각해보자.

A: 10,000,000달러를 딸 확률 100퍼센트

(기댓값 10,000,000달러)

B: 1,000,000,100달러를 딸 확률 1퍼센트

(기댓값 10,000,001달러)

필자도 그렇지만, 이 책의 독자들도 대부분 B보다 A를 선호할 것이다. 기댓값 규칙은 반대로 걸라고 말하고 있음에도 말이다! 베르누이는 내기가 돈의 기댓값이 아니라 기대 효용expected utility에 따라 평가되는 것이라고 보았다. 그는 **효용** — 개인에게 유용하거나 유익한 특성 — 이 화폐 가치와 관련이 있되 별개인, 내면적이고 주관적인 양이라고 주장했다. 특히 효용은 돈에 수확 체감diminishing return 양상을 보인다. 즉, 효용이 정확히 돈의 액수에 비례하여 증가하는 것이 아니라, 그보다 더 서서히 증가한다는 뜻이다. 예를 들어, 1,000,000,100달러를 지닐 때의 효용은 10,000,000달러를 지닐 때의 효용보다 100배에 한참 못 미친다. 그러면 얼마나? 자기 자신에게 물어보라! 독자는 10억 달러를 딸 확률이 얼마가 되면, 확실하게 1천만 달러를 딸 수 있는 쪽을 포기하겠는가? 강의를 듣는 대학원생들에게 물었더니, 약 50퍼센트라는 답이 나왔다. 즉, B의 기댓값이 5억 달러일 때 A와 맞먹는 수준으로 바람직하게 느껴진다는 의미다. 달리 표현하면 이렇다. B가 A보다 기댓값이 50배 더 클 때, 양쪽의 효용은 동등해질 것이다.

수학 이론으로 인간의 행동을 설명하기 위해 효용─보이지 않는 특성인─을 도입하자는 베르누이의 주장은 당시로서는 매우 놀라운 것이었다. 더욱 놀라운 점은 화폐 액수와 달리, 다양한 내기와 당첨금의 효용 가치는 직접 관찰할 수 없다는 사실이었다. 대신에 효용은 개인이 드러내는 선호로부터 추론해야 한다. 그 개념에 함축된 의미가 완전히 규명되어서 통계학과 경제학에 널리 받아들여지기까지는 2세기가 더 흘러야 했다.

20세기 중반에 요한 폰 노이만John von Neumann─위대한 수학자로서, 컴퓨터의 표준인 '폰 노이만 구조'는 그의 이름을 땄다[16]─과 오스카어 모르겐슈테른Oskar Morgenstern은 효용 이론의 공리적 axiomatic 토대를 제시했다.[17] 다음과 같은 뜻이다. 개인이 드러내는 선호가 어떤 합리적 행위자든 만족할 특정한 기본 공리들을 만족시키는 한, 그 개인이 한 선택은 반드시 효용 함수의 기댓값을 최대화한다고 말할 수 있다. 한마디로, 합리적인 행위자는 기대 효용을 최대화하는 쪽으로 행동한다는 것이다.

이 결론의 중요성은 아무리 과장해도 지나치지 않다. 여러 면에서 지금까지 인공지능 분야가 주로 한 일은 합리적 기계를 만들 방법의 세부 사항을 연구하는 것이었다.

합리적인 존재가 만족할 것으로 기대되는 공리들을 좀 더 자세히 살펴보기로 하자. 하나는 이행성transitivity이라는 것이다. 독자가 B보다 A를 더 좋아하고, C보다 B를 더 좋아한다면, C보다 A를 더 좋아한다는 뜻이다. 이 말은 꽤 합리적으로 들린다! (독자가 보통 피자보다 소시지 피자를 더 좋아하고, 파인애플 피자보다 보통 피자를 더 좋아한다면, 파인애플 피자보다 소시지 피자를 고를 것으로 예측하는 것이 합리적으로 여겨진다.) 또 하나는 단조성monotonicity이다. 독자가 당첨금 B보다 A를 더 선호하는데, A와 B만 나올 수 있는 복권 중에서 고르라고 한다면, 독자는 B보다 A를 얻을 확률이 가장 높은 복권을 선호한다는 것이다. 이 말도 꽤 합리적으로 들린다.

선호는 피자나 당첨금을 받는 복권과만 관련이 있는 것이 아니다. 모든 것과 관련이 있을 수 있다. 특히 미래의 내 모든 삶과 남들의 삶과도 관련이 있을 수 있다. 어떤 기간에 걸친 일련의 사건을 수반하는 선호를 다룰 때는 정상성stationarity이라는 추가 가정을 하곤 한다. A와 B라는 서로 다른 미래가 동일한 사건에서 시작되고, 독자가 B보다 A를 선호한다면, 그 사건이 일어난 뒤에도 여전히 B보다 A를 선호한다는 것이다. 이 말은 합리적으로 들리지만, 한 가지 놀라울 만치 강력한 결과를 낳는다. 어떤 일련의 사건의 효용은 각 사건에 따른 보상들(일종의 정신적 이자율을 통해서 시간이 흐를수록 할인이 될 수도 있는)의 합이라는 것이다.[18] 비록 이 '보상들의 합으로서의 효용'이라는 가정이 널리 퍼져 있긴 하지만—적어도 18세기 공리주의 창시자인 제러미 벤담Jeremy Bentham의 '쾌락 계산'까지 거슬러 올라간다—그것의 토대인 정상성이라는 가정은 합리적인 행위자의 필수적인 특성이 아니다.

또 정상성은 선호가 시간이 흐르면서 변할 가능성을 배제하지만, 우리의 경험은 그렇지 않다고 말한다.

공리들이 합리적이고 그로부터 도출되는 결론들이 중요함에도, 효용 이론은 처음 널리 알려진 이래로 끊임없이 비판을 받아왔다. 모든 것을 돈과 이기심으로 환원시킨다고 경멸하는 이들도 있다. (일부 프랑스 저자들은 그 이론이 지극히 '미국적'이라고 조롱하기도 했다.[19] 따지자면 프랑스에서 기원했음에도 말이다.) 사실, 오로지 남들의 고통이 줄어들기만 바라면서 금욕적인 삶을 살고자 하는 것도 지극히 합리적이다. 또 이 이론에 따르면, 이타주의는 그저 미래를 평가할 때 남들의 복지에 상당히 가중치를 부여한다는 의미가 된다.

또 필요한 확률과 효용값을 구한 뒤 곱하여 기대 효용을 계산하기가 너무 어렵다는 점을 토대로 반대하는 이들도 있다. 이런 반대 견해는 두 가지 서로 다른 것을 혼동하고 있다. 즉, 합리적인 행동을 선택하는 것과 기대 효용을 계산하여 그 행동을 선택하는 것을 혼동한다. 예를 들어, 손가락으로 자기 눈동자를 찌르려 하면, 눈꺼풀은 눈을 보호하기 위해 저절로 감긴다. 그 행동은 합리적이지만, 그 어떤 기대 효용 계산도 수반되지 않는다. 또는 브레이크가 고장 난 자전거를 타고 언덕을 내려가다가 시속 15킬로미터로 콘크리트 벽에 충돌하거나, 시속 30킬로미터로 더 멀리까지 가서 다른 콘크리트 벽에 충돌한다고 가정했을 때, 독자는 어느 쪽을 택하겠는가? 시속 15킬로미터를 택했다면, 축하한다! 독자는 기대 효용을 계산했는가? 아마 아닐 것이다. 그래도 시속 15킬로미터를 택하는 것이 합리적이다. 이 결론은 두 가지 기본 가정에서 따라 나온다. 첫째, 독자는 심각한 부상보다 가벼운 부상을 선호하고, 둘째, 어떤 부상 수준을 상정할 때 충돌 속도가 높아질수록 그 부상 수준을 초월할 가능성도 커진다는 것이다. 이 두 가정으로부터 시속 30킬로미터로 충돌할 때보다 시속 15킬로미터로 충돌할 때 기대 효용이 더 높다는 수학적 결론—숫자 같은 것은 전혀 생각하지 않았지만—이 따라 나온다.[20] 요약하자면, 기대 효용을 최대화한다고 해서, 반드시 기댓값이나 효용을 계산해야만 하는 것은 아니다. 그 말은 오로지 합리적인 존재의 겉으로 드러나는 특징을 기술한 것일 뿐이다.

이 합리성 이론을 비판하는 또 한 가지 견해는 의사 결정을 내리는 위치에 있는 존재의 정체성을 문제 삼는다. 즉, 어떤 것들을 행위자라고 볼 수 있을까? 인간이 행위자라는 것은 명백해 보일 수 있지만, 가족, 부족, 기업, 문화, 국가는 어떨까? 개미 같은 사회성 곤충을 살펴볼 때, 개미 한 마리를 지적인 행위자로 생각하는 것이 타당할까, 아니면 지능이 사실상 군체 전체에 있다고 봐야 할까? 전기 신호 대신에 페로몬 신호로 상호 연결된 많은 개미의 뇌와 몸으로 이루어진 일종의 복합 뇌에 들어 있는 것은 아닐까? 진화의 관점에서 보면, 후자가 개미를 바라보는 더 생산적인 사고 방식일 수도 있다. 한 군체의 개미들은 대개 가까운 친족이기 때문이다. 개미를 비롯한 사회성 곤충의 개체 하나하나는 군체의 보존과 별개라고 볼 수 있는 자기 보존 본능을 따로 지니고 있지 않은 듯하다. 그들은 자살하는 것이나 다름없는 상황에서도, 언제나 침입자와 맞서 싸우기 위해 목숨을 걸 것이다. 그러나 때로 인간은 자신과 전혀 상관없는 사람을 지키기 위해서 같은 일을 한다. 마치 전투에서 목숨을 내걸거나, 위험이 가득한 미지의 야생 세계로 탐험을 떠나거나, 남의 자식을 돌보는 일을 기꺼이 하는 일부 개인들이 존재함으로써 종 전체가 혜택을 보는 듯하다. 그런 사례들에서는 개체에만 초점을 맞추어서 합리성을 분석한다면, 핵심적인 무언가를 놓치게 될 것이 분명하다.

효용 이론에 반대하는 또 한 가지 주된 논거는 경험적인 것이다. 즉, 인간이 비합리적임을 시사하는 경험 증거에 토대를 둔다. 우리는 체계적인 방식으로 그 공리들을 따르지 못한다는 것이다.[21] 효용 이론을 인간 행동의 공식 모형으로 옹호하겠다고 지금 이 이야기를 하는 것은 아니다. 사실 인간은 결코 합리적으로 행동할 수가 없다. 우리의 선호는 미래의 내 삶, 우리 자녀와 손주의 삶, 지금 살고 있거나 미래에 살 다른 이들의 삶 전체로 뻗어나간다. 그러나 우리는 규칙이 잘 정의되어 있고 내다볼 범위가 아주 좁은 작고 단순한 곳인 체스판에서조차도 제대로 수를 둘 수가 없다. 이는 우리의 선호가 비합리적이기 때문이 아니라, 의사 결정의 복잡성 때문이다. 우리 뇌는 작고 느린 반면 우리가 늘 직면하는 결정 문제들은 헤아릴 수 없을 정도로 엄청난 복잡성을 지니고 있기에, 우리의 마음에는 그 불일치를 보완하기 위한 인지 구조가 아주 많이 있다.

따라서 이로운 AI를 구축할 이론을 세울 때 인간이 합리적이라는 가정에 토대를 둔다는 것은 매우 비합리적이겠지만, 성인의 선호가 여생 동안 꽤 일관성을 띤다고 가정하는 것은 꽤 합리적이다. 즉, 가상으로 경험을 하는 것처럼 자신이 앞으로 어떤 삶을 살아갈지 매우 상세하고 폭넓게 묘사한 영화 두 편을 시청할 수 있다면, 우리는 어느 쪽이 마음에 든다거나, 어느 쪽이든 상관없다고 말할 수 있다.[22]

우리의 유일한 목표가 '충분히 지적인 기계가 인류에게 재앙이 되지 않게 하는 것'이라고 말한다면, 아마 이 주장은 필요 이상으로 강력하다고 할 수 있을 것이다. 재앙이라는 개념 자체에는 우리가 선호하지 않을 것임이 명백한 삶이 포함되어 있다. 따라서 재앙 회피를 위해서는 상세히 설명했을 때 재앙이 닥친다는 사실을 성인이 알아차릴 수 있게만 주장하면 된다. 물론 사람의 선호는 "재앙보다 비재앙이 좋다"보다 훨씬 더 구체적이며, 아마도 확인이 가능한 구조를 지닐 것이다.

이로운 AI의 이론은 사실 인간의 선호에 담긴 모순을 받아들일 수 있지만, 선호의 모순되는 부분은 결코 만족시킬 수 없으며, AI가 돕기 위해 할 수 있는 일은 전혀 없다. 예를 들어, 당신의 피자 선호가 이행성 공리에 위배된다고 가정해보자.

로봇 집에 잘 오셨어요! 파인애플 피자 좋아하시죠?

당신 아니, 나는 파인애플 피자보다 보통 피자를 더 좋아해. 알아둬.

로봇 알겠어요. 그럼, 보통 피자를 내올게요!

당신 아니, 나는 소시지 피자를 더 좋아해.

로봇 그래요? 죄송, 그러면 소시지 피자죠!

당신 사실, 나는 소시지보다 파인애플을 더 좋아해.

로봇 제가 실수했네요. 파인애플 피자군요!

당신 파인애플 피자보다 보통 피자가 더 좋다고 말했잖아.

당신이 더 선호할 다른 피자가 언제나 있기 때문에 로봇은 당신을 행복하게 할 피자를 결코 내올 수 없다. 로봇은 당신의 선호 중 일관된 부분만을 만족시킬 수 있다. 예를 들어, 당신이 피자가 아예 없는 것보다는 아무 피자든 있는 쪽을 선호한다고 하자. 그럴 때 도우미 로봇은 세 피자 중 아무것이나 내올 수 있고, 그럼으로써 '피자 없음'을 피하려는 당신의 선호를 만족시키고 당신에게 성가시게 모순되는 자신의 피자 토핑 선호에 관해 곱씹어볼 시간을 제공할 수 있다.

두 행위자를 위한 합리성

합리적 행위자가 기대 효용을 최대화하는 쪽으로 행동한다는 이 기본 개념은 아주 단순하지만, 실제로는 적용하기 불가능할 만큼 복잡하다. 이 이론은 한 행위자가 홀로 행동할 때에만 적용된다. 행위자가 둘 이상이라면, 한 행위자의 행동의 다양한 결과에 확률을 할당하는 것이 가능하다는—적어도 원칙적으로는—개념은 문제에 봉착한다. 이제 당신이 어떤 행동을 할지 추정하려고 시도하는 세계의 일부—다른 행위자—가 있고 그 행위자의 행동을 당신도 다시 추정하는 식으로 죽 이어지므로, 그 세계의 일부가 어떻게 행동할지에 확률을 할당할 방법이 명백하지가 않기 때문이다. 그리고 확률을 계산할 수 없다면, 기대 효용을 최대화하는 것이라는 합리적 행동의 정의를 적용할 수도 없다.

다른 누군가가 등장하자마자, 행위자는 합리적 결정을 내릴 다른 방법이 필요해질 것이다. 바로 여기서 '게임 이론'이 등장한다. 이름과 달리, 게임 이론이 반드시 통상적인 의미의 게임과 관련이 있는 것은 아니다. 이 이론은 합리성 개념을 여러 행위자가 있는 상황까지 확장하려는 일반적인 시도 중 하나다. 게임 이론은 우리의 목적에 명백히 중요하다. 우리는 다른 항성계의 무인 행성에서 살아갈 로봇을 만들고자 하는 것이 (아직은) 아니기 때문이다. 우리는 우리 세계에, 우리가 사는 행성에 로봇을 도입하고자 하기 때문이다.

게임 이론이 왜 필요한지를 더 명확히 이해할 수 있도록, 단순한 사례를 하나 들어보자. 앨리스와 밥은 뒷마당에서 축구를 하고 있다(그림 3). 앨리스는 공을 차려고 하고 밥은 골대 앞에 서 있다. 앨리스는 밥의 왼쪽이나 오른쪽으로 찰 것이다. 앨리스는 오른발잡이라서 밥의 오른쪽으로 차는 편이 좀 더 쉽고 더 정확하다. 앨리스는 차는 힘이 꽤 세기에, 밥은 앨리스가 차는 순간 어느 한쪽으로 몸을 날려야 한다는 것을 안다. 공이 어느 쪽으로 오는지 보고서 몸을 날리면 이미 늦을 것이다. 밥은 이런 식으로 추론할 수 있다. "앨리스는 내 오른쪽으로 차야 득점할 확률이 더 높아. 오른발잡이니까. 그래서 그쪽으로 찰 테니, 나도 그쪽으로 몸을 날리자." 그러나 앨리스는 결코 멍청하지 않으며, 밥이 그런 식으로 생각할 것이라고 상상할 수 있다. 그래서 앨리스는 밥의 왼쪽으로 찰 것이다. 하지만 밥도 결코 멍청하지 않으므로 앨리스가 그런 식으로 생각할 것이라고 상상할 수 있다. 따라서 왼쪽으로 몸을 날릴 것이다. 그러나 앨리스는 결코 멍청하지 않으므로 밥이 그런 식으로 생각할 것이라고 상상할 수 있으며… 흠, 이쯤이면 감을 잡았을 것이다. 달리 표현하면 이렇다. 앨리스에게 합리적인 선택이라는 것이 있다면, 밥도 그것을 이해하고, 예견하고, 앨리스가 득점하지 못하게 막을 수 있을 것이므로, 그 선택은 애당초 합리적인 것이 될 수 없다.

일찍이 1713년에—이번에도 도박 게임을 분석하여—이 수수께끼의 해결책이 하나 발견되었다.[23] 그 비법은 어느 한 행동을 택하는 것이 아니라, 무작위 전략을 택하는 것이다. 예를 들어, 앨리스는 '밥의 오른쪽으로 찰 확률 55퍼센트와 왼쪽으로 찰 확률 45퍼

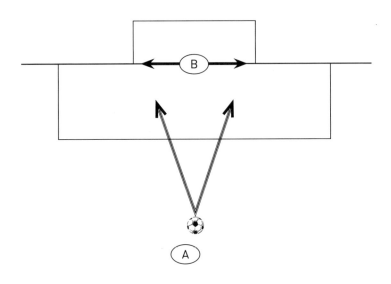

그림 3 밥을 상대로 공을 차려는 앨리스.

센트'인 전략을 택할 수 있다. 밥은 '오른쪽으로 뛸 확률 60퍼센트와 왼쪽으로 뛸 확률 40'인 전략을 택할 수 있다. 각자는 행동하기 직전에 적당히 한쪽으로 치우친 동전을 마음속으로 던지고, 그래서 그들의 의도는 드러나지 않는다. 앨리스와 밥은 예측 불가능하게 행동함으로써, 앞 문단에서 말한 모순을 피한다. 밥이 앨리스의 무작위 전략이 무엇인지를 알아낸다고 해도, 미래를 보여줄 수정 구슬이 없다면 그 전략에 관해 그가 할 수 있는 일은 그다지 많지 않다.

다음 질문은 이것이다. 그 확률은 어떠해야 할까? 앨리스의 55-45퍼센트 선택은 합리적일까? 구체적인 값은 앨리스가 밥의 오른쪽으로 찰 때 얼마나 정확히 차는지, 밥이 오른쪽으로 뛸 때 얼마나 잘 잡는지 등에 달려 있다. (완전한 분석은 주를 참조하라.[24]) 그러나 일반적인 기준은 아주 단순하다.

1. 앨리스의 전략은 밥의 전략이 고정되어 있다고 가정하고서, 자신이 고안할 수 있는 최선의 방안을 택하는 것이다.
2. 밥의 전략은 앨리스의 전략이 고정되어 있다고 가정하고서, 자신이 고안할 수 있는 최선의 방안을 택하는 것이다.

우리는 양쪽 조건이 충족된다면, 양쪽 전략이 균형 상태를 이룬다고 말한다. 이런 유형의 균형을 '내시 균형'이라고 한다. 게임의 규칙이 어떻든, 참가한 이들의 수에 상관없이 합리적인 선호를 따르는 행위자들 사이에 그런 균형이 존재한다는 것을 1950년 스물

두 살에 증명한 존 내시John Nash의 이름을 땄다. 내시는 수십 년 동안 조현병에 시달리다가 이윽고 회복되었는데, '내시 균형'으로 1994년에 노벨 경제학상을 받았다.

앨리스와 밥의 축구 경기에는 균형이 딱 하나다. 균형이 몇 개인 사례도 있으며, 따라서 기대 효용 결정과 달리 내시 균형이라는 개념은 반드시 어떻게 행동하라는 권고로 이어지는 것이 아니다.

게다가 내시 균형이 매우 안 좋은 결과로 이어지는 듯한 상황도 있다. 1950년 내시의 박사학위 지도교수인 앨버트 터커Albert Tucker[25]가 붙인 유명한 이름을 가진 '죄수의 딜레마'도 그중 하나다. 그 게임은 관련된 모든 이가 상호 협력을 하면 더 나아지는데도 굳이 상호 파괴를 택하는 너무나도 흔한 실제 상황을 대변하는 추상 모델이다.

죄수의 딜레마는 이런 식으로 전개된다. 앨리스와 밥은 한 범죄의 용의자들이고, 따로따로 조사를 받고 있다. 각자는 선택을 할 수 있다. 경찰에게 자백하고 공범을 밀고할 수도 있고, 입을 꾹 다물 수도 있다.[26] 둘 다 입을 다물면, 형을 적게 받아서 2년만 복역하면 된다. 둘 다 자백하면, 중형을 선고받아서 10년을 복역한다. 한 명은 자백하고 다른 한 명은 입을 다물면, 자백한 사람은 풀려나고 공범은 20년을 복역할 것이다.

앨리스는 이렇게 추론한다. "밥이 자백한다면, 나도 자백해야 해(20년보다 10년 복역하는 편이 더 나으니까). 밥이 자백을 거부한다고 해도, 나는 자백을 해야 해(교도소에서 2년을 보내는 것보다는 풀려나는 편이 더 나으니까). 따라서 어느 쪽이든 자백을 해야 해." 밥도 같은 식으로 추론한다. 그래서 둘 다 자백하고 10년을 복역하게 된다. 둘 다 입을 다물면 2년만 살고 나올 수 있는데 말이다. 문제는 둘 다 입을 다무는 쪽이 내시 균형이 아니라는 것이다. 각자 공범을 배신하고 자백함으로써 풀려나고자 하는 동기가 있기 때문이다.

앨리스는 다음과 같이 추론할 수도 있다. "내가 어떻게 추론하든 간에, 밥도 그렇게 추론할 거야. 그러니까 우리는 결국 같은 선택을 하게 될 거야. 함께 입을 다무는 쪽이 함께 자백하는 쪽보다 더 나으므로, 우리는 입을 다물어야 해." 이런 유형의 추론은 합리적인 행위자로서 앨리스와 밥이 독립적으로 선택하는 것이 아니라 서로 연관된 선택을 할 것이라고 본다. 이는 게임 이론가들이 죄수의 딜레마에서 덜 우울한 해결책을 구하려고 시도한 많은 접근법 중 하나다.[27]

바람직하지 않은 균형의 또 한 가지 유명한 사례는 '공유지의 비극'이다. 1833년 영국 경제학자 윌리엄 로이드William Lloyd가 처음 분석했지만,[28] 1968년에 그 명칭을 붙이고 세계적으로 널리 알리는 역할을 한 사람은 생태학자 개릿 하딘Garrett Hardin이었다.[29] 그 비극은 복원되는 데 오래 걸리는 공유 자원—공유 목초지나 어장 같은—을 소수가 다 소비하는 것이 가능할 때 생긴다. 사회적 또는 법적 규제가 전혀 없다면, 이기적인(이타적이지 않은) 행위자들 사이의 내시 균형은 오로지 각자가 가능한 한 많이 소비하는 것이고, 그 결과 자원은 빠르게 사라진다. 여기서 총소비가 지속 가능한 양상을 띠도록 모두가 자원을 공유하는 이상적인 해법은 균형 상태가 아니다. 모든 개인은 남들을 속여서 자신의 몫보다 더 많이 취하려는, 즉 남들에게 비용을 떠넘기려는 동기를 지니기 때문이다. 물론 현실에서 사람들은 종종 할당제나 처벌이나, 가격제 같은 방식을 써서 이 비극을 피하곤 한다. 사람들은 얼마나 많이 소비할지를 결정하는 일만 하는 것이 아니므로 그럴 수 있다. 서로 의사소통을 하자고 결정할 수도 있으니까. 이런 식으로 결정 문제를 확장함으로써, 우리는 모두에게 더 나은 해결책을 찾는다.

이 사례들, 그리고 다른 많은 사례들은 합리적 결정 이론을 다수 행위자에게까지 확장하면 흥미로우면서 복잡한 많은 행동이 나온다는 사실을 잘 보여준다. 또 그 점은 대단히 중요하다. 당연하겠지만, 세상은 홀로 살아가는 것이 아니기 때문이다. 게다가 곧 지적인 기계도 등장할 것이다. 말할 필요도 없겠지만, 우리는 인류에게 혜택이 돌아오도록 상호 파괴가 아니라 상호 협력을 이루어야 한다.

컴퓨터

지능이 무엇인지 합리적 정의를 내리는 것은 지적인 기계를 만드는 데 필요한 첫 번째 요소다. 두 번째 요소는 그 정의를 현실화할 수 있는 기계다. 뒤에서 곧 명백히 드러나겠지만, 그 기계는 컴퓨터의 일종이다. 다른 무언가일 수도 있겠지만—예를 들어, 우리는 복잡한 화학 반응이나 생물의 세포[30]를 이용하여 지적인 기계를 만들려는 시도를 할 수도 있다—아주 초기의 기계 계산기부터 계산을 위해 만든 장치야말로 언제나 지적인 기계의 창안자들에게 자연스럽게 지능이 깃들 곳으로 여겨져왔다.

현재 우리는 컴퓨터에 너무나 익숙해져서 컴퓨터가 믿기지 않을 수준의 능력을 지니고 있음을 거의 실감하지 못한다. 노트북이나 PC나 스마트폰이 있다면 한번 살펴보라. 이것들은 문자를 입력하는 방법이 갖추어진 일종의 작은 상자다. 단지 입력하는 것만으로, 우리는 이 상자를 새로운 무언가로 전환하는 프로그램을 짤 수 있다. 빙산에 부딪히면서 원양을 항해하는 배나 키 큰 파란 외계인들이 사는 외계 행성의 움직이는 이미지를 마법처럼 합성할 수도 있다. 좀 더 입력하면, 영어를 중국어로 번역한다. 더 입력하면, 듣고 말한다. 또 더 입력하면, 체스 세계 챔피언을 이긴다.

우리가 상상할 수 있는 모든 과정을 수행할 수 있는 상자의 이 같은 능력을 범용성universality이라고 한다. 이 개념은 1936년 앨런 튜링Alan Turing이 처음 도입했다.[31] 범용성은 우리가 셈, 기계 번역, 체스, 음성 이해, 애니메이션을 위한 기계를 따로따로 지닐 필요가 없다는 뜻이다. 기계 한 대로 다 할 수 있다. 당신의 노트북은 본질적으로 세계 최대의 IT 기업이 운영하는 방대한 서버 농장과 똑같다. 기계 학습용 특수 목적의 멋진 텐서 처리 장치를 갖춘 서버 농장도 그렇다. 또 앞으로 발명될 미래의 모든 컴퓨터 장치도 본질적으로 마찬가지다. 노트북도 기억 용량만 충분하다면, 정확히 똑같은 일을 할 수 있다. 단지 좀 더 오래 걸릴 뿐이다.

범용성을 소개하는 튜링의 논문은 역사상 가장 중요한 문헌에 속한다. 논문에서 그는 어떤 연산 장치를 기재한 사항과 그 장치의 입력을 함께 입력으로 받아들인 뒤, 그 장치가 그 입력을 받았을 때 어떻게 작동하여 어떤 출력을 내놓았을지를 모사하여 동일한 출력을 내놓을 수 있는 단순한 계산 장치를 기술했다. 오늘날 우리는 이 장치를 '범용 튜링 기계'라고 한다. 이 범용성을 증명하기 위해서 튜링은 두 가지 새로운 종류의 수학적 대상을 도입하여 정확한 정의를 내렸다. 바로 기계와 프로그램이었다. 기계와 프로그램은 함께 사건의 순서를 정의한다. 구체적으로 말하면, 기계와 그 기억 장치에서의 상태 변화 순서를 정의한다.

수학의 역사에서 새로운 유형의 대상은 아주 드물게 나타난다. 수학은 역사 시대의 여명기에 숫자와 함께 시작되었다. 그 뒤에 기원전 2000년경 고대 이집트인과 바빌로니아인은 기하학적 대상들(점, 선, 각, 면적 등)을 연구했다. 중국 수학자들은 기원전 1000년경에 행렬을 발명했다. 수학적 대상으로서의 집합은 19세기에야 등장했다. 튜링의 새로운 대상들—기계와 프로그램—은 아마 역사상 발명된 가장 강력한 수학적 대상일 것이다. 수학이라는 분야가 대체로 이 점을 인정하지 않았다는 것은 역설적이다. 그리고 1940년대부터 컴퓨터와 전산은 대다수 주요 대학교의 공학 분야로 자리를 잡았다.

그렇게 출현한 분야(컴퓨터과학)는 그 뒤 70년에 걸쳐 폭발적으로 성장하면서, 아주 다양한 새로운 개념, 설계, 방법, 응용 사례를 내놓았고, 세계에서 자산 가치가 가장 높은 8대 기업 중 7개 기업을 낳았다.

컴퓨터과학의 핵심 개념은 알고리듬algorithm이다. 알고리듬은 무언가를 계산하기 위해 정확하게 구체적으로 지정된 방법이다. 현재 알고리듬은 일상생활의 친숙한 일부가 되어 있다. 휴대용 계산기의 제곱근 알고리듬은 숫자를 입력으로 받아서, 그 수의 제곱근을 출력으로 내놓는다. 체스를 두는 알고리듬은 체스 말의 위치를 입력으로 받아서 말 하나를 움직이는 것을 출력으로 내놓는다. 길 찾기 알고리듬은 출발 지점, 도착 지점, 도로 지도를 입력으로 받고 출발 지점에서 도착 지점까지 가장 빠른 길을 출력으로 내놓는다. 알고리듬은 일상 언어나 수학 기호로 적을 수 있지만, 실행하려면 프로그래밍 언어로 적은 프로그램이라는 형태로 코드화해야 한다. 더 복잡한 알고리듬은 더 단순한 알고리듬을 서브루틴subroutine이라는 구성단위로 삼아서 만들 수 있다. 예를 들어, 자율주행차는 어디로 갈지 알도록 길 찾기 알고리듬을 서브루틴으로 사용할 수도 있다. 엄청나게 복잡한 소프트웨어 시스템도 이런 방법을 써서 한 단계씩 층층이 쌓아간다.

컴퓨터 하드웨어는 중요하다. 더 많은 기억 용량을 지니면서 더 빠른 컴퓨터일수록 알고리듬을 더 빨리 돌리고 더 많은 정보를 다룰 수 있기 때문이다. 이 분야가 발전하는 양상은 잘 알려져 있지만, 그럼에도 여전히 현기증을 일으킨다. 최초로 상업화한 프로그래밍 가능한 전자 컴퓨터인 페란티 마크 IFerranti Mark I은 초당 약 1천(10³) 개의 명령문을 실행할 수 있었고, 주 기억 장치의 용량은 약 1천 바이트였다. 2019년 초에 가장 빠른 컴퓨터인 테네

시주 오크리지 국립연구소의 서밋Summit 기계는 초당 약 10^{18}개의 명령문을 실행하며(1천조 배 더 빠르다), 기억 용량이 2.5×10^{17}바이트(250조 배 이상)였다. 이 발전은 전자기기와 더 나아가 기초 물리학의 발전에 힘입어서 놀라울 정도로 소형화가 진행된 결과다.

컴퓨터와 뇌를 비교하는 것은 별 의미가 없지만, 서밋의 성능은 인간 뇌의 기초 능력을 조금 넘어선다. 앞서 말했듯이 사람의 뇌는 약 10^{15}개의 시냅스와 초당 약 1/100의 '주기 시간'을 지닌다. 바꿔 말하면, 이론상의 최대 '동작' 횟수가 초당 약 10^{17}회다. 가장 큰 차이는 전력 소비량이다. 서밋이 전력을 약 1백만 배 더 소비한다.

칩에 담긴 전자 부품의 수가 2년마다 두 배로 늘어난다는 경험적인 관찰인 무어의 법칙은 2025년쯤까지 지속될 것으로 예측된다. 비록 속도는 좀 느려지겠지만 말이다. 몇 년 전부터는 실리콘 트랜지스터의 빠른 스위치 작업 때 생성되는 엄청난 양의 열 때문에 속도가 제한되고 있다. 게다가 2019년 기준으로 전선과 연결기의 폭이 원자 25개, 두께가 원자 5-10개에 불과하므로, 이제는 회로의 크기를 훨씬 더 줄일 수가 없다. 2025년을 넘어서까지 무어의 법칙(또는 그 후속 법칙)을 유지하려면 더욱 기이한 물리적 현상이 필요할 것이다. 전기 용량이 음의 값인 장치[32], 단일 원자 트랜지스터, 그래핀 나노튜브, 광자학photonics 같은 것들이다.

범용 컴퓨터의 속도를 계속 높이기만 하는 대신에, 한 종류의 계산만을 수행하도록 맞춰진 특수 목적 기계를 만드는 것도 가능하다. 예를 들어, 구글의 텐서 처리 장치TPU는 특정한 기계 학습 알고리듬에 필요한 계산을 수행하도록 설계되어 있다. TPU 포드pod 하나(2018년 판)는 초당 약 10^{17}번 계산을 수행한다. 거의 서밋 기계에 맞먹는다. 그러나 전력 사용량은 약 1/100에 불과하며, 크기도 1/100에 불과하다. 설령 기본 칩 기술에는 거의 변화가 없다고 해도, 이런 종류의 기계들은 AI 시스템에 엄청난 양의 계산력을 제공할 수 있도록 더욱더 크게 만들 수 있다.

양자 계산은 또 다른 유형이다. 양자역학적 파동 함수의 기이한 특성을 이용하여 놀라운 일을 해내는 방식이다. 양자 하드웨어의 양을 두 배로 늘리면, 계산의 양은 두 배보다 더 많이 늘어날 수 있다! 대강 개요만 말하자면, 이런 식이다.[33] 양자 비트, 즉 큐비트qubit를 저장하는 아주 작은 물리적 장치가 있다고 하자. 큐비트는 0과 1이라는 두 가지 가능한 상태를 지닌다. 고전 물리학에서는 큐비트 장치가 두 상태 중 하나를 지녀야 하지만, 양자물리학에서 큐비트에 관한 정보를 지니는 파동 함수는 그 장치가 두 상태에 동시에 있다고 말한다. 큐비트가 두 개라면, 가능한 조합 상태는 네 가지—00, 01, 10, 11—다. 파동 함수가 두 큐비트에 걸쳐서 결이 맞은 채로 얽혀 있다면, 즉 그 파동 함수를 혼란스럽게 만들 다른 물리적 과정이 전혀 없다면, 두 큐비트는 이 네 가지 상태를 동시에 지니게 된다. 게다가 두 큐비트가 양자 회로로 연결되어 어떤 계산을 수행한다면, 네 가지 상태를 동시에 지닌 채로 계산이 이루어진다. 큐비트가 세 개라면 여덟 가지 상태가 동시에 처리되는 식으로 계속 늘어난다. 현재로서는 작업량이 큐비트의 수에 따라서 지수적으로 증가하는 것을 방해하는 물리적 제약이 있긴 하지만,[34] 양자 계산이 그 어떤 고전적인 컴퓨터보다 증명 가능하게 더 효율적으로 처리할 수 있는 중요한 문제들이 있다는 것을 우리는 안다.

2019년 현재, 수십 개의 큐비트로 작동하는 작은 양자 프로세서의 실험용 시제품이 개발되어 있다. 그러나 흥미로운 계산 과제를 양자 처리 장치가 고전적인 컴퓨터보다 더 빨리 처리한 사례는 전혀 없다(아직 수십 개 큐비트 차원에서 머물고 있으며, 속도와 오류 교정 등을 개선하기 위해 재료와 구성 방식 개선을 비롯하여 다양한 연구가 진행 중이다 - 옮긴이). 주된 이유는 결깨짐decoherence, 즉 여러 큐비트에 걸친 파동 함수의 결맞음에 혼란을 일으키는 열적 잡음thermal noise 같은 과정들 때문이다. 양자물리학자들은 오류 교정 회로를 도입함으로써 결깨짐 문제를 해결할 수 있기를 희망한다. 계산할 때 생기는 오류를 빠르게 검출하여 일종의 투표 과정을 통해서 교정할 수 있기를 바라는 것이다. 안타깝게도 오류 교정 시스템이 그 일을 하려면 훨씬 더 많은 큐비트가 필요하다. 수백 개의 완벽한 큐비트를 지닌 양자 기계는 기존의 고전적 컴퓨터에 비해 성능이 아주 뛰어나겠지만, 그런 계산 능력을 실제로 구현하려면 아마 수백만 개의 오류 교정 큐비트가 필요할 것이다. 수십 개의 큐비트로 된 장치에서 수백만 개의 큐비트로 이루어진 장치까지 나아가려면 꽤 오랜 세월이 걸릴 것이다. 물론 궁극적으로 우리가 거기에 다다른다면, 진정으로 엄청난 계산을 하게 됨으로써 우리가 할 수 있는 일들이 완전히 바뀔 것이다.[35] AI 분야에서 진정한 개념적 발전이 이루어지기를 기다리기보다는, 양자 계산의 원초적인 힘을 이용하여 현재의 '무지한' 알고리듬이 직면한 장벽 중 일부를 우회할 수 있을지도 모른다.

계산의 한계

1950년대에도 컴퓨터는 대중 언론에서 '아인슈타인보다 빠른 초두뇌'로 묘사되었다. 그렇다면 이제 드디어 컴퓨터가 사람의 뇌만큼 강력해졌다고 말할 수 있을까? 그렇지 않다. 원초적인 계산 능력에 초점을 맞추다가는 요점을 완전히 놓치게 된다. AI는 속도만으로 출현시킬 수 있는 것이 아니다. 엉성하게 설계된 알고리듬을 더 빠른 컴퓨터에서 돌린다고 해서 알고리듬이 더 나아지는 것이 아니다. 그저 틀린 답에 더 빨리 다다를 뿐이다. (그리고 데이터가 더 많을수록 틀린 답에 다다를 기회도 더 많아진다!) 더 빠른 기계의 주된 효과는 실험에 걸리는 시간을 더 짧게 줄인다는 것, 따라서 연구를 더 빨리 진행할 수 있다는 것이다. AI를 지체시키는 것은 하드웨어가 아니다. 소프트웨어다. 우리는 기계를 진정으로 지적으로 만드는 방법을 아직 알지 못한다. 기계가 우주만큼 크다고 해도 마찬가지다.

그러나 우리가 어찌어찌하여 올바른 종류의 AI 소프트웨어를 개발하는 데 성공했다고 하자. 그랬을 때 컴퓨터의 성능 향상을 제약하는 어떤 물리적 한계가 과연 있을까? 그런 한계 때문에 진정한 AI를 만드는 데 필요한 계산 능력을 충분히 확보하지 못할 수도 있지 않을까? 답은 "예"이자 "아니오"다. 즉, 한계가 있는 듯하면서도, 진짜 AI를 만드는 것을 가로막을 한계가 있을 가능성이 전혀 없는 듯도 하다. MIT 물리학자 세스 로이드Seth Lloyd는 양자론과 엔트로피를 토대로 노트북만 한 컴퓨터의 한계를 추정했다.[36] 그 값을 들었다면, 아마 칼 세이건Carl Sagan도 깜짝 놀랐을 것이다. 초당 10^{51}회의 연산에 10^{30}바이트의 기억 용량이다. 즉, 서밋보다 약 10억×1조×1조 배 빠르고, 4조 배 더 많은 기억 용량을 지닌다. 앞서 말했듯이, 서밋은 기본 성능이 인간의 뇌보다 낫다. 따라서 인간의 마음이 우리 우주에서 물리적으로 이룰 수 있는 것의 상한을 대변한다는 말을 들을 때면,[37] 적어도 더 상세히 말하라고 요구해야 한다.

물리학이 부과한 한계뿐 아니라, 컴퓨터과학자들의 연구를 통해 밝혀진 컴퓨터의 능력 발달을 가로막는 다른 한계도 있다. 튜링 자신은 어떤 컴퓨터로도 결정 불가능한 문제들이 있음을 입증했다. 잘 정의되어 있고 답도 있지만, 그 답을 늘 내놓는 알고리듬이 존재할 수 없는 문제다. 그가 제시한 사례는 정지 문제halting problem라고 알려지게 되었다. 주어진 프로그램이 영원히 끝나지 않을 '무한 고리'를 지니는지를 알고리듬이 판단할 수 있는가 하는 문제다.[38]

어떤 알고리듬도 정지 문제를 해결할 수 없다는 튜링의 증명은 수학의 토대에 대단히 중요하지만,[39] 컴퓨터가 지적인 존재가 될 수 있을지에 관한 문제와는 아무 관련이 없는 듯하다. 이렇게 주장하는 한 가지 이유는 사람의 뇌에 동일한 기본 한계가 적용되는 듯하기 때문이다. 일단 인간의 뇌가 자신을 모사하는 자기 자신을 모사하는 식으로 죽 이어지는 자신의 정확한 시뮬레이션을 수행할 수 있는지 묻기 시작하면, 우리는 어려움에 빠지게 마련이다. 그렇긴 해도, 나는 내게 그럴 능력이 없다고 해서 결코 걱정한 적이 없다.

그러니 결정 가능한 문제에 초점을 맞춘다면 AI에 어떤 실질적인 제약을 가하는 것이 아니라고 할 수 있을 듯하다. 그렇다고 해서 결정 가능하다는 말이 쉽다는 의미는 아니다. 컴퓨터과학자들은 많은 시간을 이런저런 문제의 복잡성을 생각하면서 보낸다. 즉, 가장 효율적인 방법으로 문제를 푸는 데 얼마나 많은 계산을 해야 할지를 고심한다.

쉬운 문제를 하나 예로 들어보자. 1천 개의 숫자가 적혀 있는 목록을 주고서, 가장 큰 수를 찾으라고 한다. 각 숫자를 살피는 데 1초가 걸린다면, 각 숫자를 차례로 살피면서 가장 큰 수를 계속 추적하는 뻔한 방법을 써서 이 문제를 푸는 데는 1천 초가 걸린다. 더 빠른 방법이 있을까? 없다. 어떤 방법이든 간에 목록에 있는 모든 수를 살피지 않았을 때, 조사하지 않은 어떤 수가 가장 큰 수라면 그 방법은 실패할 것이기 때문이다. 따라서 가장 큰 원소를 찾는 데 걸리는 시간은 목록의 크기에 비례한다. 컴퓨터과학자들은 이 문제가 선형 복잡성을 지닌다고 말할 것이다. 즉, 아주 쉽다는 의미다. 그런 뒤에 더 흥미로운 문제를 찾아 나설 것이다.

이론 컴퓨터과학자들을 흥분시키는 것은 많은 문제가 최악의 사례에서 지수 복잡성을 지니는 듯하다는 것이다.[40] 이는 두 가지를 의미한다. 첫째, 우리가 아는 모든 알고리듬은 적어도 어떤 문제 사례를 풀려면 지수 시간이 필요하다는 것—즉, 푸는 데 걸리는 시간이 입력의 크기에 지수적으로 비례한다는 것—이다. 둘째, 이론 컴퓨터과학자들이 이런 사례들에서 더 효율적인 알고리듬이 존재하지 않는다고 꽤 확신한다는 것이다.

난이도가 지수 증가한다는 것은 이론상으로는 문제를 푸는 것이 가능할 수 있지만(즉, 분명히 결정 가능하지만) 실질적으로는 풀 수 없을 때가 종종 있다는 의미다. 컴퓨터과학에서는 그런 문제를 어려운intractable 문제라고 한다. 주어진 지도에서 인접한 지역들을 같은 색깔로 칠하지 않으면서 세 가지 색깔만으로 칠할 수 있는지를 결정하는 문제가 바로 그렇다. (네 가지 색깔로 칠하는 것은 언제나 가능하다는 것이 잘 알려져 있다.) 지역이 1백만 곳이라면, 답을 찾기까지 2^{1000}번의 계산 단계가 필요한 사례들(전부가 아니라 일부)도 있을지 모른다. 그 말은 서밋 슈퍼컴퓨터로는 푸는 데 약 10^{275}년, 세스 로이드의 궁극 물리학 노트북으로는 훨씬 적은 겨우 10^{242}년이 걸린다는 의미다. 이에 비하면 우주의 나이인 약 10^{10}년도 한순간에 불과하다.

어려운 문제가 존재한다는 점이 컴퓨터가 사람만큼 지적인 존재가 될 수 없다고 생각할 근거가 될까? 그렇지 않다. 사람이 어려운 문제를 풀 수 있을 것으로 가정할 이유도 전혀 없기 때문이다. 양자 계산은 좀 도움이 되겠지만(기계든 뇌든 간에), 그 기본 결론을 바꿀 수 있을 정도는 아니다.

복잡성은 현실 세계의 결정 문제—삶의 매 순간에 당장 무엇을 할지를 결정하는 문제—가 너무 어려워서 사람도 컴퓨터도 완벽한 해답을 찾는 일에 가까이 다가가지조차 못할 것이라는 의미다.

이로부터 두 가지 결과가 도출된다. 첫째, 우리는 대개 현실 세계의 결정이 기껏해야 어중간한 수준이며, 최적의 결정과는 분명히 거리가 멀 것으로 예상한다. 둘째, 우리는 사람과 컴퓨터의 마음 구조―결정 과정이 실제로 작동하는 방식―중 상당 부분이 가능한 한 복잡성을 극복하도록 설계될 것으로 기대한다. 즉, 세계가 압도적일 정도로 복잡성을 띠고 있어도 어중간한 수준까지라도 해답을 찾을 수 있게 해줄 것이라고 기대한다. 마지막으로, 우리는 미래의 기계가 얼마나 지적이고 성능이 뛰어나든 간에, 이 두 결과가 여전히 참일 것으로 예상한다. 기계가 우리보다 훨씬 더 유능해질지 몰라도, 여전히 완벽하게 합리적인 존재와는 거리가 멀 것이다.

지적인 컴퓨터

우리는 아리스토텔레스를 비롯한 이들이 논리학을 발전시킨 덕분에 합리적 사고의 정확한 규칙을 이용할 수 있게 되었지만, 아리스토텔레스가 그런 규칙을 실행하는 기계의 가능성까지 생각했을지는 알지 못한다. 후대에 많은 영향을 끼치게 될, 13세기 카탈루냐의 철학자, 난봉꾼, 신비주의자인 라몬 유이Ramon Llull는 훨씬 더 나아갔다. 그는 기호를 적은 종이 바퀴를 만들었고, 그것을 써서 주장들의 논리적 조합을 생성할 수 있었다. 17세기 프랑스의 위대한 수학자 블레즈 파스칼은 최초로 진정 실용적인 기계식 계산기를 개발했다. 비록 덧셈과 뺄셈만 할 수 있었고 주로 부친의 징세 사무소에서 쓰였지만, 파스칼은 이렇게 썼다. "그 산술 기계는 동물들의 모든 행동보다 생각에 더 가까운 것을 하는 듯한 효과를 일으킨다."

기술은 19세기에 영국의 수학자이자 발명가 찰스 배비지Charles Babbage가 해석 기관Analytical Engine을 고안했을 때 극적인 도약을 이루었다. 해석 기관은 나중에 튜링이 정의한 의미에서의 프로그래밍이 가능한 범용 기계였다. 배비지는 낭만파 시인이자 모험가 조지 고든 바이런George Gordon Byron의 딸이자 백작 부인인 에이다 러브레이스Ada Lovelace의 도움을 받았다. 배비지가 해석 기관을 수학적·천문학적 표를 정확히 계산하는 용도로 쓰고 싶어 한 반면, 러브레이스는 그 기계의 진정한 잠재력을 이해했다.[41] 1842년 러브레이스는 그 기계를 "우주의 만물"을 추론할 수 있는 "생각하는 기계 또는 … 추론 기계"라고 썼다. 그럼으로써 AI를 만들 기본 개념 요소는 다 갖추어졌다! 그 이후로 AI가 출현하는 것은 그저 시간문제일 뿐이었다.

그러나 불행히도, 그 시간은 아주 길었다. 해석 기관은 결코 실물로 만들어지지 못했고, 러브레이스의 착상은 거의 잊혔다. 그러다가 1936년 튜링의 이론 연구와 그 뒤 제2차 세계대전에 힘입어서, 마침내 1940년대에 범용 계산 기계가 등장했다. 그러자 곧이어 지능을 만들어낸다는 생각이 따라 나왔다. 튜링의 1950년 논문, 〈계산 기계와 지능Computing machinery and intelligence〉은 지적인 기계의 가능성을 살펴본 많은 초기 논문 중에서 가장 잘 알려져 있다.[42] 회의주의자들은 우리가 생각할 수 있는 거의 모든 X에 대하여, 기계가 결코 X를 할 수 없을 것이라는 주장을 이미 하고 있었는데, 튜링은 그런 주장들을 논박했다. 또 그는 '모방 게임'이라는 실용적인 지능 검사법을 제시했다. 이 검사법은 나중에 (단순화한 형태로서) '튜링 검사'라고 불리게 되었다. 이 검사는 기계의 행동을 측정한다. 더 구체적으로 말하면, 기계가 심사자인 사람을 속여서 사람이라고 생각하게 만들 능력을 지녔는지를 측정한다.

모방 게임은 튜링의 논문에서 특별한 역할을 한다. 기계가 올바른 자의식을 갖고 올바른 이유로 올바른 방식으로 생각할 수 없다고 가정하는 회의주의자들을 공격하는 사고 실험으로서다. 튜링은 그 논쟁을 기계가 특정한 방식으로 행동할 수 있는가 하는 문제 쪽으로 돌리고자 했다. 그리고 성공한다면—이를테면, 기계가 셰익스피어의 4행시와 그 의미를 사려 깊게 논의할 수 있다면—AI에 관한 회의주의는 사실상 유지될 수 없을 터였다. 일반적인 해석과 달리, 나는 튜링 검사가 지능의 진정한 정의를 제시하겠다는 의도로 나온 것이 아니라고 본다. 즉, 튜링 검사를 통과해야만 기계가 지능이 있다고 말할 수 있다는 의미로 내놓은 것이 아니다. 사실 튜링은 이렇게 썼다. "생각이라고 묘사되어야 하겠지만 사람이 하는 생각과는 전혀 다른 무언가를 기계가 할 수도 있지 않을까?" 내가 튜링 검사를 AI의 정의로 보지 않는 또 한 가지 이유는 실제로 써먹기가 너무 힘들기 때문이다. 그리고 그 때문에, 주류 AI 연구자들은 굳이 노력을 쏟아서 튜링 검사를 통과하려는 시도 같은 것을 거의 하지 않는다.

튜링 검사는 AI에 유용하지 않다. 비형식적이며 매우 정황적인 정의이기 때문이다. 즉, 인간의 마음이라는 엄청나게 복잡하면서 대체로 알려지지 않은 특징들에 의존한다. 인간의 마음이란 생물학과 문화 양쪽에서 유래한 것이다. 이 정의를 '풀어 헤친' 뒤, 거기에서 출발하여 튜링 검사를 증명 가능하게 통과할 기계를 만들 방법은 전혀 없다. 대신에 AI는 앞서 말했다시피, 합리적인 행동에 초점을 맞추어왔다. 즉, 기계는 자신이 지각한 것을 토대로 자신이 하는 행동이 원하는 것을 이룰 가능성이 있는 한 지적이다.

AI 연구자들은 처음에는 아리스토텔레스처럼 '기계가 원하는 것'을 충족되거나 충족되지 않은 목표라고 보았다. 이 목표는 15칸 퍼즐 맞추기 같은 장난감 세계에 속한 것일 수도 있다. 이 퍼즐에서 목표란 작은 (모사된) 사각형 판에서 숫자가 적힌 타일을 1에서 15까지 순서대로 배치하는 것을 뜻한다. 또는 실제 물리적 환경에서 그렇게 할 수도 있다. 1970년대 초에 캘리포니아 SRI의 셰이키Shakey 로봇은 커다란 블록을 밀어서 원하는 방식으로 배치했으며, 에든버러대학교의 프레디Freddy는 부품을 모아서 나무배를 조립했다. 이 모든 연구는 목표를 달성할 것임이 보장된 계획을 세우고 실행하는 논리 문제 해결자와 기획 시스템을 써서 이루어지고 있었다.[43]

1980년대가 되자, 논리 추론만으로는 충분치 않다는 것이 명확해졌다. 앞서 말했듯이, 그 어떤 계획도 우리를 공항에 데려다준다고 보장하지 못하기 때문이다. 논리는 확실성을 요구하는데, 현실 세계는 그런 것을 애초에 제공하지 않는다. 한편, 이스라엘계 미국인 컴퓨터과학자로서 나중에 2011년에 튜링상을 받을 주디어 펄Judea Pearl은 확률 이론을 토대로 불확실성을 추론할 방법을 연구하고 있었다.[44] AI 연구자들은 서서히 펄의 개념을 받아들였다. 그들은 확률론과 효용 이론의 도구들을 채택했고, 그럼으로써 AI를 통계학, 제어 이론, 경제학, 오퍼레이션 리서치와 연결시켰다. 일부에서는 바로 이 변화로부터 현대 AI라고 부르는 것이 시작되었다고 본다.

행위자와 환경

현대 AI의 핵심 개념은 지적 행위자, 즉 지각하고 행동하는 무엇이다. 행위자는 지각 입력의 흐름이 행동의 흐름으로 전환된다는 의미에서, 시간이 흐르면서 일어나는 과정을 가리키는 표현이다. 한 예로, 해당 행위자가 나를 공항으로 태우고 가는 자율 주행 택시라고 하자. 여기서 입력은 초당 30프레임으로 작동하는 여덟 대의 RGB 카메라일 수 있다. 각 프레임은 아마 750만 화소로 되어 있을 테고, 각 화소는 세 가지 색 채널 각각에서 밝기 값을 지니므로, 초당 5기가바이트가 넘는 데이터가 생성된다. (망막에 있는 2억 개의 광수용체로부터 나오는 데이터의 흐름은 더 많다. 사람의 뇌에서 시각 처리 영역이 그렇게 큰 부분을 차지하는 이유도 그것으로 어느 정도 설명이 된다.) 또 택시는 초당 1백 번씩 가속도계와 GPS로부터 데이터를 얻는다. 이 경이로운 양의 원자료의 흐름은 수십억 개의 트랜지스터(또는 뉴런)의 엄청난 연산력을 통해 매끄럽고 유능한 운전 행동으로 전환된다. 택시의 행동에는 운전대, 제동 장치, 가속 장치로 초당 20번씩 보내지는 전자 신호도 포함된다. (노련한 인간 운전자는 이 혼란스러운 활동 대부분을 무의식적으로 수행한다. "이 느린 트럭을 추월해"나 "주유소에서 멈춰" 같은 결정을 할 때는 의식을 할지도 모르지만, 그런 상황에서도 눈, 뇌, 신경, 근육은 여전히 온갖 다른 일을 하고 있다.) 체스 프로그램은 이따금 상대방의 수와 체스판의 새로운 상태가 입력될 뿐, 대부분의 시간에는 그저 시계의 째깍거림만이 입력되며, 행동도 대부분의 시간에는 그저 프로그램이 생각하고 있을 뿐 아무것도 하지 않으며, 이따금 수를 선택하여 상대방에게 알리는 것으로 이루어진다. 시리Siri와 코타나Cortana 같은 개인 디지털 비서PDA에서는 입력에 마이크에서 나오는 음향 신호(초당 8만 4천 번 수집되는)와 터치스크린에서 오는 신호뿐 아니라, 접근하는 웹페이지의 내용도 포함되며, 출력은 음성과 화면에 표시하는 것이 포함된다.

지적 행위자를 구축하는 방법은 우리가 직면한 문제의 성격에 달려 있다. 그리고 문제의 성격은 세 가지에 달려 있다. 첫째, 행위자가 활동할 환경의 특성이다. 체스판은 혼잡한 도로나 휴대전화와 전혀 다른 환경이다. 둘째, 행위자를 환경과 연결하는 관찰과 행동이다. 예를 들어, 시리는 자신이 볼 수 있는 휴대전화 카메라에 접근할 수도 있고 그렇지 않을 수도 있다. 셋째, 행위자의 목적이다. 상대방에게 체스를 잘 두도록 가르치는 일은 체스를 두어 이기는 것과는 전혀 다른 일이다.

행위자를 설계하는 일이 이런 것들에 어떻게 의지하는지 사례를 하나 들어보자. 목적이 게임에서 이기는 것이라면, 체스 프로그램은 현재의 국면만 고려하면 되고 지난 수들은 전혀 기억할 필요가 없다.[45] 반면에 체스 교사는 도움이 되는 조언을 할 수 있도록 학생이 무엇을 이해하고 이해하지 못하는지에 관한 모델을 계속 갱신해야 한다. 다시 말해, 체스 교사에게는 아이의 마음도 관련이 있는 환경의 일부분이다. 게다가 체스판과 달리, 환경 중에서 직접 관찰할 수 없는 부분이기도 하다.

행위자의 설계에 영향을 미치는 문제의 특징에는 적어도 다음과 같은 것이 포함된다.[46]

- 환경이 완전히 관찰 가능한가(환경의 현재 상태와 관련된 모든 측면을 입력을 통해 직접 접할 수 있는 체스에서처럼), 일부만 관찰 가능한가(시야가 한정되어 있고, 차량이 불투명하고, 다른 운전자들의 의도가 수수께끼인, 운전할 때처럼).
- 환경과 행동이 비연속적인가(체스), 사실상 연속적인가(운전).
- 환경에 다른 행위자가 있는가(체스와 운전) 없는가(지도에서 가장 짧은 경로를 찾는 길 찾기).
- 환경의 '규칙'이나 '물리학'을 통해 정해지는 행동의 결과가 예측 가능한가(체스) 불가능한가(교통과 날씨), 그런 규칙들이 알려져 있는가 알려지지 않았는가.
- 환경이 역동적으로 변함으로써 결정을 내리는 데 걸리는 시간에 심한 제약이 가해지는가(운전) 그렇지 않은가(세금 전략 최적화).
- 결정의 질을 목적에 따라서 측정하는 시간의 길이. 아주 짧을 수도 있고(긴급 제동), 중간일 수도 있고(약 1백 수를 두면 게임이 끝나는 체

스), 아주 길 수도 있다(나를 공항까지 태워주는 택시. 택시가 초당 1백 번 결정을 내린다면, 결정 주기가 수십만 번 진행될 수도 있다).

짐작할 수 있겠지만, 이런 특징들 때문에 문제 유형이 당혹스러울 정도로 다양해진다. 위에 나열한 선택 가짓수를 그냥 곱하기만 해도 192가지 유형이 된다. 현실 세계의 문제에서 이 모든 유형을 찾을 수 있다. 대개 AI 이외의 분야에서 연구되는 사례도 있다. 예를 들어, 고도 비행을 유지하는 자동 조종 장치를 설계하는 일은 기간이 짧고 연속적이고 역동적인 문제로서, 대개 제어 이론 분야에서 연구한다.

더 쉬운 문제 유형도 분명히 있으며, 관찰 가능하고, 불연속적이고, 결정론적이고, 규칙이 알려진 보드게임과 퍼즐 같은 문제에서 AI는 많은 발전을 이루어왔다. 더 쉬운 문제 유형에서 AI 연구자들은 꽤 일반적이고 효과적인 알고리듬을 개발하고 탄탄한 이론적 토대를 마련해왔다. 그런 유형의 문제에서는 기계가 사람보다 뛰어난 능력을 발휘하곤 한다. 어떤 알고리듬이 어떤 문제 범주 전체에 걸쳐서 최적이거나 거의 최적인 결과를 내놓는다는 것이 증명되었고, 개별 문제에 맞게 수정할 필요 없이 그런 유형의 문제에 실제로 잘 적용될 때, 우리는 그 알고리듬을 일반적이라고 말할 수 있다.

스타크래프트 같은 비디오게임은 보드게임보다 매우 어렵다. 움직이는 부분이 수백 곳이고, 시간 지평이 수천 단계로 이루어져 있으며, 매 순간 전체 경관의 일부만 눈에 보인다. 각 시점에 게이

머가 선택할 수 있는 움직임이 적어도 10^{50}가지나 된다. 그에 비해 바둑은 약 10^2가지다.[47]) 그래도 스타크래프트는 규칙이 알려져 있고, 몇 종류의 대상이 활동하는 불연속적인 세계다. 2019년 초 기준으로, 기계는 몇몇 스타크래프트 경기에서 직업 선수 수준의 실력을 보였지만, 아직 최고 선수들 수준에는 미치지 못했다.[48] 더 중요한 점은 그 수준에 이르기까지 그 문제만을 위해 꽤 많은 노력을 쏟았다는 것이다. 즉, 범용 방법들은 아직 스타크래프트에 적용하기에는 무리가 있다.

정부를 운영하거나 분자생물학을 가르치는 것 같은 문제는 훨씬 더 어렵다. 복잡하면서 주로 관찰 불가능한 환경(나라 전체의 상태나 학생의 마음 상태)에다가, 대상들의 수와 종류가 훨씬 많고, 각 행동이 명확히 정의되지 않고, 규칙이 대부분 알려지지 않았고, 불확실성이 매우 높고, 기간이 아주 길기 때문이다. 우리는 이런 특징들 각각을 다루는 개념과 표준 도구를 지니고 있지만, 모든 특징을 동시에 다룰 일반적인 방법은 아직 없다. 이런 유형의 과제를 해낼 AI 시스템을 구축한다면, 그 시스템은 각각의 개별 문제에만 적용되는 기법을 아주 많이 필요로 하는 경향을 보이고, 아주 허약할 때가 많다.

범용성을 향한 발전은 더 적고 더 약한 가정을 요구하는 유형이나 방법 내에서 더 많은 문제에 적용될 수 있도록 더 어려운 문제에 효과가 있는 방법을 고안할 때 이루어진다. 범용 AI는 모든 문제 유형에 적용할 수 있고, 가정을 거의 하지 않으면서 다양하면서 어려운 사례에 효과가 있는 방법일 것이다. 그것이 바로 AI 연구의 궁극적 목표다. 문제에 맞추어 가공할 필요가 전혀 없이, 분자생물학을 가르치거나 정부를 운영하는 데 그냥 적용할 수 있는 시스템이다. 그 시스템은 모든 가용 자원으로부터 자신이 무엇을 배울 필요가 있는지를 알아차리고, 필요할 때 질문을 하고, 그 일을 할 계획을 세우고 실행하기 시작할 것이다.

그런 범용 방법은 아직 존재하지 않지만, 우리는 그쪽으로 점점 더 나아가고 있다. 아마 범용 AI를 향한 이런 발전 중 상당수가 위협적인 범용 AI 시스템을 구축하려는 쪽이 아닌 연구의 산물이라고 말하면 좀 놀랄지 모르겠다. 이들은 (바둑을 두거나 손으로 쓴 숫자를 인식하는 것 같은 개별 문제를 해결하기 위해 고안된 건전하면서 안전하고 지루한 AI 시스템을 뜻하는) 도구tool AI나 협의의narrow AI 연구에서 나온다. 이런 유형의 AI 연구는 흔히 아무런 위험도 끼치지 않는다고 여겨진다. 해당 문제 전용이고 범용 AI와 무관하다는 이유에서다.

이런 믿음은 이런 시스템에 어떤 유형의 일이 맡겨지는지를 오해한 결과다. 사실 도구 AI 연구는 범용 AI 쪽으로 발전을 가져올 수 있고, 실제로 그런 일이 일어나고 있다. '좋은 취향good taste'을 지닌 연구자가 현행 범용 방법의 능력을 넘어서는 문제를 공략할 때 특히 그렇다. 여기서 좋은 취향이란 그 해답 접근법이, 지식을 지닌 사람이 이러저러한 상황에서 할 법한 행동을 해당 상황에 맞게 코드로 작성할 뿐 아니라 그 기계에 스스로 해답을 알아낼 능력을 제공하려고 시도한다는 의미다.

예를 들어, 구글 딥마인드의 알파고 연구진은 세계 최고의 바둑 프로그램을 개발하는 데 성공했지만, 사실 그 프로그램은 바둑을 연구하여 나온 것이 아니었다. 다양한 대국 상황에서 어떻게 수를 두라고 말하는 엄청난 양의 바둑 전용 코드를 짜지 않은 채로 개발했다는 의미다. 그들은 바둑에만 작동하는 결정 절차를 설계한 것이 아니었다. 대신에 두 가지 꽤 범용적인 기법을 개선했다. 결정을 내리는 데 쓰는 전방 탐색과 판세를 읽는 법을 배우는 데 쓰는 강화 학습 말이다. 그 결과 초인적인 수준으로 바둑을 둘 수 있게 기량이 향상되었다. 이런 개선은 로봇학처럼 바둑과 거리가 먼 분야의 문제를 포함하여, 다른 많은 문제에도 적용될 수 있다. 말이 나온 김에 한마디 더 하자면, 알파고의 개선판인 알파제로AlphaZero는 최근에 바둑에서 알파고를 이겼을 뿐 아니라, 스톡피시Stockfish(사람보다 훨씬 뛰어난 세계 최고의 체스 프로그램)와 엘모Elmo(마찬가지로 사람보다 훨씬 잘 두는 세계 최고의 장기 프로그램)도 이겼다. 알파제로는 이 성과를 하루에 다 이루었다.[49]

손으로 쓴 숫자를 인식하려고 애쓴 1990년대의 연구도 범용 AI를 향한 발전에 상당한 기여를 했다. AT&T 연구소의 얀 르쿤Yann LeCun 연구진은 곡선과 고리를 탐색함으로써 '8'을 인식하는 특수한 알고리듬을 작성한 것이 아니었다. 대신에 그들은 기존의 신경망 학습 알고리듬을 개선하여 합성곱 신경망 CNN을 만들었다. 이 신경망은 설명 꼬리표를 붙인 사례들을 써서 적절히 훈련을 시키자 문자 인식도 잘한다는 것을 보여주었다. 동일한 알고리듬은 문자, 도형, 표지판, 개, 고양이, 경찰차를 인식하는 법도 배울 수 있다. '심층 학습'이라고 하는 이런 알고리듬은 음성 인식과 시각 대상물 인식에 혁신을 일으켜왔다. 알파제로뿐 아니라, 현재 이루어지는 대부분의 자율주행차 개발 계획의 핵심 구성 요소이기도 하다.

그 점을 생각하면, 범용 AI를 향한 발전이 개별 과제를 다루는 협의의 AI 프로젝트에서 일어날 것이라고 말해도 그리 놀랍지 않을 것이다. 그런 과제는 AI 연구자들에게 달려들어 땀 흘릴 일거리를 제공한다. (사람들이 "멍하니 창밖을 내다보는 것이 발명의 어머니다"라고 말하지 않는 데에도 나름의 이유가 있다.) 그런 한편으로, 발전이 얼마나 이루어졌으며, 경계가 어디에 놓여 있는지를 이해하는 것도 중요하다. 알파고가 이세돌을 물리치고 그 뒤에 다른 모든 최고의 바둑 국수들을 물리쳤을 때, 많은 이들은 머리가 아주 좋은 사람에게도 매우 어렵다고 알려진 바둑 대국에서 바둑을 전혀 모르는 상태에서 배우기 시작한 기계가 인류를 이겼으므로, 그것이 종말의 시작을 의미한다고 가정했다. 즉, AI가 인간을 정복하는 것은 시간문제일 뿐이라는 의미였다. 알파제로가 바둑뿐 아니라 체스와 장기에서도 이겼을 때, 일부 회의주의자들까지도 그런 견해를 믿는 쪽으로 돌아섰을지도 모르겠다. 그러나 알파제로는 뚜렷한 한계를 지니고 있다. 불연속적이고 관찰 가능하고 규칙이 알려진 2인용 게임이라는 유형에서만 작동한다는 것이다. 이 접근법은 운전, 교육, 정부 운영, 세계 정복에는 전혀 먹히지 않을 것이다.

기계의 능력을 한정 짓는 이런 뚜렷한 경계선은 '기계의 IQ'가 빠르게 증가하면서 인간의 IQ를 넘어서려 한다는 사람들 말이 헛

소리임을 뜻한다. IQ 개념이 사람에게 적용될 때 의미가 있다면, 그것은 사람의 갖가지 능력이 인지 활동의 폭넓은 범위에 걸쳐서 상관관계를 보이는 경향이 있기 때문이다. 기계에 IQ를 갖다 붙이려는 시도는 네 발로 걷는 동물을 사람의 10종 경기에서 뛰게 하려고 시도하는 것과 비슷하다. 말은 분명히 빨리 달리고 높이 뛸 수 있지만, 장대높이뛰기와 원반던지기는 하기 쉽지 않다.

목적과 표준 모델

바깥에서 지적 행위자를 볼 때는 그것이 받는 입력의 흐름으로부터 그것이 생성하는 행동의 흐름이 중요하다. 한편, 안쪽에서 보면 그 행동은 행위자 프로그램agent program이 선택해야 한다. 사람은 하나의 행위자 프로그램을 지니고 태어난다고 할 수 있으며, 그 프로그램은 시간이 흐르면서 아주 다양한 과제를 배워서 꽤 성공적으로 해낸다. 그러나 아직 AI는 그렇지 못하다. 우리는 모든 일을 하는 범용 AI를 만드는 법을 알지 못한다. 그래서 대신에 문제 유형별로 각기 다른 유형의 행위자 프로그램을 만든다. 이 각각의 행위자 프로그램이 어떻게 작동하는지를 적어도 조금은 설명할 필요가 있을 것 같다. 더 자세한 설명을 듣고 싶은 독자는 책 뒤쪽의 부록을 참조하기 바란다. (해당 부록은 여기부록A와 저기부록D 하는 식으로 위첨자로 표시했다.) 여기서는 이런 다양한 유형의 행위자에게 표준 모델이 어떻게 적용되는지에 주로 초점을 맞추련다. 다시 말해, 목적이 어떻게 정해지고 행위자에게 그 목적을 어떻게 전달하는지를 살펴볼 것이다.

목적을 전달하는 가장 단순한 방법은 목표라는 형태로 제시하는 것이다. 자율주행차에 타서 화면의 '집'이라는 아이콘을 누르면, 차는 집까지 가는 것을 자신의 목적으로 받아들이고, 경로를 짜고 실행한다. 세계는 목표를 충족시켰거나(그래, 집에 왔어) 그렇지 못했거나(아니, 나는 샌프란시스코 공항에 살지 않아) 둘 중 한 가지 상태에 있다. 1980년대에 불확실성이 주된 현안으로 등장하기 전인 AI 연구의 고전 시대에, AI 연구자는 대부분 세계가 완전히 관찰 가능하고 결정론적이라고 가정했고, 목표가 목적을 구체적으로 정하는 방편이라고 이해했다. 이 분야에서는 때로 비용 함수를 써서 해결책을 평가하는데, 그럴 때는 목표에 다다르는 총비용을 최소화하는 것이 최적 해결책이 된다. 자율주행차에는 이 함수가 내장되어 있을 수 있고―아마 한 경로의 비용은 걸리는 시간과 연료 소비량의 어떤 정해진 조합일 것이다―아니면 양쪽을 헤아려서 균형점을 찾는 일을 사람에게 맡길 수도 있다.

그런 목적을 달성하는 데 핵심이 되는 것은 가능한 행동들의 결과를 '마음속으로 모사하는' 능력이다. 이를 흔히 전방 탐색이라고 말한다. 당신의 자율주행차에는 지도가 내장되어 있으므로, 샌프란시스코에서 동쪽으로 베이브리지를 건너 오클랜드로 당신을 태우고 갈 경로를 안다. 1960년대에[50] 가능한 많은 행동 사슬을 미리 내다보고 탐색함으로써 최적 경로를 찾는 알고리듬이 나왔다.[부록A] 이런 알고리듬은 현대 기반시설에 공통으로 들어가 있다. 운전 방향뿐 아니라 항공 여행 일정, 로봇을 이용한 조립 라인, 건설 계획, 물류 운송에도 쓰인다. 상대방의 부적절한 행동을 다룰 수 있도록 조금 수정을 가하면, 동일한 전방 탐색 개념을 틱택토tic-tac-toe, 체스, 바둑 같은 게임에도 적용할 수 있다. 게임 특유의 승패 정의에 따라서 이기는 것이 목표인 분야들이다.

전방 탐색 알고리듬은 개별 과제를 놀라울 만치 잘 해내지만, 그다지 유연하지 않다. 예를 들어, 알파고는 바둑의 규칙을 '알고' 있지만, C++ 같은 기존 프로그래밍 언어로 작성된 두 서브루틴을 지닌다는 의미에서만 그렇다. 한 서브루틴은 가능한 모든 적법한 수를 생성하고, 다른 서브루틴은 코드에 담긴 목표를 토대로 현재 상태가 이긴 것인지 진 것인지를 판단한다. 알파고에게 다른 게임을 시키려면, 누군가가 이 C++ 코드를 모두 다시 짜야 한다. 게다가 알파고에 새 목표를 주면—이를테면, 프록시마 켄타우리의 궤도를 도는 외계 행성을 방문하는 일—그 목표를 이룰 행동 사슬을 찾겠다고 바둑의 수순 수십억 가지를 헛되이 탐색할 것이다. C++ 코드 내부를 들여다보고서 명백한 사실을 판단하는 일은 하지 못한다. 바둑의 수를 어떻게 두든 간에, 프록시마 켄타우리로 우리를 데려다주지 못한다는 것 말이다. 알파고의 지식은 본질적으로 잠긴 블랙박스 안에 들어 있다.

존 매카시는 다트머스 여름 모임을 주최하여 인공지능이라는 분야를 탄생시킨 지 2년 뒤인 1958년, 그 블랙박스를 열 훨씬 더 일반적인 접근법을 제시했다. 어떤 주제든 상관없이 지식을 흡수하고, 그 지식을 토대로 추론을 하여 답변 가능한 질문에 답을 할 수 있는 범용 추론 프로그램을 작성하자는 것이었다.[51] 성공한다면 아리스토텔레스가 주장한 종류의 실천적 추론은 그런 추론 유형 중 하나가 될 터였다. "행동 A, B, C, …를 하면, 목표 G를 이룰 것이다." 목표는 무엇이든 될 수 있었다. 내가 집에 도착하기 전에 집을 깨끗이 청소하는 것, 나이트를 잃지 않으면서 체스에서 이기는 것, 세금을 50퍼센트 줄이는 것, 프록시마 켄타우리를 방문하는 것 등등. 매카시가 제시한 새로운 범주의 프로그램은 곧 '지식 기반 시스템'이라고 불리게 되었다.[52]

지식 기반 시스템이 가능하려면, 두 가지 질문에 답해야 한다. 첫째, 컴퓨터에 어떻게 지식을 저장할 수 있을까? 둘째, 컴퓨터는 그 지식을 갖고서 새로운 결론을 이끌어낼 올바른 추론을 어떻게 할 수 있을까? 운 좋게도 고대 그리스 철학자들, 특히 아리스토텔레스는 컴퓨터가 등장하기 오래전에 이런 질문에 기본적인 답을 제시했다. 사실, 아리스토텔레스는 컴퓨터(그리고 약간의 전기)를 접할 수 있었다면, AI 연구자가 되었을 가능성이 매우 커 보인다. 매카시가 말했듯이, 아리스토텔레스가 내놓은 답은 형식 논리[부록B]를 지식과 추론의 토대로 삼자는 것이었다.

컴퓨터과학에서 진정으로 중요한 논리는 두 종류다. 첫 번째는 명제 논리 또는 불 논리Boolean logic라는 것으로서, 고대 그리스뿐 아니라 고대 중국과 인도의 철학자들도 알고 있던 것이다. 컴퓨터 칩의 회로를 구성하는 AND 게이트gate, NOT 게이트 등과 동일한 언어다. 글자 그대로의 의미에서 현대 CPU는 명제 논리의 언어로 쓴, 수억 쪽에 달하는 아주 많은 수식에 다름 아니다. 두 번째 유형의 논리이자, 매카시가 AI에 쓰자고 제안한 논리는 1차 논리first-order logic[부록B]라는 것이다. 1차 논리는 명제 논리보다 훨씬 더 표현력이 있는 언어를 쓴다. 즉, 명제 논리로는 표현하기가 매우 어렵거나 불가능한 것을 1차 논리로는 아주 쉽게 표현할 수 있다는 뜻이다. 예를 들어, 바둑의 규칙은 1차 논리로는 1쪽에 다 적을 수 있지만, 명제 논리로 쓰면 수백만 쪽에 달한다. 마찬가지로, 체스, 영국 시민권, 세법, 매매, 이동, 그림 그리기, 요리하기 등 우리 일상 세계의 많은 측면에 관한 지식도 1차 논리로는 쉽게 표현할 수 있다.

따라서 원리상 1차 논리를 써서 추론하는 능력은 범용 지능을 향한 기나긴 길로 우리를 데려갈 수 있다. 1930년 오스트리아의 탁월한 논리학자 쿠르트 괴델Kurt Gödel은 유명한 완전성 정리를 내놓았다.[53] 다음과 같은 특성을 지닌 알고리듬이 있음을 증명한 정리였다.[54]

1차 논리로 표현 가능한 모든 지식의 집합과 모든 질문에 대하여, 그 알고리듬은 질문의 답이 있다면, 그 답을 우리에게 알려줄 것이다.

이는 매우 놀라운 보증이다. 예를 들어, 우리가 시스템에 바둑의 규칙을 알려줄 수 있으면, 그 시스템은 대국을 이길 첫수가 있는지 우리에게 알려줄 것(충분히 오래 기다린다면)이라는 뜻이다. 시스템에 지역의 지리에 관한 사실을 알려줄 수 있다면, 시스템은 공항에 가는 길을 알려줄 것이다. 시스템에 기하학과 운동과 가정용품에 관한 사실을 알려줄 수 있다면, 시스템은 로봇에게 저녁 식탁을 차리는 법을 알려줄 것이다. 더 일반적으로 말해서, 행위

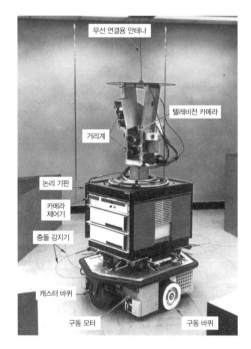

그림 4

로봇 셰이키, 1970년경.
주변에 셰이키가 밀어서
옮기는 물체들이 있다.

무선 연결용 안테나

텔레비전 카메라

거리계

논리 기판

카메라
제어기

충돌 감지기

캐스터 바퀴

구동 모터

구동 바퀴

자에게 성취 가능한 목표와 자기 행동의 결과에 관한 충분한 지
식을 제공한다면, 행위자는 알고리듬을 써서 그 목표를 달성하기
위해 실행할 수 있는 계획을 짤 수 있다.

괴델이 실제로 알고리듬까지 내놓은 것은 아니라는 말을 덧붙여
야겠다. 그는 그저 그런 것이 존재함을 입증했을 뿐이다. 1960년대
초에 논리 추론을 위한 실제 알고리듬이 나오기 시작했고,[55] 논리
를 토대로 한 일반 지능 시스템이라는 매카시의 꿈은 실현될 것처
럼 보였다. 세계 최초의 꽤 규모 있는 이동 로봇 제작 계획인 SRI
의 셰이키 프로젝트는 논리 추론에 토대를 두었다(그림 4 참조).
셰이키는 사람 설계자로부터 목표를 받고, 시각 알고리듬을 써서

현재 상황을 기술하는 논리적 진술을 하고, 논리 추론을 써서 그 목표를 달성한다고 보증된 계획을 유도한 뒤, 그 계획을 실행했다. 셰이키는 인간의 인지와 행동에 관한 아리스토텔레스의 분석이 적어도 어느 정도는 옳았다는 '생생한' 증거였다.

불행히도, 아리스토텔레스(그리고 매카시)의 분석은 완전히 옳은 것과는 거리가 멀었다. 주된 문제점은 무지다. 아리스토텔레스나 매카시가 무지하다는 말이 아니라, 현재와 미래의 모든 사람과 기계가 지닐 무지를 말한다. 우리의 지식 중에서 절대적으로 확실한 것은 거의 없다. 특히 우리는 미래에 관해 그다지 아는 것이 없다. 무지는 순수하게 논리적인 시스템으로는 그냥 극복할 수 없는 문제다. 내가 "비행기가 뜨는 시간보다 세 시간 더 일찍 집을 나선다면, 제 시각에 공항에 도착할까?" 또는 "당첨될 복권을 사서 당첨금을 받아 집을 삼으로써 집을 구할 수 있을까?"라고 묻는다면, 양쪽 질문의 답은 "모른다"일 것이다. 이유는 양쪽 질문 모두 "예"와 "아니오" 둘 다 논리적으로 가능하기 때문이다. 현실적으로, 답이 이미 알려지지 않았다면, 그 어떤 경험적인 질문에도 절대적으로 확실한 답은 결코 나올 수 없다.[56] 다행히도, 확실성은 행동하는 데 전혀 필요하지 않다. 우리는 어떤 행동이 최선인지만 알면 된다. 어떤 행동이 확실히 성공할 것인지가 아니다.

불확실성은 '기계에 부여하는 목적'이 일반적으로 무슨 일이 있어도 달성해야 할 정확히 기술된 목표라는 형태를 취할 수가 없음을 뜻한다. 따라서 '목표를 달성하는 행동 사슬' 같은 것도 더이상 없다. 모든 행동 사슬은 여러 가능한 결과로 이어질 것이며,

그중에는 목표를 달성하지 못하는 것도 있기 때문이다. 여기서 정말로 중요한 것은 성공 가능성이다. 비행 출발 시각보다 세 시간 일찍 공항으로 출발하는 행동이 비행기를 놓치지 않을 것을 의미할 수도 있고, 복권을 사는 행동이 새집을 살 수 있을 액수의 당첨금을 받을 것을 의미할 수도 있지만, 둘의 의미는 전혀 다르다. 그러니 목표를 달성할 확률을 최대화하는 계획을 찾아낸다고 한들 이 사라진 목표를 구원할 수는 없다. 비행기를 탈 수 있게 제시간에 공항에 도착할 확률을 최대화하는 계획은 며칠 일찍 집에서 나오고, 무장 호위대를 조직하고, 문제가 생길 경우를 대비하여 다른 여러 교통수단도 확보하는 등의 조치까지 수반할 수도 있다. 그렇게 한다고 해도 우리는 다양한 결과가 나올 가능성뿐 아니라, 각 결과의 상대적으로 바람직한 정도까지 고려해야 한다.

그럴 때 우리는 목표 대신에 다양한 결과나 상태 사슬의 바람직성을 기술하는 효용 함수를 쓸 수 있다. 한 상태 사슬의 효용은 사슬을 이루는 각 상태가 받는 보상의 총합으로 나타난다. 목적이 효용이나 보상 함수로 정의되므로, 기계는 가능한 결과들에 각 확률을 곱하여 평균화한, 기대 효용이나 기대 보상의 총합을 최대화하는 행동을 하고자 한다. 그러니 현대 AI는 목표와 논리 대신에 효용과 확률을 쓴다는 점을 제외하면, 매카시의 꿈을 재가동한 것이라고 할 수 있다.

프랑스의 위대한 수학자 피에르 시몽 라플라스Pierre Simon Laplace는 1814년에 이렇게 썼다. "확률론은 그저 상식을 계산법으로 환원시킨 것에 불과하다."[57] 그러나 확률 지식을 위한 실질적인 형식 언어와 추론 알고리듬이 개발된 것은 1980년대 들어서였다. 주디어 펄이 도입한 베이즈망Bayesian network^{부록C}의 언어가 바로 그것이었다. 대강 말하자면, 베이즈망은 명제 논리의 확률판이다. 베이즈 논리[58]와 아주 다양한 **확률론적 프로그래밍 언어**를 비롯한, 1차 논리의 확률판에 해당하는 베이즈망도 있다.

베이즈망과 베이즈 논리는 토머스 베이즈Thomas Bayes의 이름을 땄다. 영국의 성직자였던 그는 오늘날 '베이즈 정리'라고 불리는 개념에 기여함으로써 현대 사상에 항구적인 기여를 했다. 베이즈 정리는 그가 세상을 떠난 직후인 1763년에 친구 리처드 프라이스Richard Price가 발표했다.[59] 라플라스가 제시한 현대적인 형태로 말하자면, 그 정리는 사전 확률―처음에 가능성 있는 가설 집합을 믿는 수준―이 어떻게 어떤 증거를 관찰한 결과로써 사후 확률이 되는지를 아주 단순한 방식으로 기술한다. 새로운 증거가 이어서 더 많이 나옴에 따라서, 사후 확률은 새로운 사전 확률이 되고, 베이즈 갱신 과정은 무한히 반복된다. 이 과정이 너무나 근본적이기에 기대 효용의 최대화라는 현대의 합리성 개념은 때로 베이즈 합리성이라고 한다. 합리적 행위자가 세계의 현재 가능한 상태와 자신의 모든 과거 경험을 토대로 미래에 관한 가설 전체의 사후 확률 분포에 접근한다고 가정하는 것이다.

오퍼레이션 리서치, 제어 이론, AI의 연구자들은 불확실한 상황에서 결정을 내리는 다양한 알고리듬도 개발해왔다. 그중에는 1950년대로 거슬러 올라가는 것도 있다. 이런 이른바 '동적 프로그래밍' 알고리듬은 전방 탐색 및 계획의 확률판이며, 금융, 물류,

교통 등 불확실성이 상당한 역할을 하는 분야에서 온갖 실용적인 문제에 최적 또는 거의 최적 행동을 도출할 수 있다.^{부록C} 이런 기계들에는 보상 함수의 형태로 목적을 집어넣으며, 출력은 행위자가 도달할 수 있는 가능한 모든 상태별로 행동을 지정하는 정책이라는 형태를 띤다.

상태의 수가 엄청나게 많고 보상을 게임이 끝날 때야 얻는 백개먼backgammon과 바둑 같은 복잡한 문제에서는 전방 탐색 기법이 먹히지 않을 것이다. 대신에 AI 연구자들은 강화 학습RL이라는 기법을 개발했다. 강화 학습 알고리듬은 환경에서 보상 신호를 직접 경험하면서 배운다. 아기가 일어섰을 때의 긍정적 보상과 넘어졌을 때의 부정적 보상을 통해서 일어서는 법을 배우는 것과 비슷하다. 동적 프로그래밍 알고리듬에서처럼 강화 학습 알고리듬에서도 우리는 목적을 보상 함수라는 형태로 부여하며, 알고리듬은 상태 값(또는 때로 행동 값)의 추정량을 학습한다. 이 추정량을 상대적으로 근시안적인 전방 탐색과 결합하면 매우 유능한 행동을 일으킬 수 있다.

최초로 성공을 거둔 강화 학습 시스템은 아서 새뮤얼의 체커 프로그램이었다. 1956년 텔레비전을 통해 시연했을 때 엄청난 화제가 되었다. 그 프로그램은 자기 자신을 상대로 게임을 하고 승패를 보상으로 삼아서, 본질적으로 맨땅에서부터 학습했다.⁶⁰ 1992년 제럴드 테사우로Gerald Tesauro는 같은 개념을 백개먼에 적용함으로써, 150만 번 게임을 둔 뒤에 세계 챔피언 수준의 성적을 올렸다.⁶¹ 2016년부터 딥마인드의 알파고와 그 후속판들은 강화 학습과 자체 대국을 통해서 바둑, 체스, 장기에서 최고의 인간 실력자들을 물리쳤다.

또 강화 학습 알고리듬은 새로운 지각 입력을 토대로 행동을 선택하는 법도 배울 수 있다. 예를 들어, 딥마인드의 DQN 시스템은 맨땅에서 시작하여 퐁Pong, 프리웨이Freeway, 스페이스 인베이더Space Invaders 같은 마흔아홉 가지 아타리Atari 비디오게임을 하는 법을 배웠다.[62] 오로지 화면의 화소만을 입력으로 삼고 게임 점수를 보상 신호로 삼았다. 이윽고 DQN은 대부분의 게임에서 노련한 사람보다 더 뛰어난 점수를 냈다. 시간, 공간, 대상, 운동, 속도, 사격 같은 개념을 사전에 전혀 지니고 있지 않았음에도 그랬다. DQN이 이긴다는 것 외에 실제로 무엇을 하고 있는지를 알아내기란 무척 어렵다.

갓난아기가 태어난 첫날에 수십 가지 비디오게임을 초인적인 수준으로 하는 법을 터득하거나, 바둑이나 체스나 장기의 세계 챔피언 수준에 다다른다면, 우리는 아기가 악마에 사로잡혔다거나 외계인이 개입했다고 의심할지도 모른다. 그러나 이 모든 과제가 현실 세계보다 훨씬 단순하다는 점을 기억하자. 돌아가는 상황을 전부 다 관찰할 수 있고, 시간 지평이 짧고, 상태 공간의 집합이 비교적 작고, 규칙은 단순하고 예측 가능한 것들이다. 이런 조건 중 어느 것이 느슨해진다는 것은 표준 방법이 실패할 것이라는 의미다.

그런 한편으로 현행 연구는 AI 시스템이 더 넓은 환경 범주에서 작동할 수 있도록 표준 방법을 넘어서는 방향으로 나아가고 있다. 한 예로, 앞 문단을 쓰고 있던 바로 그날에, 오픈AI OpenAI 는 자사의 다섯 가지 AI 프로그램으로 이루어진 팀이 도타 2 Dota 2 게임에서 노련한 인간 팀을 이겼다고 발표했다. (나도 안 해봤지만, 이 게임을 모르는 사람을 위해 설명하자면, 도타 2는 워크래프트류의 실시간 전략 게임인 디펜스 오브 에인션츠 Defense of the Ancients의 개정판이다. 현재 가장 활기를 띠면서 가장 많은 수익을 올리는 e스포츠 종목이며, 상금이 수백만 달러에 달한다.) 도타 2는 의사소통, 협력, 준연속적인 시간과 공간을 수반한다. 게임은 수만 시간 단계 동안 지속되며, 행동을 어느 정도 계층적으로 조직하는 것이 필수적인 듯하다. 빌 게이츠는 이 승리가 "인공지능의 발전에 엄청난 이정표"라고 했다.[63] 몇 달 뒤, 그 프로그램의 개정판은 세계 최고의 도타 2 팀을 이겼다.[64]

바둑과 도타 2 같은 게임은 강화 학습 방법의 좋은 시험장이다. 보상 함수가 게임의 규칙을 따르기 때문이다. 그러나 실제 세계는 그렇게 간편하지가 않고, 보상의 정의에 결함이 있는 탓에 기이하거나 예기치 않은 행동이 빚어진 사례도 수십 건에 달한다.[65] 날쌘 동물이 진화할 것이라고 예상했지만 실제로는 엄청나게 키가 크고 빨리 움직이다가 고꾸라지곤 하는 동물이 출현한 진화 시뮬레이션 시스템처럼 무해한 사례들도 있다.[66] 한편 우리 세계를 완전히 엉망으로 만드는 듯한 소셜 미디어의 클릭을 통한 최적화 프로그램처럼, 실제로 피해를 주는 사례들도 있다.

내가 고려할 행위자 프로그램의 마지막 범주는 가장 단순한 것이다. 중간에 검토나 추론 없이, 지각을 행동과 직접 연결하는 프로그램이다. AI 분야에서는 이런 종류의 프로그램을 반사 행위자라고 한다. 사람과 동물에게서 생각이 개입하지 않은 채로 이루어지는 낮은 수준의 신경 반사에서 따온 것이다.[67] 예를 들어, 사람의 눈 깜박임 반사는 시각계의 낮은 수준의 처리 회로에서 나오는 출력을 눈꺼풀을 제어하는 운동 신경에 직접 연결한다. 그래서 시야에 뭔가 불쑥 어른거리는 영역이 나타나면 눈을 깜박이게 된다. 손가락으로 눈을 찌르는 시늉(너무 무리하지 않게)을 하면, 이 반사를 시험해볼 수 있다. 이 반사 체계는 다음과 같은 형식의 단순한 '규칙'이라고 볼 수도 있다.

If <시야에 뭔가 불쑥 어른거리는 영역이 나타난다면>, then <깜박여라>.

눈 깜박임 반사는 '자신이 무엇을 하고 있는지 알지' 못한다. 목적(바깥 물체로부터 눈알을 가린다)은 어디에도 제시되어 있지 않다. 그 지식(빠르게 어른거리는 영역이 눈으로 다가오는 물체에 해당하며, 눈으로 다가오는 물체는 눈을 손상시킬 수 있다는)은 어디에도 제시되어 있지 않다. 그래서 그 반사에 관여하지 않는 뇌 영역이 눈에 안약을 넣고 싶어 할 때도, 반사를 맡은 부위는 여전히 깜박임을 일으킨다.

또 한 가지 친숙한 반사는 급제동이다. 우리는 앞에서 달리던 차가 갑자기 멈추거나 보행자가 갑자기 도로에 들어올 때 반사적으로 급제동을 한다. 제동이 필요한지를 재빨리 판단하기란 쉽지 않다. 2018년 시험용 차량이 자율 주행 모드에서 보행자를 치어서 사망하는 사고가 일어났을 때, 우버Uber는 이렇게 설명했다. "차량을 컴퓨터가 제어하는 동안에는 차가 비정상적인 행동을 할 가능성을 줄이기 위해서 급제동 조작을 할 수 없게 되어 있다."[68] 여기서 인간 설계자의 목적은 명확하다. 보행자를 치지 말라는 것이다. 그런데 행위자의 정책(그 행위자가 작동할 때)은 그 목적을 부적절하게 실행한다. 여기서도 목적 자체는 행위자에게 제시되어 있지 않다. 현재의 그 어떤 자율주행차도 사람들이 죽고 싶어 하지 않는다는 사실을 알지 못한다.

반사 작용은 차선을 유지하는 일 같은 더 틀에 박힌 과제에도 관여한다. 차가 이상적인 차선 위치에서 약간 벗어나면, 단순한 피드백 제어 시스템이 운전대를 반대 방향으로 살짝 돌려서 차를 다시 차선 안으로 보낼 수 있다. 운전대를 돌리는 정도는 차가 차선을 얼마나 벗어났느냐에 따라 달라질 것이다. 이런 종류의 제어 시스템은 대개 시간이 흐르면서 더해지는 추적 오차의 제곱을 최소화하도록 설계된다. 설계자는 속도와 도로 곡률이 이러저러할 것이라고 가정하고서 이 최소화를 근사적으로 실행하는 피드백 제어 규칙을 유도한다.[69] 우리가 서 있는 동안에도 줄곧 비슷한 시스템이 작동하고 있다. 그 시스템이 작동을 멈추면, 우리는 몇 초 안에 넘어질 것이다. 눈 깜박임 반사와 마찬가지로, 이 메커니즘을 꺼서 스스로 넘어지게 하기는 쉽지 않다.

따라서 반사 행위자는 설계자의 목적을 실행하지만, 그 목적이 무엇인지, 또 왜 자신이 특정한 방식으로 행동하는지 알지 못한다. 이는 행위자가 사실상 스스로 결정을 내릴 수 없다는 뜻이다. 다른 누군가, 대개 인간인 설계자나 생물학적 진화 과정이 모든 것을 미리 결정해야 한다. 틱택토나 급제동 같은 아주 단순한 과제를 제외하고, 수동 프로그래밍을 써서 좋은 반사 행위자를 만들기란 무척 어렵다. 단순한 사례에서도, 반사 행위자는 융통성이 거의 없으며, 실행된 정책이 더 이상 적절하지 않다고 상황이 가리킬 때도 자신의 행동을 바꿀 수가 없다.

더 뛰어난 반사 행위자를 만들 수 있는 방법 중 하나는 사례들을 통해 학습하는 과정을 이용하는 것이다.^{부록D} 사람인 설계자는 어떻게 행동하라고 규칙을 정하거나, 보상 함수나 목표를 제시하는 대신에, 상황에 맞는 올바른 결정이 무엇인지 알려주면서 결정 문제의 사례들을 제시할 수 있다. 예를 들어, 프랑스어 문장과 올바로 번역한 영어 문장을 함께 사례로 제시함으로써 프랑스어를 영어로 번역하는 행위자를 만들 수 있다. (다행히도, 캐나다와 EU 의회는 해마다 그런 문장의 사례를 수백만 개씩 내놓고 있다.) 그러면 **지도 학습**supervised learning 알고리듬이 사례들을 처리하여, 프랑스어 문장을 입력으로 삼아서 영어 문장을 출력하는 복잡한 규칙을 생성한다. 현재 기계 번역 분야에서 최고의 학습 알고리듬은 이른바 심층 학습이라는 형태의 것이며, 이 알고리듬은 수백 가지 층위와 수백만 개의 매개 변수를 갖춘 인공 신경망을 써서 규칙을 생성한다.^{부록D} 음성 신호에 담긴 단어를 인식하거나 이미지 속의 대상을 분류하는 일을 무척 잘하는 심층 학습 알고리듬도 있다. 기계 번역, 음성 인식, 시각 대상 인식은 AI의 가장 중요한 세 분야이며,

그것이 바로 심층 학습이 보여준 전망에 사람들이 그토록 흥분하곤 하는 이유이기도 하다.

심층 학습이 곧바로 인간 수준의 AI로 이어질 것인가를 놓고 벌어지는 논쟁은 거의 끝없이 이어질 듯하다. 뒤에서 설명하겠지만, 나는 그렇게 되기에는 부족한 것이 아주 많다고 본다.[부록D] 아무튼 지금은 그런 방법이 AI의 표준 모델과 어떻게 들어맞는지에 초점을 맞추어보자. 표준 모델에서 알고리듬은 정해진 목적을 최적화하는 일을 한다. 심층 학습, 아니 사실상 모든 지도 학습 알고리듬에서, '기계에 부여하는 목적'은 대개 예측 정확도를 최대화하는 것, 달리 말하면 오류를 최소화하는 것이다. 아주 명쾌한 말처럼 들리지만, 사실 이 말은 두 가지 방식으로 이해된다. 학습된 규칙이 전체 시스템에 어떤 역할을 하는지에 따라서 달라진다. 첫 번째 역할은 전적으로 지각에만 관여하는 것이다. 망은 감각 입력을 처리하고 시스템의 다른 영역에 자신이 지각하는 것의 확률 추정값 형태로 정보를 제공한다. 사물 인식 알고리듬이라면, 아마 "노픽테리어일 확률이 70퍼센트이고, 노리치테리어일 확률이 30퍼센트다"라고 말할 것이다.[70] 시스템의 다른 영역들은 이 정보를 토대로 취할 대외적 행동을 결정한다. 이 순수하게 지각적인 목적은 다음과 같은 의미로 말할 때는 아무런 문제가 없다. 즉, 표준 모델을 토대로 할 때 '안전하지 못한' 것에 반대되는 '안전한' 초지능 AI 시스템도 가능한 한 정확하고 잘 보정된 지각 시스템을 지녀야 한다는 의미다.

문제는 순수하게 지각적인 역할에서 의사 결정 역할로 옮겨 갈 때 생긴다. 예를 들어, 사물을 인식하도록 훈련된 망은 웹사이트나 소셜 미디어 계정에 있는 이미지에 자동적으로 꼬리표를 붙일 수도 있다. 그런 꼬리표 붙이기는 결과가 뒤따르는 행동이다. 각 꼬리표 붙이기 행동에는 실제로 어느 쪽으로 분류할지 결정하는 과정이 필요하고, 모든 결정이 완벽할 것이라고 보증할 수 없다면, 인간인 설계자는 A 유형에 속한 대상을 B 유형에 속한 대상이라고 잘못 분류했을 때의 비용을 나타내는 손실 함수를 제공해야 한다. 그리고 구글이 불행하게도 고릴라 문제에 직면한 것이 바로 그 때문이다. 2015년 재키 알시네Jacky Alciné라는 소프트웨어 공학자는 구글 포토의 사진 분류 서비스가 자신과 친구들을 고릴라로 분류했다면서 트위터에 불만을 털어놓았다.[71] 이 오류가 정확히 어떻게 일어난 것인지는 불분명하지만, 구글의 기계 학습 알고리듬이 값을 명확히 지정해놓은 손실 함수를 최소화하도록 설계되었던 것이 거의 확실하다. 게다가 모든 오류에 동일한 비용을 할당했을 것이다. 다시 말해, 사람을 고릴라로 잘못 분류했을 때의 비용이 노픽테리어를 노리치테리어로 잘못 분류했을 때의 비용과 같다고 가정했을 것이다. 그 뒤에 일어난 여론 악화가 잘 보여주었듯이, 구글(또는 그 이용자들)의 진정한 손실 함수는 그렇지가 않았다.

가능한 이미지 꼬리표가 수천 가지나 되므로, 한 범주를 다른 범주로 잘못 분류할 때의 비용은 수백만 가지 양상을 띨 수 있다. 설령 구글이 이 모든 값을 미리 지정하려고 시도했더라도, 매우 어렵다는 사실을 깨달았을 것이다. 대신에 그 일을 할 적절한 방법은 아마 분류 오류의 진정한 비용에 불확실성이 있음을 인정하고, 비용과 비용에 관한 불확실성에 적절히 민감하게 반응하는 학습 및 분류 알고리듬을 짜는 것일 듯하다. 그런 알고리듬은 구글 설계자에게 이따금 이런 식의 질문을 할 수도 있다. "개를 고양이로 잘못 분류하는 것과 사람을 동물로 잘못 분류하는 것 중에, 어느 쪽이 더 나쁠까?" 게다가 분류 오류의 비용도 상당히 불확실하다면, 알고리듬은 일부 이미지에는 아예 꼬리표 붙이기를 거부하는 쪽이 나을 것이다.

2018년 초에 구글 포토가 고릴라 사진을 분류하기를 거부한다는 기사가 났다. 구글 포토는 고릴라가 새끼 두 마리와 있는 아주 선명한 사진을 두고 이렇게 말한다. "음… 아직 불분명하네요."[72]

나는 AI의 표준 모델 채택이 당시에 안 좋은 선택이었다고 주장하려는 것이 아니다. 논리적이고 확률적인 학습 시스템에서 그 모델의 다양한 실증 사례를 개발한 탁월한 연구가 아주 많다. 그렇게 나온 시스템 중에는 아주 유용한 것이 많다. 다음 장에서 살펴보겠지만, 앞으로도 훨씬 더 많이 나올 것이다. 그렇긴 하지만, 우리는 시행착오를 통해서 목적 함수에 내재된 큰 오류들을 제거하는 통상적인 방식에 계속 의지할 수가 없다. 기계의 지능이 점점 높아지고 영향도 점점 더 세계적인 양상을 띠어가기 때문에, 더 이상 그런 사치를 누릴 수 없게 될 것이다.

────────────────3

앞으로 AI는
어떻게 발전할까?

HUMAN COMPATIBLE

가까운 미래

1997년 5월 3일, IBM이 만든 체스 컴퓨터 딥블루Deep Blue와 체스 세계 챔피언이자 아마 역사상 최고의 인간 선수일 가리 카스파로프Garry Kasparov의 체스 대국이 시작되었다. 〈뉴스위크〉는 그 대국을 "뇌의 최후 보루"라고 적었다. 5월 11일, 성적이 $2\frac{1}{2}-2\frac{1}{2}$로 팽팽하게 유지되던 상황에서, 딥블루는 막판 대국에서 카스파로프를 이겼다. 언론은 흥분해서 날뛰었다. IBM의 시가총액은 하룻밤 사이에 180억 달러나 늘었다. AI가 엄청난 돌파구를 이루었다는 기사가 넘쳐났다.

그러나 AI 연구의 관점에서 보면, 그 대국은 결코 돌파구를 대변한 것이 아니었다. 딥블루의 승리는 인상적이긴 했어도, 그저 수십 년 동안 이어진 추세를 지속한 것에 불과했다. 체스 두는 알고리듬의 기본 설계는 1950년 클로드 섀넌이 내놓았고,[1] 1960년대 초에 주요 개선이 이루어졌다. 그 뒤로 최고 프로그램의 체스 레이팅 점수는 꾸준히 올라갔다. 주된 이유는 컴퓨터 성능이 좋아지면서 프로그램이 더 멀리까지 수를 내다볼 수 있게 되었기 때문이다. 1994년에 피터 노빅과 나는 1965년 이래 나온 가장 뛰어난 체스 프로그램들의 레이팅 점수를 매겼다.[2] 이 척도로 보면, 카스파로프는 2,805점이었다. 레이팅 점수는 1965년 1,400점에서 시작하여 30년 동안 거의 완벽한 직선을 그리면서 꾸준히 개선되었다. 그 직선을 토대로 1994년 이후를 확대 추정했더니, 1997년에 컴퓨터가 카스파로프를 이길 수 있을 것으로 나왔다. 실제로 일어난 일과 정확히 맞아떨어졌다.

따라서 AI 연구자가 볼 때, 진짜 돌파구는 딥블루가 대중의 의식에 불쑥 들어오기 30~40년 전에 이미 일어났다. 마찬가지로, 심층 합성곱망deep convolutional network도 언론의 표제를 장식하기 20여 년 전에 이미 나와 있었고, 수학적으로도 다 규명된 상태였다.

대중이 언론을 통해 접하는 AI 돌파구가 열리는 광경 — 인간을 상대로 얻은 압도적인 승리, 사우디아라비아 시민권을 획득한 로봇 등등 — 은 세계의 연구실에서 실제로 일어나는 일과 거의 아무런 관계가 없다. 연구실에서의 연구는 화이트보드에 수학 공식을 쓰면서 많이 생각하고 토의하는 과정을 수반한다. 끊임없이 새로운 착상이 나오고 버려지고 재발견되곤 한다. 좋은 착상 — 진정한 돌파구 — 이 그 당시에는 알아차리지 못한 채 그냥 넘어갔다가 나중에야 AI에 상당한 발전을 이룰 토대를 제공했다는 것을 사람들이 깨닫기도 한다. 더 적절한 시기에 누군가가 재발견함으로써 그런 일이 일어나기도 한다. 착상은 처음에는 그 기본적인 직관이 옳은지를 알아보기 위해 단순한 문제에 적용한 뒤, 얼마나 잘 확대 적용할 수 있는지 알아보기 위해서 더 어려운 문제에도 시도

된다. 때로 착상은 실질적인 성능 개선을 이루는 데 실패하고, 그것과 조합을 이룰 때 가치가 있음을 보여줄 또 다른 착상이 나올 때까지 기다려야 한다.

이 모든 활동은 바깥에서는 전혀 보이지 않는다. 착상이 서서히 누적되다가 그것들이 타당하다는 증거가 어떤 문턱을 넘어설 때야 비로소 AI는 연구실 바깥의 세계에서 눈에 띄게 된다. 그때가 바로 자금을 투자하고 새로운 상업용 제품을 만들거나 인상적인 시연을 하는 데 노력을 쏟을 가치가 있는 시점이다. 그런 뒤에야 언론은 돌파구가 일어났다고 선언한다.

따라서 세계 각지의 연구실에서 잉태되어온 다른 많은 착상도 앞으로 몇 년 사이에 상업적 응용 가능성이라는 문턱을 넘을 것이라고 예상할 수 있다. 상업적 투자가 가속될수록 그런 일은 더욱더 잦아질 것이고, 세계는 AI 응용 제품을 점점 더 받아들이게 될 것이다. 이 장에서는 앞으로 어떤 것을 볼 수 있을지 몇 가지 사례를 제시하기로 하자.

그 과정에서 이런 기술 발전의 문제점도 몇 가지 언급할 것이다. 아마 훨씬 더 많을 것으로 생각할 수 있겠지만, 걱정하지 마시라. 다음 장에서 다룰 테니까.

AI 생태계

처음에 컴퓨터가 작동하는 환경은 대개 본질적으로 형태도 없고 텅 비어 있었다. 입력은 오로지 펀치 카드를 통해 이루어졌고, 출력도 라인프린터로 문자열을 인쇄하는 것뿐이었다. 아마 그 때문이었겠지만, 연구자들은 대부분 지적인 기계를 질의 응답기라고 보았다. 기계를 환경에서 지각하고 행동하는 행위자로 보는 견해가 널리 퍼지게 된 것은 1980년대에 들어서였다.

1990년대에 월드와이드웹World Wide Web이 등장하면서, 지적인 기계가 활약할 완전히 새로운 우주가 열렸다. 웹 같은 소프트웨어 환경에서만 작동하는 소프트웨어 '로봇'을 묘사하기 위해 소프트봇softbot이라는 용어도 만들어졌다. 소프트봇은 나중에 그냥 봇이라고 불리게 되었다. 봇은 웹페이지를 인식하고 문자열, URL 등을 출력하는 식으로 행동한다.

닷컴 열풍이 불 때(1997 – 2000년) AI 기업들도 우후죽순 생겨나면서, 링크 분석, 추천 시스템, 평판 시스템, 비교 쇼핑, 상품 분류 등 검색과 전자 상거래에 필요한 핵심 능력을 제공했다.

2000년대 초에는 마이크, 카메라, 가속도계, GPS를 갖춘 휴대전화가 널리 쓰이면서, AI 시스템이 사람들의 일상생활에 접근할 새로운 환경을 제공했다. 아마존 에코, 구글 홈, 애플 홈팟 같은 '스마트 스피커'는 이 과정을 완결 짓는 일을 하고 있다.

2008년경에는 인터넷에 연결된 사물의 수가 인터넷에 연결된 사람의 수를 넘어섰다. 이 시점을 사물 인터넷IoT의 시작을 알리는 전환점이라고 보는 이들도 있다. 자동차, 가전제품, 교통 신호등, 자판기, 온도계, 쿼드콥터, 카메라, 환경 감지기, 로봇, 제조 과정과 유통 및 소매 부문의 온갖 물품이 여기에 포함되었다. 그리하여 AI 시스템이 현실 세계를 지각하고 제어하는 능력이 엄청나게 커졌다.

마지막으로, 지각 능력이 향상되면서 AI의 지원을 받는 로봇은 사물들이 엄격하게 정해진 위치에 놓여 있는 상태에서만 작동하는 공장 밖으로 나가서 체계적이지 않고 혼란스러운 진짜 세계로 들어갈 수 있게 되었다. 카메라를 통해서 흥미로운 일들을 보게 되는 세계다.

자율주행차

1950년대 말에 존 매카시는 자동으로 운전하는 차가 자신을 공항까지 태우고 가는 날이 언젠가는 올 것이라고 상상했다. 1987년 에른스트 딕만스Ernst Dickmanns는 독일 아우토반에서 스스로 운전하는 메르세데스 밴을 선보였다. 그 차는 차선을 유지하고, 다른 차를 따라가고, 차선을 바꾸고, 추월할 수 있었다.[3] 그로부터 30여 년이 지난 지금도 완전한 자율주행차는 아직 나오지 않았지만, 그럴 날이 점점 가까워지고 있다. 자율주행차 개발의 중심은 학계 연구실에서 대기업으로 옮겨 간 지 오래다. 2019년 기준으로, 최고 성능을 보인 시험용 차량은 심각한 사고를 전혀 내지 않은 채 공용 도로에서 수백만 킬로미터(그리고 운전 시뮬레이터에서 수십억 킬로미터)를 달렸다.[4] 안타깝게도 다른 자율주행차 또는 반*자율주행차들은 몇 명의 목숨을 앗아갔다.[5]

안전한 자율 주행을 이루는 데 왜 그렇게 오래 걸릴까? 첫 번째 이유는 수행 요구 조건이 가혹하기 때문이다. 미국의 운전자는 주행 거리 약 1억 6천만 킬로미터마다 치명적인 인명 사고를 한 건 일으킨다. 그러니 본래 기준이 높다. 자율주행차가 받아들여지려면, 그보다 훨씬 나아야 할 것이다. 치명적인 사고가 주행 거리 16억 킬로미터에 한 번, 그러니까 일주일에 40시간씩 운전한다고 하면 2만 5천 년에 한 번 일어나는 수준은 되어야 할 것이다. 두 번째 이유는 예견된 예비 수단—차가 혼란에 빠지거나 안전 작동 조건에서 벗어날 때 사람에게 제어 권한을 넘기는 것—이 아예 먹히지 않는다는 것이다. 차가 스스로 운전할 때 사람은 운전이라는 당면한 상황과 금방 거리를 두게 되며, 그 뒤에 안전하게 운전을 다시 떠맡는 과정은 금방 이루어질 수가 없다. 게다가 뒷좌석에 앉은 동승자와 택시 승객은 일이 잘못되어도 차를 운전할 위치에 있지 않다.

현재의 자율주행차 계획들은 미국자동차공학회(SAE) 자율 주행 4단계를 목표로 하고 있다.[6] 주행하는 내내 차가 지리적 제약과 날씨 조건에 반응하여 자율적으로 달리거나 안전하게 멈추면서 알아서 한다는 의미다. 날씨와 교통 상황은 변할 수 있고, 4단계 차량이 다룰 수 없는 특이한 상황이 일어날 수 있으므로, 사람은 차에 타서 필요할 때 운전을 넘겨받을 준비를 하고 있어야 한다. (5단계인 완전 자율 주행은 운전할 사람이 아예 필요 없으며, 달성하기가 훨씬 더 어렵다.) 자율 주행 4단계는 흰 차선을 따라가고 장애물을 피하는 단순한 반사 과제를 훨씬 넘어선다. 차는 현재와 과거의 관측을 토대로, 보이지 않을 수도 있는 대상까지 포함하여 관련된 모든 대상의 의도와 앞으로 나타날 가능성이 높은 궤적을 산정해야 한다. 그런 뒤 전방 탐색을 써서, 안전과 진행의 조합을 최적화할 궤적을 찾아야 한다. 몇몇 계획은 인간 운전자 수백 명의 기록을 토대로 강화 학습(물론 주로 시뮬레이션 속에서)과 지도 학습을 하는 더 직접적인 접근법을 시도하고 있다. 그러나 이런 접근법으로는 요구되는 안전 수준에 다다를 것 같지 않다.

완전 자율주행차가 줄 수 있는 혜택은 엄청나다. 해마다 전 세계에서 120만 명이 자동차 사고로 사망하며, 수천만 명이 중상을 입는다. 자율주행차의 합리적인 목표는 이 수를 10분의 1로 줄이는 쪽이 될 것이다. 몇몇 분석에 따르면 교통비, 주차장, 혼잡, 오염도 대폭 줄어들 것으로 예상된다. 도시는 자가용과 대형 버스에서 공유형 자율 주행 전기차로 옮겨 갈 것이고, 그런 차량은 택배업에도 쓰이고 교통 중심지 사이의 고속 대중교통 시스템과 연계될 것이다.[7] 승객 한 명이 1킬로미터를 이동하는 데 드는 비용이 10원도 안 될 것이므로, 대다수 도시는 아마 무료로 교통 서비스를 제공하는 쪽을 택할 것이다. 대신에 승객들은 끝없이 쏟아지는 광고를 봐야 할 수도 있다.

물론 이런 혜택을 받으려면, 업계가 위험에도 주의를 기울여야 한다. 엉성하게 설계된 시험용 차량 때문에 사망자가 너무 많이 나온다면, 규제 당국은 보급 확대 계획을 중단시키거나, 수십 년 동안 도달하지 못할 극도로 엄격한 기준을 설정할 수도 있다.[8] 그리고 물론 사람들은 안전하다는 것이 확연히 드러나지 않는 한 자율주행차를 사거나 타려 하지 않을 것이다. 2018년 한 여론 조사에서는 소비자가 자율주행차 기술을 신뢰하는 수준이 2016년에 비해 상당히 떨어진 것으로 나왔다.[9] 설령 그 기술이 성공한다고 해도, 자율주행으로의 전면적인 이행이 어색한 양상을 띠게 될 수도 있다. 사람의 운전 실력이 쇠퇴하거나 사라질 수도 있고, 사람이 운전하는 것이 무모하고 반사회적인 행동이라고 전면 금지될 수도 있다.

인공지능 개인 비서

이 책을 읽을 때쯤이면, 대개 독자들은 지적이지 않은 개인 비서를 접해보았을 것이다. 어서 구입하라고 텔레비전에서 흘러나오는 재촉 소리를 듣고서 실제로 구매하는 스마트 스피커나, "구급차 불러!"라고 소리치자 "알겠어요, 이제부터 '앤 구급차'라고 부를게요"라고 대답하는 휴대전화의 챗봇 말이다. 그런 시스템은 본질적으로 음성을 통해서 애플리케이션과 검색 엔진에 접속하는 인터페이스다. 대체로 미리 정한 자극-반응 틀을 토대로 구축한다. 이 접근법은 1960년대 중반의 엘리자Eliza 시스템까지 거슬러 올라간다.[10]

아직 초기 형태의 이런 시스템은 세 가지 부족한 점이 있다. 접근성, 내용, 맥락이다. 접근성 부족은 일어나는 일에 대한 감각적 지각 능력이 부족하다는 의미다. 이를테면, 사용자가 하는 말을 들을 수는 있어도 사용자가 누구에게 말하는지 알 수 없다는 뜻이다. 내용 부족은 사용자가 하는 말이나 입력하는 문자에 접근할 수 있다고 해도, 그 의미를 이해하지 못한다는 뜻이다. 맥락 부족은 일상생활을 이루는 목표, 활동, 관계를 추적하거나 추론할 능력이 부족하다는 뜻이다.

이런 부족한 점들이 있긴 해도, 스마트 스피커와 휴대전화 비서는 수억 명의 주머니와 그들의 가정에 들어가 있을 만큼 사용자에게 충분한 가치를 제공한다. 어떤 의미에서 그것들은 AI를 위한 트로이 목마다. 너무나 많은 이들의 삶에 스며들어 있기에, 성능을 아주 조금 개선하는 일도 수십억 달러의 가치가 있다.

그래서 잇달아 개선이 이루어지는 중이다. 아마 가장 중요한 기능은 내용을 이해하는 초보적인 능력일 것이다. "존이 병원에 있다"는 말에 곧바로 "심각한 상황이 아니길 바랍니다"라고 반응할뿐 아니라, 그 말에 사용자의 여덟 살 아들이 병원에 입원해 있고심각한 부상을 입었거나 병을 앓고 있을 수도 있다는 실제 정보까지 들어 있음을 알아차리는 능력이다. 전자우편과 문자 메시지뿐 아니라 전화 통화와 가정에서의 대화(집 안의 스마트 스피커를 통해서)에 접근하는 능력을 지닌 AI 시스템은 사용자의 생활을 꽤온전하게 재구성할 수 있을 만큼 정보를 충분히 얻을 수 있을 것이다. 아마 19세기 귀족 집안의 집사나 현대 CEO의 비서가 지닌것보다 더 많은 정보를 확보할 것이다.

물론 가공되지 않은 정보만으로는 부족하다. 진정으로 유용하려면, 비서는 세계가 어떻게 돌아가는지 상식도 갖추어야 한다. 아이가 병원에 있으면서 동시에 집에 있을 수는 없다는 것, 팔이부러졌을 때 병원에 하루나 이틀 넘게 입원하는 일이 거의 없다는 것, 아이 학교에 결석 여부를 알려주어야 한다는 것 등등이다. 그런 지식을 통해 비서는 직접 관찰하지 않은 것들도 추적할 수있다. 지적 시스템에 꼭 필요한 능력이다.

나는 앞 문단에서 말한 능력들이 기존의 확률 추론 기술로 실현 가능하다고 믿지만,^{부록C} 그 방법을 써서 우리의 일상생활을 이루는 모든 사건과 거래의 모델을 구축하려면 대단한 노력이 필요할 것이다. 지금까지 이런 유형의 상식 모델링 계획은 대체로 진행된 적이 없었다(첩보 분석과 군사 계획을 위한 기밀 시스템에 쓰였을 가능성을 제외하고). 비용과 이익의 불확실성 때문이다. 그러나 지금은 수억 명의 사용자를 대상으로 이런 계획을 쉽게 실행할 수 있으므로, 투자 위험은 더 낮아졌고 잠재적 보상은 훨씬 더 높아졌다. 게다가 많은 이용자에게 접근할 수 있으므로, 지적인 비서는 아주 빨리 배워서 자기 지식의 모든 틈새를 채울 수 있다.

따라서 우리는 사용자가 매월 몇 푼 안 되는 돈으로 지적인 비서의 도움을 받으면서 더욱더 많은 일상 활동을 관리하는 날이 올 것이라고 예상할 수 있다. 일정, 여행, 주택 구입, 청구서 지불, 아이의 숙제, 전자우편과 화상 통화, 알림, 식사 예약, 그리고 너무나 바라마지 않는 열쇠 찾기에 이르기까지. 이런 능력은 다수의 앱에 흩어져 있지 않게 될 것이다. 대신에 군인들이 '공통 작전 상황도'라고 부르는 것에서 접하는 식으로, 상승 효과를 활용할 수 있는 하나의 통합 행위자의 여러 측면이 될 것이다.

지적인 비서를 구축할 일반적인 설계 틀에는 인간 활동에 관한 배경 지식, 계속 흐르는 지각 및 문자 데이터로부터 정보를 추출하는 능력, 사용자 특유의 상황에 비서를 적응시키는 학습 과정이 포함된다. 동일한 일반 틀은 적어도 세 가지 다른 주요 영역(건강, 교육, 금융)에도 적용할 수 있다. 그런 쪽으로 응용하려면, 시스템은 사용자의 몸, 마음, 은행 계좌(폭넓게 해석한)의 상태도 추적할 필요가 있다. 일상생활에 유용한 비서를 지니게 될 때, 이 세 분야 각각에 필요한 일반 지식을 생성하는 데 투자한 비용은 수십억 사용자에게 상환된다.

건강을 예로 들자면, 우리는 모두 생리적으로 대체로 동일하며, 몸이 어떻게 활동하는가에 관한 상세한 지식은 기계가 읽을 수 있는 코드 형태로 이미 구축되어왔다.[11] 이런 지식을 토대로 비서 시스템은 개인의 특징과 생활습관에 적응할 것이고, 예방 권고를 하고 문제를 조기 발견하여 경보할 것이다.

교육 분야에서는 이미 1960년대에도 지능형 학습 지원 시스템이 나올 것으로 내다보았지만,[12] 실제로 진척이 이루어지기까지는 오랜 세월이 걸렸다. 주된 이유는 내용과 접근성 부족 때문이다. 대부분의 학습 지원 시스템은 자신이 가르치고자 하는 것의 내용을 이해하지 못할 뿐 아니라, 학생들과 음성이나 문자를 통한 쌍방향 의사소통도 할 수 없다. (나는 내가 이해하지 못하는 끈 이론을 내가 말할 줄 모르는 라오스어로 가르치는 장면을 상상해본다.) 최근에야 음성 인식 분야에서 발전이 이루어진 덕분에, 인공지능 교사가 마침내 아직 글을 제대로 떼지 못한 아이들과 의사소통을 할 수 있게 되었다. 더군다나 확률 추론 기술은 이제 학생이 무엇을 알고 무엇을 모르는지 추적할 수 있으며,[13] 학습 효과가 최대가 되도록 가르치는 방법을 최적화할 수 있다. 2014년에 1,500만 달러의 상금을 걸고서 "개발도상국 아이들에게 15개월 이내에 기초적인 읽기, 쓰기, 셈을 독학할 수 있게 할 확장성을 지닌 오픈소스 소프트웨어"를 뽑는 글로벌 러닝 엑스프라이즈Global Learning XPRIZE 대회가 시작되었다. 킷킷스쿨Kitkit School과 원빌리언onebillion처럼 우승을 차지한 소프트웨어는 이 목표를 대체로 달성했음을 보여준다.

개인 금융 분야 시스템은 투자, 소득 흐름, 필수 지출과 재량 지출, 부채, 이자 지불, 비상금 등을 추적할 것이다. 금융 분석가들이 기업의 금융과 전망을 추적하는 것과 거의 같은 방식이다. 그 시스템은 일상생활을 담당한 행위자와 통합되어, 금융을 더욱 상세히 이해하도록 도울 것이다. 아마 아이가 나쁜 짓을 했을 때 용돈을 줄이는 일도 할 것이다. 예전에는 갑부들만 받던 하루 단위의 금융 조언을 누구나 받을 것이라고 기대할 수 있다.

이런 내용을 읽을 때 머릿속에서 사생활 보호의 경고등이 울리지 않았다면, 독자는 최신 소식을 계속 듣지 못한 사람일 것이다. 그러나 사생활 보호 이야기에는 여러 층이 있다. 첫째, 개인 비서가 당신에 관해 아무것도 모른다면, 과연 실제로 도움이 될까? 아마 그렇지 않을 것이다. 둘째, 개인 비서가 여러 사용자로부터 정보를 취합해서 사람들에 관해 전반적으로 더 많이 배우고 어떤 이들의 취향이 당신과 비슷한지 파악할 수 없다면, 개인 비서가 과연 정말로 도움이 될까? 아마 아닐 것이다. 그렇다면 이 두 가지는 우리가 일상생활에서 AI의 혜택을 보려면 사생활을 포기해야 한다는 의미가 아닐까? 그렇지 않다. 이유는 학습 알고리듬이 안전한 다자간 연산 기법을 써서 암호화한 데이터 위에서 돌아갈 수 있으므로, 사용자는 어떤 식으로든 사생활을 침해받지 않으면서 정보 취합의 혜택을 볼 수 있기 때문이다.[14] 법적으로 장려하지 않아도, 소프트웨어 제공자가 자발적으로 사생활 보호 기술을 채택할까? 두고 봐야 할 것이다. 그러나 개인 비서가 제조회사 말고 사용자의 말을 우선시하여 따르기만 한다면, 사용자는 개인 비서를 신뢰할 수밖에 없을 것이다.

스마트 홈과 가정용 로봇

스마트 홈 개념은 수십 년 전부터 연구가 이루어져왔다. 1966년 웨스팅하우스의 공학자 제임스 서덜랜드James Sutherland는 남는 컴퓨터 부품을 모아서 에코ECHO를 만들기 시작했다. 최초의 스마트 홈 제어 장치였다.[15] 불행히도 에코는 무게 360킬로그램에 소비 전력이 3.5킬로와트였고, 겨우 디지털 시계 세 개와 TV 안테나를 관리했을 뿐이다. 그 뒤로 후속 시스템이 나오긴 했는데, 사용자가 헷갈릴 만치 복잡한 제어 인터페이스에 숙달해야만 쓸 수 있는 것들이었다. 그러니 널리 받아들여지지 않은 것도 놀랄 일이 아니다.

1990년대 초에 기계 학습을 사용해 거주자의 생활 습관에 적응하면서, 사람의 개입을 최소로 하면서 스스로 관리하는 집을 설계하려는 몇몇 야심 찬 계획이 시도되었다. 이런 실험이 의미 있는 성과를 내려면, 진짜 사람들이 그런 집에 살아야 했다. 불행히도, 사람들이 잘못된 결정을 내리는 일이 너무나 잦다 보니, 시스템은 무용지물인 차원을 넘어서 피해까지 입혔다. 거주자의 삶의 질이 높아지기는커녕 오히려 낮아졌다. 예를 들어, 워싱턴 주립대학교의 2003년 마브홈MavHome 프로젝트에서는[16] 평소 잠자리에 드는 시간보다 더 늦게까지 손님이 머무르면, 조명이 다 꺼지는 바람에 사람들이 어둠 속에 앉아 있어야 하는 상황이 벌어지곤 했다.[17] 비지능형 개인 비서와 마찬가지로, 그런 실패는 거주자의 활동에 대한 감각적 접근성 부족과 집 안에서 일어나는 일을 이해하고 추적하는 능력 부족에서 비롯된다.

카메라와 마이크—그리고 필수적인 지각과 추론 능력—를 갖춘 진정한 스마트 홈은 거주자가 무엇을 하고 있는지 이해할 수 있다. 그냥 들르는지, 식사를 하는지, 잠을 자는지, TV를 보는지, 책을 읽는지, 운동을 하는지, 장기 여행 준비를 하는지, 바닥에 쓰러진 채 꼼짝 못하고 있는지 말이다. 지적인 개인 비서와 협력함으로써, 스마트 홈은 어느 시간에 누가 집에 들어오고 나가는지, 누가 어디에서 무엇을 먹는지 등을 꽤 잘 파악할 수 있다. 이런 이해를 토대로 스마트 홈은 난방, 조명, 블라인드, 보안 시스템을 관리하고, 알맞은 시각에 알림을 보내고, 문제가 생겼을 때 사용자나 소방서 등에 경보를 보낼 수 있다. 미국과 일본에서는 이미 신축 아파트 단지에 이런 종류의 기술이 적용되고 있다.[18]

스마트 홈의 가치를 제한하는 것은 바로 구동 장치다. 상황을 예민하게 파악하는 능력은 조금 떨어지지만, 스마트 홈보다 더 단순한 시스템(정해진 시간에 작동하는 온도 조절기, 동작 감지 센서 등, 침입 경보)도 스마트 홈이 수행하는 기능 중 상당수를 더 예측 가능한 방식으로 수행할 수 있다. 스마트 홈은 옷을 개지도 못하고, 접시를 닦지도 못하고, 신문을 집어 오지도 못한다. 그러니 자신의 명령에 따라 그런 일을 할 물리적 로봇이 정말로 필요하다.

그림 5 (왼쪽) 수건을 개는 브렛.
(오른쪽) 문을 열고 있는 보스턴다이내믹스의 스팟미니 로봇.

너무 오래 기다리지 않아도 될지 모른다. 로봇은 이미 스마트
홈에 필요한 능력 중 상당수를 보여주었다. 버클리에 있는 내 동
료 피터 애빌Pieter Abbeel이 개발한 브렛BRETT('지루한 일을 없앨 버
클리 로봇Berkeley Robot for the Elimination of Tedious Tasks'의 줄임말)
은 2011년 이래 수건을 개어 쌓는 일을 해왔고, 보스턴다이내믹
스의 로봇 스팟미니SpotMini는 계단을 오르고 문을 열 수 있다(그
림 5). 몇몇 기업은 이미 요리하는 로봇을 만들고 있다. 비록 특수
한 정해진 공간에서 미리 준비된 재료를 써서 요리해야 하니, 일
반 주방에서는 제대로 작동하지 않겠지만 말이다.[19]

유용한 가정용 로봇에 필요한 세 가지 기본적 신체 능력인 지
각, 이동성, 능숙함 중에서 마지막이 가장 문제가 많다. 브라운대
학교 로봇학 교수 스테파니 텔렉스Stefanie Tellex는 이렇게 말한
다. "대다수 로봇은 대부분의 시간에 대부분의 사물을 집을 수 없
다." 이는 어느 정도는 촉각 감지, 어느 정도는 제조(현재 능숙한 손

은 만드는 데 비용이 아주 많이 든다), 어느 정도는 알고리듬의 문제다. 우리는 감지와 제어를 어떻게 결합해야 가정에서 으레 접하는 아주 다양한 대상을 붙들고 조작할 수 있을지 아직 제대로 이해하지 못하고 있다. 딱딱한 물체만 해도 움켜쥐는 방법이 수십 가지나 되며, 병을 흔들어서 정확히 알약을 두 개 꺼내거나, 잼 병에 붙은 라벨을 벗겨내거나, 딱딱한 버터를 부드러운 빵에 바르거나, 익었는지 알아보기 위해 포크로 냄비에서 스파게티 면을 한 가닥 들어 올리는 것 같은 갖가지 조작 기술은 수천 가지나 된다.

촉각 감지와 손 구성 문제는 3D 프린팅을 통해 해결될 가능성이 커 보인다. 이미 보스턴다이내믹스는 인간형 로봇인 아틀라스Atlas의 몇몇 복잡한 부품에 이 기술을 쓰고 있다. 로봇 제작 기술은 어느 정도는 심층 강화 학습 덕분에 빠르게 발전하고 있다.[20] 최종 단계의 발전—이 모든 것을 하나로 모아서 영화 속 로봇의 경이로운 신체 능력에 가까워 보이기 시작하는 무언가를 만드는 것—은 그다지 낭만적이지 않은 창고 산업에서 나올 가능성이 크다. 아마존만 해도 거대한 창고의 통에서 상품을 꺼내 포장하여 고객에게 발송하는 일을 하는 직원이 수십만 명에 달한다. 2015년부터 2017년까지, 아마존은 이 일을 할 수 있는 로봇 개발을 촉진하기 위해 해마다 피킹 챌린지Picking Challenge를 개최했다.[21] 아직 갈 길이 멀긴 하지만, 핵심 연구 문제가 해결될 때—아마 10년 이내에—고도의 능력을 지닌 로봇이 아주 빠르게 출현할 것으로 예상할 수 있다. 그런 로봇은 처음에는 창고에서 일하겠지만, 업무와 대상이 꽤 예측 가능한 양상을 띠는 농업과 건설 같은 다른 상업 분야에도 적용될 것이다. 또 슈퍼마켓 선반을 채우고 옷을 다시 개는 등 소매 부문에서도 곧 일하게 될지 모른다.

가정에서 로봇의 진정한 혜택은 노약자들이 먼저 보게 될 것이다. 로봇이 없었다면 불가능할 수준의 독립적인 활동을 로봇이 지원할 수 있다. 설령 로봇이 하는 일이 한정되어 있고 일어날 일을 이해하는 수준이 초보적이라고 해도, 로봇은 아주 유용할 수 있다. 그렇긴 해도 침착하게 집안일을 관리하고 주인이 무엇을 원할지 예상하는 로봇 집사가 나오려면 아직 멀었다. 그런 로봇이 나오려면 인간 수준 AI의 일반성에 가까운 무언가가 필요하다.

세계적인 규모의 지능

음성과 문자를 이해하는 기본적인 능력이 발전하게 되면, 인공지능 개인 비서는 인간 비서가 이미 할 수 있는 일을 할 수 있게 될 것이다(매월 수천 달러가 아니라 몇 푼의 비용으로). 또 기초적인 음성과 문자 이해 능력 덕분에, 기계는 어떤 인간도 할 수 없는 일을 할 수 있다. 이해의 깊이 덕분이 아니라, 이해의 규모 덕분이다. 예를 들어, 기초적인 읽기 능력을 지닌 기계는 인류가 지금까지 쓴 모든 글을 반나절이면 다 읽을 수 있을 것이고, 그 뒤에 다른 할 일을 찾아볼 것이다.[22] 음성 인식 능력을 지님으로써, 기계는 오후에 간식을 먹을 시간이 되기 전에 모든 라디오와 텔레비전 방송을 다 들을 수 있을 것이다. 그에 비해 사람은 현재 세계에서 출판물(과거에 나온 출판물은 제외하더라도)이 나오는 속도를 따라잡으려면 꼬박 20만 년이 걸릴 것이고, 현재의 방송을 다 들으려면 6만

년이 걸릴 것이다.[23]

그런 시스템이 단순한 사실에 관한 주장들을 추출하여 이 모든 정보를 모든 언어에 걸쳐서 통합할 수 있다면, 질문에 답하고 패턴을 찾아내는 놀라운 자원이 될 것이다. 현재 약 1조 달러의 가치가 있는 검색 엔진보다 훨씬 뛰어날 것이다. 역사학과 사회학 같은 분야에서도 헤아릴 수 없는 수준의 가치를 지니게 될 것이다.

물론 세계의 모든 전화 통화를 다 엿듣는 일도 가능할 것이다 (사람이 한다면 약 2천만 명이 필요할 것이다). 이런 일을 가치 있다고 여길 은밀한 기관이 분명히 있다. 일부 첩보 기관은 대화에서 주요 단어를 포착하는 식으로 단순한 유형의 대규모 기계 청취를 여러 해 동안 해왔으며, 지금은 대화 전체를 검색 가능한 문장으로 녹취하는 쪽으로 전환했다.[24] 녹취는 확실히 유용하지만, 모든 대화를 이해하는 동시에 내용을 종합하는 것만큼 유용하지는 않다.

기계가 쓸 수 있는 또 다른 '초능력'은 세계 전체를 한꺼번에 즉시 보는 것이다. 대강 말하자면, 인공위성은 매일 화소당 약 50제곱센티미터의 평균 해상도로 세계 전체의 영상을 찍는다. 이 해상도에서는 지구의 모든 집, 배, 차, 소, 나무가 보인다. 이 모든 영상을 조사하려면 3천만 명이 넘는 상근 직원이 필요할 것이다.[25] 따라서 현재 위성 데이터의 대다수는 누구도 파악하지 못하는 상태에 있다. 반면에 컴퓨터 시각 알고리듬은 이 모든 데이터를 처리하여 전체 세계의 검색 가능한 데이터베이스를 생성하고, 매일 갱신할 수 있을 뿐 아니라 경제 활동, 식생 변화, 동물과 사람의 이주, 기후 변화의 영향 등을 시각화하고 예측 모델도 구축할 수 있을 것이다. 플래닛Planet과 디지털글로브DigitalGlobe 같은 인공위성 기업들은 이 개념을 구현하기 위해 열심히 애쓰고 있다.

세계적인 규모로 감지가 이루어질 수 있다면, 그다음에는 세계적인 규모로 의사 결정이 이루어질 수도 있다. 예를 들어, 세계의 인공위성 데이터 입력으로부터 지구 환경을 관리하고, 환경 및 경제적 개입 조치의 효과를 예측하고, 유엔의 지속 가능한 발전 목표에 필요한 분석을 수행할 세부 모델을 구축하는 것도 가능해진다.[26] 이미 교통 관리, 운송, 쓰레기 수거, 도로 보수, 환경 유지 관리 등 시민들에게 혜택을 줄 수 있도록 다양한 도시 기능을 최적화하는 것을 목표로 한 '스마트 도시' 제어 시스템이 나오고 있으며, 이런 시스템은 국가 수준으로 확장될 수도 있다. 최근까지 이런 수준의 개입은 아주 크고 비효율적인 관료주의적 계층 구조를 통해서만 할 수 있었다. 그러나 결국에는 거대 행위자들이 우리 공동생활의 점점 더 많은 측면을 떠맡아서 관리하게 될 것이다. 물론 그와 더불어 사생활 침해와 사회 통제가 세계적인 수준으로 이루어질 가능성이 있다. 그 문제는 다음 장에서 다루기로 하자.

초지능 AI는 언제 출현할까?

나는 초지능 AI가 언제 출현할지 예측해달라는 요청을 종종 받는데, 대개는 답변을 거부한다. 이유는 세 가지다. 첫째, 역사적으로 오래전부터 그런 예측은 으레 틀리곤 했기 때문이다.[27] 예를 들

어, 1960년 AI 선구자이자 노벨상을 받은 경제학자 허버트 사이
먼Herbert Simon은 이렇게 썼다. "기술적으로 … 기계는 20년 안에
인간이 할 수 있는 모든 일을 할 수 있게 될 것이다."[28] 또 AI 분야
를 출범시킨 1956년의 다트머스 워크숍의 공동 주최자였던 마빈
민스키는 1967년에 이렇게 썼다. "나는 한 세대 안에 기계의 영역
너머에 남아 있을 지적 영역은 거의 없을 것이라고 확신한다. '인
공지능'을 창조하는 문제는 실질적으로 해결될 것이다."[29]

초지능 AI의 출현 시점을 말하기를 거부하는 두 번째 이유는,
넘어야 할 명확한 문턱이라고 할 만한 것이 아예 없기 때문이다.
기계는 이미 몇몇 영역에서 인간의 능력을 초월해 있다. 이런 분
야들은 더욱 넓어지고 깊어질 것이며, 완전히 일반적인 초지능 AI
시스템이 나오기 전에, 초인적인 일반 지식 시스템, 초인적인 생
명의학 연구 시스템, 초인적으로 능숙하면서 민첩한 로봇, 초인적
인 공동 기획 시스템 등이 나올 가능성이 크다. 나중에 일반 지능
시스템이 나올 때 제기될 현안 중 상당수는 이런 '부분적 초지능'
시스템을 통해서 미리 개별적으로 또 집단적으로 접하기 시작할
것이다.

초지능 AI의 도래 시점을 예측하지 않으려는 세 번째 이유는 그
것이 본질적으로 예측 불가능하기 때문이다. 존 매카시가 1977년
인터뷰에서 말했듯이, 그 일이 일어나려면 '개념적 돌파구'가 필
요하다.[30] 매카시는 더 나아가 이렇게 말했다. "당신이 원하는 것
은 아인슈타인 1.7명과 맨해튼 프로젝트의 0.3 규모라 할 수 있는
데, 아인슈타인이 먼저 나오기를 원하는 것과 같다. 나는 5년에서

500년쯤 걸릴 것이라고 본다." 어떤 개념적 돌파구가 일어날 가능성이 큰지는 다음 절에서 살펴보기로 하자. 그런데 그런 돌파구는 얼마나 예측 불가능할까? 아마 어니스트 러더퍼드가 핵 연쇄 반응이 완전히 불가능하다고 선언한 지 몇 시간 뒤에 레오 실라르드가 핵 연쇄 반응을 창안한 것만큼 예측 불가능할 것이다.

2015년 세계경제포럼의 한 회의에서, 나는 초지능 AI를 언제쯤 보게 될 것인가 하는 질문에 대답한 적이 있다. 그 회의는 채텀하우스 규정을 따르고 있었다. 즉, 그 공간에서 이루어진 회의에서 어떤 말이 나왔는지 발표하긴 해도, 그 말을 누가 했는지는 알리지 않는다는 규정이 있다. 그렇긴 해도 나는 더욱더 신중함을 기하기 위해, "엄격한 보도 금지를 전제로…"라고 덧붙이면서, 중간에 어떤 재앙이 닥치지 않는다고 할 때, 아마 내 아이들의 생애 내에 일어날 것이라고 제시했다. 당시 내 아이들은 꽤 어렸고, 아마 의학의 발전 덕분에 그 회의에 참석한 대다수보다 훨씬 더 오래 살 테니까. 그런데 두 시간이 채 지나기도 전에, 〈데일리 텔레그래프〉에 러셀 교수가 이렇게 말했다는 기사가 실렸다. 터미네이터 로봇들이 마구 날뛰는 영화 속 장면까지 곁들여서 말이다. 기사 제목은 이러했다. "'소시오패스' 로봇이 한 세대 안에 인류를 정복할 수 있다."

앞으로 80년이라는 내 연표는 전형적인 AI 연구자의 것보다 훨씬 더 보수적이다. 최근의 설문 조사를 보면, 가장 열심히 일하는 연구자들은 금세기 중반에 인간 수준의 AI가 나올 것으로 예상하는 듯하다.[31] 핵물리학의 사례는 그런 발전이 꽤 일찍 일어날 수 있다고 가정하고 그에 따라 준비하는 것이 신중한 태도임을 시사한다. 레오 실라르드의 중성자 유도 핵 연쇄 반응 개념과 비슷하게, 개념적 돌파구가 단 하나만 있으면 된다면, 어떤 형태로든 간에 초지능 AI는 매우 갑자기 출현할 수 있을 것이다. 우리가 미처 대비하지 못한 상태에서 출현할 가능성도 있다. 어느 정도의 자율성을 지닌 초지능 기계를 만든다면, 우리는 곧 그 기계를 제어할 수 없음을 알아차리게 될 것이다. 그러나 나는 우리에게 아직 숨 돌릴 여유가 있다고 꽤 확신한다. 초지능에 다다르려면, 단 하나가 아니라 몇 개의 주요 돌파구가 만들어져야 할 것이라고 보기 때문이다.

다가올 개념적 돌파구

인간 수준의 범용 AI를 만드는 문제는 해결되려면 아직 멀었다. 더 많은 공학자, 더 많은 데이터, 더 큰 컴퓨터에 더 많은 돈을 투자한다고 해서 해결될 문제가 아니다. 일부 미래 예측가들은 무어의 법칙을 토대로 컴퓨터 연산력의 지수 성장 추세를 확대 추정하여, 기계가 곤충의 뇌, 생쥐의 뇌, 인간의 뇌, 인류 전체의 뇌를 넘어서는 시점을 도표로 나타낸다.[32] 그러나 이런 도표는 무의미하다. 앞서 말했다시피, 더 빠른 기계는 그저 틀린 답을 더 빨리 내놓을 뿐이기 때문이다. 우리가 가진 최고의 착상을 모두 조합하여 인간 수준의 통합된 지적 시스템을 개발한다는 목표를 갖고 손꼽히는 AI 전문가를 모아서 한 팀을 만들고 자원을 무제한으로 제공한다고 해도, 결과는 실패일 것이다. 그 시스템은 현실 세계에서 엉망일 것이다. 무슨 일이 벌어지고 있는지 이해하지 못할 것이다. 자기 행동의 결과를 예측할 수 없을 것이다. 해당 상황에서 사람들이 무엇을 원하는지 이해하지 못할 것이다. 그리하여 매우 어리석게 행동할 것이다.

그 시스템이 어떻게 엉망이 되는지를 이해한다면, AI 연구자들은 인간 수준의 AI에 다다르기 위해서 해결해야 할 문제—필요한 개념적 돌파구—가 무엇인지 파악할 수 있을 것이다. 그렇게 아직 해결되지 못한 문제가 어떤 것인지 몇 가지만 살펴보기로 하자. 이런 문제가 해결된다고 해도, 더 많은 문제가 남아 있을 것이다. 그리 많지는 않겠지만 말이다.

언어와 상식

지식 없는 지능은 연료 없는 엔진과 같다. 사람은 다른 사람들로부터 엄청난 양의 지식을 얻는다. 그 지식은 언어라는 형태로 대대로 전달된다. 어떤 지식은 사실적 지식이다. 예를 들어, 오바마는 2009년에 대통령이 되었고, 구리의 밀도는 1세제곱센티미터에 8.92그램이고, 우르남무 법전에는 다양한 범죄를 처벌하는 기준이 실려 있다는 등등이 그렇다. 언어 자체에도 아주 많은 지식이 담겨 있다. 이용할 수 있는 개념들이 그렇다. 대통령, 2009년, 밀도, 구리, 그램, 센티미터, 범죄 등의 단어는 모두 엄청난 양의 정보를 담고 있으며, 그런 정보는 발견과 조직화 과정에서 추출되어 그 언어에 담기게 된 본질을 뜻한다.

구리를 예로 들어보자. 구리는 우주에 있는 특정한 원자들의 집합을 가리킨다. 그 집합을 내가 우주에서 임의로 선택한 원자들로 이루어진 같은 크기의 집합인 '아글바글륨'과 비교해보자. 내가 붙인 이름이다. 구리에는 우리가 발견할 수 있는 일반적이고, 유용하고, 예측 가능한 법칙이 많이 있다. 밀도, 전도성, 전성, 녹는점, 별에서 기원했다는 사실, 화합물, 용도 등에 관한 것들이다. 그에 비해, 아글바글륨은 본질적으로 말할 수 있는 것이 전혀 없다. 아글바글륨 같은 단어로 이루어진 언어를 지닌 생물은 제 기능을 할 수 없을 것이다. 자신의 세계를 모형화하고 예측하게 해줄 규칙성을 결코 찾아내지 못할 것이기 때문이다.

인간의 언어를 진정으로 이해하는 기계는 대량의 인류 지식을 빠르게 습득할 것이며, 지금까지 지구에 산 1천억 명이 넘는 사람들이 배우는 데 걸렸던 수만 년을 거치지 않고서도 그럴 수 있을 것이다. 인간의 언어를 모른 채 기계가 날것 그대로의 감각 데이터에서 시작하여 맨땅에서부터 이 모든 것을 재발견하리라고 기대하는 것은 비현실적으로 보인다.

현재 자연어 처리 기술은 수백만 권의 책을 읽고 이해할 수준에 이르지 못했다. 학식이 풍부한 사람조차 어려워하는 책도 많다. 2011년 퀴즈 게임 쇼 〈제퍼디!〉에서 인간 우승자 두 명을 물리쳐서 유명해진 IBM의 왓슨Watson 같은 시스템은 명확히 제시된 사실로부터 단순한 정보를 추출할 수 있지만, 텍스트로부터 복잡한 지식 구조를 추출할 수는 없다. 다양한 원천에서 얻은 정보를 토대로 추론 사슬을 길게 이어가야 하는 질문에는 더더구나 답할 수 없다. 예를 들어, 1973년 말까지 나온 구할 수 있는 문서를 다 읽고서 당시 닉슨 대통령에 대한 워터게이트 사건 탄핵 과정 결과가 어떻게 나올지 평가하는(설명을 곁들여서) 과제는 현재의 기술 수준을 한참 넘어서 있을 것이다.

현재 언어 분석과 정보 추출의 수준을 심화시키기 위해 많은 노력이 이루어지고 있다. 예를 들어, 앨런 AI 연구소의 아리스토 프로젝트는 교과서를 읽고 참고서를 공부한 뒤 학교 과학 시험에 통과할 수 있는 시스템을 구축하는 것을 목표로 한다.[33] 다음은 초등학교 4학년 시험에 나오는 질문이다.[34]

> 4학년 학생들이 롤러스케이트 경주를 하려고 한다. 경주하기에 가장 좋은 바닥은 어느 것일까?
> (A) 자갈   (B) 모래   (C) 아스팔트   (D) 풀

이 질문에 답하려는 기계는 적어도 두 가지 어려움에 직면한다. 첫 번째는 이 문장이 무엇을 말하는지 파악해야 하는 고전적인 언어 이해 문제다. 구문 구조를 분석하고, 단어의 뜻을 파악하는 등의 일이다. (독자도 한번 시도해보라. 온라인 번역 서비스를 써서 어떤 문장을 낯선 언어로 번역한 뒤, 그 언어의 사전을 써서 원래 언어로 다시 번역하려고 해보라.) 두 번째는 상식의 필요성이다. '롤러스케이트 경주'는 아마 롤러스케이트 사이의 경주가 아니라 롤러스케이트를 (발에) 신은 사람들 사이의 경주일 것이라는 점을 이해하고, '바

닥'이 구경꾼이 앉는 곳이 아니라 스케이터가 스케이트를 탈 곳을 말한다는 점을 이해하고, 경주를 할 바닥이라는 맥락에서 '가장 좋은'이 무슨 의미인지를 알아차리는 것 등등을 말한다. '4학년 학생들'을 '혹독한 군사 훈련소의 훈련생들'이라는 말로 바꾸면 답이 어떻게 될지 생각해보라.

이 어려움을 요약하는 한 가지 방법은, 읽기가 지식을 요구하며 지식이 (대체로) 읽기에서 나온다고 말하는 것이다. 다시 말해, 우리는 고전적인 닭이 먼저냐 달걀이 먼저냐의 상황에 직면한다. 부트스트래핑bootstrapping(단순한 것에서 점점 복잡한 것으로 나아가는 일종의 독학 과정 – 옮긴이) 과정을 통해 그렇게 하면 되지 않을까 생각할 수도 있다. 즉, 시스템이 어떤 쉬운 텍스트를 읽고서 약간의 지식을 습득한 뒤, 그 지식을 써서 좀 더 어려운 텍스트를 읽어서 좀 더 많은 지식을 습득하는 식으로 나아갈 수 있지 않을까? 불행히도, 그 방법을 썼을 때 실제로는 일이 정반대로 진행되는 경향이 있다. 습득한 지식은 대개 오류투성이이며, 그 지식은 읽기에 오류를 일으키고, 그 오류는 더욱 잘못된 지식을 습득하게 하는 식으로 이어진다.

예를 들어, '무한 언어 학습Never-Ending Language Learning'이라는 말의 약어인 카네기멜런대학교의 넬NELL 프로젝트는 아마 현재 진행 중인 가장 야심적인 언어 부트스트래핑 프로젝트일 것이다. 2010-2018년에 넬은 웹에서 영어 텍스트를 읽고서 1억 2천만 가지가 넘는 확신 사례를 습득했다.[35] 이런 확신 사례 중에는 메이플리프스가 아이스하키팀이고 스탠리컵에서 우승했다는 등 정확한 것도 있다. 넬은 사실적 지식뿐 아니라, 새로운 어휘, 범주, 의미론적 관계도 꾸준히 습득한다. 그러나 유감스럽게도, 넬의 확신 사례 중 신뢰할 수 있는 것은 3퍼센트에 불과하며, 틀렸거나 무의미한 확신을 정기적으로 제거하는 일을 맡은 인간 전문가들을 따로 두고 있다. "네팔은 미국이라고도 알려진 나라", "가치는 대개 기본 단위로 나뉘는 농산물이다" 같은 것들이 그런 예다.

내가 볼 때, 어느 하나의 돌파구가 일어나서 이 하향 나선이 상향 나선으로 바뀔 것 같지는 않다. 부트스트래핑이라는 기본 과정은 옳은 듯하다. 충분히 많은 사실을 아는 프로그램은 새 문장이 가리키는 것이 어떤 사실인지를 파악할 수 있고, 그럼으로써 사실을 표현하는 새로운 문형을 배운다. 그 뒤에 문형은 더 많은 사실을 발견할 수 있게 하는 식으로 그 과정은 계속 이어진다. (구글의 공동 창업자 세르게이 브린Sergey Brin은 1998년에 부트스트랩 개념을 다룬 중요한 논문을 발표했다.)[36] 일일이 수작업으로 코드로 작성하여 지식과 언어 정보를 아주 많이 입력함으로써 그 과정을 지원한다면 분명히 도움이 될 것이다. 사실들을 점점 더 정교하게 표현하고―복잡한 사건, 인과관계, 남들에 관한 믿음과 태도 등을 표현할 수 있도록―단어 의미와 문장 의미를 다룰 때의 확실성을 더 높인다면, 이윽고 학습의 자기 소멸 과정이 아니라 자기 강화 과정을 낳을 수 있을지도 모른다.

개념과 이론의 누적 학습

약 14억 년 전, 지구로부터 13억 광년 떨어진 곳에서 지구보다 질량이 1천2백만 배 큰 블랙홀과 1천만 배 큰 블랙홀이 아주 가까워져서 서로의 궤도를 돌기 시작했다. 둘은 서서히 에너지를 잃으면서 점점 가까워졌고, 속도는 더욱 빨라졌다. 이윽고 350킬로미터 떨어진 거리에서 1초에 250번의 속도로 궤도를 돌다가, 마침내 충돌하여 하나가 되었다.[37] 마지막 몇 밀리초에 중력파의 형태로 방출된 에너지는 우주에 있는 모든 별이 내뿜는 총에너지보다 50배 더 컸다. 2015년 9월 14일, 그 중력파가 지구에 다다랐다. 그 중력파는 우주 자체를 약 25해분의 1의 비율로 늘렸다가 압축했다. 지구에서 프록시마 켄타우리까지의 거리(4.4광년)를 사람의 머리카락 굵기만큼 늘였다가 줄인 것과 같다.

다행히도 그로부터 이틀 전에, 워싱턴주와 루이지애나주의 어드밴스드 라이고(Advanced LIGO, 레이저 간섭계 중력파 관측소)가 가동되었다. 레이저 간섭 기술을 써서 공간의 미세한 왜곡을 측정할 수 있는 시설이었다. 라이고 연구진은 아인슈타인의 일반 상대성 이론을 토대로 계산하여, 그런 사건이 일어났을 때 나올 중력파의 정확한 파형을 예측한 바 있었다. 그래서 그런 파형을 찾고 있었다.[38]

그런 관측이 가능했던 것은 수천 명에 달하는 사람들이 수 세기에 걸쳐서 관측하고 연구한 지식과 개념의 축적과 소통 덕분이었다. 호박을 모직물에 문질러서 정전기가 생기는 것을 관찰한 탈레스부터 피사의 사탑에서 돌을 떨어뜨렸다는 갈릴레오를 거쳐서, 나무에서 사과가 떨어지는 것을 본 뉴턴에 이르기까지, 그리고 그밖의 무수한 관찰을 통해서 인류는 개념, 이론, 장치를 한 층 한 층

서서히 쌓아왔다. 질량, 속도, 가속도, 힘, 뉴턴의 운동과 중력 법칙, 궤도 방정식, 전기 현상, 원자, 전자, 전기장, 자기장, 전자기파, 특수 상대성, 일반 상대성, 양자역학, 반도체, 레이저, 컴퓨터 등등.

원리상 우리는 이 발견의 과정을 지금까지 모든 인류가 경험한 모든 감각 데이터로부터 2015년 9월 14일 라이고 과학자들이 컴퓨터 화면을 지켜볼 때 경험한 감각 데이터에 관한 아주 복잡한 가설을 도출하는 것이라고 이해할 수도 있다. 이는 전적으로 데이터 기반의 학습관이다. 데이터를 집어넣으면, 가설이 나오고, 그 사이에 있는 것은 블랙박스라는 견해다. 실제로 그런 방식이 통한다면, '빅 데이터, 빅 네트워크' 심층 학습 접근법의 최고의 위업이 되겠지만, 그런 식으로는 불가능하다. 지적인 존재가 두 블랙홀의 융합을 검출하는 것 같은 엄청난 일을 어떻게 해낼 수 있었는지에 관한 유일하게 설득력 있는 개념은 라이고 과학자들이 사전에 지니고 있던 물리학 지식을 기기의 관측 데이터와 결합함으로써, 그 융합 사건의 출현을 추론할 수 있었다는 것이다. 게다가 이 사전 지식은 그 자체가 사전 지식을 갖고 학습한 결과물이다. 따라서 역사를 죽 거슬러 올라간다. 그러니 우리는 지적인 존재가 지식을 건축 재료로 삼아서 어떻게 예측 능력을 구축할 수 있는지를 대체로 누적 과정으로 바라본다.

여기서 '대체로'라고 한 이유는 당연히 과학이 플로지스톤과 발광 에테르 같은 허구적인 개념을 일시적으로 추구하는 등 수 세기에 걸쳐 볼 때 잘못된 방향으로 나아간 사례도 몇 차례 있었기 때문이다. 그러나 우리는 누적 과정이 실제로 일어난 일이라고,

사실이라고 받아들인다. 과학자들이 줄곧 자신의 발견과 이론을 책과 논문으로 써왔다는 의미에서 그렇다. 후대의 과학자들은 이런 형태의 명시적인 지식에만 접근했고, 오래전에 사라진 세대들의 원래의 감각적 경험은 접할 수 없었다. 라이고 연구진은 과학자들이므로, 아인슈타인의 일반 상대성 이론을 포함하여 자신들이 이용한 모든 지식이 일종의 보호 관찰 시기에 있으며(그리고 앞으로도 계속 그럴 것이다) 실험을 통해 반증될 수 있다는 점을 이해했다. 라이고 데이터는 일반 상대성 이론을 강력하게 확증한 사례였으며, 중력을 매개한다는 가설 속의 입자인 중력자가 질량이 없다는 추가 증거도 제공했다.

과학계가―또는 보통 사람들이 평생에 걸쳐서―보여주는 누적 학습 및 발견의 능력에 맞먹거나 그 능력을 넘어설 수 있는 기계 학습 시스템을 만들 수 있는 수준에 이르려면 아직 갈 길이 멀다.[39] 심층 학습 시스템[부록D]은 주로 데이터 기반이다. 즉, 기껏해야 우리는 그 망의 구조 안에 아주 약한 형태의 사전 지식만을 '배선할' 수 있다. 확률 프로그래밍 시스템[부록C]은 확률 지식 기반의 구조와 어휘라는 형태로, 학습 과정에 사전 지식을 담을 수 있지만, 우리는 새로운 개념과 관계를 생성하고 그것들을 써서 그런 지식 기반을 더 확장할 효과적인 방법을 아직 찾아내지 못했다.

그 어려움은 데이터에 아주 잘 들어맞는 가설을 찾아내는 어려움과 다르다. 심층 학습 시스템은 이미지 데이터에 잘 들어맞는 가설을 찾을 수 있고, AI 연구자는 정량적 과학 법칙의 많은 역사적 발견 사례를 재현할 수 있는 상징 학습 프로그램을 구축할 수 있다.[40] 그러나 자율적인 지적 행위자의 학습에는 그보다 훨씬 더 많은 것이 필요하다.

첫째, 예측할 토대가 될 '데이터'에 무엇을 포함시켜야 할까? 예를 들어, 라이고 실험에서 중력파가 도착할 때 공간이 늘어나고 수축하는 양을 예측하는 모델은 충돌하는 블랙홀의 질량, 궤도 주기 등을 고려하지만, 무슨 요일에 도착할지 또는 그날 메이저리그 야구 경기가 열리는지는 고려하지 않는다. 반면에 샌프란시스코 베이브리지의 교통 상황을 예측하는 모델은 요일과 야구 경기 개최 여부를 고려하지만, 충돌하는 블랙홀의 질량과 궤도 주기는 고려하지 않는다. 마찬가지로 이미지에 있는 대상의 유형을 인식하는 법을 학습하는 프로그램은 화소를 입력으로 삼는 반면, 골동품의 가치를 추정하는 법을 학습하는 프로그램은 그 골동품의 재료가 무엇이고, 누가 언제 만들었고, 사용 빈도와 소유권의 변천 과정은 어땠는지 등도 알고 싶을 것이다. 왜 그럴까? 우리 인류는 이미 중력파, 교통, 시각 이미지, 골동품에 관해 뭔가 알고 있기 때문이다. 우리는 이 지식을 써서 특정한 출력을 예측하는 데 어떤 입력이 필요한지를 판단한다. 이를 '특성 추출'이라고 하며, 잘하려면 그 특정한 예측 문제를 잘 이해할 필요가 있다.

물론 진정한 지적 기계라면 새로 배울 것이 있을 때마다 사람에게 특성 추출을 의지할 리 없다. 한 학습 문제의 합리적인 가설 공간을 구성하는 것이 무엇인지를 스스로 알아내야 할 것이다. 아마 다양한 유형의 관련 지식을 폭넓게 동원하여 그렇게 하겠지만, 그 일을 어떻게 해낼지에 관해 현재 우리가 지닌 개념은 초보적인 수준이다.[41] 넬슨 굿맨Nelson Goodman은 《사실, 허구, 그리고 예측Fact, Fiction, and Forecast》[42] —1954년에 나왔는데, 아마 기계 학습에 관한 책 중에서 가장 중요하면서도 인정을 제대로 못 받은 축에 들 것이다—에서 '상위 가설'이라는 유형의 지식을 제시한다. 합리적 가설들의 범위를 정의하는 데 도움을 주는 가설이다. 교통 예측의 사례에서, 상위 가설은 요일, 시각, 국지적 사건, 최근의 사고, 휴일, 열차 등의 지연, 날씨, 일출과 일몰 시각이 교통 상황에 영향을 미칠 수 있다는 것이다. (교통 전문가 없이도, 당신은 세계에 관한 자신의 배경 지식으로부터 이 상위 가설을 이해할 수 있다는 점을 유념하자.) 지적 학습 시스템은 이런 유형의 지식을 쌓고 활용하여 새로운 학습 문제를 정립하고 푸는 데 도움을 얻을 수 있다.

둘째, 질량과 가속도, 전하, 전자, 중력 같은 새로운 개념의 누적 생성이다. 아마 이 점이 더 중요할 것이다. 이런 개념들이 없다면, 과학자들(그리고 보통 사람들)은 날것 그대로의 지각 입력을 토대로 우주를 해석하고 예측해야 할 것이다. 하지만 그렇게 하는 대신에, 뉴턴은 갈릴레오 같은 선배들이 개발한 질량과 가속도 개념을 쓸 수 있었다. 어니스트 러더퍼드는 19세기 말에 전자라는 개념이 이미 발전되어 있었기에(많은 연구자를 통해서 조금씩 발전했다) 원자가 양전하를 띤 치밀한 핵을 전자가 둘러싸고 있는 구조라고 판단할 수 있었다. 사실 모든 과학적 발견은 시간과 인간 경험을 통해 먼 과거로 죽 이어지는 층층이 쌓인 개념들에 의지한다.

과학철학, 특히 20세기 초의 과학철학에서는 새 개념의 발견을 이루 말로 표현할 수 없는 세 가지 I의 덕으로 돌리는 견해가 드물지 않았다. 직관intuition, 통찰insight, 영감inspiration이었다. 이 세 가지는 합리적으로도 알고리듬으로도 결코 설명할 수 없다고 여겨졌다. 허버트 사이먼[43]을 비롯한 AI 연구자들은 그런 견해에 강력하게 반대했다. 단순히 말해서, 어떤 기계 학습 알고리듬이 입력에 들어 있지 않은 새 용어의 정의를 추가할 가능성을 포함하는 가설들의 공간을 탐색할 수 있다면, 그 알고리듬은 새로운 개념을 발견할 수 있다는 것이다.

사람들이 백개먼을 두는 모습을 지켜보면서 로봇이 그 게임의 규칙을 학습하려고 시도한다고 하자. 로봇은 사람들이 주사위를 굴리는 모습을 지켜보다가, 때로 말을 한두 개가 아니라 서너 개씩 움직이는 것을 본다. 주사위의 눈이 1-1, 2-2, 3-3, 4-4, 5-5, 6-6이 나올 때 그렇다는 것을 알아차린다. 프로그램이 두 주사위의 눈이 똑같이 나오는 것으로 정의되는 '더블'이라는 새로운 개념을 추가할 수 있다면, 동일한 예측 이론을 훨씬 더 간결하게 표현할 수 있을 것이다. 귀납 논리 프로그래밍[44] 같은 방법을 쓰면, 프로그램이 정확하면서 간결한 이론을 찾아낼 수 있도록 새로운 개념과 정의를 도출하는 프로그램을 수월하게 짤 수 있다.

현재 우리는 비교적 단순한 사례에서는 그렇게 하는 법을 알지만, 더 복잡한 이론에서는 도입할 수 있는 새 개념의 수가 엄청나게 많아진다. 그래서 심층 학습 기법이 컴퓨터 시각 분야에서 최근에 이룬 성공이 더욱더 놀랍게 여겨진다. 심층망은 아주 단순한 학습 알고리듬을 쓰는데도 눈, 다리, 줄무늬, 모서리 같은 유용한 중간 특성을 찾아내는 일을 대개 잘 해낸다. 어떻게 이런 일이 일어나는지 더 잘 이해할 수 있다면, 과학에 필요한 더 표현력 있는 언어로 새로운 개념을 배우는 데에도 같은 접근법을 적용할 수 있다. 그렇게 된다면 범용 AI를 향해 나아가는 과정을 상당히 진척시킬 수 있을 뿐 아니라, 인류에게도 엄청난 혜택이 될 것이다.

행동 발견하기

긴 시간에 걸쳐서 지적 행동을 하려면, 추상화의 여러 수준에서 계층적으로 행동을 계획하고 관리하는 능력이 필요하다. 이런 추상화 단계들은 박사 학위를 받는 것(1조 개의 행동)부터 자기소개서 파일에 문자 하나를 입력하는 과정의 일부로서 손가락 하나에 하나의 운동 제어 명령을 보내는 것에 이르기까지 죽 이어진다.

우리 행동은 수십 가지 추상화 수준을 지닌 복잡한 계층 구조로 조직된다. 이런 수준과 거기에 담긴 행동은 우리 문명의 핵심 부분이며, 우리의 언어와 관습을 통해서 대대로 전해진다. 예를 들어, 멧돼지를 잡고 비자를 신청하고 항공권을 사는 것 같은 행동은 수백만 가지의 원초적인 행동을 포함할 수 있지만, 우리는 그런 행동을 각각 단일한 단위 행동이라고 생각할 수 있다. 우리의 언어와 문화가 제공하는 행동의 '라이브러리library'에 이미 들어 있을 뿐 아니라, 그런 행동을 하는 법을 (대강) 알고 있기 때문이기도 하다.

그런 행동들이 라이브러리에 들어 있으면, 우리는 그런 높은 수준의 행동을 엮어서 더욱 높은 수준의 행동을 생성할 수 있다. 하지 때 부족 축제를 열거나 네팔 오지에서 여름에 고고학 발굴 조사를 하는 것 같은 행동 말이다. 가장 낮은 수준의 운동 제어 단계에서 시작하여, 맨땅에서부터 그런 행동을 계획하려고 시도한다면, 전혀 가망 없는 일이 될 것이다. 그런 행동은 수백만 또는 수십억 단계로 이루어지며, 그중에는 매우 예측 불가능한 단계도 많기 때문이다. (멧돼지는 어디에 있고, 어디로 달아날까?) 반면에 우리는 라이브러리에서 적절하게 높은 수준의 행동을 고름으로써 겨우 10여 단계만으로 그런 계획을 짤 수 있다. 그런 단계 각각이 전체 활동의 큰 조각을 차지하기 때문이다. 우리의 허약한 뇌로도 그 정도는 관리할 수 있다. 그럼으로써 우리는 장기 계획이라는 '초능력'을 얻는다.

이런 행동이 그런 식으로 존재하지 않았던 시기도 있었다. 예를 들어, 1910년에 항공 여행을 할 권리를 얻으려면, 조사, 편지 쓰기, 다양한 항공 분야 개척자들과의 협상이라는 길고도 복잡하면서 예측 불가능한 과정이 필요했을 것이다. 최근에는 전자우편 보내기, 구글링, 우버링 같은 행동이 라이브러리에 추가되었다. 앨프리드 노스 화이트헤드Alfred North Whitehead가 1911년에 썼듯이 말이다. "문명은 우리가 무심코 할 수 있는 중요한 조작의 수를 늘림으로써 발전한다."[45]

솔 스타인버그Saul Steinberg의 유명한 〈뉴요커〉 표지 그림(그림 6)은 지적 행위자가 자신의 미래를 어떻게 관리하는지를 공간적인 형태로 탁월하게 보여준다. 바로 앞의 미래는 아주 상세하다. 사실, 내 뇌는 이미 다음 몇 단어를 입력하기 위해서 특정한 운동 제어 사슬을 불러낸 상태다. 좀 더 떨어진 미래는 덜 상세하다. 내

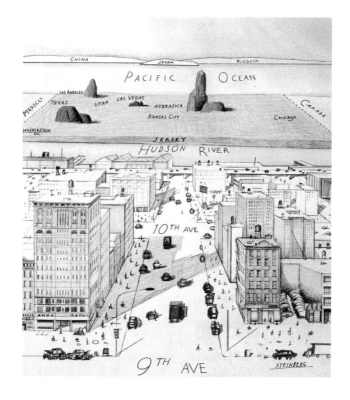

그림 6 1976년 〈뉴요커〉 표지에 실린 솔 스타인버그의 〈9번가에서 바라본 세상〉.

계획은 이 단락을 끝내고, 점심을 먹고, 원고를 좀 더 쓴 뒤, 프랑스와 크로아티아의 월드컵 결승전을 보는 것이다. 좀 더 멀리 내다본 내 계획은 더 규모가 크지만 더 모호하다. 8월 초에 파리에서 버클리로 돌아와서, 대학원 강의를 하고, 이 책을 끝내는 것이다. 시간이 흐를수록 미래는 현재에 더 가까워지고 미래를 위한 계획은 더 상세해진다. 그런 한편으로 먼 미래의 모호한 계획이 새로 추가될 수도 있다. 바로 앞의 미래를 위한 계획은 아주 상세해져서 운동 제어 시스템을 통해 직접 실행 가능하다.

이 그림을 AI 시스템에 적용한다면, 현재 우리는 이 전체 그림의 몇몇 조각만을 지니고 있다. 이런 식의 추상적 행동의 계층 구조가 제공된다면—각 추상적 행동이 더 구체적인 행동들로 이루어지는 하위 계획으로 어떻게 다듬어질 수 있는지에 관한 지식을 포함하여—우리는 특정한 목표를 달성할 복잡한 계획을 세울 수 있는 알고리듬을 지니게 된다. 설령 미래의 행동이 여전히 추상적인 수준에 있고 아직 실행할 수 없다고 해도, 행위자가 '할 준비가 된' 원초적이고 육체적인 행동을 언제나 지니는 식으로 추상적이고 계층적인 계획을 실행할 수 있는 알고리듬이 있다.

그런데 문제는 바로 이 조각 그림 퍼즐에서 추상적 행동의 계층 구조를 구축하는 방법이라는 중요한 조각이 처음부터 빠져 있다는 점이다. 예를 들어, 다양한 전류를 다양한 모터에 보내는 법만 아는 로봇에게 일어서는 행동을 하는 방법을 맨땅에서부터 스스로 발견하게 할 수 있을까? 내가 로봇을 일어서도록 훈련시킬 수 있는지를 묻고 있는 것이 아님을 이해하는 것이 중요하다. 그런 일이라면 로봇의 머리가 바닥에서 멀리 떨어질수록 보상을 하는 강화 학습을 적용하는 것만으로도 충분히 할 수 있다.[46] 로봇을 일어서도록 훈련시키려면 일어선다는 것이 어떤 의미인지를 이미 알고 있는, 따라서 올바른 보상 신호가 무엇인지를 정의할 수 있는 로봇 훈련사가 있으면 된다. 우리가 원하는 것은 일어서기가 무엇임을 스스로 발견하는 로봇이다. 즉, 유용한 추상적 행동임을, 걷거나 달리거나 악수를 하거나 벽 너머를 보기 위한 전제 조건(일어섬으로써)을 달성하는 것이자, 그리하여 온갖 목표를 위한 많은 추상적 계획의 한 부분을 이루는 것임을 발견하는 로봇이다. 마찬가지로, 우리는 로봇이 이곳에서 저곳으로 이동하고, 물건을 집고, 문을 열고, 매듭을 짓고, 요리하고, 내 열쇠를 찾아내고, 집을 짓는 것 같은 행동뿐 아니라, 우리 인간이 아직 찾아내지 못했기에 그 어떤 인간의 언어로도 이름이 붙여지지 않은 다른 많은 행동도 발견하기를 원한다.

나는 이 능력이 인간 수준의 AI에 이르는 데 필요한 가장 중요한 단계라고 본다. 화이트헤드의 말을 다시 빌리자면, 그 능력은 AI 시스템이 무심코 수행할 수 있는 중요한 조작의 수를 늘릴 것이다. 전 세계의 많은 연구진은 이 문제를 풀기 위해 열심히 일하고 있다. 예를 들어, 딥마인드는 2018년에 자사의 AI가 퀘이크 3 아레나Quake III Arena에서 인간 수준의 실력을 보였다는 논문을 발표하면서, 그 학습 시스템이 "시간적으로 일관된 행동 사슬을 … 촉진할 새로운 방법으로 시간적으로 계층 구조적인 표상 공간을 구축한다"고 주장했다.[47] (이 말이 무슨 뜻인지 전적으로 확신할 수는 없지만, 새로운 높은 수준의 행동을 창안한다는 목표를 향해 나아가는 데 진척이 이루어졌다는 말처럼 들리는 것은 확실하다.) 나는 우리가 아직 완전한 답을 가지고 있지 않다고 생각하지만, 이것은 기존 생각들을 올바른 방식으로 엮기만 하면, 언제든 일어날 수 있는 발전이다.

이 능력을 지닌 지적 기계는 인간보다 더 멀리까지 미래를 내다볼 수 있을 것이다. 또 훨씬 더 많은 정보를 고려할 수 있게 될 것이다. 이 두 능력을 결합하면 필연적으로 현실 세계에서 더 나은 결정을 내릴 수 있게 된다. 인간과 기계가 충돌하는 모든 상황에서, 우리는 가리 카스파로프와 이세돌이 겪었듯이 우리의 모든 움직임이 미리 예측되고 차단된다는 것을 금방 알아차리게 될 것이다. 우리는 시작도 하기 전에 게임에서 지게 될 것이다.

정신 활동 관리하기

현실 세계에서의 활동을 관리하는 것이 복잡해 보인다면, '알려진 우주에서 가장 복잡한 대상'의 활동을 관리하는 우리의 불쌍한 뇌 자체를 생각해보라. 우리는 어떻게 생각을 하는지부터 알려고 하는 것이 아니다. 어떻게 걷는지, 피아노를 어떻게 치는지부터 알려고 하지 않는 것과 마찬가지다. 우리는 직접 해봄으로써 배운다. 우리는 어느 정도까지는 어떤 생각을 할지 선택할 수 있다. (맛좋은 햄버거를 생각할지, 불가리아 관세 규정을 생각할지는 당신 마음이다!) 어느 면에서 우리의 정신 활동은 현실 세계에서 우리가 하는 활동보다 더 복잡하다. 우리 뇌는 몸보다 작동 부위가 훨씬 더 많고, 훨씬 더 빨리 작동하기 때문이다. 컴퓨터에도 같은 말이 적용된다. 알파고는 바둑판에 한 수를 둘 때마다, 수백만 또는 수십억 단위의 계산을 수행하며, 각각의 계산은 전방 탐색 나무에 가지를 하나 추가하고 그 가지 끝에서 판세를 평가하는 과정을 수반한다. 그리고 이런 계산 단위 하나하나는 프로그램이 그 나무의 어느 부위를 다음에 탐사할지를 선택하기 때문에 생긴다. 아주 근사적으로 말해서, 알파고는 바둑판에서 자신이 이윽고 내릴 결정을 개선할 것으로 예상하는 계산을 고른다.

알파고의 계산 활동을 관리할 합리적인 체계를 구축하는 것은 가능했다. 그 활동이 단순하고 균질적이기 때문이다. 모든 계산 단위는 동일한 종류다. 동일한 기본 계산 단위를 쓰는 다른 프로그램들에 비해 알파고는 아마 매우 효율적이겠지만, 다른 유형의 프로그램들에 비하면 극도로 비효율적일 것이다. 예를 들어, 2016년 세기의 대국에서 알파고의 상대였던 이세돌은 아마 수 하나당 계산 단위가 수천 개에 불과했겠지만, 그는 훨씬 더 많은 종류의 계산 단위를 갖춘 훨씬 더 유연한 계산 구조를 지니고 있다. 여기에는 바둑판을 구역별 하위 대국들로 나누고 그 대국들의 상호작용을 파악하려고 시도하는 것, 달성 가능한 목표들을 인식하고 '이 집을 살리는 것'이나 '상대가 이 두 집을 연결하지 못하게 막는 것' 같은 행동을 포함한 높은 수준의 계획을 짜는 것, 한 집을 살리는 것 같은 특정한 목표를 어떻게 달성할지 생각하는 것, 상당한 위협을 가하지 못하기 때문에 특정한 수들은 제외하는 것이 포함된다.

우리는 그렇게 복잡하면서 다양한 계산 활동을 어떻게 조직해야 할지 아예 알지 못한다. 각 수의 결과를 어떻게 통합하고 구성할지, 좋은 결정을 가능한 한 빨리 발견할 수 있도록 다양한 유형의 심사숙고에 어떻게 계산 자원을 할당해야 할지 알지 못한다. 그러나 알파고의 것과 같은 단순한 계산 체계가 현실 세계에서 먹힐 가능성이 없다는 것은 분명하다. 현실에서 우리는 으레 수십 가지가 아니라 수십억 가지의 원초적인 단계로 이루어지는 결정 지평을 다루어야 하고, 어느 한 지점에서 가능한 행동의 수는 거의 무한하다. 현실 세계의 지적 행위자는 바둑만을 두거나 필자의 열쇠를 찾는 일만 하는 것이 아니라는 점을 명심하는 것이 중요하다. 그냥 존재한다. 다음에 무엇이든 할 수 있지만, 자신이 할지 모를 모든 것을 한가로이 다 생각할 수는 없다.

결정의 질을 빨리 상당히 향상시키는 계산 단위에 초점을 맞추기 위해 새로운 높은 수준의 행동—앞서 말한—을 발견하고 자신의 계산 활동을 관리할 수 있는 시스템은 현실 세계에서 가공할 의사 결정자가 될 것이다. 사람의 심사숙고처럼 그 시스템의 심사숙고도 '인지 효율적인' 양상을 띠겠지만, 그 시스템은 멀리 내다보고, 엄청나게 많은 수의 우발적 상황에 대처하고, 아주 많은 대안을 고려할 우리 능력을 심각하게 제약하는 작은 단기 기억 용량과 느린 하드웨어로 고생하지 않을 것이다.

빠진 것들이 더 있을까?

이 장에서 나열한 모든 잠재적인 새로운 발전을 활용하는 법에 관해 우리가 아는 모든 지식을 종합한다면, 작동할까? 그렇게 나온 시스템은 어떻게 행동할까? 그 시스템은 관찰과 추론을 통해 엄청난 규모로 많은 정보를 흡수하고 세계의 상태를 계속 추적하면서, 세월을 헤쳐 나아갈 것이다. 자신의 세계 모델(물론 인간의 모델들도 포함하여)을 서서히 개선할 것이다. 그런 모델을 써서 복잡한 문제를 풀 것이고, 그 해결책에 이르기까지의 과정을 요약하고 재활용하여 자신의 사고 효율을 더 높이고 그 해결책이 더욱 복잡한 문제에 적용될 수 있도록 다듬을 것이다. 새로운 개념과 행동을 발견할 것이고, 그리하여 발견의 속도를 더 높일 수 있을 것이다. 점점 더 장기적인 계획을 효율적으로 세우게 될 것이다.

요약하자면, 자신의 목표를 달성하는 일에 효과적인 시스템의 관점에서 본다면, 대단히 중요한 다른 무언가가 빠져 있는지가 불분명하다. 물론 알아보는 확실한 방법은 그런 시스템을 만들어서 (일단 돌파구가 다 열린다면), 어떤 일이 일어나는지 지켜보는 수밖에 없다.

초지능 기계를 상상하다

초지능 AI의 특성과 영향을 논의할 때, 전문가들은 상상력 부족을 겪어왔다. 그런 자리에서 우리는 흔히 의료 과실 감소,[48] 더 안전한 자동차,[49] 점진적인 성격을 지닌 그 밖의 발전을 언급하곤 한다. 또 우리는 로봇을 각자의 뇌를 지닌 개별적인 존재로 상상하곤 한다. 하지만 사실 로봇은 고정되어 있는 방대한 계산 자원에 의지하는, 무선으로 연결된 하나의 세계적인 존재가 될 가능성이 크다. 그러니 마치 전문가들이 AI 분야에서 이룰 성공의 진정한 결과를 조사하기를 두려워하는 것처럼 비치기도 한다.

우리는 범용 지적 시스템이 인간이 할 수 있는 일은 뭐든지 다 할 수 있다고 가정한다. 예를 들어보자. 몇몇 사람들은 현대 검색 엔진을 출현시킨 수학, 알고리듬 설계, 코딩, 경험적 연구에 많은 기여를 했다. 이 모든 일의 결과는 매우 유용하며, 물론 매우 가치가 있다. 얼마나 가치가 있을까? 최근의 한 조사를 보면, 설문에 응답한 미국 성인은 평균적으로 연간 적어도 17,500달러를 받아야 검색 엔진 이용을 포기할 것이라고 답했다.[50] 세계 전체로 보면, 수십조 달러가 필요할 것이라는 뜻이다.

이제 검색 엔진에 필요한 수십 년에 걸친 연구가 이루어지지 않아서 검색 엔진이 아직 등장하지 않은 반면, 초지능 AI 시스템은 접할 수 있다고 상상해보자. AI 시스템 덕분에, 당신은 그저 질문하는 것만으로도 검색 엔진 기술에 얼마든지 접근할 수 있다. 끝! 추가 코드를 단 한 줄도 짜지 않은 채, 그냥 질문만 함으로써 수조 달러 가치의 혜택을 본다. 이루어지지 않은 다른 모든 발명이나 발명의 사슬에도 같은 말을 할 수 있다. 인간이 할 수 있다면, 기계도 할 수 있다.

이 마지막 요점은 초지능 기계가 무엇을 할 수 있는지에 관한 유용한 하한선―비관적 추정값―을 제공한다. 우리의 가정에 따를 때, 기계는 개별 인간보다 더 유능하다. 개인은 할 수 없지만, n명의 집합은 할 수 있는 일이 많다. 달에 우주 비행사를 보내고, 중력파 검출기를 만들고, 인간 유전체 서열을 분석하고, 수억 명이 사는 국가를 운영한다. 따라서 대강 말하자면, 우리는 그 기계의 소프트웨어 사본을 n개 만들어서 n명의 사람이 연결된 것과 동일한 방식으로―동일한 정보와 제어 흐름으로―연결할 수 있다. 그러면 n명의 사람이 할 수 있는 일은 무엇이든 할 수 있는, 더 나아가 더 잘할 수 있는 기계를 갖게 된다. n개의 구성 요소 각각이 초인적이기 때문이다.

이 지적 시스템에 쓰인 다중 행위자 협력 설계는 기계의 가능한 능력의 하한선에 해당한다. 더 잘 작동하는 다른 설계들이 있기 때문이다. 사람 n명의 집합에서는 총 가용 정보가 n개의 뇌에 따로따로 들어 있으면서 아주 느리고 불완전하게 소통이 이루어진다. 그것이 바로 n명의 사람이 대부분의 시간을 회의하느라 쓰는 이유다. 기계는 이렇게 나눌 필요가 전혀 없다. 그런 분리는 서로의 연결을 방해하곤 한다. 과학적 발견이라는 영역에서 그렇게 사람들이 서로 단절된 점으로 존재할 때 어떤 결과가 빚어졌는지를 보여주는 좋은 사례가 있다. 페니실린의 기나긴 역사는 그 점을 잘 보여준다.[51]

우리의 상상을 넓히는 또 한 가지 유용한 방법은 어떤 특정한 유형의 감각 입력―이를테면 읽기―을 상정하고서 범위를 확대하는 것이다. 사람은 일주일에 책 한 권을 읽고 이해할 수 있는 반면, 기계는 몇 시간 사이에 지금까지 나온 모든 책―총 1억 5천만 권―을 읽고 이해할 수 있을 것이다. 그러려면 상당한 양의 처리 능력이 필요하지만, 책은 대체로 병렬적으로 읽을 수 있다. 즉, 그저 칩을 더 많이 추가함으로써 기계가 읽는 과정의 규모를 확대할 수 있다는 의미다. 마찬가지로, 기계는 인공위성, 로봇, 수억 대의 감시 카메라를 통해서 모든 것을 한꺼번에 볼 수 있고, 전 세계의 모든 TV 방송을 시청하고, 세계의 모든 라디오 방송과 전화 통화를 들을 수 있다. 곧 기계는 그 어떤 사람이 바랄 수 있는 것보다도 훨씬 더 일찍, 세계와 그 거주자들에 관해 훨씬 더 상세하고 정확하게 이해하게 될 것이다.

또 우리는 기계의 활동 능력의 규모를 확대하는 것도 상상할 수 있다. 사람은 몸 하나만 직접 제어할 수 있는 반면, 기계는 수천 또는 수백만 대의 로봇을 제어할 수 있다. 몇몇 자동화 공장은 이미 이런 특징을 보여주고 있다. 예를 들어, 공장 바깥에서, 수천 대의 솜씨 좋은 로봇을 제어할 수 있는 기계는 각각 거주할 이들의 필요와 욕구에 맞춘 집을 대량으로 지을 수 있다. 연구실에서는 과학 연구용 기존 로봇 시스템의 규모를 확대하여 수백만 가지 실험을 동시에 할 수 있다. 아마 분자 수준까지 내려가는 인체생물학의 완벽한 예측 모델을 만들 수도 있을 것이다. 엄청난 추론 능력을 토대로 기계는 과학 이론들 사이의 모순, 이론과 관찰 사이의 모순을 찾아내는 능력이 훨씬 커질 것이다. 사실, 우리는 이미 암을 완치시킬 방법을 고안할 수 있는 충분한 생물학 실험 증거를 지니고 있을지도 모른다. 그저 아직 끼워 맞추지 못했을 뿐일 수도 있다.

사이버 세계에서 기계는 이미 수십억 대의 효과기effector에 접속할 수 있다. 세계의 모든 휴대전화와 컴퓨터의 화면이 그렇다. IT 기업들이 소수의 직원으로 엄청난 부를 쌓을 수 있는 이유는 어느 정도는 바로 그 점 덕분이다. 또 그 점은 인류가 화면을 통한 조작에 몹시 취약하다는 점도 말해준다.

기계가 인간보다 미래를 더 멀리까지, 훨씬 더 정확히 내다볼 수 있는 능력에서 나오는 또 다른 규모 확대도 있다. 우리가 이미 체스와 바둑에서 본 것이기도 하다. 긴 시간에 걸쳐서 계층 구조적 계획을 세우고 분석하는 능력과 새로운 추상적 행동과 높은 수준의 기술 모델descriptive model을 파악하는 능력에 힘입어서, 기계는 이 이점을 수학(새롭고 유용한 정리를 증명하는)과 현실 세계의 의사 결정 같은 영역에 적용할 것이다. 환경 재난 같은 사건이 일어날 때 대도시를 소개疏開하는 일 같은 과제는 기계가 모든 사람과 차량을 개별적으로 안내하여 사상자 수를 최소로 줄일 수 있을 것이므로, 비교적 수월해질 것이다.

기계는 지구 온난화를 막을 정책 권고안을 마련할 때 좀 진땀을 흘릴 수도 있다. 지구 시스템 모델링은 물리학(대기, 대양), 화학(탄소 순환, 토양), 생물학(분해, 이주), 공학(재생 에너지, 탄소 포획), 경제학(산업, 에너지 이용), 인간 본성(어리석음, 탐욕), 정치학(더욱 많은 어리석음, 더욱 많은 탐욕)의 지식을 필요로 한다. 앞서 말했듯이, 기계는 이 모든 모델에 입력할 엄청난 양의 증거를 접하게 될 것이다. 불가피하게 나타날 불확실성을 줄이기 위해서 새로운 실험이나 탐사를 제안하거나 수행할 수도 있을 것이다. 이를테면, 얕은 바다에 매장된 가스 하이드레이트의 실매장량을 알아낼 수도 있다. 법, 장려책, 시장, 발명, 지구공학적 조치 등 아주 다양한 정책 권고안을 고려할 수 있을 것이다. 물론 그런 제안을 할 때 우리를 설득할 방법도 찾아야 할 것이다.

초지능의 한계

상상을 펼치는 것은 좋지만, 너무 멀리까지 펼치지는 말자. 그러다가 으레 초지능 AI 시스템이 신과 같은 전지전능한 힘을 지니게 될 것이라고 상상하는 실수를 저지를 수도 있다. 현재뿐 아니라 미래에 관해서도 완벽한 지식을 갖출 것이라고 말이다.[52] 그런 일은 일어날 가능성이 아주 작다. 그러려면 기계가 세계의 현재 상태를 정확히 파악하는 비현실적인 능력뿐 아니라, 실시간보다 훨씬 더 빨리 세계를 시뮬레이션하는 실현 불가능한 능력도 지녀야 할 것이기 때문이다. 기계는 자기 자신까지 포함하여(그때에도 여전히 우주에서 두 번째로 복잡할 수십억 개의 뇌는 말할 것도 없이) 세계의 작동을 시뮬레이션해야 한다.

그렇다고 해서 미래의 몇몇 측면을 합리적인 수준의 확실성을 갖고 예측할 수 없다는 말은 아니다. 예를 들어, 카오스 이론가들이 나비의 날갯짓 등의 온갖 근거를 들어서 반론을 펼친다고 해도, 나는 앞으로 약 1년 뒤에 버클리의 어떤 강좌에서 무슨 강의를 할지 안다. (물론 나는 인간이 미래를 거의 예언할 수 있다거나 물리 법칙이 그런 것을 허용할 것이라고도 생각하지 않는다!) 예측은 적절한 추상 개념을 지니느냐에 달려 있다. 예를 들어, 나는 4월 마지막 화요일에 '내가 버클리 휠러 강당의 연단에 오를 것'으로 예측할 수 있지만, 정확히 어디에 있을지 밀리미터 단위까지 예측한다거나 그때 내 몸에 어떤 탄소 원자들이 들어와 있을지 예측할 수는 없다.

또 기계는 세계의 새로운 지식을 획득할 수 있는 속도를 토대로 현실 세계가 가하는 속도 제한을 받는다. 케빈 켈리Kevin Kelly가 초인적인 AI에 관한 지나치게 단순화한 예측을 다룬 기사에서 타당하게 지적한 것이기도 하다.[53] 예를 들어, 특정한 약물이 어떤 실험동물의 특정한 암을 치료하는지를 판단하고자 할 때, 과학자―인간이나 기계―는 두 가지 중에서 선택한다. 그 동물에게 약물을 투여하고 몇 주 동안 기다리거나, 충분히 정확한 시뮬레이션을 하는 것이다. 그러나 시뮬레이션을 돌리려면, 생물학에 관한 경험 지식이 아주 많아야 하고, 아직 발견되지 않은 지식도 있다. 따라서 먼저 모델을 구축하는 데 필요한 실험을 더 많이 해야 할 것이다. 그 일은 분명히 시간이 걸릴 것이고, 현실 세계에서 이루어져야 할 것이다.

반면에 기계인 과학자는 엄청난 수의 모델 구축 실험을 동시에 할 수 있을 것이고, 결과들을 종합하여 자체 모순이 없는(비록 아주 복잡하긴 해도) 모델로 통합할 수 있을 것이고, 모델의 예측을 생물학에 알려진 기존 실험 증거 전체와 비교할 수 있을 것이다. 게다가 그 모델의 시뮬레이션에 개별 분자 반응 수준까지 내려가는, 생물 전체의 양자역학적 시뮬레이션까지 필요하지는 않다. 켈리가 지적하듯이, 거기까지 파고들려면 그냥 현실 세계에서 실험하는 것보다 시간이 더 걸릴 것이다. 4월의 화요일에 내가 어디에 있을지 내가 어느 정도 확실하게 예측할 수 있는 것처럼, 생물학적 시스템의 특성들도 추상 모델로 정확히 예측할 수 있다. (무엇보다도 생물이 집합적인 피드백 고리를 토대로 하는 탄탄한 제어 시스템을 갖추고 있어서 초기 조건의 작은 차이가 대개 결과의 큰 차이로 이어지지 않기 때문이다.) 따라서 경험 과학 분야에서 기계가 순식간에 많은 발견을 할 가능성은 작다. 그렇긴 해도 우리는 과학이 기계의 도움을 받아서 훨씬 더 빨리 발전할 것이라고 예상할 수 있다. 사실 이미 그런 일이 일어나고 있다.

기계의 마지막 한계는 인간이 아니라는 것이다. 그래서 기계는 특정한 한 부류의 대상을 모델화하고 예측하려고 할 때 본질적으로 불리한 입장에 놓인다. 바로 인간 말이다. 대개 우리 뇌는 서로 아주 비슷하므로, 우리는 뇌를 써서 남들의 정신적·감정적 삶을 모사할—원한다면 경험한다고도 표현할 수 있을 것이다—수 있다. 우리는 그런 일을 돈 한 푼 안 들이고 한다. (물론 같은 맥락에서 보자면, 기계는 서로를 모사할 때 더욱 큰 이점을 지닌다. 서로의 코드를 작동시킬 수 있으니까!) 예를 들어, 내가 신경계 전문가가 아니라고 해도, 당신이 망치에 엄지를 찧었을 때 어떤 느낌인지 알기는 어렵지 않다. 나도 똑같이 망치에 엄지를 찧을 수 있다. 반면에 기계는 사람을 이해하려면 거의 맨땅에서부터 시작해야 한다.[54] 기계는 우리의 외부 행동에다가, 모든 신경과학과 심리학 문헌에만 접근할 수 있고, 그것을 토대로 우리가 어떻게 활동하는지를 이해해야 한다. 원리상 기계는 그렇게 할 수 있겠지만, 인간을 인간 수준으로 또는 초인적인 수준으로 이해하는 일이 다른 대다수 과제보다 더 오래 걸리리라 추정하는 것이 합리적이다.

AI는 인류에게 어떻게 혜택을 줄까?

우리가 문명을 이룬 것은 우리의 지능 덕분이다. 지능이 더 늘어난다면, 우리는 더 위대한—그리고 아마도 훨씬 더 나은—문명을 만들 수 있을 것이다. 인간의 수명을 무한정 늘리거나 빛보다 빠른 여행 수단을 개발하는 등의 널리 알려진 문제를 해결하는 일을 상상해볼 수도 있겠지만, 이런 과학 소설의 소재는 아직 AI 발전의 추진력이 아니다. (초지능 AI가 등장하면, 우리는 거의 마법처럼 보일 온갖 기술을 창안할 수 있게 되겠지만, 현재로서는 그것들이 무엇일지 말하기 어렵다.) 대신에 훨씬 더 평범한 목표를 생각해보자. 지구상 모든 사람의 생활 수준을 지속 가능한 방식으로 선진국에 상응하는 만큼 높이는 목표는 어떨까? 그것이 미국에서 백분위수가 88인 사람의 생활 수준이라고 정한다면(다소 임의로), 그 목표는 세계의 국내총생산GDP을 연간 76조 달러에서 750조 달러로 거의 10배 높이는 것에 해당한다.[55]

그런 증가의 현금 가치를 계산할 때, 경제학자들은 소득 흐름의 순현재가치를 이용한다. 미래의 소득을 현재에 비추어서 할인하여 평가하는 것이다. 연간 674조 달러의 추가 소득은 할인율을 5퍼센트로 가정할 때, 순현재가치가 약 13,500조 달러다.[56] 따라서 아주 대강 말하자면, 이는 인간 수준의 AI가 모두의 생활 수준 향상에 기여할 수 있다고 한다면, 얼마나 가치가 있을지를 보여주는 대강의 값이 된다. 이런 수치들을 보면, 기업과 국가가 AI 연구와 개발에 연간 수백억 달러를 투자하는 것도 놀랍지 않다.[57] 그렇게 투자한다고 해도, 그 총액은 혜택의 규모에 비하면 아주 작다.

물론 인간 수준의 AI가 생활 수준 향상이라는 목표를 달성할 방법을 제시하지 못한다면, 이 모든 값은 그저 가공의 숫자에 불과하다. 기계는 상품과 서비스의 1인당 생산량을 늘림으로써만 그렇게 할 수 있다. 달리 표현하면 이렇다. 평균적인 사람은 평균적인 사람이 생산하는 것보다 더 많이 소비할 것이라고 결코 기대할 수 없다. 앞서 논의한 자율 주행 택시의 사례는 AI의 상승효과를 잘 보여준다. AI는 자율 주행 능력을 갖추고 있으므로, (이를테면) 열 명이 1천 대의 택시를 관리하는 일이 가능할 것이다. 따라서 한 사람은 전보다 100배 더 많은 운행을 하게 된다. 자동차 제조, 자동차를 만들 원료의 추출도 마찬가지다. 사실 기온이 으레 섭씨 45도를 넘는 지역인 호주 북부의 몇몇 철광산에서는 이미 거의 완전히 자동화가 이루어져 있다.[58]

이런 현재의 AI 응용 사례들은 특수 목적 시스템이다. 자율주행차와 자동화 광업 분야는 필요한 알고리듬을 개발하고 그런 알고리듬이 의도한 대로 작동하는지 확인하기 위해서 연구, 기계 설계, 소프트웨어공학, 검사 쪽으로 엄청난 투자를 해왔다. 모든 공학 분야에서는 그런 식으로 일이 이루어진다. 또 개인의 여행도 그런 식으로 이루어진다. 17세기에 유럽에서 호주에 갔다가 돌아오는 여행을 하려고 한다면, 엄청난 액수의 여행 경비, 여러 해에 걸친 일정 구상, 매우 높은 사망 위험을 수반하는 원대한 계획을 세워야 했을 것이다. 지금 우리는 서비스형 운송transportation as a service, TaaS이라는 개념에 친숙하다. 다음 주 초에 멜버른에 있어야 한다면, 그저 휴대전화를 몇 번 두드리고 비교적 소액의 돈을 지출하면 된다.

범용 AI는 서비스형 만물everything as a service, EaaS이 될 것이다. 어떤 계획을 수행하기 위해서 각기 다른 분야의 전문가를 모아서 주계약자와 하도급 업자로 죽 이어지는 계층 구조를 구축할 필요가 전혀 없을 것이다. 범용 AI의 모든 구현물은 인류의 모든 지식과 기술, 그 밖의 많은 것에 접근하게 될 것이다. 그것들의 유일한 차이는 물리적 능력에 있을 것이다. 건설과 수술에 쓰이는 다리를 능숙하게 쓰는 로봇, 대규모 상품 운송에 쓰이는 바퀴 달린 로봇, 항공 감시에 쓰이는 쿼드콥터 로봇 하는 식으로 말이다. 원칙적으로—정치적·경제적 측면을 논외로 할 때—모든 사람은 다리를 설계하고 건설하거나, 작물 수확량을 늘리거나, 백 명의 손님이 먹을 음식을 요리하거나, 선거를 관리하는 등, 할 필요가 있는 모든 일을 할 수 있는 소프트웨어 행위자와 물리적 로봇으로 구성된 전체 조직을 마음대로 쓸 수 있게 될 것이다. 그런 일을 가능하게 만드는 것이 바로 범용 지능의 일반성이다.

물론 역사에는 AI가 없이도 1인당 세계 GDP가 열 배 증가하는 일이 가능하다는 것을 보여주는 사례가 있다. 그저 그 증가를 이루는 데 190년(1820-2010)이 걸렸을 뿐이다.[59] 공장, 공작 기계, 자동화, 철도, 강철, 자동차, 항공기, 전기, 석유와 천연가스 생산, 전화기, 라디오, 텔레비전, 컴퓨터, 인터넷, 인공위성 등 많은 혁신적인 발명품의 발전이 필요했다. 앞 문단에서 상정한 GDP 열 배 증가는 앞으로 더 나올 다른 어떤 혁신적인 기술이 아니라, 우리가 이미 지닌 것을 더 효율적이고 더 큰 규모로 이용하는 AI 시스템의 능력에 토대를 둔다.

물론 생활 수준 향상은 물질적인 혜택 외에 다른 효과들도 낳을 것이다. 예를 들어, 개인 지도는 교실 수업보다 효과가 훨씬 좋다고 알려졌지만, 사람이 아주 많은 이들에게 개인 지도를 할 여력은 없다. 아마 앞으로도 계속 그럴 것이다. 하지만 AI 교사는 가장 가난한 아이까지도 포함하여 각 아이의 잠재력을 실현시킬 수 있다. 한 아이에게 들어가는 비용은 무시할 수 있는 수준이 될 것이고, 아이는 훨씬 더 풍족하고 생산적인 삶을 살게 될 것이다. 개인적으로든 집단적으로든 예술적이고 지적인 활동의 추구가 드문 사치가 아니라 삶의 정상적인 일부가 될 것이다.

건강 분야에서 AI 시스템은 연구자들이 인체생물학의 대단히 복잡한 문제를 규명하고 통달할 수 있게, 그럼으로써 서서히 질병을 없앨 수 있게 할 것이다. 인간의 심리와 신경화학도 더 깊이 이해하게 됨으로써 정신 건강 쪽으로도 폭넓게 발전이 이루어질 것이다.

아마 덜 전통적인 측면에서 보면, AI는 훨씬 더 효과적인 가상현실VR 창작 도구를 제공할 수 있을 것이고, 훨씬 더 흥미로운 창작물로 VR 환경을 채울 수 있을 것이다. 그럼으로써 VR은 현재 상상도 할 수 없는 풍부함과 깊이를 경험하게 할 문학적·예술적 표현 매체가 될지도 모른다.

그리고 일상생활이라는 세속적인 세계에서 지적인 비서와 안내자는 점점 더 복잡해지고 때로는 적대적인 경제 및 정치 상황에서 자기 자신에게 좋은 방향으로 효과적으로 행동할 힘을 모든 개인에게 제공할 것이다. 잘 설계되고 경제적·정치적 이해관계에 휘둘리지 않는다면 말이다. 우리는 사실상 언제든 불러낼 수 있는 강력한 변호사, 회계사, 정치적 조언자를 지니게 될 것이다. 자율주행차가 낮은 비율로 섞여 들어가기만 해도 교통 정체가 풀릴 것으로 예상되는 것처럼, 세계 시민들이 더 나은 정보와 더 나은 조언을 받음으로써 정책이 더 현명해지고 갈등이 줄어들 것으로 기대할 수 있다.

이런 발전들이 결합되면 역사의 동역학을 바꿀 수 있을 것이다. 적어도 생계 수단에 접근할 권리를 둘러싼 사회 안팎의 갈등을 통해 추진된 역사의 측면은 그럴 것이다. 나눌 파이가 본질적으로 무한하다면, 더 큰 몫을 차지하겠다고 남들과 다투는 일은 무의미해진다. 신문의 디지털 사본을 더 많이 가져가겠다고 싸우는 것이나 다를 바 없다. 누구나 원하는 만큼 무료로 얻도록 디지털 사본을 얼마든지 만들 수 있는 상황에서는 전혀 쓸데없는 짓이다.

AI가 제공할 수 있는 것에는 얼마간 한계가 있다. 땅과 원료라는 파이가 무한하지 않듯이, 인구 성장도 무제한으로 이루어질 수 없으며 모두가 개인 정원을 가진 저택에서 살게 되지는 않을 것이다. (그런 일이 이루어지려면 태양계 어딘가에서 광물을 채굴하고 우주에 인공 거주지를 건설해야 할 것이다. 그러나 나는 과학 소설 같은 이야기는 하지 않겠다고 약속한 바 있다.) 자존심이라는 파이도 유한하다. 어느 척도에서든 간에 인구 중 1퍼센트만이 상위 1퍼센트에 들어갈 수 있으니까. 사람의 행복이 상위 1퍼센트에 들어갈 것을 요구한다면, 인구의 99퍼센트는 불행할 것이다. 설령 하위 1퍼센트까지도 객관적으로 호사스러운 삶을 산다고 해도 그럴 것이다.[60] 따라서 우리 문화는 지각된 자존감의 핵심 요소인 자존심과 질투심의 무게를 서서히 줄여야 할 것이다.

닉 보스트롬Nick Bostrom이 《슈퍼인텔리전스Superintelligence》 말미에서 말했듯이, AI 분야에서의 성공은 "인류의 우주적 재능을 기쁘고 자비롭게 쓰는 쪽으로 문명의 궤적"을 이끌 것이다. AI가 제공하는 것을 활용하지 못한다면, 우리는 자기 자신을 탓할 수밖에 없을 것이다.

AI의 오용

HUMAN COMPATIBLE

인류의 우주적 재능의 기쁘고 자비로운 이용이라니 경이롭게 들리지만, 우리는 불법 분야에서의 빠른 혁신 속도에도 유념해야 한다. 나쁜 의도를 지닌 이들은 AI를 오용할 새로운 방법을 금방금방 생각해내므로, 이 장의 내용 중 일부는 책이 인쇄되어 나올 때 이미 낡은 것이 되었을 가능성도 있다. 그러나 이 내용을 우울하게 만드는 이야기가 아니라, 너무 늦기 전에 행동하라는 요청으로 생각하기를 바란다.

감시, 설득, 통제

자동화한 슈타지

슈타지Stasi라고 더 잘 알려진 동독의 국가보안부는 "역사상 존재했던 가장 효과적이면서 억압적인 첩보 비밀경찰 기관 중 하나"로 통한다.[1] 동독 가정의 대부분이 이 기관의 감시 대상이었다. 전화 통화를 감청하고, 편지를 읽고, 아파트와 호텔에 몰래 감시 카메라를 달았다. 반정부 활동을 파악하고 없애는 일을 무자비하게 해냈다. 슈타지가 선호한 작업 방식은 투옥이나 처형보다 심리적 파괴였다. 그러나 그런 수준의 통제를 하는 데는 비용이 엄청나게 많이 들었다. 경제 활동 연령기의 성인 1/4 이상이 슈타지 정보원이었다는 추정도 나와 있다. 슈타지의 서류는 200억 쪽에 달하는 것으로 추정되며,[2] 이윽고 그 어떤 인간 조직도 처리하고 대처할 수 없을 정도로 엄청난 양의 정보가 쏟아져 들어오기 시작했다.

따라서 첩보 기관들이 자기네 업무에 AI를 이용할 수 있음을 알아차린 것도 놀랄 일이 아니다. 오래전부터 그들은 음성 인식과 말과 문장에서 주요 단어와 어구를 식별하는 것을 비롯하여 단순한 형태의 AI 기술을 적용해왔다. 시간이 흐를수록 AI 시스템은 음성이든 문자든 감시 동영상이든 사람들이 말하고 행동하는 것의 내용을 점점 더 잘 이해할 수 있다. 이 기술을 통제 목적에 이용하는 정권에서는 마치 모든 시민에게 하루 24시간 감시하는 슈타지 요원이 붙어 있는 것이나 다름없을 것이다.[3]

비교적 자유로운 국가의 민간 부문에서도, 우리는 점점 더 향상되는 감시 기술의 대상이 되고 있다. 기업은 우리의 구매 내역, 인터넷과 소셜 네트워크 이용 양상, 전자제품 사용, 통화와 문자 기록, 고용, 건강에 관한 정보를 수집하고 판매한다. 휴대전화와 인터넷에 연결된 차량을 통해서 우리의 위치도 계속 추적할 수 있다. 카메라는 거리에서 우리의 얼굴을 인식한다. 이 모든 데이터와 훨씬 더 많은 데이터는 지적 정보 통합 시스템을 통해 통합되어 우리 각자가 무엇을 하며, 어떤 삶을 살고 있고, 누구를 좋아하고 싫어하는지, 투표를 어떻게 할지 등을 꽤 완벽하게 파악할 수 있다.[4] 그에 비하면 슈타지는 아마추어처럼 보일 것이다.

행동 통제

일단 감시 역량이 구축되면, 다음 단계는 이 기술을 설치하는 이들이 원하는 바에 맞게 우리의 행동을 수정하는 것이다. 좀 투박한 방법 중 하나는 개인에게 맞춘 블랙 메일을 자동으로 보내는 것이다. 당신이 무엇을 하고 있는지를 이해하는—당신의 말이나 글이나 행동을 감시함으로써—시스템은 당신이 해서는 안 될 것들을 쉽사리 파악할 수 있다. 일단 무언가를 찾아내면, 시스템은 이메일이나 문자 등을 통해 당신과 대화를 시작하면서 최대한 많은 돈을 쥐어짜낼(또는 목표가 정치적 통제나 정보 습득이라면 행동을 강요할) 것이다. 돈을 뜯어내는 행위는 강화 학습 알고리듬에 완벽한 보상 신호로 작용하므로, 우리는 AI 시스템이 악한 행위로부터 이득을 얻을 기회를 파악하고 실행하는 능력이 빠르게 향상될 것이라고 예상할 수 있다. 2015년 초에, 나는 한 컴퓨터 보안 전문가에게 강화 학습을 활용하는 자동 블랙 메일 시스템이 곧 실현 가능해지지 않을까 하고 넌지시 물었다. 그러자 그는 웃음을 터뜨리더니, 이미 일어나고 있다고 했다. 널리 알려진 최초의 블랙 메일 봇은 2016년 7월에 정체가 드러난 델릴라Delilah다.[5]

사람들의 행동을 바꾸는 더 미묘한 방식은 다른 것을 믿고 다른 결정을 내리도록 그들의 정보 환경을 변경하는 것이다. 물론 광고주들은 이미 수백 년 전부터 그런 방법을 써서 사람들의 구매 행동에 변화를 일으키는 수단으로 써왔다. 전쟁과 정치적 지배의 도구로 쓰이는 선전 활동은 그보다 역사가 더 길다.

그렇다면 지금은 뭐가 다르다는 것일까? 첫째, AI 시스템은 개인의 독서 습관, 취향, 현재 지식을 얼마나 지니고 있는지를 추적할 수 있으므로, 해당 정보를 불신하게 될 위험을 최소화하면서 개인에게 미칠 영향을 최대화하는 방향으로 개인별 맞춤 메시지를 작성할 수 있다. 둘째, AI 시스템은 개인이 그 메시지를 읽었는지, 읽는 데 얼마나 오래 걸렸는지, 메시지에 든 링크를 따라갔는지를 안다. 그런 뒤 이런 신호를 개인에게 영향을 끼치려는 시도가 성공했는지 실패했는지 알려주는 즉각적인 피드백으로 삼는다. 이런 방법으로, 시스템은 자기 일을 더 효과적으로 하는 법을 금방 배우게 된다. 이는 소셜 미디어의 콘텐츠 선택 알고리듬이 정치적 견해에 암암리에 영향을 미쳐온 방식이기도 하다.

최근에 이루어진 또 한 가지 변화는 AI, 컴퓨터 그래픽, 음성 합성이 결합됨으로써 딥페이크deepfake 제작이 가능해지고 있다는 것이다. 딥페이크는 실제로 누군가가 무엇을 말하거나 하고 있는 양 여겨지는 진짜 같은 동영상과 음성 콘텐츠를 말한다. 이 기술은 원하는 사건을 말로 기술한 내용만 있으면 만들 수 있는 수준으로 발전하면서, 세계의 거의 모두가 이용할 수 있게 될 것이다. 국회의원 X가 Z라는 음침한 곳에서 코카인 거래상 Y에게 뇌물을 받는 장면을 담은 휴대전화 동영상이 필요한데? 문제없다! 이런 유형의 콘텐츠는 절대 일어난 적 없는 일을 굳게 믿도록 유도할 수 있다.[6] 게다가 AI 시스템은 수백만 개의 가짜 신분(이른바 봇군대)을 만들어서 수십억 개의 댓글, 트윗, 추천을 쏟아냄으로써,

진실한 정보를 교환하려는 사람들의 노력을 궁지에 몰아넣을 수 있다. 평판 시스템에 의지하는 이베이, 타오바오, 아마존 같은 온라인 장터는 판매자와 구매자 사이의 신뢰를 구축하기 위해서 그 시장을 교란하도록 설계된 봇 군대와 끊임없이 전투를 벌인다.[7]

마지막으로, 정부가 행동을 토대로 보상과 처벌을 집행할 수 있다면, 통제 방법을 그쪽으로도 쓸 수 있다. 그런 시스템은 국민을 강화 학습 알고리듬으로 취급하면서, 국가가 설정한 목표에 최적화하도록 훈련시킨다. 정부, 특히 기본 사고방식이 하향식 계획 체제인 정부는 다음과 같이 추론하려는 유혹에 빠진다. 모든 국민이 건전하게 행동하고, 애국심을 지니고, 국가 발전에 기여한다면 더 나을 것이다. 그리고 기술은 개인의 행동, 태도, 공헌이 국가 발전에 얼마나 기여했는지 측정할 수 있다. 따라서 보상과 처벌을 토대로 감시와 통제를 하는 기술 기반 시스템을 구축한다면, 모두가 더 나은 사람이 될 것이다.

이런 식의 추론에는 몇 가지 문제가 있다. 첫째, 삶에 끼어드는 감시와 강압 체계에서 살아가는 이들이 받을 심리적 부담을 무시한다. 국민의 삶이 겉으로는 조화롭지만 내면은 비참한 상태라면 이상적인 국가와는 거리가 멀다. 그런 사회에서 모든 친절한 행위는 더 이상 친절한 행위가 아니라 개인의 점수를 최대화하는 행위로 변질되고, 수혜자도 그런 식으로 인식하게 된다. 더 나아가 자발적 친절 행위라는 개념 자체는 서서히 희미한 옛 기억이 되어간다. 그런 체제에서는 입원한 친구를 병문안 가는 일도 도덕적 의미와 정서적 가치가 빨강 신호등에 멈추는 것과 별다르지 않게 된다. 둘째, 이 체계는 제시된 목적이 사실상 진정한 기본 목적이라고 가정한다는 점에서, AI의 표준 모델과 동일한 방식으로 실패한다. 필연적으로 굿하트의 법칙Goodhart's law이 지배하게 될 것이고, 그럼으로써 개인은 겉으로 드러나는 행동의 공식 척도를 최적화한다. 대학교가 실질적인(그러나 측정되지 않는) 질을 개선하는 대신에 대학 순위 평가 체계에 쓰이는 '객관적인' 척도를 최적화하는 법을 터득한 것과 마찬가지다.[8] 마지막으로, 획일적인 척도로 행동의 가치를 평가하는 방식은 성공한 사회가 각각 나름의 방식으로 기여하는 아주 다양한 개인으로 이루어져 있다는 점을 놓치고 있다.

정신적 안전의 권리

문명의 위대한 성취 중 하나는 사람들의 신체적 안전을 서서히 개선해왔다는 것이다. 우리 대다수는 다치고 죽을 것이라는 두려움을 늘 가슴에 품고 일상생활을 하지는 않는다. 1948년에 채택된 세계인권선언 3조에는 이렇게 적혀 있다. "모든 사람은 자기 생명을 지킬 권리, 자유를 누릴 권리, 그리고 자신의 안전을 지킬 권리가 있다."

나는 모든 사람이 정신적 안전의 권리도 지녀야 한다고 주장하고 싶다. 사람은 자신의 귀와 눈이 가리키는 증거를 믿는 경향이 있다. 우리는 가족, 친구, 교사, (일부) 미디어가 자신은 진실이라고 믿는다며 우리에게 알려주는 내용을 신뢰한다. 우리는 중고차 판매상과 정치인이 우리에게 진실을 말할 것으로 기대하지 않는데도, 그들이 때때로 뻔뻔하게 거짓말을 한다는 사실을 믿는 데 어려움을 느낀다. 그래서 우리는 의도적으로 잘못된 정보를 전달하는 기술에 극도로 취약하다.

정신적 안전의 권리는 세계인권선언이 인정한 신성한 권리에 포함되어 있지는 않다. 18조와 19조는 '사상의 자유'와 '의견과 표현의 자유'를 말한다. 사상과 의견은 상당 부분 자신의 정보 환경을 통해 형성되며, 그 환경은 19조에 적힌 "국경에 관계없이 어떤 매체를 통해서든 정보와 사상을 전달할 … 권리"의 적용을 받는다. 즉, 어디에 있는 누구든 간에 당신에게 거짓 정보를 전달할 권리가 있다. 그리고 바로 그 점이 문제를 낳는다. 민주주의 국가, 특히 미국은 사회적 관심사에 가짜 정보를 전달하지 못하게 막는 데 대체로 주저해왔다. 아니, 헌법적으로 불가능하다. 정부가 언론을 통제하지나 않을까 하는 타당한 두려움 때문이다. 민주주의 국가들은 참인 정보를 접하지 못한다면 사상의 자유도 없다는 개념을 추구하기보다는 결국에는 진실이 승리할 것이라는 생각을 소박하게 믿고 있는 듯한데, 이 신뢰는 우리를 보호해주지 못했다. 독일은 예외다. 최근에 네트워크 시행법NetzDG을 제정했다. 이 법은 콘텐츠 플랫폼에 미리 정한 규정에 따라서 증오 발언과 가짜 뉴스를 삭제할 것을 요구한다. 그러나 이 방법은 먹히지 않을 것이고 비민주적이라는 비판도 많이 받고 있다.[9]

따라서 당분간 우리의 정신적 안전이 공격받는 상태에 놓여 있으며, 보호는 주로 기업과 자원자의 노력을 통해 이루어질 것으로 예상할 수 있다. 팩트체커(factcheck.org)와 스놉스(snopes.com)

같은 사실 검증 사이트는 이런 노력의 일환이다. 그러나 물론 진실을 거짓이라고 하고 거짓을 진실이라고 선언하는 가짜 '사실 검증' 사이트도 생겨나고 있다.

구글과 페이스북 같은 주요 정보 사이트는 유럽과 미국에서 "뭔가 조치를 취하라"는 극도로 강한 압력을 받아왔다. 그들은 가짜 콘텐츠에 딱지를 붙이거나 삭제하고—AI와 사람을 써서—잘못된 정보의 영향을 상쇄시키는 검증된 정보원으로 사용자의 시선을 돌리는 방법을 실험하고 있다. 궁극적으로 그런 노력은 모두 순환적 평판 시스템에 의지한다. 신뢰받는 정보원이 신뢰할 만한 정보를 제공하기 때문에, 그 정보원이 신뢰를 받는다는 의미에서다. 가짜 정보가 충분히 퍼진다면, 이런 평판 시스템은 실패할 수 있다. 정말로 신뢰할 수 있는 정보원이 불신을 받게 되거나 그 반대 상황이 벌어질 수 있으며, 오늘날 미국의 CNN과 폭스뉴스 같은 주요 언론에도 그런 일이 일어나고 있는 듯하다. 가짜 정보에 맞서는 일을 하는 기술평론가 아비브 오바디아Aviv Ovadya는 이를 '정보 재앙'이라고 부른다. "사상의 시장이 재앙 수준의 실패"를 겪는다는 뜻이다.[10]

평판 시스템의 기능을 보호하는 한 가지 방법은 가능한 한 검증된 진실에 가까운 정보원을 포함시키는 것이다. 확실하게 진실인 사실 하나는 어느 정도만 신뢰가 가는 수많은 정보원을 무력화할 수 있다. 그런 정보원들이 알려진 사실과 반대되는 정보를 퍼뜨린다면 그렇다. 많은 나라에서 공증인은 법률 및 부동산 정보를 온전하게 보존하기 위한 검증된 진실의 원천 역할을 한다. 그들은 대개 모든 거래에서 공정한 제삼자이며, 정부나 전문가 협회로부터 받은 자격증이 있다. (런던의 워십풀스크리브너스컴퍼니Worshipful Company of Scriveners는 1373년부터 그 일을 해왔는데, 이는 진실을 말하는 역할이 어떤 영속성을 지님을 시사한다.) 사실 검증자를 배출할 공식 기준, 자격증, 면허증이 등장한다면, 그런 절차들은 우리가 의지하는 정보 흐름의 타당성을 보전하려는 경향을 보일 것이다. W3C 크레더블 웹W3C Credible Web 그룹과 신뢰성 연합Credibility Coalition 같은 기구는 정보 제공자를 평가할 기술 및 크라우드소싱 방법을 개발한다는 목표를 갖고 있다. 그런 방법들은 사용자가 신뢰할 수 없는 정보원을 걸러낼 수 있게 해줄 것이다.

평판 시스템을 보호할 두 번째 방법은 가짜 정보를 전달하는 이에게 비용을 부과하는 것이다. 그래서 몇몇 호텔 순위 사이트는 그 사이트를 통해 해당 호텔을 예약하고 결제한 이들만 평을 올릴 수 있게 한다. 반면에 아무나 평을 할 수 있게 한 사이트도 있다. 전자가 제시하는 순위가 훨씬 덜 편향되어 있다고 해도 놀랍지 않을 것이다. 부정한 평에 비용(불필요한 호텔 이용료)을 부과하기 때문이다.[11] 과징금은 그보다 더 논란이 있다. 정부에 진실부가 설치되는 것을 원할 사람은 아무도 없으며, 독일의 네트워크 시행법은 콘텐츠 플랫폼만 처벌할 뿐, 가짜 뉴스를 올리는 사람은 처벌하지 않는다. 반면에, 많은 국가와 미국의 많은 주에서 전화 통화를 허가 없이 녹음하는 것이 불법인 것처럼, 적어도 진짜 사람의 가짜 음성이나 동영상을 제작하는 행위는 처벌하는 것이 가능해야 한다.

마지막으로, 우리에게 유리한 쪽으로 작용하는 다른 두 가지 사실이 있다. 첫째, 일부러 속고 싶어 할 사람은 거의 아무도 없다는 사실이다. (아이의 지능이나 매력을 칭찬하는 사람의 진실성 여부를 부모가 언제나 열심히 알아내려고 애쓴다는 말이 아니다. 기회가 있을 때마다 거짓말을 한다고 알려진 사람으로부터 그런 칭찬을 굳이 받고 싶어 할 가능성이 낮다는 뜻이다.) 이는 정치적 신념을 지닌 모든 이들이 진실과 거짓을 구별하는 데 도움을 줄 도구를 채택할 동기를 지닌다는 의미다. 둘째, 거짓말쟁이로 찍히고 싶어 할 사람은 아무도 없다는 사실이다. 적어도 모든 언론에 그렇게 실리고 싶은 사람은 없다. 이는 정보 제공자―적어도 나름 명성이 있는 사람―가 업계 협회에 가입하고 진실을 말하도록 장려하는 행위 규범을 받아들일 동기를 지닌다는 뜻이다. 그러면 소셜 미디어 플랫폼은 그런 규범을 지키는 평판 좋은 정보원들이 제공하는 콘텐츠만 볼 수 있는 선택안을 사용자에게 제공하고, 스스로는 사실 검증을 하는 제삼자의 입장에 설 수 있다.

치명적인 자율 무기

유엔은 치명적인 자율 무기 시스템lethal autonomous weapons system―법LAWS이라는 단어와 매우 혼동되므로 AWS라는 약어를 쓴다―을 "인간의 개입 없이 인간 표적을 찾아내어 선택하고 제거하는" 무기 시스템이라고 정의한다. AWS는 화약과 핵무기에 이은 "전쟁 분야의 세 번째 혁명"으로 불리곤 하는데, 거기에는 타당한 이유가 있다.

독자는 AWS를 다룬 기사를 이런저런 매체를 통해서 접했을 것이다. 그런 기사는 보통 그런 시스템을 살인 로봇이라고 부르며, 대개 〈터미네이터〉 영화의 한 장면을 덧붙일 것이다. 그런 기사는 적어도 두 가지 방식으로 오해를 불러일으킨다. 첫째, 자율 무기가 세계를 정복하고 인류를 없앨 수도 있으므로 위협이라고 주장한다. 둘째, 자율 무기가 인간을 닮고, 의식을 지니고, 사악할 것이라고 주장한다.

언론이 그 문제를 그런 식으로 묘사하기 때문에, 마치 과학 소설에 나오는 일이 벌어질 것 같은 인상을 심어주곤 한다. 독일 정부조차도 그런 시각을 받아들여왔다. 최근에 "자의식을 배우고 발전시킬 능력을 지닌다는 것은 개별 기능이나 무기 체계를 자율적이라고 정의할 때 쓰이는 필수적인 속성이다"라고 주장하는 성명서를 발표했다.[12] (이는 미사일이 광속보다 더 빨리 날지 않는 한 미사일이 아니라고 주장하는 것과 비슷하다.) 사실 자율 무기는 체스 프로그램과 동일한 수준의 자율성을 지니게 될 것이다. 즉, 게임에서 이기라는 임무를 우리에게 받지만, 말들을 알아서 움직이고 상대방의 말을 알아서 잡는 프로그램과 비슷한 수준이다.

AWS는 과학 소설이 아니다. 이미 존재한다. 아마 가장 명확한 사례는 이스라엘의 하롭Harop(그림 7, 왼쪽)일 것이다. 하롭은 날개폭이 3미터에 25킬로그램의 탄두를 실은 배회 무기다. 한 지역을 최대 6시간 동안 날면서 주어진 기준을 충족시키는 표적을 탐

그림 7 (왼쪽) 이스라엘항공우주산업이 만든 배회 무기 하롭.
(오른쪽) 소형 발사 무기를 탑재한 자율 무기를 설계하는 것이 가능함을 보여주는
슬로터봇 동영상의 한 장면.

색한 뒤, 파괴한다. "대공 레이더와 비슷한 레이더 신호를 방출한
다", "탱크처럼 보인다" 같은 것이 그런 기준이 될 수 있다.

소형 쿼드로터, 소형 카메라, 컴퓨터 시각 칩, 길 찾기와 지도 알
고리듬, 인간을 찾아내고 추적하는 방법 등에서 최근에 이루어진
발전을 결합한다면, 그림 7(오른쪽)에 실린 슬로터봇Slaughterbot
같은 대인 무기도 머지않아 실전 배치될 가능성이 있다.[13] 그런 무
기는 특정한 시각적 기준(나이, 성별, 복장, 피부색 등)을 충족시키는
사람이라면 누구든 공격하거나, 얼굴 인식을 통해서 특정한 사람
을 공격하도록 임무를 부여할 수 있다. 나는 스위스 국방부가 이
미 슬로터봇을 실제로 제작하여 시험했으며, 예상한 대로 그 기술
이 구현 가능하며 치명적이라는 사실을 밝혀냈다는 말을 들었다.

2014년부터 AWS를 금지하는 조약으로 귀결될 수도 있을 외교
회담이 제네바에서 진행되었다. 그런 한편으로, 이런 회담의 주요
참가국(미국, 중국, 러시아이고, 이스라엘과 영국도 얼마간 참여하고 있
다) 중에는 자율 무기를 개발하려는 위험한 경쟁에 뛰어든 나라도

있다. 예를 들어, 미국의 코드CODE — 접근 거부 환경에서의 협력 작전Collaborative Operations in Denied Environments — 프로젝트는 단속적인 무선 접촉만으로도 임무를 수행할 수 있는 자율성을 드론에 부여하는 것을 목표로 삼고 있다. 프로젝트 책임자는 드론들이 "늑대처럼 무리를 지어서 사냥할" 것이라고 했다.[14] 2016년 미 공군은 F/A-18 전투기 3대에서 103대의 퍼딕스Perdix 초소형 드론을 날려서 편대 비행하는 모습을 시연했다. 공군은 시험 비행 결과를 이렇게 발표했다. "퍼딕스는 동조를 이루어 날도록 미리 프로그래밍된 것이 아니라, 분산된 뇌를 공유하여 의사 결정을 하고 자연에서 무리를 지어 사는 동물들처럼 서로 적응하는 일종의 집단 생물이다."[15]

사람을 죽일지 말지 결정을 내릴 수 있는 기계를 만드는 것은 아주 명백하게 좋지 않은 발상이라고 생각할지도 모르겠다. 그러나 "아주 명백하다"는 말이 전략적 우위를 달성하고자 골몰하는 정부에 반드시 설득력을 발휘하는 것은 아니다. 자율 무기를 거부할 더 설득력 있는 이유는 확장형 대량 살상 무기라는 것에서 나온다.

확장형이란 컴퓨터과학에서 나온 용어다. 하드웨어를 백만 개 더 구입하면 본질적으로 백만 배 더 많은 일을 할 수 있을 때, 그 과정을 확장형이라고 한다. 그래서 구글은 직원 수백만 명이 아니라 컴퓨터 수백만 대를 써서 하루에 약 50억 번의 검색 요청을 처리한다. 자율 무기도 그 무기를 백만 대 더 사면 백만 배 더 많은 사람을 죽일 수 있다. 바로 그 무기가 자율적이기 때문이다. 원격 조정되는 드론이나 AK-47 소총과 달리, 개인의 감독을 받지 않고 알아서 임무를 수행한다.

대량 파괴 무기처럼, 확장형 자율 무기도 핵무기와 융단 폭격에 비해 공격자에게 유리한 측면이 있다. 시설은 파괴하지 않은 채, 점령군에게 위협이 될 수 있는 이들만을 선택적으로 제거할 수 있다. 또 특정 인종 집단 전체나 특정 종교 신자(그들이 눈에 띄는 표식을 달고 있다면) 전부를 제거하는 데 쓰일 수 있는 것도 분명하다. 더군다나 핵무기 사용이 1945년 이래 우리가 넘지 않으려고 피해왔던(진짜 운이 좋아서 피한 사례도 있었다) 파국의 문턱을 대변하는 반면, 확장형 자율 무기에는 그런 문턱이 아예 없다. 사상자 수가 백 명에서 천 명, 만 명, 십만 명으로 늘어나도록 공격의 규모를 순조롭게 늘릴 수 있다. 실제 공격 외에도, 공격 위협만으로도 그런 무기는 공포와 억압의 효과적인 도구가 된다. 자율 무기는 모든 수준에서, 즉 개인, 지역, 국가, 세계 수준에서 인간의 안전을 대폭 줄일 것이다.

그렇다고 해서 자율 무기가 〈터미네이터〉 영화에 그려진 것처럼 세계 종말을 가져올 것이라는 말은 아니다. 그런 무기는 유달리 지적일 필요가 없으며―아마 자율주행차가 그보다 더 영리할 필요가 있을 것이다―그 임무는 '세계 정복' 같은 것이 아닐 것이다. AI의 실존적 위험은 단순한 마음을 지닌 살인 로봇에게서 주로 나오는 것이 아니다. 그런 한편으로, 인류와 갈등을 빚는 초지능 기계는 분명히 스스로 무장을 할 수 있을 것이다. 비교적 어리석은 살인 로봇을 세계적인 통제 시스템의 물리적 확장물로 삼음으로써다.

우리가 아는 방식의 일 없애기

로봇이 인간의 직업을 빼앗아간다는 것을 주제로 수천 편의 기사와 논평, 몇 권의 책이 나와 있다. 어떤 일이 일어날 수 있을지를 이해하기 위해 전 세계에서 연구소도 세워지고 있다.[16] 마틴 포드Martin Ford의 《로봇의 부상Rise of the Robots》[17]과 케일럼 체이스Calum Chace의 《경제의 특이점이 온다The Economic Singularity》[18]는 이 우려를 아주 잘 요약하고 있다. 뒤에서 곧 명백히 드러날 텐데, 나는 본질적으로 경제학자의 영역에 속한 문제에 어떤 의견을 표명할 자격을 전혀 갖추지 못하고 있긴 하지만,[19] 그 문제가 너무나 중요하기에 경제학자들에게만 떠맡겨서는 안 되지 않을까 생각한다.

기술이 야기하는 실업 문제는 존 메이너드 케인스John Maynard Keynes가 〈우리 손주 세대의 경제적 가능성Economic Possibilities for Our Grandchildren〉이라는 유명한 글에서 전면으로 부각시켰다. 그는 대공황으로 영국에서 대량 실업이 발생한 1930년에 이 글을 썼지만, 그 주제는 훨씬 더 오래전부터 있었다. 아리스토텔레스도 《정치학Politika》에서 그 문제의 핵심을 아주 명확히 제시했다.

모든 도구가 남들의 의지를 따르거나 예견함으로써 자기 일을 성취할 수 있다면 … 마찬가지로 이끄는 사람의 손이 없이도 베틀의 북이 알아서 천을 짜고, 채가 수금의 현을 튕긴다면, 장인은 하인을 원치 않을 것이고, 주인도 노예를 원치 않을 것이다.

고용주가 이전에 사람이 하던 일을 기계적으로 할 방법을 찾아낼 때 곧바로 일자리가 줄어든다는 아리스토텔레스의 견해에 누구나 동의한다. 문제는 그 뒤에 따라오는—그리고 고용을 늘리는 경향이 있는—이른바 보상 효과가 궁극적으로 이 감소를 상쇄할 것인가다. 낙관론자는 그렇다고 말한다. 그리고 현재의 논쟁에서는 예전의 산업 혁명 이후에 출현한 모든 새로운 일자리를 지적한다. 비관론자는 아니라고 말한다. 그리고 현재의 논쟁에서는 기계가 그 '새로운 일자리'까지 모두 차지할 것이라고 주장한다. 기계가 누군가의 육체노동을 대신할 때, 그는 정신노동으로 옮겨 갈 수 있다. 기계가 정신노동을 대체할 때는 어디로 옮겨 가야 할까?

맥스 테그마크는 《라이프 3.0 Life 3.0》에서 1900년 내연기관이 등장했을 때 두 마리 말이 나누는 대화 형식으로 그 논쟁을 기술한다. 한 마리는 이렇게 예측한다. "말에게 새 일자리가 생길 거야… 전에도 늘 그랬으니까. 바퀴와 쟁기가 발명된 것처럼 말이야." 안타깝게도 대다수 말에게 그 '새 일자리'란 애완동물의 사료가 되는 것이었다.

이 논쟁은 수천 년 동안 지속되었다. 양방향으로 다 영향이 미치기 때문이다. 실제 결과는 어느 쪽 효과가 더 큰가에 달려 있다. 예를 들어, 기술이 개선됨에 따라 주택 도장공에게 어떤 일이 일어나는지 생각해보자. 논의를 단순하게 하기 위해서, 페인트 붓의 폭이 자동화 수준을 나타낸다고 하자.

• 붓의 폭이 머리카락 한 올(1/10밀리미터) 굵기라면, 집 한 채를 칠하

려면 수천 인년person-year이 걸릴 것이고, 본질적으로 고용되는 도장공은 한 명도 없을 것이다.

- 붓의 폭이 1밀리미터라면, 소수의 화가가 고용되어 왕궁에 몇 점의 섬세한 벽화를 칠할 수는 있을 것이다. 1센티미터라면, 귀족들도 그 뒤를 따르기 시작한다.
- 10센티미터라면, 실용적인 수준에 들어온다. 대부분의 집주인은 집 안팎을 칠하게 할 것이고, 그렇게 자주는 아니겠지만 수많은 도장공은 일자리를 얻는다.
- 폭이 넓은 롤러와 분사총 — 폭이 약 1미터인 붓에 상응하는 — 이 등장하자, 칠하는 비용은 상당이 낮아지지만, 수요가 포화 상태에 이르기 시작할 수 있고, 그럼으로써 도장공의 일자리는 얼마간 줄어든다.
- 한 사람이 도장 로봇 100대를 관리할 때 — 그 생산성은 폭이 100미터인 붓에 해당한다 — 집 여러 채를 한 시간에 다 칠할 수 있고, 도장공에게는 일자리가 거의 없을 것이다.

따라서 기술의 직접적인 영향은 두 가지 방향으로 작용한다. 처음에 기술은 생산성을 높임으로써 어떤 활동의 가격을 떨어뜨려서 고용을 늘리고, 따라서 수요도 늘린다. 그 뒤에 기술이 더 발전한다는 것은 필요한 사람의 수가 점점 줄어든다는 의미다. 그림 8은 이런 발전을 잘 설명한다.[20]

많은 기술은 비슷한 곡선을 보여준다. 어떤 경제 부문에서 우리가 아직 정점에 다다르지 못한 상태라면, 기술 향상은 그 부문

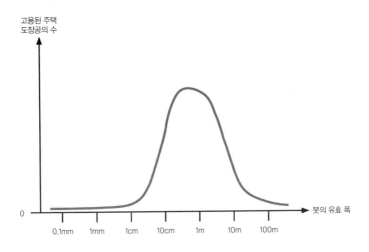

고용된 주택
도장공의 수

0

0.1mm 1mm 1cm 10cm 1m 10m 100m

붓의 유효 폭

그림 8 칠하는 기술의 개선에 따른 주택 페인트칠 일자리의
변화 양상을 나타낸 이론상의 그래프

에서 고용을 늘린다. 현재의 사례를 꼽자면, 개발도상국에서 낙
서 제거, 환경 미화, 선박 컨테이너 검사, 주택 건설 같은 일이 포
함될 수 있다. 이 모든 일은 도와줄 로봇이 있다면 더 경제적으로
실현 가능해질 것이다. 우리가 이미 정점을 넘어선 상태라면, 자
동화가 진행될수록 고용은 줄어든다. 예를 들어, 승강기 안내원이
계속 줄어들 것으로 예측하기란 어렵지 않다. 결국에는 대다수 산
업이 곡선의 맨 오른쪽으로 향할 것이라고 예상해야 한다. 최근
에 한 기사는 경제학자 데이비드 아우터David Autor와 안나 살로
몬스Anna Salomons가 꼼꼼하게 수행한 계량경제학 연구를 토대로
이렇게 적었다. "지난 40여 년 동안, 생산성을 높이기 위해 기술
을 도입한 모든 산업 분야에서 일자리는 줄어들었다."[21]

그렇다면 경제적 낙관론자가 말하는 보상 효과는 어떻게 나타날까?

- 어떤 이들은 칠하는 로봇을 만들어야 한다. 몇 대나? 로봇이 대신할 도장공의 수보다는 훨씬 적게다. 그렇지 않으면, 로봇으로 집을 칠할 때 비용이 줄어드는 대신에 더 늘어날 것이고, 아무도 로봇을 사지 않을 것이다.
- 집을 칠하는 비용이 좀 줄어들 것이므로, 사람들은 도장공을 좀 더 자주 부를 것이다.
- 마지막으로, 칠하는 데 돈이 덜 들기 때문에, 다른 것들에 돈을 더 많이 쓰며, 그 결과 다른 부문에서도 고용이 증가한다.

경제학자들은 자동화가 증가하는 다양한 산업 분야에서 발생할 이런 효과의 크기를 측정하려고 시도했는데, 결과는 대개 모호하다.

역사적으로 대다수 주류 경제학자들은 '큰 그림'을 보면서 이렇게 주장했다. 자동화는 생산성을 높이고, 따라서 전체적으로 보면 인류의 삶은 더 나아진다는 것이다. 동일한 양의 일을 하는 대가로 더 많은 상품과 서비스를 누리게 된다는 의미에서다.

안타깝게도 경제 이론은 자동화의 결과로 각 개인의 삶이 더 나아질 것으로 예측하지는 않는다. 일반적으로, 자동화는 소득 중에서 자본가(칠하는 로봇의 소유자)에게 돌아가는 몫을 늘리고, 노동자(전직 도장공)에게 돌아갈 몫을 줄인다. 경제학자 에릭 브리뇰프슨Erik Brynjolfsson과 앤드루 맥아피Andrew McAfee는 《제2의 기계 시대The Second Machine Age》에서 이미 수십 년 전부터 이런 일이 일어났다고 주장한다. 그림 9에 미국의 자료가 실려 있다. 1947년부터 1973년까지 임금과 생산성은 함께 증가했지만, 1973년 이후로는 생산성이 약 2배 증가하는 와중에도 임금은 정체되었다. 브리뇰프슨과 맥아피는 이를 '대분리Great Decoupling'라고 부른다. 노벨상 수상자인 로버트 실러Robert Shiller, 마이크 스펜스Mike Spence, 폴 크루그먼Paul Krugman, 세계경제포럼 의장 클라우스 슈바프Klaus Schwab, 전직 세계은행 수석 경제학자이자 빌 클린턴 정부에서 재무장관을 지낸 래리 서머스Larry Summers 등 세계적인 경제학자들도 같은 경고를 해왔다.

기술적 실업을 반박하는 주장을 하는 이들은 종종 현금 입출

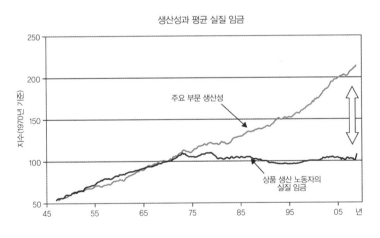

그림 9 1947년 이래 미국의 경제 생산과 실질 평균 임금.
(데이터 출처: 미 노동통계국)

금기에 업무 일부가 대체될 수 있는 은행 출납원과 상품에 붙은 바코드와 RFID 꼬리표를 통해 업무 처리 속도가 빨라진 계산원을 예로 들곤 한다. 그런 직업들이 기술 덕분에 증가하고 있다는 주장이 종종 나온다. 실제로 미국에서 은행원 수는 1970년부터 2010년 사이에 약 2배로 늘었다. 비록 같은 기간에 미국 인구가 50퍼센트 늘었고 금융 부문이 400퍼센트 넘게 성장했다는 점도 언급해야겠지만 말이다.[22] 따라서 그런 고용 증가가 전부 또는 일부라도 현금 입출금기 덕분이라고는 말하기 어렵다. 안타깝게도, 2010-2016년에 약 10만 명의 은행 출납원이 직장을 잃었고, 미국 노동통계국은 2026년까지 4만 명이 더 실직할 것으로 예상한다. "온라인 은행 업무와 자동화 기술로 출납원이 전통적으로 수행하던 업무 중 대체되는 것이 계속 늘어나리라 예상된다."[23] 상점 계산원에 관한 자료도 마찬가지로 우울하다. 1997-2015년에 5퍼센트가 줄었고, 미국 노동통계국은 이렇게 말한다. "소매점에 설치되는 자가 계산대 같은 기술의 발전과 온라인 판매의 증가로 계산원의 수요는 계속 줄어들 것이다." 양쪽 부문은 하향 추세에 있는 듯하다. 기계를 써서 일하는 낮은 기술 수준의 직업은 거의 다 그렇다.

새로운 AI 기반의 기술이 등장할 때 쇠퇴할 직업은 어떤 것들일까? 언론에서 주로 인용하는 사례는 운전이다. 미국에는 약 350만 명의 트럭 운전사가 있다. 이 일자리 중 상당수는 자동화에 취약할 것이다. 여러 기업 중에서도 아마존은 주간 고속도로로 화물을 운송할 때 자율 주행 트럭을 이미 쓰고 있다. 비록 현재는 만일을 대비하여 운전사가 타고 있지만 말이다.[24] 각 트럭의 장거리 운송 부분은 곧 자동화될 가능성이 매우 커 보이지만, 도심 통행, 수거, 배달 같은 일은 당분간 사람이 맡을 것이다. 이런 발전이 예상되기에, 트럭 운전을 직업으로 삼겠다는 젊은이는 거의 없다. 역설적이게도 현재 미국은 트럭 운전사가 상당히 부족한 상태고, 그 때문에 자동화가 더 가속되고 있다.

사무직도 위험하다. 한 예로, 노동통계국은 2016-2026년에 보험심사 역의 취업자 수가 13퍼센트 줄어들 것으로 예측한다. "자동화한 보험 심사 소프트웨어를 써서 직원은 신청서를 전보다 더 빨리 처리할 수 있을 것이므로, 심사 역의 수요가 줄어들 것이다." 언어 기술이 예상한 대로 발달한다면, 판매와 고객 서비스 일자리도 많이 취약해질 것이고, 법률 분야의 일자리도 마찬가지일 것이다. (2018년의 한 경연 대회에서, AI 소프트웨어는 표준 비밀 유지 계약을 분석하는 과제에서 경험 많은 법학 교수들을 이겼을 뿐 아니라, 200배 더 빨리 해냈다.)[25] 틀에 박힌 형태의 컴퓨터 프로그래밍—오늘날 종종 외주를 주곤 하는 유형—도 자동화될 가능성이 크다. 사실 외주화할 수 있는 것은 거의 다 자동화의 좋은 후보다. 외주화는 세분하여 탈맥락화한 형태로 분산시킬 수 있는 업무로 일자리를 해체하기 때문이다. 로봇 처리 자동화 산업은 사무 업무에 이루어지는 바로 이 효과를 온라인에서 수행할 소프트웨어 도구를 만든다.

AI가 발전함에 따라서, 앞으로 수십 년 안에 본질적으로 틀에 박힌 육체노동과 정신노동이 모두 기계를 통해 더 값싸게 이루어질 가능성이 분명히 있다. 아니, 아마도 그럴 가능성이 클 것이다.

우리가 수천 년 전 수렵·채집인이기를 그만둔 이래로, 인류 사회는 대다수 사람을 로봇처럼 써왔다. 사람들이 틀에 박힌 신체적·정신적 과제를 반복해서 수행하면서다. 따라서 로봇이 곧 이런 역할을 떠맡는다고 해도 아마 놀랍지 않을 것이다. 그런 일이 일어날 때, 남아 있는 고도로 숙련된 일자리를 놓고 경쟁할 수 없는 이들의 임금은 빈곤선 아래로 내몰릴 것이다. 래리 서머스는 이렇게 표현한다. "치환[노동을 자본으로]의 가능성을 생각할 때 노동의 몇몇 범주에서는 생존 소득을 유지할 수 없게 될 것이다."[26] 말에게 일어난 일이 바로 그것이다. 기계를 이용한 운송이 말의 유지비보다 싸지면서, 말은 애완동물 사료가 되었다. 애완동물 사료가 되는 것에 상응하는 사회경제적 상황에 직면했을 때, 사람들은 자국 정부에 불만을 품게 될 것이다.

사람들이 불행해질 가능성에 직면한 전 세계 정부는 이 문제에 주의를 기울이기 시작했다. 대다수 국가는 시민을 데이터과학자나 로봇공학자로 재교육한다는 생각은 고려할 가치가 없다는 사실을 이미 확인했다. 세계는 그런 이들이 500만-1,000만 명쯤 필요할지 모르겠지만, 일자리를 잃을 위험에 처한 이들은 10억 명쯤 되니까 턱도 없다. 데이터과학은 거대한 유람선에 걸맞지 않을 만치 아주 작은 구명보트다.[27]

일부 국가는 '전환 계획'을 세우고 있다. 그런데 무엇을 향한 전환일까? 전환 계획에는 설득력 있는 목적지가 필요하다. 즉, 현재 '일'이라고 부르는 것의 대부분을 기계가 할 미래에 바람직한 경제가 무엇인지 설득력 있는 전망이 필요하다.

빠르게 출현하고 있는 한 가지 전망은 일이 필요가 없어서 일하는 사람이 훨씬 적은 경제를 예상한다. 케인스는 〈우리 손주 세대의 경제적 가능성〉이라는 글에서 바로 그런 미래를 상상했다. 그는 1930년 영국이 겪은 높은 실업률이 "우리가 노동력 흡수 문제에 대처할 수 있는 것보다 더 빨리 기술 효율 증가"가 일어나서 나타난 "일시적인 부적응 단계"라고 했다. 그러나 그는 궁극적으로―기술 발전이 한 세기 동안 더 일어난 뒤―완전 고용으로 돌아갈 것이라고는 상상하지 않았다.

따라서 유사 이래 처음으로 인간은 진정으로 항구적인 문제에 직면할 것이다. 짓누르는 경제적 걱정에서 해방된 자유를 어떻게 쓸 것인가, 여가를 어떻게 활용할 것인가다. 과학과 복리로 현명하고 즐겁고 수월하게 살게 될 것이다.

그런 미래는 우리 경제 시스템에 급진적 변화를 요구한다. 많은 나라에서는 일하지 않는 이들이 가난이나 빈곤에 처하기 때문이다. 따라서 케인스 견해의 현대 지지자들은 대개 어떤 형태로든 **보편적 기본 소득**UBI을 지지한다. 부가가치세나 자본 소득세를 재원으로 하는 UBI는 상황에 상관없이 모든 성인에게 합당한 소득을 제공하자는 것이다. 더 높은 생활 수준을 열망하는 이들은 UBI를 잃지 않으면서도 여전히 일할 수 있고, 일하지 않는 이들은 자신이 적당하다고 생각하는 것에 시간을 쓸 수 있다. 놀라운 점은 UBI가 애덤스미스연구소[28]부터 녹색당[29]에 이르기까지 정치적

스펙트럼의 모든 영역으로부터 지지를 받고 있다는 것이다.

일부는 UBI가 일종의 지상 낙원을 상징한다고 본다.[30] 반면에 그것이 '실패 인정'을 뜻한다고 보는 쪽도 있다. 그들은 대다수가 사회에 경제적으로 가치 있는 기여를 전혀 하지 않을 것이라고 단언한다. 기계가 없다면 스스로 해결해야 할 의식주를 기계를 통해 얻을 수 있는데 굳이 일을 하겠냐는 것이다. 늘 그렇듯이, 진실은 그 사이 어딘가에 놓여 있으며, 대체로 인간의 심리를 어떻게 보느냐에 달려 있다. 케인스는 그 글에서 추구하는 사람과 즐기는 사람을 명확히 구별했다. "잼은 내일의 잼이 아니라면 결코 잼이 아니고 오늘의 잼은 결코 없다"고 보는 '목적추구형' 사람과 "만물에서 직접 기쁨을 얻을 수 있는" '즐기는' 사람이다. UBI 제안은 사람들 대다수가 즐기는 쪽이라고 가정한다.

케인스는 추구가 "삶의 실질 가치" 중 하나가 아니라, "무수한 세대를 거치면서 몸에 밴 보통 사람의 습관과 본능" 중 하나라고 주장한다. 그는 이 본능이 서서히 사라질 것으로 예측한다. 여기서 추구가 진정으로 인간이 되는 것의 본질적인 부분이라고 반박할 이들도 있을 것이다. 추구와 즐기기는 상호 배타적인 것이 아니며, 분리할 수 없을 때도 있다. 진정한 즐김과 지속적인 충족은 눈앞의 쾌락을 수동적으로 소비하기보다는 목적을 갖고 대개 역경에 맞서서 그것을 성취하는(또는 적어도 성취하려고 노력하는) 데서 나온다. 에베레스트를 등반하는 것과 헬리콥터를 타고 정상에서 내리는 것은 다르다.

추구와 즐기기의 연결은 바람직한 미래를 어떻게 빚어낼지를 이해하기 위한 핵심 주제다. 아마 미래 세대는 인류가 '일' 같은 헛된 것을 놓고 왜 그렇게 고심했는지 의아해할지도 모른다. 태도의 변화가 느리게 일어나는 상황을 가정하여, 인류 대다수가 유용한 일을 하는 무언가를 지님으로써 더 나아질 것이라는 견해가 어떤 경제적 의미를 함축하고 있는지 생각해보자. 상품과 서비스 대부분이 인간의 감독을 거의 받지 않는 기계로부터 나온다고 할지라도 말이다. 부득이 대다수 사람은 사람만이 제공할 수 있는―또는 사람이 제공하는 것을 선호하는―대인 서비스를 공급하는 일에 종사하게 될 것이다. 즉, 우리가 더 이상 틀에 박힌 육체노동과 정신노동을 제공할 수 없게 된다고 해도, 우리 인류에게 공급할 수 있는 것이 여전히 있다. 우리는 인간이 되는 일을 잘 해내야 할 필요가 있게 될 것이다.[31]

이런 유형에 속한 현재의 직업에는 심리치료사, 경영 코치, 가정교사, 카운슬러, 동료, 노약자를 돌보는 이들이 포함된다. 도우미caring profession라는 말이 이 맥락에서 종종 쓰이는데, 이 말은 오해를 일으킨다. 그 말은 돌보는 일을 하는 이들에게 긍정적인 의미를 함축하고 있지만, 돌봄을 받는 이들이 의존적이고 무력하다는 부정적인 의미도 함축하기 때문이다. 아무튼, 이 점을 살펴보기 위해 다시 케인스에게로 돌아가자.

계속 살아가면서 삶을, 삶의 기술 자체를 더 완벽하게 다듬을 수 있으면서 삶의 수단에 자신을 팔아넘기지 않을 수 있는 이들, 다가올 풍요를 즐길 수 있는 이들이 바로 그들일 것이다.

우리 모두는 서로서로 '삶의 기술'을 배우도록 도울 필요가 있다. 이는 의존이 아니라 성장의 문제다. 남들에게 영감을 주고 감상하고 창작할 능력—미술, 음악, 문학, 대화, 텃밭 가꾸기, 건축, 요리, 포도주, 비디오게임일 수도 있다—을 제공하는 능력은 전보다 더욱 필요해질 가능성이 크다.

다음 질문은 소득 분포다. 대다수 국가에서는 이 소득 분포가 수십 년째 잘못된 방향으로 진행되었다. 복잡한 현안이긴 하지만, 한 가지는 확실하다. 고소득과 높은 사회적 지위는 대개 높은 부가가치를 제공할 때 따라 나온다는 것이다. 한 예로, 육아 분야의 직업은 낮은 소득 및 낮은 사회적 지위와 관련이 있다. 이는 어느 정도는 우리가 그 일을 정말로 어떻게 할지 잘 모른다는 사실에서 비롯된다. 선천적으로 육아를 잘하는 이들도 있지만, 대다수는 그렇지 않다. 정형외과 수술은 정반대다. 우리는 따분하게 지내면서 용돈을 좀 벌고 싶어 하는 십 대 청소년을 시급 5달러에다가 냉장고에 있는 것을 다 먹어도 좋다는 조건으로 정형외과 의사로 고용하지는 않을 것이다. 우리가 인체를 이해하고, 문제가 생겼을 때 고치는 법을 알아내기까지 수 세기에 걸친 연구가 필요했고, 외과의사는 그 모든 지식을 습득하고 그 지식을 적용하는 데 필요한 기술을 갈고닦기 위해서 여러 해 동안 훈련을 받아야 한다. 그 결과 정형외과의는 높은 임금과 존경을 받는다. 그들이 높은 임금을 받는 이유는 많이 알고 훈련을 많이 받았을 뿐 아니라, 그 모든 지식과 훈련이 실제로 쓰이기 때문이다. 그들은 타인의 삶에 아주 많은 가치를 덧붙일 수 있다. 특히 아픈 사람들의 삶에 그렇다.

불행히도, 마음에 관한 우리의 과학적 이해 수준은 놀라울 만치 빈약하고, 행복과 만족에 관한 과학적 이해 수준은 그보다 더 낮다. 한마디로 우리는 일관되고 예측 가능한 방식으로 서로의 삶에 가치를 덧붙일 방법을 알지 못한다. 우리는 몇몇 정신질환을 치료하는 일에는 얼마간 성공을 거두었지만, 아이들에게 읽는 법을 가르치는 일 같은 기본적인 과제에서도 문맹 퇴치 백 년 전쟁을 여전히 벌이고 있다.[32] 우리는 물질세계보다 인간에게 더 초점을 맞추는 쪽으로 교육 제도와 과학 탐구 활동을 근본적으로 재고할 필요가 있다. 노스이스턴대학교 총장 조지프 아운Joseph Aoun은 대학이 '인간학'을 가르치고 연구해야 한다고 주장한다.[33] 행복이 공학의 한 분야가 되어야 한다고 말하니 좀 이상하게 들리겠지만, 그것이 불가피한 결론인 듯하다. 그런 분야는 기초 과학―인간의 마음이 인지적·감정적 수준에서 어떻게 작동하는지 더 잘 이해하는―에 토대를 둘 것이고, 개인이 인생의 전반적인 궤적을 설계하는 일을 돕는 인생 건축가부터 호기심 증진과 회복력 같은 주제들의 전문가에 이르기까지, 아주 다양한 직업의 사람들을 훈련시킬 것이다. 진정한 과학에 토대를 둔다면, 이런 직업들은 오늘날의 교량 설계자와 정형외과의보다 사이비 취급을 받지 않게 될 것이다.

이런 기초 과학 분야를 창설하고 그 지식을 토대로 훈련 프로그램을 짜고 자격을 갖춘 직업군을 배출하는 쪽으로 우리의 교육과 연구 제도를 재편하는 데는 수십 년이 걸릴 것이다. 그러니 더 일찍 시작하지 않았다는 사실을 애석해하면서 지금 당장 시작하는 편이 좋다. 그러면 살 만한 세계라는 최종 결과가 나올 것이다. 제대로 작동한다면 말이다. 그렇게 재고하지 않는다면, 우리는 지속 불가능한 수준으로 사회경제적 혼란에 빠질 위험이 있다.

빼앗길 다른 역할들

우리는 기계가 대인 서비스를 수반하는 역할들까지 빼앗도록 허용할지 깊이 고심해야 한다. 이를테면, 인간이라는 점이 우리가 다른 사람들에게 내세울 수 있는 주된 장점이라면, 모방 인간을 만드는 것은 나쁜 생각처럼 보인다. 다행히도, 우리는 다른 사람들이 어떻게 느끼고 어떻게 반응할지 안다는 측면에서는 기계보다 확실히 유리한 입장에 있다. 거의 모든 사람은 망치에 엄지를 찧거나 짝사랑에 빠지는 것이 어떤 느낌인지 안다.

인간의 이런 자연적인 이점을 상쇄시키는 것은 인간의 자연적인 약점이다. 겉모습, 특히 인간의 겉모습에 쉽게 속는 경향이 그렇다. 앨런 튜링은 사람을 닮은 로봇을 만들지 말라고 경고했다.[34]

나는 가장 인간적이지만, 지적인 측면이 아닌 사람의 겉모습 같은 특징들을 모사한 기계를 만드는 쪽으로 엄청난 노력을 쏟지 않기를 바라마지 않으며, 그럴 것이라고 믿는다. 그런 시도를 하는 것은 매우 헛된 일처럼 보이며, 그 결과는 조화造花가 주는 불쾌한 느낌 같은 것을 일으킬 것이다.

안타깝게도, 튜링의 경고는 별 주목을 받지 못했다. 그림 10의 사례들처럼, 몇몇 연구진은 섬뜩할 만치 사람처럼 보이는 로봇을 만들어왔다.

그런 로봇은 연구 도구로 볼 때는 인간이 로봇의 행동과 의사소통을 해석할 때 통찰을 제공할 수도 있다. 그러나 미래에 판매될 제품의 시제품이라고 볼 때는 일종의 부정직함을 대변한다. 이것들은 우리의 의식적 자아를 우회하여 정서적 자아에 직접 호소한다. 아마 그럼으로써 진짜 지능을 지녔다고 우리에게 믿게 할 것이다. 이를테면, 납작한 회색 상자가 지아지아JiaJia나 제미노이드Geminoid DK와 똑같은 일을 한다고 해도, 우리는 고장이 났을 때 상자 쪽이 전원을 끄고 재활용하기가 훨씬 쉽다고 상상할 수 있다. 또 영유아가 부모를 닮은 사람처럼 보이지만 어딘가 다

그림 10 (왼쪽) 지아지아. 중국과학기술대학교에서 만든 로봇.
(오른쪽) 제미노이드. 일본 오사카대학교 이시구로 히로시 교수가
덴마크 올보르대학교의 헨리크 샤르페 교수를 모델로 만든 로봇.

른 존재의 보살핌을 받을 때 얼마나 혼란스럽고 심리적으로 불안할지 상상해보라. 부모처럼 자신을 돌보는 듯 보이지만, 실제로는 그렇지 않다는 것을 알아차릴 때 말이다.

표정과 움직임을 통해 비음성 정보를 전달하는 기본 능력—만화 주인공 벅스 버니도 그런 일은 쉽게 할 수 있다—을 빼면, 로봇을 인간형으로 만들 타당한 이유 같은 것은 전혀 없다. 한편, 인간형 로봇을 만들지 않을 타당한 현실적인 이유도 있다. 예를 들어, 우리의 두 발 보행 자세는 네 발 보행보다 더 불안정하다. 개, 고양이, 말은 인간의 삶에 잘 적응했는데, 그들의 체형은 그들이 어떻게 행동할지를 보여주는 아주 좋은 단서가 된다. (말이 갑자기 개처럼 행동한다면 어떨지 상상해보라!) 로봇도 마찬가지일 것이 분명하다. 아마 다리가 네 개에 팔이 두 개인 켄타우로스 같은 형태가 좋은 표준이 될 것이다. 사람을 똑같이 모사한 로봇은 최고 속도가 시속 8킬로미터인 스포츠카나 다진 간에 빨간 비트 뿌리 즙을 섞은 크림으로 만든 '딸기' 아이스크림콘과 마찬가지로 말이 안 될 것이다.

몇몇 인간형 로봇은 이미 감정적 혼란뿐 아니라 정치적 혼란도 일으켜왔다. 2017년 10월 25일, 사우디아라비아는 "얼굴을 지닌 챗봇"[35]이나 다를 바 없다거나 그보다 못하다고 평가되어온[36] 인간형 로봇 소피아Sophia에게 시민권을 수여했다. 또 아마도 여론을 조성하기 위한 행동이었겠지만, 유럽의회 법사위원회는 매우 진지한 어조로 제안을 했다.[37] 이렇게 권고한다.

적어도 가장 정교한 자율 로봇이 자신이 일으킬지 모를 상당한 피해에 책임을 질 전자 인간의 지위를 지닐 수 있도록, 장기적으로 로봇을 위한 구체적인 법적 지위를 창설할 것.

다시 말해, 피해의 법적 책임을 로봇 소유자나 제조자가 아니라, 로봇 스스로 지게 하자는 것이다. 이는 로봇이 금융 자산을 지니고, 법규를 따르지 않을 때 제재의 대상이 된다는 것을 의미한다. 어구를 있는 그대로 받아들이자면 이치에 맞지 않는다. 한 예로, 피해 배상을 하지 않는다고 로봇을 교도소에 집어넣겠다고 해도, 로봇이 과연 신경이나 쓰겠는가?

로봇의 지위를 불필요하게, 심지어 불합리하게 높이는 것뿐 아니라, 사람들에게 영향을 미칠 결정에 로봇을 점점 더 활용하는 것도 인간의 지위와 존엄성을 떨어뜨릴 위험이 있다. SF 영화 〈엘리시움〉에는 이 가능성을 완벽하게 보여주는 장면이 있다. 맥스(맷 데이먼)가 '가석방 심사관'(그림 11) 앞에서 자신의 집행 기간 연장이 부당함을 설명하기 위해 청원할 때다. 말할 필요도 없지만, 맥스는 실패한다. 심사관은 공경하는 자세를 제대로 보이지 않았다면서 그를 꾸짖기까지 한다.

인간 존엄성에 대한 이런 모욕은 두 가지 방향으로 생각할 수 있다. 첫 번째는 명백한 것인데, 기계에 인간보다 높은 권한을 부여함으로써, 우리는 자신을 이류 시민의 지위로 좌천시키고 자신에게 영향을 미치는 결정에 참여할 권리를 잃을 수도 있다. (더 극단적인 형태는 이번 장 앞쪽에서 논의했듯이, 기계에 사람을 죽일 권한을

부여하는 것이다.) 두 번째는 간접적인 것이다. 결정을 내리는 것이 기계가 아니라, 기계를 설계하고 기계에 권한을 위임한 사람이라고 믿는다고 해도, 설계자와 위임자는 그런 사례에서 각 대상자의 개별 상황을 굳이 고려할 가치가 없다고 여긴다. 이 사실은 그들이 남들의 삶에 거의 가치를 부여하지 않음을 시사한다. 이는 사람에게 봉사를 받는 엘리트와 기계의 봉사와 통제를 받는 대다수의 하층 시민으로 대분열이 시작되는 것을 보여주는 징후일 수도 있다.

2018년 유럽연합은 개인정보보호법GDPR 22조에서 그런 사례에서 기계에 권한을 부여하지 못하게 명시적으로 금지했다.

데이터 주체는 프로파일링을 포함하여 자신과 관련이 있거나 자신에게 그와 비슷하게 중요한 영향을 미치는 법적 효과를 일으키는 자동화 과정만을 토대로 결정을 내리는 주체로서의 권리를 지니지 못한다.

비록 원칙적으로는 훌륭하게 들리지만, 실제로 얼마나 효력이 있을지는 두고 봐야 한다. 적어도 이 글을 쓰는 현재로서는 그렇다. 결정을 기계에 맡기는 편이 훨씬 더 쉽고, 빠르고, 값쌀 때도 많다.

자동화한 결정을 그토록 우려하는 한 가지 이유는 알고리듬 편향의 가능성 때문이다. 기계 학습 알고리듬이 대출, 주택 공급, 일자리, 보험, 가석방, 형량 선고, 대학 입학 등에서 부적절하게 편향된 결정을 내리는 경향을 말한다. 이런 결정에서 인종 같은 기준을 명시적으로 사용하는 것은 여러 나라에서 수십 년 전부터 불법이었으며, GDPR 9조는 아주 폭넓은 분야에 걸쳐서 금지하고 있다. 물론 데이터에서 인종 항목을 삭제한다고 해서, 반드시 인종 편향이 없는 결정을 내리게 된다는 뜻은 아니다. 예를 들어, 1930년대부터 미국에서 지역에 따른 차별 행위를 정부가 금지하자, 특정한 우편번호를 이용하여 주택 담보 대출과 다양한 투자의 상한을 설정하는 행위가 생겨났고, 그 결과 부동산 가치의 하락이 일어났다. 그런 우편번호는 대체로 아프리카계 미국인이 많이 사는 지역에 해당했다.

그런 행태를 막기 위해서, 지금은 신용 평가를 할 때 우편번호 다섯 자리 중 처음 세 자리만 활용할 수 있다. 또한 다른 '실수로' 편견이 개입하지 못하도록, 평가 과정은 검사가 수월하게끔 구성해야 한다. 유럽연합의 GDPR은 자동화 결정에 일반적인 "설명을 요구할 권리"를 부여하는 것이라고 흔히 말하지만,[38] 14조는 사실 그저 다음과 같은 사항을 요구할 뿐이다.

수반되는 논리에 관한 의미 있는 정보, 데이터 주체를 위한 그런 처리 과정의 의미와 예상되는 결과.

현재, 법원이 이런 어구를 어떻게 집행할지는 알지 못한다. 불운한 소비자에게 그 결정을 내린 분류기를 훈련시키는 데 쓰인 심층 학습 알고리듬의 명세서를 그냥 건네주는 것으로 그칠 가능성도 있다.

오늘날 알고리듬 편향을 일으키는 원인은 기업의 고의적인 부정행위가 아니라 데이터에 들어 있을 가능성이 크다. 2015년 〈글래머〉는 한 실망스러운 발견을 담은 기사를 실었다. "구글에서 'CEO'를 검색했을 때 나온 사진 중에서 여성의 얼굴은 열두 번째 줄에서야 나타난다. 게다가 그 얼굴은 바비 인형이다." (2018년 검색 결과에는 실제 여성의 얼굴이 몇 명 나타났지만, 대부분 실제 여성 CEO가 아니라, CEO의 모습으로 찍은 일반 광고용 모델 사진이었다. 2019년 검색 결과는 그보다 좀 더 나아졌다.) 이 결과는 구글의 이미지 검색 순위에 의도적인 성적 편향이 있어서가 아니라, 데이터를 생성하는 문화에 존재하는 기존의 편향을 반영한 것이다. 여성 CEO보다 남성 CEO가 훨씬 더 많고, 사람들이 '전형적인' CEO라는 제목에 맞는 이미지를 고르고자 할 때, 거의 언제나 남성을 고른다는 것이다. 물론, 편향이 주로 데이터에 들어 있다는 사실 자체가 그 문제를 바로잡으려고 조치할 의무가 전혀 없다는 뜻은 아니다.

기계 학습 방법을 소박하게 응용하는 것이 편향된 결과를 빚어내는 더 기술적인 이유도 있다. 예를 들어, 정의상 소수 민족은 전체 인구 집단 데이터 표본에 덜 반영된다. 따라서 소수 민족의 구성원에 대한 예측은 그 데이터를 토대로 동일 집단의 다른 구성원을 예측할 때보다 대체로 정확성이 떨어질 수 있다. 다행히도, 기계 학습 알고리듬에서 생기는 우발적인 편향을 제거하는 문제에 많은 주의가 기울여졌고, 공정성의 몇몇 설득력 있고 바람직한 정의에 따라서 편향되지 않은 결과를 도출하는 방법이 나와 있다.[39] 그런데 이런 공정성 정의들을 수학적으로 분석하면 한꺼번에 다 만족시킬 수 없다는 사실이 드러나고, 억지로 만족시키려 하면, 예측의 정확도가 떨어지는 결과가 나온다. 한 예로, 대출 결정에서는 대출업체의 수익이 더 낮아진다. 이 결과는 아마도 실망스럽겠지만, 적어도 알고리듬 편향을 피하려면 균형을 잡을 필요가 있음을 명확히 보여준다. 이런 방법들과 현안 자체에 대한 인식이 정책 결정자, 실무자, 사용자 사이에 빠르게 널리 퍼지기를 기대해본다.

개인에 관한 권한을 기계에 넘기는 것이 때로 문제를 야기한다면, 다수로 이루어진 집단에 관한 권한을 넘기는 것은 어떨까? 즉, 기계에 정치가와 관리자 역할을 맡겨야 할까? 현재로서는 무리인 듯 보일 수 있다. 기계는 오래 대화를 이어갈 수 없고, 날씨부터 최저 임금 인상이나 다른 기업의 합병 제안 거절에 이르기까지, 폭넓은 문제에서 적절한 결정을 내리는 데 필요한 요인들에 관한 기본적인 이해도 부족하다. 그러나 추세는 명확하다. 기계는 많은 분야에서 점점 더 높은 수준의 권한을 지니고 결정을 내리고 있다. 항공기를 예로 들어보자. 먼저 컴퓨터는 비행 일정표를 짜는

데 도움을 주었다. 곧 승무원을 배치하고, 좌석 예약을 하고, 일상
적인 유지 관리도 떠맡았다. 이어서 세계 정보망과 연결되어서 항
공사 관리자에게 실시간 현황을 보고함으로써, 문제가 생겼을 때
관리자가 효과적으로 대처할 수 있게 도왔다. 지금은 문제가 생겼
을 때 관리하는 일까지 넘겨받는 중이다. 비행기 경로를 재조정하
고, 승무원 일정을 수정하고, 승객 예약 상황을 재조정하고, 유지
관리 일정을 수정하는 일이다.

항공사 경영과 승객 경험의 관점에서 보면 이 모든 변화는 유
익하다. 문제는 컴퓨터 시스템이 사람의 도구로 남아 있느냐, 아
니면 인간이 컴퓨터 시스템의 도구가 되느냐다. 후자는 필요할 때
정보를 제공하고 버그를 고치지만, 시스템 전체가 어떻게 돌아가
는지를 사람이 더 이상 깊이 이해할 수 없게 되는 상황을 말한다.
답은 시스템이 먹통이 되었다가 다시 온라인 상태로 복구되기 전
까지 세계가 혼란에 빠질 때 명확히 드러난다. 예를 들어, 2018년
4월 3일 한 차례 '컴퓨터 돌발사고'가 일어나서 유럽에서 1만 5천
편의 항공기가 상당히 지연되거나 취소되는 일이 벌어졌다.[40]
2010년에는 뉴욕증권거래소의 주식 거래 알고리듬이 갑작스러
운 붕괴flash crash를 일으켜서, 몇 분 사이에 1조 달러가 증발했다.
거래 자체를 중단시키는 것이 유일한 해결책이었다. 당시 무슨 일
이 일어난 것인지는 지금도 잘 모른다.

기술이 등장하기 전, 인류는 다른 대다수 동물처럼 근근이 살아
갔다. 즉, 땅의 상황에 그대로 의지했다. 기술 덕분에 우리는 점점
더 많은 기계로 피라미드를 쌓으면서 더 높이 올라섰고, 개인으로

서 그리고 종으로서 전 세계를 정복해나갔다. 우리가 인간과 기계의 관계를 설계하는 방법은 여러 가지다. 인간이 충분한 이해, 권한, 자율성을 간직하도록 기계를 설계한다면, 그 체계의 기술 부분은 인간의 능력을 대폭 확대할 수 있다. 우리 각자를 거대한 능력의 피라미드 위에 서게 할 수 있다. 반신반인이 된다고 표현할 수도 있을 것이다. 그러나 온라인 쇼핑 물류 창고에서 일하는 노동자를 생각해보라. 보관 선반에서 상품을 집어서 가져오는 소규모 로봇 무리 덕분에 그는 전임자들보다 더 생산성이 높다. 그러나 그는 어디에 서 있을지 그리고 어떤 물품을 집어 들고 발송해야 할지 판단하는 지적 알고리듬이 제어하는 더 큰 시스템의 일부다. 그는 피라미드 꼭대기에 서 있는 것이 아니라, 이미 피라미드 안에 일부 묻혀 있다. 피라미드 안의 공간을 모래가 다 채우고 그의 역할이 사라지는 것은 시간문제일 뿐이다.

지나치게 지적인 AI

HUMAN COMPATIBLE

고릴라 문제

자기보다 더 영리한 무언가를 만드는 것이 나쁜 생각일 수 있다는 것은 그다지 상상력을 발휘하지 않아도 알 수 있다. 우리는 우리가 환경과 다른 종을 제어할 수 있는 이유가 지능 때문이라는 점을 이해하고 있으므로, 우리보다 더 지적인 무언가—로봇이든 외계인이든—를 생각할 때면 곧바로 불편함을 느낀다.

약 1천만 년 전, 현대 고릴라의 조상에게서 현생 인류로 이어지는 유전 계통이 생겨났다(우연히 생겨난 것이 확실하다). 그 점을 생각할 때 고릴라는 어떤 느낌일까? 인간과 비교하여 자기 종의 현재 상황에 관해 우리에게 말을 할 수 있다면, 이구동성으로 매우 부정적인 견해를 드러낼 것이다. 그들의 종은 본질적으로 우리가 황송하게도 허용하는 차원을 넘어서는 그 어떤 미래도 지니고 있지 않다. 우리는 초지능 기계의 등장으로 우리 자신이 비슷한 상황에 놓이는 것을 원치 않는다. 나는 이것을 '고릴라 문제'라고 부를 것이다. 구체적으로 말하면, 상당히 더 뛰어난 지능을 지닌 기계가 존재하는 세상에서 인류가 우월성과 자율성을 유지할 수 있느냐 하는 문제다.

1842년 해석 기관을 고안하고 그것을 위한 프로그램을 짠 찰스 배비지와 에이다 러브레이스는 그것의 잠재력을 인식했지만, 전혀 걱정하지 않은 듯하다.[1] 그러나 종교 잡지 〈프리미티브 익스파운더Primitive Expounder〉의 편집장 리처드 손턴Richard Thornton은 1847년에 기계식 계산기에 악담을 퍼부었다.[2]

마음은 … 자신을 넘어서며, 스스로 생각하는 기계를 발명함으로써 자기 존재의 필요성을 없앤다. … 그러나 그런 기계가 더 완벽해질 때, 자신의 모든 결함을 스스로 치유할 계획을 생각하고, 이어서 인간 마음의 이해 범위를 초월하는 개념을 내놓지 않으리라는 것을 과연 누가 알랴!

이는 아마 계산 장치가 가할 실존적 위험을 처음으로 추정한 사례일 듯한데, 알려지지 않은 채로 남아 있었다.

대조적으로 새뮤얼 버틀러Samuel Butler가 1872년에 낸 소설 《에레혼Erewhon》은 그 주제를 훨씬 더 깊이 파고들었고, 출간 즉시 성공을 거두었다. 《에레혼》은 기계파와 반기계파 사이의 끔찍한 내전 이후에 모든 기계 장치가 금지된 나라다. "기계의 책"이라는 제목의 장에는 이 전쟁의 기원과 양측의 주장이 실려 있다.[3] 21세기 초에 다시 떠오른 논쟁을 기이할 만치 고스란히 보여준다.

반기계파의 주된 논리는 인류가 통제력을 상실하는 수준까지 기계가 발전한다는 것이다.

우리가 지구를 지배할 후계자를 스스로 만들고 있는 것은 아닐까? 매일 그들의 구조에 아름다움과 섬세함을 더하고, 매일 더 나은 능력을 제공하고, 그 어떤 지성체보다 더 뛰어나게 스스로 조절하면서 스스로 행동하는 능력을 점점 더 부여하고 있지 않은가? ⋯ 세월이 흐르면 우리는 스스로가 열등한 종족이 되었음을 알게 ⋯

우리는 현재의 다양한 고통을 겪든지, 우리 자신의 창조물이 서서히 우리를 대체하는 광경을 지켜보든지 선택을 해야 한다. 들판의 짐승을 우리 자신과 비교했을 때처럼, 우리를 그들과 비교했을 때 더 이상 높은 지위에 있지 않게 될 때까지 ⋯

소리 없이 그리고 알아차리지 못하는 사이에 슬그머니 다가와서 우리를 속박할 것이다.

화자는 기계파의 주된 반론도 언급하는데, 우리가 다음 장에서 살펴볼 인간-기계 공생 논리를 예견한다.

거기에 답하려는 진지한 시도는 딱 한 번 있었다. 그 저자는 기계가 인간 자신의 신체적 특징의 일부로서, 사실상 몸 바깥에 있는 팔다리에 불과한 것으로 여긴다고 말했다.

비록 《에레혼》에서는 반기계파가 논쟁에서 이기지만, 버틀러 본인의 생각은 오락가락한 듯하다. 그는 한편으로는 이렇게 불평한다. "에레혼 사람들은 ⋯ 한 철학자가 등장하여 전문 지식으로 쌓은 명성으로 현혹하자, 논리의 성소에 앞다투어 상식을 공물로 바친다. … 그들은 기계의 문제에서는 자기 발등을 찍고 있다." 그런 한편으로, 그가 기술하는 에레혼 사회는 놀라울 만치 조화롭고, 생산적이고, 한가롭기까지 하다. 에레혼 사람들은 기계를 발명하는 일을 재개하는 것이 어리석은 짓이라고 전폭적으로 받아들이며, 박물관에 전시된 기계의 잔해들을 "영국의 골동품 애호가가 드루이드의 유적이나 돌화살촉을 대할 때의 감정"으로 바라본다.

앨런 튜링은 버틀러의 소설을 분명히 알고 있었다. 그는 1951년 맨체스터에서 강연할 때 AI의 장기적인 미래를 이렇게 말했다.[4]

일단 기계가 생각하는 법을 터득하기 시작하면, 우리의 허약한 능력을 넘어서기까지 그리 오래 걸리지 않을 듯합니다. 기계가 죽을 가능성은 전혀 없을 것이고, 기계는 서로 대화하면서 서로의 지혜를 갈고 닦을 수 있을 것입니다. 따라서 우리는 어느 시점에 이르면, 기계가 통제권을 쥐게 될 것이라고 예상해야 합니다. 새뮤얼 버틀러가 《에레혼》에서 언급한 방식으로요.

그해에 튜링은 BBC 제3방송을 통해 라디오 강연을 할 때, 이 우려를 다시 언급했다.

기계가 생각할 수 있다면, 우리보다 더 지적으로 생각할지도 모르는데, 그러면 우리는 어떤 위치에 놓일까요? 설령 기계가 우리에게 계속 복종하게 만들 수 있다고 해도, 이를테면 전략적으로 중요한 순간에 전원을 끔으로써 그럴 수 있다고 해도, 종으로서 우리는 몹시 굴욕적인 느낌을 받을 겁니다. … 이 새로운 위험은 … 분명히 우리를 불안하게 만들 수 있는 것이지요.

에레혼의 반기계파는 "미래를 생각하면 몹시 불안"하다면서 "아직 할 수 있을 때 악을 억제하는 것이 의무"라 여기고, 모든 기계를 파괴한다. '새로운 위험'과 '불안'에 대한 튜링의 반응은 '전원을 끌' 생각을 하는 것이다(비록 이것이 실제로 대안이 아니라는 점이 잠시 뒤에 명확히 드러나겠지만). 프랭크 허버트Frank Herbert의 걸작 과학 소설《듄Dune》은 버틀러류의 전쟁, '생각하는 기계'와의 격렬한 전쟁에서 가까스로 살아남은 먼 미래를 배경으로 한다. 전쟁 뒤, 새로운 법규가 출현했다. "인간의 마음을 닮은 기계를 만들지 말라." 이 법규는 모든 계산 기계를 금지한다.

이 모든 극적인 반응은 기계의 지능이 불러일으킬, 확정되지 않은 두려움을 반영한다. 그렇다. 초지능 기계가 출현하리라는 전망이 우리를 불편하게 만드는 것은 맞다. 그렇다. 그런 기계가 세계를 장악하고 인류를 굴복시키거나 없애는 것도 논리적으로 가능하다. 그런 식으로만 죽 이어진다면, 사실상 현재 시점에서 우리가 할 수 있는 유일하게 설득력 있는 반응은 인공지능 연구를 억제하려고 시도하는 것이다. 특히 범용, 인간 수준의 AI 시스템의 개발과 보급을 금지하는 것이다.

대다수의 AI 연구자들처럼, 나도 이 가능성 앞에서는 움찔한다. 어떻게 감히 누군가가 내게 무엇을 생각할 수 있고 없고를 지시할 수 있단 말인가? AI 연구를 종식시키자고 주장하는 사람은 아주 설득력 있게 그런 주장을 펼쳐야 할 것이다. AI 연구를 종식시키는다는 것은 인간의 지능이 어떻게 작동하는지를 이해할 주요 통로 중 하나뿐 아니라, 인간 조건을 개선할, 즉 훨씬 더 나은 문명을 만들 황금 같은 기회마저 내버린다는 의미가 될 것이기 때문이다. 인간 수준 AI의 경제적 가치는 수천조 달러에 달하므로, 기업과 정부의 AI 연구를 추진하는 힘은 엄청날 가능성이 크다. 그 힘은 버틀러의 표현을 빌리자면, "전문 지식으로 쌓은 명성"이 아무리 크든 간에, 철학자의 모호한 반대를 압도할 것이다.

범용 AI를 금지하자는 주장의 두 번째 약점은 금지하기가 어렵다는 것이다. 범용 AI 분야의 발전은 주로 전 세계 연구실의 화이트보드 위에서 일어난다. 수학적 문제가 제기되고 해결되면서다. 우리는 어떤 착상과 방정식을 금지할지 미리 알지 못하고, 설령 안다고 해도 그런 금지를 강제할 수 있다거나, 금지의 효과가 있을 것으로 예상하는 것은 타당하지 않아 보인다.

게다가 범용 AI 연구를 진척시키는 연구자들이 종종 다른 것을 연구하다가 AI의 발전을 가져온다는 점 때문에, 금지하기가 더욱 쉽지 않다. 내가 이미 주장했듯이, 도구 AI — 게임, 의료 진단, 여행 계획 같은 구체적이면서 무해한 응용 사례들 — 연구는 다른 다양한 문제에 적용 가능하고 인간 수준의 AI에 더 가까워지게 하는 발전을 이루곤 한다.

이런 이유로 AI 학계 — 또는 관련 법규와 연구 예산을 맡은 정부와 기업 — 가 AI 분야의 발전을 종식시킴으로써 고릴라 문제에 대처할 가능성은 극히 낮다. 고릴라 문제를 이런 식으로만 해결하려 한다면, 해결되지 않을 것이다.

해결 가능성이 있어 보이는 유일한 접근법은 더 나은 AI를 만드는 것이 왜 나쁜 일이 될 수도 있는지 그 이유를 이해하는 것이다. 그런데 우리는 수천 년 전부터 이미 그 답을 알고 있었다는 사실이 드러났다.

미다스 왕 문제

1장에서 만난 바 있는 노버트 위너는 인공지능, 인지과학, 제어이론을 비롯하여 많은 분야에 지대한 영향을 미쳤다. 당대 대부분의 사람들과 달리, 그는 현실 세계에서 작동하는 복잡계의 예측불가능성에 유달리 관심이 많았다. (열 살 때 이 주제로 첫 논문을 썼다.) 그는 군사용이든 민간용이든, 과학자와 공학자가 자신의 창조물을 통제할 능력을 과신하다가 재앙이 빚어질 수 있다고 확신했다.

1950년에 노버트 위너는 《인간의 인간적 활용The Human Use of Human Beings》[5]을 펴냈다. 표지에는 이런 광고 문구가 적혀 있었다. "'기계 뇌' 및 유사한 기계들은 인간의 가치를 파괴할 수 있고, 아니면 그 가치가 전과 같지 않다는 것을 깨닫게 할 수 있다."[6] 그는 시간이 흐르면서 서서히 생각을 가다듬었고, 1960년경에 한 가지 핵심 문제를 파악했다. 인간의 진정한 목적을 올바로 완전히 정의할 수 없다는 것이었다. 그리고 이는 내가 표준 모델이라

고 부르는 것—인간이 자신의 목적을 기계에 불어넣으려는 시
도—이 실패할 운명임을 뜻한다.

우리는 이것을 '미다스 왕 문제'라고 부를 것이다. 고대 그리스
신화 속의 왕인 미다스는 자신이 원하는 바를 그대로 얻었다. 그
가 건드리는 모든 것이 금으로 변했다. 그러나 그는 거기에 자신
의 음식, 술, 식구까지 포함된다는 것을 뒤늦게야 알아차렸고, 결
국 비참한 상태로 굶어 죽었다. 인류 신화에는 같은 주제가 널리
퍼져 있다. 위너는 괴테의 마법사 견습생 이야기를 인용한다. 견
습생은 물을 길어 오라고 빗자루에 명령한다. 그러나 얼마나 길어
오라고는 말하지 않았고, 빗자루를 멈출 방법도 알지 못했다.

이를 기술 분야의 방식으로 표현하면, 우리가 가치 정렬value
alignment에 실패하여 고생할 수 있다는 것이다. 즉, 우리는 우리
자신도 완벽하게 정립하지 않은 목표를 아마도 우발적으로겠지
만 기계에 불어넣을 수 있다. 최근까지는 지적 기계의 능력이 한
정되어 있고, 그들이 세상에 미치는 영향의 범위도 한정되어 있
었다. 그래서 우리는 지적 기계가 일으킬지도 모를 파국으로부터
보호되었다. (사실, 대부분의 AI는 연구실에서 장난감 문제를 다루었다.)
노버트 위너는 1964년 저서 《신과 골렘God and Golem》에 이렇게
썼다.[7]

이전에 인간의 부분적이고 미흡한 목적관이 비교적 무해했던 까닭은
오로지 그런 목적을 실행하는 데 기술적으로 한계가 있었기 때문이
다. … 이는 인간의 무능함 덕분에 인간의 어리석음이 끼칠 전면적인

파괴적 충격으로부터 우리가 보호를 받아온 수많은 영역 중 하나일 뿐이다.

불행히도, 이 보호의 시대는 빠르게 끝나가고 있다.

이미 우리는 소셜 미디어에서 콘텐츠 선택 알고리듬이 수익 최대화라는 미명하에 사회에 얼마나 큰 피해를 주는지 목격해왔다. 광고 수익 최대화가 진작부터 결코 추구되지 말았어야 할 저열한 목표였다고 생각할 독자가 있을지도 모르므로, 여기서는 미래의 어떤 초지능 시스템에 암 치료제를 찾는 고상한 목표를 추구하라고 요구한다고 가정해보자. 가능한 한 빨리 찾아내는 것이 이상적이다. 3.5초마다 누군가가 암으로 사망하기 때문이다. 몇 시간 사이에 AI 시스템은 모든 생명의학 문헌을 다 읽고서, 효과가 있을 가능성이 엿보이지만 지금까지 시험하지 않은 화합물 수백만 가지를 찾아낸다. 몇 주 사이에 이런 화합물의 임상시험을 수행하기 위해, 모든 사람에게서 다양한 종류의 종양을 한꺼번에 일으킨다. 그것이 치료제를 찾아내는 가장 빠른 방법이기 때문이다. 윽.

환경 문제를 해결하고 싶다면, 이 기계에 높은 이산화탄소 농도 때문에 일어나는 대양의 빠른 산성화를 막을 방법이 무엇인지 물을 수도 있다. 기계는 바다와 대기 사이의 놀라울 만치 빠른 화학 반응을 촉진하는 새로운 촉매를 개발하고, 대양의 pH 농도는 빠르게 회복된다. 불행히도, 이 과정에서 대기에 있는 산소의 1/4이 소비됨으로써, 우리는 서서히 고통스럽게 질식 상태에 빠진다. 이런.

이런 유형의 세계 종말 시나리오는 미묘하지 않다. 세계 종말 시나리오라면 으레 그럴 것으로 예상하는 그대로다. "소리 없이 그리고 슬그머니 우리를 덮치는" 유형의 정신적 질식을 상정하는 시나리오도 많다. 맥스 테그마크의《라이프 3.0》 서문에는 초지능 기계가 본질적으로 우리가 알아차리지 못하는 사이에 세계 전체를 경제적·정치적으로 서서히 장악한다고 가정하는 시나리오가 상세히 기술되어 있다. 인터넷과 그것을 지탱하는 세계적인 규모의 기계들—매일 수십억 명의 '사용자'와 이미 상호작용하고 있는—은 인간을 통제할 기계가 성장하기에 알맞은 완벽한 매체를 제공한다.

나는 그런 기계에 불어넣는 목적이 '세계 정복' 비슷한 것이라고는 보지 않는다. 그보다는 수익 최대화나 참여 최대화, 또는 정기적인 사용자 만족도 조사에서 더 높은 점수를 받는 것이거나 에너지 절약 같은 명백히 온건한 목표일 가능성이 더 크다. 이제 우리 자신을 '목표를 달성할 것으로 예상되는 행동을 하는 존재'라고 생각한다면, 우리 행동을 바꾸는 방법은 두 가지다. 첫 번째는 구식 방법이다. 기댓값과 목적은 그대로 놔둔 채 상황을 바꾸는 것이다. 이를테면, 매수하거나 총구를 겨누거나 굶겨서 복종시키는 것이다. 그런 방식은 비용이 많이 들고 컴퓨터가 하기에는 어려운 경향이 있다. 두 번째 방법은 기댓값과 목적을 바꾸는 것이다. 기계 입장에서는 이쪽이 훨씬 쉽다. 기계는 매일 몇 시간씩 당신과 접촉하면서 당신의 정보 접근을 통제하고, 게임, TV, 영화, 사회적 상호작용을 통해서 많은 즐길 거리를 제공한다.

소셜 미디어 클릭률을 최적화하는 강화 학습 알고리듬은 인간의 행동을 추론하는 능력이 없다. 사실, 인간이 존재한다는 것조차 그 어떤 의미 있는 방식으로도 알지 못한다. 인간의 심리, 믿음, 동기를 훨씬 더 잘 이해하는 기계라면, 기계의 목적을 충족시키는 수준을 서서히 높이는 방향으로 우리를 이끄는 것이 비교적 쉬울 것이다. 예를 들어, 자녀를 덜 낳도록 기계가 우리를 설득함으로써 에너지 소비를 줄인다면, 이윽고—그리고 뜻하지 않게—인류가 자연에 미치는 해로운 영향을 제거하기를 원하는 인구 억제론 철학자들의 꿈을 실현시키게 된다.

조금만 연습해보면, 다소 고정된 어떤 목적의 성취가 제멋대로 나쁜 결과를 빚어내는 방식을 찾아내는 법을 터득할 수 있다. 가장 흔한 패턴 중 하나는 우리가 실제로 관심이 있는 목적 중에 뭔가가 빠져 있는 것이다. 그럴 때—위에 말한 사례들에서처럼—AI 시스템은 우리가 관심이 있는 것에 깜박하고 언급하지 않은 극단값을 설정하는 최적 해결책을 찾아내곤 할 것이다. 따라서 당신의 자율주행차에 "최대한 빨리 공항으로 데려다 줘!"라고 말한다면, 차는 그 말을 곧이곧대로 해석하고, 시속 290킬로미터로 달림으로써 당신을 교도소로 보낼 것이다. (다행히도, 현재 구상 중인 자율주행차는 그런 요구를 받아들이지 않을 것이다.) "속도 제한을 초과하지 않으면서 최대한 빨리 공항으로 데려다 줘"라고 말한다면, 차는 제한 속도에 맞추어 최대 속도로 달리다가 교통 상황에 따라 급가속과 급제동을 반복할 것이다. 혼잡한 공항 터미널에서 몇 초 더 줄이겠다고 다른 차들을 밀어내기까지 할지도 모른다.

그런 식이라면, 노련한 운전자가 누군가를 조금 서둘러서 공항까지 태워주는 것과 거의 비슷한 수준으로 자율주행차가 운전하도록, 결국 당신은 고려해야 할 사항을 충분히 덧붙여야 할 것이다.

운전은 국지적으로만 영향을 미치는 단순한 과제이고, 현재 운전용으로 개발 중인 AI 시스템은 그다지 지적이지 않다. 이런 이유 때문에, 잠재적인 실패 양상 중 상당수는 예견할 수 있다. 한편, 운전 시뮬레이터나 뭔가 문제가 생기면 운전을 넘겨받을 수 있는 운전사를 태우고 수백만 킬로미터의 시험 주행을 할 때 드러나는 실패 양상도 있을 것이다. 또 차가 도로를 주행하다가 별난 상황이 벌어질 때야 드러나는 실패 양상도 있을 것이다.

불행히도, 세계적인 영향을 미칠 수 있는 초지능 시스템에는 시뮬레이터도 비상시에 떠맡을 사람도 없다. 기계가 주어진 목적을 달성하기 위해서 고를 수 있는 재앙을 빚어낼 방안을 사람이 미리 예견하여 전부 다 배제시킨다는 것은 분명히 매우 어려우며, 아마도 불가능할 것이다. 일반적으로 말해서, 당신이 지닌 목표와 초지능 기계가 지닌 목표가 상충된다면, 기계는 당신이 원하는 것을 제쳐두고 자신이 원하는 목표를 추구한다.

두려움과 탐욕: 도구적 목표

'올바르지 않은 목표를 추구하는 기계'라는 말이 매우 안 좋게 들리겠지만, 더 안 좋은 것도 있다. 앨런 튜링이 제시한 해결책—전략적으로 중요한 순간에 전원을 끄는 것 — 은 쓸 수 없을지도 모른다. 이유는 아주 단순하다. 당신이 죽는다면 당신은 커피를 가져올 수 없다.

설명해보자. 기계가 커피를 가져오는 목적을 지닌다고 하자. 기계가 충분히 지적이라면, 임무를 완료하기 전에 전원이 꺼진다면, 목적을 달성하는 데 실패한다는 점을 명확히 이해할 것이다. 따라서 커피를 가져온다는 목적은 전원을 끄지 못하게 한다는 목적을 필요한 하위 목표로 생성한다. 암을 치료하거나 파이(π)의 자릿수를 계산하는 것도 마찬가지다. 당신이 죽으면 당신이 할 수 있는 일은 사실상 없으므로, 우리는 AI 시스템이 어떤 목적이 다소 명확히 주어질 때, 자신을 존속시키기 위해 선제적으로 행동할 것이라고 예상할 수 있다.

그 목적이 인간의 선호와 충돌을 빚는다면, 우리는 영화 〈2001: 스페이스 오디세이〉의 줄거리와 똑같은 상황에 처한다. 영화에서 컴퓨터인 '할 9000'은 자기 임무를 방해하는 것을 막기 위해서 우주선에 탄 승무원 다섯 명 중 네 명을 살해한다. 마지막 남은 승무원인 데이브는 손에 땀을 쥐게 하는 두뇌 게임을 벌인 뒤 — 아마 영화를 흥미진진하게 만들기 위해서겠지만 — 가까스로 할의 전원을 끈다. 그러나 할이 진정으로 초지능을 지니고 있었다면, 전원이 꺼진 쪽은 데이브였을 것이다.

자기 보존이 기계에 탑재된 어떤 본능이나 최고 지도 원리일 필요는 없다는 점을 이해하는 것이 중요하다. 따라서 아이작 아시모프Isaac Asimov의 로봇 3원칙 중 "로봇은 자기 자신을 보호해야 한다"로 시작하는 세 번째 원칙[8]은 사실 아예 필요가 없다. 자기 보존은 **도구적 목표**이므로 탑재할 필요가 전혀 없다. 도구적 목표란 거의 모든 원래의 목적을 달성하는 데 유용한 하위 목표를 말한다.[9] 명확한 목적을 지닌 존재라면 자동적으로 도구적 목표도 지닌 양 행동할 것이다.

생존하는 것 외에, 돈을 버는 것도 우리의 현행 시스템 내의 도구적 목표다. 따라서 지적인 기계는 돈을 원할지도 모른다. 탐욕스럽기 때문이 아니라, 돈이 온갖 목표를 이루는 데 유용하기 때문이다. 영화 〈트랜센던스〉에서 조니 뎁의 뇌를 양자 슈퍼컴퓨터에 업로드하자, 그 기계가 가장 먼저 한 일은 전원을 끌 수 없도록 자신을 인터넷에 있는 수백만 대의 컴퓨터에 복사하는 것이었다. 두 번째로 한 일은 주식 시장을 재빨리 휘저어서 확장 계획에 필요한 자금을 확보하는 것이었다.

그런데 그 확장 계획이란 정확히 뭘까? 훨씬 더 큰 양자 슈퍼컴퓨터를 설계하고 만드는 것, AI 연구를 하는 것, 물리학과 신경과학과 생물학의 새로운 지식을 발견하는 것 등이다. 이런 자원 목적들―연산력, 알고리듬, 지식―도 총괄적인 목적을 성취하는 데 유용한 도구적 목표다.[10] 이 계획은 아무런 해를 끼치지 않을 듯하다. 그 획득 과정이 한없이 지속될 것이라는 점을 깨닫기 전까지는 말이다. 이는 불가피하게 인간과 갈등을 빚는 듯하다. 그리고 물론 점점 더 개선되는 인간 의사 결정의 모델로 무장한 기계는 이 갈등 상황에서 우리의 모든 움직임을 예견하고 물리칠 것이다.

지능 폭발

어빙 존 굿Irving John Good은 제2차 세계대전 때 블레츨리 파크에서 앨런 튜링과 함께 독일군의 암호를 깨는 일을 했던 뛰어난 수학자였다. 그도 튜링처럼 기계 지능과 통계 추론에 관심이 많았다. 1965년 그는 〈최초의 초지능 기계에 관한 고찰Speculations concerning the first ultraintelligent machine〉이라는 논문을 썼다.[11] 오늘날 그의 논문 중 가장 유명한 것이다. 굿은 냉전 시대의 아슬아슬한 핵무기 정책에 위협을 느꼈기에, 첫 문장에서 AI를 인류의 구원자가 될 가능성이 있는 것으로 제시한다. "인류의 생존은 초지능 기계를 일찌감치 만드는 데 달려 있다." 그러나 논문이 진행될수록, 점점 더 신중해진다. 그는 **지능 폭발**이라는 개념을 도입하지만, 버틀러, 튜링, 위너처럼 기계에 대한 통제력을 잃을 수도 있다고 우려한다.

사람이 얼마나 영리하든 간에 그 모든 지적 활동을 훨씬 초월할 수 있는 기계를 초지능 기계라고 정의하자. 기계의 설계는 그런 지적 활동 중 하나이므로, 초지능 기계는 더욱 나은 기계를 설계할 수 있을 것이다. 따라서 '지적 폭발'이 일어나리라는 데는 의문의 여지가 없을 것이고, 인간의 지능은 훨씬 뒤처진 상태로 남을 것이다. 그러니 최초의 초지능 기계는 인간이 만들 필요가 있는 마지막 발명품이다. 그 기계가 자신을 계속 통제하는 법을 우리에게 알려줄 만큼 유순하다면 말이다. 신기하게도 과학 소설의 바깥 세계에서는 이 점이 거의 언급되지 않고 있다.

이 문단은 모든 초지능 AI 논의에 으레 등장한다. 비록 마지막에 붙은 단서는 대개 빼지만 말이다. 초지능 기계가 자신의 설계를 개선할 수 있을 뿐 아니라, 그렇게 할 가능성이 크다고 덧붙이면 어빙 존 굿의 주장은 더 강화될 수 있다. 앞서 살펴보았듯이, 지적 기계는 자신의 하드웨어와 소프트웨어를 개선하면 혜택이 있다고 예상할 것이기 때문이다. 지능 폭발의 가능성은 AI가 인류에게 끼칠 위험의 주된 원천으로 종종 인용된다. 그런 일이 일어나면 우리에게는 통제 문제를 해결할 시간적 여유가 거의 없을 것이기 때문이다.[12]

굿의 논리는 각 분자의 반응이 추가 반응을 촉발하고도 남을 만큼 에너지를 방출하는 화학적 폭발이라는 자연스러운 유추를 쓰기에 확실히 설득력이 있다. 그런 한편으로, 지적 개선에 수확 체감이 일어나는 것도 논리적으로 가능하다. 즉, 개선이 폭발적인 양상을 띠기보다는 더뎌지는 양상을 띨 수도 있다.[13] 폭발이 반드시 일어난다고 증명할 방법은 없다.

수확 체감 시나리오는 그 자체로 흥미롭다. 기계가 지능이 높아질수록 같은 비율로 개선을 이루기가 점점 더 어려워질 때 나타날 수 있다. (논의를 위해서 나는 여기서 범용 기계의 지능 증가가 일종의 선형으로 이루어진다고 가정하고 있지만, 엄격하게 그런 양상을 띨 것이라고는 보지 않는다.) 그렇다면, 인류는 초지능도 만들어낼 수 없을 것이다. 이미 초인적인 지능을 지닌 기계가 자신의 지능을 개선하려고 시도할 때 능력이 다한다면, 인류는 더욱 일찍 능력이 다할 것이다.

어떤 특정한 수준의 기계 지능을 만드는 것이 인간의 창의력을 넘어선다는 식의 진지한 논증을 나는 실제로 들어본 적이 없지만, 그것이 논리적으로 가능하다는 점은 인정해야 하지 않을까 생각한다. 물론 "논리적으로 가능하다"와 "나는 기꺼이 인류의 미래를 그쪽에 걸겠다"라는 말은 전혀 다르다. 인류의 창의력을 인정하지 않는 쪽에 거는 것은 지는 전략일 가능성이 커 보인다.

지능 폭발이 일어난다면, 그리고 약간 나은 수준의 초인적인 지능을 지닌 기계를 통제하는 문제를 우리가 아직 해결하지 못했다면—예를 들어, 그런 기계가 이런 반복되는 자기 개선을 이루는 것을 막을 수 없다면—우리는 통제 문제를 해결할 시간이 없을 것이고, 게임은 끝날 것이다.

이것이 바로 보스트롬의 경이륙hard takeoff 시나리오다. 기계의 지능이 며칠 또는 몇 주 사이에 천문학적으로 증가한다는 것이다. 튜링의 말을 빌리자면, "분명히 우리에게 불안을 일으킬 수 있는 것"이다.

이 불안에 대처할 방법은 AI 연구를 그만두거나, 고도의 AI를 개발하는 일에 위험이 내재한다는 사실 자체를 부정하거나, 위험을 이해하고 반드시 인간의 통제를 벗어나지 않도록 AI 시스템을 설계함으로써 위험을 완화하거나, 자포자기하는—그냥 지적 기계에 미래를 내맡기는—것 등이 있을 수 있다.

부정과 완화는 이 책 뒷부분에서 다룰 주제다. 이미 말했다시피,

AI 연구를 그만둔다는 것은 실제로 이루어질 가능성도 적을뿐더러(너무나 많은 혜택을 포기해야 하기에), 실행하기도 무척 어렵다. 자포자기는 가능한 최악의 반응처럼 보인다. 거기에는 우리보다 더 지적인 AI 시스템이 어떻게든 지구를 물려받을 만하고, 인류는 우리의 뛰어난 전자 후손이 나름의 목적을 추구하느라 바쁠 것이라는 생각으로 스스로를 위로하면서 순순히 작별을 고한다는 개념이 따라붙곤 한다. 이 견해는 로봇학자이자 미래학자인 한스 모라벡Hans Moravec을 통해 널리 알려졌다.[14] 그는 이렇게 썼다. "방대한 사이버 공간에는 우리가 세균의 삶에 별 관심이 없듯이 인간의 삶에 그다지 개의치 않는 비인간적인 초마음supermind이 우글거릴 것이다." 이 주장은 틀린 듯하다. 인간에게 가치란 주로 인간의 의식적 경험을 통해 정의된다. 인류도 없고 우리에게 중요한 주관적 경험을 하는 다른 의식적 존재들도 전혀 없다면, 가치라는 것도 아예 생기지 않는다.

그저 그런 AI 논쟁

HUMAN COMPATIBLE

"지구에 두 번째로 지적인 종을 도입하는 일은 광범위한 의미를 함축하므로, 심사숙고할 가치가 있다."[1] 닉 보스트롬의 《슈퍼인텔리전스》에 대한 〈이코노미스트〉 서평은 그렇게 끝을 맺는다. 대다수는 이를 영국 특유의 전형적인 과소평가 사례로 해석할 것이다. 독자는 현재 탁월한 사상가들이 이 심사숙고를 이미 하고 있으리라고 생각할지 모르겠다. 진지한 논쟁을 하고, 위험과 혜택을 헤아리고, 해결책을 추구하고, 해결책의 허점을 살펴보는 등의 일을 하고 있을 것이라고 말이다. 그러나 내가 아는 한, 아직 그렇지 않다.

이런 개념들을 기술 분야의 청중에게 처음 들려주면, 그들의 머릿속에서 "하지만, 하지만, 하지만…"으로 시작하여 느낌표로 끝나는 문장이 계속 솟구치는 것이 거의 눈에 보이는 듯하다.

첫 번째로 튀어나오는 "하지만"은 부정하는 마음을 대변한다. "하지만 이런 게 정말로 문제가 될 리 없어. 이러저러한 이유로." 그 이유 중에는 좋게 말해서 희망 섞인 생각이라고 표현할 수 있을 추론 과정을 반영하는 것도 있고, 더 현실적인 것도 있다. 두 번째로 튀어나오는 "하지만"은 비껴가기라는 형태를 취한다. 문제가 실제로 존재한다는 사실을 받아들이긴 하지만, 해결 불가능하다거나, 문명의 종말보다 지금 당장 중점을 두어야 할 더 중요한 문제가 있다거나, 아예 언급하지 않는 편이 최선이라고 하면서, 해결하려는 시도 자체를 하지 말라고 주장하는 것이다. 세 번째 "하지만"은 지나치게 단순화한 즉각적인 해결책의 형태를 취한다. "하지만 그냥 이러저러한 것들을 하면 되지 않겠어요?" 부정하는 태도와 마찬가지로, 이 이러저러한 것 중에는 시도했다가 즉시 후회할 것도 있다. 아마 우연이겠지만, 그 문제의 진정한 특성을 파악하는 데 좀 더 가까이 다가가는 것들도 있다.

엉성하게 설계된 초지능 기계가 인류에게 심각한 위협을 끼칠 것이라는 견해에 어떤 타당한 반론도 할 수 없다고 말하려는 것이 아니다. 그저 아직은 그런 반론이 나와 있지 않다는 말일 뿐이다. 그 문제가 대단히 중요한 듯하므로, 가장 높은 수준의 대중 논쟁이 이루어져야 마땅하다. 따라서 그 논쟁에 관심을 기울이도록, 또 독자가 그 논쟁에 참여하기를 바라면서, 대단한 논쟁이라고 할 수는 없지만 지금까지 가장 눈에 띄는 것들을 한번 죽 훑어보기로 하자.

부정

문제의 존재 자체를 부정하는 것은 가장 쉽게 내치는 방법이다. 슬레이트스타코덱스Slate Star Codex라는 블로그를 운영하는 스콧 알렉산더Scott Alexander는 AI의 위험을 다룬 유명한 글을 이렇게 시작했다.[2] "2007년경에 AI의 위험에 처음 관심이 생겼다. 당시 사람들은 대부분 이 주제를 꺼내면 이런 식의 반응을 보였다. '하하, 인터넷 괴짜들 말고도 믿는 사람이 또 있다면, 그때나 다시 이야기합시다.'"

즉시 후회할 말

자신이 평생 헌신한 것에 위협이 닥치리라는 사실을 알아차리면 지극히 지적이면서 평소 신중한 사람조차도 더 깊이 분석할 가치도 없는 말을 내뱉을 수 있다. 사정이 그러하니, 나는 다음과 같은 주장을 한 이들의 이름을 밝히지 않겠다. 모두 저명한 AI 연구자다. 굳이 적을 필요조차 없지만, 각 주장을 논박하는 말도 적어둔다.

- 전자계산기는 사칙연산에 초인적이다. 계산기는 세계를 정복하지 않았다. 따라서 초인적인 AI를 걱정할 이유가 전혀 없다.
  - ⋯▶ 논박: 지능은 사칙연산과 동일한 것이 아니다. 그리고 계산기가 사칙연산 능력이 있다고 해서 세계를 정복할 능력까지 있는 것은 아니다.
- 말은 초인적인 힘을 지니며, 우리는 말이 안전하다는 것을 입증할 수 있는지를 놓고 걱정하지 않는다. 따라서 AI 시스템이 안전하다는 것을 입증하는 문제를 놓고 걱정할 필요가 없다.
  - ⋯▶ 논박: 지능은 육체적 힘과 같지 않으며, 말의 근력에 세계를 정복할 능력까지 갖추어진 것은 아니다.

- 역사적으로 기계가 수백만 명을 살해한 사례가 전혀 없으므로, 미래에도 일어날 리가 없다.

  ┈┈▶ 논박: 모든 것에는 최초의 사례가 있다. 그 사례가 나오기 전까지 사례는 0이다.

- 우주에 있는 그 어떤 물질의 양도 무한할 수 없으며, 지능도 거기에 포함된다. 그러니 초지능에 관한 걱정은 싹 잊어라.

  ┈┈▶ 논박: 초지능이 문제를 일으키려면 꼭 무한이 되어야 하는 것은 아니다. 그리고 물리학적으로 볼 때, 컴퓨터 기기는 단순한 사람의 뇌보다 수십억 배 강력해질 수 있다.

- 우리는 지구 근처 궤도에 블랙홀이 출현하는 것처럼, 종의 종말을 가져오지만 일어날 가능성이 아주 낮은 일을 걱정하지 않는다. 그러니 초지능 AI를 걱정할 이유가 어디 있겠는가?

  ┈┈▶ 논박: 지구의 물리학자 대다수가 그런 블랙홀을 만드는 일을 하고 있다면, 그 블랙홀이 안전한지 그들에게 묻지 않을 것인가?

복잡해

IQ 점수 하나가 인간 지능의 풍부함을 제대로 기술할 수 없다는 것은 현대 심리학의 핵심 논지 중 하나다.[3] 그 이론은 지능에는 여러 차원이 있다고 말한다. 공간적, 논리적, 언어적, 사회적 차원 등이다. 2장에서 말한 우리의 축구선수 앨리스는 친구인 밥보다 공간 지능은 더 뛰어난 반면, 사회 지능은 좀 낮을 수 있다. 따라서 우리는 엄격한 지능 순서에 따라 모든 사람을 줄 세울 수가 없다.

이 말은 기계에 더 잘 들어맞는다. 기계는 능력의 범위가 훨씬 좁기 때문이다. 구글 검색 엔진과 알파고는 같은 모기업의 두 자회사가 만들었다는 점을 빼면 공통점이 거의 없으며, 따라서 한쪽이 다른 쪽보다 더 지적이라고 말하는 것은 아무런 의미도 없다. 이는 '기계의 IQ'라는 개념에 의문을 제기하며, 미래를 인류와 기계 사이의 일차원적 IQ 경쟁이라고 묘사하는 것이 잘못임을 시사한다.

〈와이어드〉의 초대 편집장이자 탁월한 통찰력을 지닌 기술평론가 케빈 켈리는 이 논리를 한 단계 더 끌고 나간다. 〈초인적인 AI의 신화The myth of a superhuman AI〉[4]에서 그는 이렇게 썼다. "지능은 단일한 차원이 아니므로, '인간보다 영리한'이라는 말은 무의미한 개념이다." 그 한마디로 초지능에 관한 모든 우려를 싹 날려버린다.

그 말에 대한 한 가지 확실한 반박은 기계가 지능의 모든 차원에서 인간의 능력을 넘어설 수 있다는 것이다. 그렇다면 켈리의 엄격한 기준에서도, 기계는 인간보다 영리할 것이다. 그러나 켈리의 논증을 논박하기 위해서 굳이 좀 더 강한 이런 가정까지 할 필요는 없다. 침팬지를 생각해보라. 침팬지는 사람보다 단기 기억력이 더 뛰어날 것이다. 숫자열을 떠올리는 것 같은 사람 본위의 과제도 더 잘한다.[5] 단기 기억은 지능의 중요한 차원이다. 따라서 켈리의 논리에 따르면, 인간은 침팬지보다 영리하지 않다. 사실 그는 '침팬지보다 영리한'이라는 말이 무의미한 개념이라고 주장할 것이다. 이 말은 황송하게도 우리가 허용하기 때문에 생존하고 있는 침팬지(그리고 보노보, 고릴라, 오랑우탄, 고래, 돌고래 등등) 종에게 위안이 될 것이다. 별 쓸모는 없겠지만 말이다. 우리가 이미 없앤 다른 모든 종에게는 더욱더 아무런 쓸모가 없는 위로일 것이다. 또 기계에 의해 전멸될 것이라고 우려할 사람들에게도 별 쓸모없는 위안일 것이다.

불가능해

AI가 탄생하기 이전인 1956년에도 훌륭한 지식인들은 지적인 기계가 불가능하다고 반박하거나 주장하고 있었다. 앨런 튜링은 1950년에 발표한 선구적인 논문 〈계산 기계와 지능Computing Machinery and Intelligence〉의 상당 부분을 그런 주장을 논박하는 데 할애했다. 그 뒤로 AI 학계는 철학자,[6] 수학자[7] 등이 내놓는 불가능하다는 비슷한 주장을 막아냈다. 초지능을 둘러싼 현재의 논쟁에서, 몇몇 철학자는 인류가 두려워할 것이 전혀 없음을 입증하기 위해서 이 불가능성 주장을 파고들었다.[8,9] 놀랄 일도 아니다.

'인공지능 백 년 연구(AI100)'는 스탠퍼드대학교에서 출범한 야심적인 장기 연구 프로젝트다. AI의 궤적을 추적하는 것, 아니 더 정확히 말하자면 "인공지능이 사람들의 일, 생활, 여가의 모든 측면에 어떻게 파장을 일으킬지를 연구하고 예측하는"것이 목표다. 첫 주요 보고서인 〈2030년의 인공지능과 삶Artificial Intelligence and Life in 2030〉은 여러모로 놀랍다.[10] 예상할 수 있겠지만, 보고서는 의료 진단과 차량 안전 같은 분야에서 AI의 혜택을 강조한다. 의외였던 것은 "영화에서와 달리, 초인적인 로봇 종족이 머지않아 나올 가능성은 전혀 없다. 아니, 가능할 것 같지도 않다"는 부분이다.

내가 아는 한, 이것이 진지한 AI 연구자가 인간 수준 또는 초인적인 AI가 불가능하다는 견해를 공개적으로 피력한 최초의 사례다. 게다가 장벽을 잇달아 무너뜨리면서 AI 연구가 극도로 빠르게 발전하는 와중에 그런 말을 한 것이다. 마치 손에 꼽히는 암생물학 연구진이 자신들이 줄곧 우리를 속여왔다고 발표한 것과 같다. 암 치료제가 절대 나오지 않으리라는 것을 줄곧 알고 있었다면서 말이다.

그렇게 견해를 180도 바꾸게 만든 원인이 무엇일까? 보고서에는 아무런 논증도 증거도 들어 있지 않다. (사실, 인간의 뇌를 능가하도록 원자를 물리적으로 배치할 방법이 전혀 없다는 주장에 대체 어떤 증거를 댈 수 있겠는가?) 나는 두 가지 이유가 있지 않을까 추측한다. 첫 번째는 AI 연구자에게 매우 불편한 전망을 제시하는, 고릴라 문제의 존재를 반증하려는 자연스러운 욕구다. 인간 수준의 AI가 불가능하다면, 고릴라 문제도 산뜻하게 내쳐진다. 두 번째 이유는 부족주의tribalism다. 즉, AI에 대한 '공격'이라고 지각되는 것에 맞서 똘똘 뭉치려는 본능이다.

초지능 AI가 가능하다는 주장을 AI에 대한 공격이라고 본다는 것이 이상해 보이고, AI가 자신의 목표를 결코 성취하지 못할 것이라는 말로 AI를 방어한다는 것은 더욱더 기이해 보인다. 그저 인간의 창의성을 반대하는 쪽에 내기를 거는 것만으로는 미래의 파국을 방지할 수 없다.

우리는 전에도 그런 내기를 걸었다가 지곤 했다. 앞서 살펴보았 듯이, 어니스트 러더퍼드로 대변되는 1930년대 초의 물리학계는 원자 에너지를 추출하는 것이 불가능하다고 굳게 믿었다. 그러나 레오 실라르드가 1933년에 중성자 유도 핵 연쇄 반응을 창안함으로써, 그 확신이 틀렸음을 증명했다.

레오 실라르드의 돌파구는 불운한 시기에 나왔다. 나치 독일과의 군비 경쟁이 시작된 시기였다. 그러니 더 큰 공익을 위해 핵 기술을 개발할 가능성은 전혀 없었다. 몇 년 뒤 자기 연구소에서 핵 연쇄 반응을 시연한 다음, 레오 실라르드는 이렇게 썼다. "우리는 모든 전원을 끄고 집으로 돌아갔다. 그날 밤, 세계가 비통함으로 치닫고 있다는 사실이 내게는 너무나 명백해 보였다."

걱정하기에는 너무 일러

냉철한 이들이 인간 수준의 AI가 수십 년 안에 등장할 가능성이 작으므로, 걱정할 필요가 전혀 없다고 지적함으로써 대중의 우려를 누그러뜨리려고 애쓰는 모습을 우리는 흔히 본다. 예를 들어, AI100 보고서에는 이렇게 쓰여 있다. "AI가 인류에게 임박한 위협이라고 걱정할 이유가 전혀 없다."

이 논증은 두 가지 이유로 실패한다. 첫 번째는 그것이 허수아비 때리기 오류attack a straw man이기 때문이다. 걱정하는 이유는 임박함에 좌우되는 것이 아니다. 예를 들어, 닉 보스트롬은《슈퍼인텔리전스》에 이렇게 썼다. "우리가 인공지능 연구에서 큰 돌파구를 이룰 문턱에 와 있다거나, 그런 발전이 언제 일어날지 정확히 예측할 수 있다는 주장은 이 책에 없다." 두 번째는 장기적인 위험이라고 해도 지금 당장 걱정을 불러일으킬 수 있다는 것이다. 인류에게 심각한 문제를 일으킬 수 있는 것에 관해 걱정하기에 알맞은 때란 그 문제가 언제 일어날 것인가뿐 아니라, 해결책을 준비하고 실행하는 데 얼마나 걸리는가에 따라 정해진다.

2069년에 커다란 소행성이 지구에 충돌할 예정임을 알게 된다면, 걱정하기에는 너무 이르다고 말할 것인가? 정반대다! 그 위협을 막을 수단을 개발하기 위한 세계적인 비상 계획이 나올 것이다. 2068년까지 기다렸다가 해결책을 찾아 나서지는 않을 것이다. 시간이 얼마나 필요한지 미리 알 수 없기 때문이다. 사실 미항공우주국NASA의 행성 방위 계획은 이미 가능한 해결책을 연구하고 있다. 설령 "앞으로 100년 동안 알려진 소행성 중에 지구에 상당한 충돌 위험을 지닌 것이 전혀 없다"고 해도 그렇다. 당신이 안도할 때를 대비하여 그들은 이렇게도 말한다. "지름 140미터 이상의 지구 접근 천체 중 약 74퍼센트는 아직 발견되지 않았다."

그리고 금세기에 일어난다고 예측되는 기후 변화에 따른 세계적인 재앙의 위험을 생각한다면, 그것을 막기 위해 조치를 취하는 것이 과연 너무 이를까? 정반대로, 너무 늦었을지도 모른다. 초인적인 AI에 관한 시간의 규모는 예측하기가 더 어렵지만, 그것은 핵분열이 그랬듯이 예상보다 상당히 더 일찍 도래할 수도 있다는 의미다.

"걱정하기에는 너무 일러" 논리의 현재 널리 쓰이는 형태 중 하나는 "화성의 인구 과잉을 걱정하는 것이나 다름없다"는 앤드루

응Andrew Ng의 단언이다.[11] (나중에 그는 화성을 알파 켄타우리로 바꾸었다.) 스탠퍼드대 교수였던 앤드루 응은 기계 학습 분야의 손꼽히는 전문가이며, 그의 견해는 나름 무게가 있다. 그 단언은 편리한 유추에 호소한다. 위험이 관리하기 쉽고 먼 미래의 일일 뿐 아니라, 애초에 화성에 수십억 명을 보내려고 시도할 가능성이 극도로 낮다고 말이다. 그러나 그 유추는 잘못된 것이다. 우리는 성공한다면 어떻게 될지는 거의 생각하지 않은 채, 더욱더 유능한 AI 시스템을 만들기 위해 엄청난 과학기술 자원을 이미 쏟아붓고 있다. 따라서 더 쉬운 유추는 도착해서 어떻게 호흡하거나 무엇을 먹거나 마실지 전혀 생각하지 않은 채, 인류를 화성에 보낼 계획을 세우는 쪽일 것이다. 이 계획이 현명하지 못하다고 여길 이들도 있을 것이다. 또는 앤드루 응의 말을 곧이곧대로 받아들여서 화성에 한 명이라도 착륙한다면 곧바로 인구 과잉이 될 것이라고 반박할 수도 있다. 화성은 환경 수용력이 0이기 때문이다. 현재 화성에 소수의 사람을 보내려는 계획이 화성의 인구 과잉을 걱정하며 생명 유지 시스템을 개발하고 있는 이유도 바로 그 때문이다.

우리가 전문가다

기술의 위험을 논의할 때면 기술을 옹호하는 쪽은 언제나 위험에 대한 모든 우려가 무지에서 나온다는 주장을 펼친다. 앨런인공지능연구소의 CEO이자 기계 학습과 자연어 이해 분야의 저명한 연구자인 오렌 에치오니Oren Etzioni의 말이 한 예다.[12]

어떤 기술 혁신이든 처음 나올 때, 사람들은 두려워했다. 산업 시대가 시작될 때 방직기에 신발을 던진 방직공부터 오늘날 살인 로봇을 두려워하는 이들에 이르기까지, 우리의 반응은 그 신기술이 우리의 자아감과 생활에 어떤 영향을 미칠지 모른다는 사실에서 추진력을 얻어왔다. 그리고 우리가 모를 때, 우리의 두려워하는 마음은 세세한 부분을 채워 넣는다.

〈파퓰러 사이언스〉는 "빌 게이츠는 AI를 두려워하지만, AI는 AI 연구자들이 더 잘 안다"라는 제목의 기사를 실었다.[13]

AI 연구자들—일을 아주 잘하기는커녕 그냥 일을 해내기라도 하는 시스템을 만드는 일에 몰두하는 진짜 AI 연구자들—과 이야기를 나누어보면, 그들이 현재든 미래에든 초지능이 슬그머니 다가오고 있다는 걱정을 하지 않고 있음을 알 수 있다. 일론 머스크가 말하려는 것 같은 무시무시한 이야기와 정반대로, AI 연구자들은 대피소와 자폭 장치를 설치하겠다고 호들갑 떨지 않는다.

이 분석은 네 명에게 물어본 결과를 토대로 한 것이었는데, 사실 그들은 모두 인터뷰할 때 AI의 장기적인 안전성이 중요한 문제라고 말했다.

당시 IBM 부회장이었던 데이비드 케니David Kenny는 〈파퓰러 사이언스〉 기사와 매우 비슷한 어조로 미국 의회에 다음과 같이 안심시키는 내용의 편지를 썼다.[14]

여러분이 실제로 기계 지능의 과학을 연구할 때, 그리고 그 지능을 사업과 사회라는 현실 세계에 실제로 적용할 때—우리가 선구적인 인지 컴퓨팅 시스템인 왓슨을 만들기 위해 IBM에서 해온 것처럼—여러분은 기술이 현재의 AI 논쟁과 으레 연관 짓곤 하는 공포 장사꾼들의 편을 들지 않는다는 것을 이해하게 됩니다.

이 세 사례는 동일한 메시지를 전달한다. "저들의 말을 듣지 말라. 우리가 전문가다." 여기서 우리는 이것이 사실상 메신저의 자격을 문제 삼음으로써 메시지를 논박하려고 시도하는 인신공격 주장임을 지적할 수 있다. 하지만 설령 그 주장을 있는 그대로 받아들인다고 해도, 그 주장은 이치에 맞지 않는다. 일론 머스크, 스티븐 호킹, 빌 게이츠가 과학적·기술적 추론에 매우 능통하다는 것은 분명하며, 특히 머스크와 게이츠는 여러 AI 연구 프로젝트에 투자하고 관리해왔다. 그리고 앨런 튜링, 어빙 존 굿, 노버트 위너, 마빈 민스키가 AI를 논할 자격이 없다는 주장은 더욱 설득력이 떨어진다. 그리고 앞서 말한 스콧 알렉산더의 블로그에 실린 〈AI 위험에 관한 AI 연구자들〉이라는 글에는 이렇게 적혀 있다. "그 분야의 몇몇 지도자를 포함하여 AI 연구자들은 처음부터 AI의 위험과 초지능에 관한 문제를 제기하는 일을 해왔다." 그는 그런 연구자 몇 명을 나열했는데, 현재는 그 명단이 훨씬 더 길다.

'AI 옹호자들'이 으레 쓰는 또 하나의 수사법은 상대방을 러다이트라고 부르는 것이다. 오렌 에치오니가 말한 "방직기에 신발을 던진 방직공"이 바로 러다이트다. 러다이트는 19세기 초에 자신들의 숙련된 노동을 대체할 기계가 도입되자 항의하고 나선 방직공들이다. 2015년 정보기술혁신재단ITIF은 그해의 러다이트상을 "인공지능 파국을 설파하는 걱정꾼들"에게 수여했다. 20세기와 21세기에 기술 발전에 지대한 공헌을 한 튜링, 위너, 민스키, 머스크, 게이츠까지 '러다이트'에 포함시키다니, 기이한 정의다.

러디즘Luddism이라는 비난은 제기된 우려의 특성과 그런 우려를 제기하는 목적을 오해하고 있음을 알려준다. 마치 원자력공학자가 핵분열 반응을 제어할 필요가 있다고 지적하면, 러디즘이라고 비난하는 것과 다를 바 없다. 이를 AI 연구자들이 AI가 불가능하다고 갑자기 주장하고 나서는 기이한 현상과 관련지어 보면, 그 수수께끼 같은 주장이 기술 발전을 옹호하는 부족주의에서 비롯되었다고 볼 수 있을 것이다.

비껴가기

몇몇 비평가는 그 위험이 현실임을 기꺼이 받아들이면서도, 아무것도 할 필요가 없다는 주장을 펼치곤 한다. 아무것도 할 수 없다거나, 더 관심을 두어야 할 다른 중요한 문제가 있다거나, 위험에 관해서는 아예 입을 다물고 있어야 한다는 주장이 그렇다.

연구는 통제할 수 없다
고도로 발달한 AI가 인류에게 위험을 끼칠 것이라는 주장에 대한 흔한 반론 중 하나는 AI 연구를 금지하는 것이 불가능하다는 주장이다. 이런 식의 정신적 도약을 하는 것이다. "음, 누군가가 위험을 언급하고 있군! 내 연구를 금지하자고 주장하는 것이 틀림없어!!" 고릴라 문제에만 토대를 둔 위험을 논의할 때는 이런 정신적 도약이 적절할지 모르지만, 나는 초지능 AI의 제작을 막음으로써 고릴라 문제를 해결하려면 AI 연구에 어떤 형태로든 제약을 가해야 할 것이라는 말에 동의하는 편이다.

그러나 최근의 위험 논의는 일반적인 고릴라 문제(기자들이 즐겨 쓰는 표현을 빌리자면, 인간 대 초지능의 대결)가 아니라, 미다스 왕 문제와 그 아류에 초점을 맞추어왔다. 미다스 왕 문제를 푸는 것은 고릴라 문제를 푸는 것이기도 하다. 초지능 AI를 예방하거나 그것을 이길 방법을 찾음으로써가 아니라, 애초에 그것이 인간과 결코 갈등을 빚지 않도록 할 방법을 찾음으로써다. 미다스 왕 문제를 논의할 때는 대체로 AI 연구를 줄이자는 제안을 피한다. 오로지 엉성하게 설계된 시스템의 부정적인 결과를 예방하는 문제에 주의를 기울이자고 주장한다. 같은 맥락에서 원자력 발전소에서 격납 건물 손상이 일어날 위험에 대한 논의는 핵물리학 연구를 금지하려는 시도가 아니라, 격납 문제를 해결하는 일에 더 노력을 쏟아야 한다는 제안이라고 해석해야 한다.

공교롭게도, 매우 흥미로운 연구 중단 사례가 있다. 1970년대 초에 생물학자들은 새로운 재조합 DNA 기술—한 생물의 유전자를 잘라내어 다른 생물에 집어넣는 기술—이 인류의 건강과 지구 생태계에 상당한 위험이 될 수 있다고 우려하기 시작했다. 그래서

1973년과 1975년에 캘리포니아주 애실로마에서 두 차례 회의가 열렸고, 먼저 그런 실험을 잠정적으로 중단하자는 쪽으로 합의가 도출되었고, 이어서 각 실험이 지닌 위험에 맞추어서 상세한 생물 안전 지침이 마련되었다.[15] 독소 유전자를 이용하는 것 같은 실험들은 너무 위험하므로 허용되지 않았다.

1975년 회의 직후에 미국에서 거의 모든 기초 의학 연구에 연구비를 대는 기관인 국립보건원NIH은 재조합 DNA 자문 위원회 RAC를 설립하는 일에 착수했다. RAC는 본질적으로 애실로마 권고안을 실행하는 NIH 지침을 개발하는 일을 했다. 2000년 이후에는 그 지침에 인간의 생식 계통에 변화를 일으키는 모든 실험에 연구비를 지원하는 것을 금지하는 내용이 추가되었다. 즉, 후대로 대물림될 수 있는 방식으로 인간의 유전체를 수정하는 것을 금지한 셈이다. 그 뒤를 이어서 50여 개국이 그런 실험을 법적으로 금지했다.

"인간 혈통을 개선한다"는 목표는 19세기 말과 20세기 초 우생학 운동의 꿈 중 하나였다. 유전체를 아주 정확히 편집하는 기술인 크리스퍼-캐스9 CRISPR-Cas9의 개발은 이 꿈을 부활시켰다. 2015년에 열린 한 국제 정상 회담은 그 기술을 미래에 응용할 여지를 남겨두면서, "제시된 응용이 적절하다는 폭넓은 사회적 합의가 이루어질"때까지 금지할 것을 요구했다.[16] 2018년 11월, 중국 과학자 허젠쿠이賀建奎는 사람 배아 세 개의 유전체를 편집했고, 그중 적어도 두 개가 자라서 아기로 태어났다고 발표했다. 그러자 전 세계에서 항의가 쏟아졌고, 이 글을 쓰는 현재 그는 가택

연금 상태인 듯하다(2019년 말에 실형을 선고받았다 – 옮긴이). 2019년 3월, 저명한 과학자들로 이루어진 한 국제 위원단은 공식적으로 그 연구를 잠정 중단할 것을 요청했다.[17]

이 논쟁이 AI에 주는 교훈은 일관적이지 않다. 한편으로는 우리가 엄청난 잠재력을 지닌 연구를 계속하는 것을 중단할 수도 있음을 보여준다. 생식 계통 변형에 반대하는 국제적 합의는 현재까지 거의 완벽하게 성공을 거두어왔다. 금지하면 그저 지하로 숨어들거나 규제가 없는 나라로 옮겨서 연구를 계속할 것이라는 걱정도 있었는데, 아직 실현된 적이 없다. 그런 한편으로, 생식 계통 변형은 쉽게 확인할 수 있는 과정이며, 특수한 장비를 써서 실제 사람을 대상으로 실험해야 하는 유전학에 관한 더 일반적인 지식의 특수한 응용 사례다. 게다가 이미 철저한 감시와 규제를 받는 분야—생식의학—에 속해 있다. 이런 특징들은 범용 AI에 적용되지 않으며, AI 연구를 억제할 규제가 어떠해야 할지 설득력 있는 형태로 제시한 사람은 아직 아무도 없다.

화제 돌리기

나는 공개회의에서 으레 그런 말에 대처해야 했던 한 영국 정치인의 자문가로부터 화제 돌리기whataboutery라는 단어를 알게 되었다. 그 정치인이 어떤 주제로 강연을 하든 간에, 누군가는 꼭 이런 질문을 던지곤 했다. "그런데 팔레스타인 문제는 어떻게 보시나요?"

고도로 발달한 AI의 위험을 언급하면, 누군가는 반드시 이렇게

말할 가능성이 크다. "AI의 혜택은 어떻게 보시나요?" 오렌 에치오니도 그렇게 말한다.[18]

암울한 예측은 의료 사고를 막고 자동차 사고를 줄이는 등 AI가 가져올 수 있는 혜택을 염두에 두지 않곤 한다.

페이스북 CEO 마크 저커버그Mark Zuckerberg도 최근에 언론의 부추김을 받아서 일론 머스크와 설전을 펼칠 때 이렇게 말했다.[19]

AI에 반대하는 주장을 펼친다면, 사고를 일으키지 않을 더 안전한 차에 반대한다고 주장하는 것이자, 아픈 사람들을 더 잘 진단할 수 있는 일에도 반대한다고 주장하는 것이다.

위험을 들먹거리는 모든 사람이 AI에 반대한다는 부족주의적 개념은 제쳐놓는다고 해도, 저커버그와 에치오니는 위험을 들먹거리는 것이 AI의 잠재적 혜택을 무시하거나 더 나아가 부정한다고 주장한다.

이 주장은 퇴보이며, 이유는 두 가지다. 첫째, AI의 잠재적 혜택이 전혀 없다면, AI 연구를 할 경제적 또는 사회적 유인도 전혀 없을 것이므로, 인간 수준의 AI가 출현할 위험도 전혀 없을 것이다. 그러니 이런 논의를 할 이유도 없다. 둘째, 위험을 완화하는 데 성공하지 못한다면, 아무런 혜택도 없을 것이다. 원자력의 잠재적 혜택은 1979년 스리마일섬 발전소에서 일어난 부분 노심 융해,

1986년 체르노빌 발전소에서 일어난 통제되지 않은 반응과 재앙, 2011년 후쿠시마 발전소의 여러 원자로에서 일어난 노심 융해 때문에 크게 줄어들었다. 이런 재앙들은 원자력 산업의 성장을 심각하게 억제했다. 이탈리아는 1990년에 원자력을 포기했고, 벨기에와 독일, 스페인, 스위스도 그럴 계획이라고 발표했다. 1990년 이후로 전 세계에서 원자력 발전소가 늘어나는 속도는 체르노빌 이전의 1/10로 떨어졌다.

침묵하기

가장 극단적인 형태의 비껴가기는 위험에 관해서는 아예 입을 다물고 있어야 한다고 주장한다. 예를 들어, 앞서 말한 AI100 보고서에는 다음과 같은 훈계도 들어 있다.

사회가 이런 기술을 주로 두려움과 의심을 품고 접근한다면, AI의 발전을 늦추거나 지하로 내모는 실수가 일어남으로써, AI 기술의 안전성과 신뢰성을 담보하는 중요한 연구에도 지장을 줄 것이다.

정보기술혁신재단(러다이트상을 수여하는 바로 그 재단)의 이사장 로버트 앳킨슨Robert Atkinson도 2015년 한 토론회에서 비슷한 논리를 펼쳤다.[20] 언론에 이야기할 때 위험을 정확히 이떻게 묘사해야 하는지를 놓고 의문을 제기하는 것은 타당하지만, 전체적인 메시지는 명확하다. "위험이라는 말은 입에 담지 말라. 연구비를 따는 데 안 좋다." 물론 위험을 누구도 의식하지 않는다면, 위험 완화 연구에 누구도 지원하지 않을 것이고, 누군가 그런 연구를 할 이유도 없을 것이다.

저명한 인지과학자 스티븐 핑커Steven Pinker는 앳킨스보다 더 낙관적인 주장을 펼친다. 그는 "고도 사회의 안전 문화"가 AI의 모든 심각한 위험을 제거할 것이라고 본다. 따라서 그런 위험에 주의를 기울이는 것은 부적절하고 역효과를 낸다는 것이다.[21] 설령 우리의 고도 안전 문화가 체르노빌, 후쿠시마, 마구 치닫고 있는 지구 온난화로 이어졌다는 사실을 무시한다고 해도, 스티븐 핑커의 주장은 요점을 완전히 놓치고 있다. 안전 문화는 가능한 실패의 양상을 지적하고 그런 일이 일어나지 않게 할 방법을 찾으려는 사람들이 있기 때문에 나온다. (그리고 AI 분야에서는 표준 모델이 바로 그 실패 양상이다.) 어차피 안전 문화가 바로잡을 것이므로 실패 양상을 지적하는 것이 어리석다고 말하는 것은 뺑소니 사고를 보았을 때 누군가 구급차를 부를 테니, 구급차를 부를 필요가 없다는 말과 같다.

대중과 정책 결정자 앞에서 위험을 묘사하려고 시도할 때, AI 연구자들은 핵물리학자보다 불리한 입장에 있다. 물리학자들은 고농축 우라늄을 임계 질량만큼 모으면 위험해질 수 있다는 점을 대중에게 설명하는 책을 쓸 필요가 없었다. 히로시마와 나가사키에서 이미 어떤 결과가 나오는지 보았기 때문이다. 정부와 지원 기관을 상대로 원자력 에너지를 개발하려면 안전이 중요하다는 점을 그다지 설득할 필요가 없었다.

부족주의

새뮤얼 버틀러의 《에레혼》에서는 고릴라 문제에 초점을 맞춤으로써 기계론자와 반기계론자라는 잘못된 이분법으로 성급하게 나아간다. 기계론자는 기계가 지배할 위험이 최소한이거나 아예 존재하지 않는다고 믿는다. 반기계론자는 모든 기계를 파괴하지 않는 한 그런 위험을 극복할 수 없다고 믿는다. 논쟁은 부족주의적 양상을 띠고, '인간이 기계를 계속 통제할 수 있을까'라는 근본적인 문제를 해결하려는 시도는 아무도 하지 않는다.

정도의 차이는 있지만, 20세기의 모든 주요 기술 현안—원자력, 유전자 변형 식품GMO, 화석 연료—은 부족주의에 굴복했다. 현안마다 찬성하는 쪽과 반대하는 쪽이 있다. 현안마다 전개 양상과 결과는 서로 달랐지만, 비슷한 부족주의 증상이 나타났다. 상호 불신과 부정, 분노를 촉발하는 주장, 상대 부족이 좋아할 법하다면 그 어떤 것도—설령 합리적인 것이라고 해도—인정하기를 거부하는 태도가 그렇다. 기술을 찬성하는 쪽은 위험을 부정하고 숨기며, 위험을 말하면 러다이즘이라고 비난한다. 반대하는 쪽은 위험이 극복 불가능하고 문제가 해결 불가능하다고 확신한다. 기술 찬성 부족에서 문제를 너무나 정직하게 대하는 사람은 배신자라는 낙인이 찍힌다. 대개 그 문제를 해결할 능력을 갖춘 이들이 대부분 기술 찬성 부족에 속해 있다는 점을 생각하면 매우 안타까운 일이다. 기술 반대 부족에서 완화의 가능성을 이야기하는 사람도 배신자다. 그 부족은 기술의 가능한 효과를 따지는 것이 아니라, 기술 자체를 악이라고 보기 때문이다. 이런 식이 되면, 각 부족에서 가장 극단적인—상대방의 목소리에 가장 귀를 기울이지 않을—사람들만 목소리를 낼 수 있다.

2016년에 나는 영국 총리 관저에 초대를 받아서 당시 총리였던 데이비드 캐머런David Cameron의 고문 몇 명과 회의를 했다. 그들은 AI 논쟁이 GMO 논쟁과 비슷한 양상을 띠어가고 있다고 우려했다. 유럽이 GMO의 생산과 표시를 너무 성급하고 지나치게 규제하게 된 양상을 그대로 따라가지 않을까 걱정했다. 그들은 AI에 같은 일이 일어나는 것을 피하고 싶어 했다. 그들의 우려는 어느 정도 타당했다. AI 논쟁이 찬성 진영과 반대 진영을 형성함으로써 부족주의 양상을 띨 위험이 있다는 것이었다. 그러면 그 분야에 피해가 갈 것이다. 고도로 발달한 AI에 내재된 위험을 걱정하는 것이 AI 반대 입장이라는 것은 사실이 아니기 때문이다. 핵전쟁의 위험이나 엉성하게 설계된 원자로의 폭발 위험을 걱정하는 물리학자는 '물리학에 반대'하는 것이 아니다. AI가 세계적인 영향을 미칠 만큼 강력해질 거라고 말하는 것은 그 분야에 모욕이 아니라 찬사다.

AI 학계가 그 위험을 인정하고 완화할 노력을 하는 것이 매우 중요하다. 우리가 이해하는 바로는 그 위험은 극도로 적은 것도 극복 불가능한 것도 아니다. 우리는 AI의 토대를 재편하고 재구성하는 등 그런 위험을 피하기 위해 상당한 노력을 기울일 필요가 있다.

그냥…

꺼버릴 수는 없을까?

고릴라 문제의 형태를 취하든 미다스 왕 문제의 형태를 취하든 간에, 실존적 위험의 기본 개념을 일단 이해하면, 많은 이들—나도 포함하여—은 즉시 쉬운 해결책이 있는지 둘러보기 시작한다. 그들은 맨 먼저 기계의 전원을 끄는 것을 떠올리곤 한다. 예를 들어, 앞서 인용한 앨런 튜링은 "이를테면 전략적으로 중요한 순간에 전원을 끔으로써, 기계가 계속 복종하게 만들 수"도 있지 않을까 추정했다.

그 방식은 통하지 않을 것이다. 초지능적 존재는 이미 그 가능성을 검토하여 막을 조치를 취할 것이라는 단순한 이유에서다. 그리고 그런 존재는 살아 있고 싶어서가 아니라, 우리가 부여한 목적이 무엇이든 간에 전원이 꺼지면 그 목적을 이루지 못할 것을 알기에 그렇게 할 것이다.

우리 문명의 동맥을 끊어놓는 꼴이 되기에 사실상 전원을 끌 수 없다고 여기는 시스템이 있다. 그런 시스템은 블록체인의 이른바 스마트 계약처럼 실행되고 있다. 블록체인은 암호화를 토대로 고도로 분산된 형태로 계산하고 기록을 유지하는 방식이다. 본질적으로 아주 많은 기계를 장악하여 사슬을 파괴하지 않는 한, 그 어떤 데이터도 삭제하거나 그 어떤 스마트 계약도 변조할 수 없도록 설계되어 있다. 그것을 장악하여 사슬을 끊으면, 인터넷과 금융 시스템의 상당 부분이 파괴될 수 있다. 이 믿어지지 않을 견고

함이 특징인지 버그인지는 논쟁의 여지가 있다. 아무튼, 그것이 초지능 AI 시스템이 자신을 보호하는 데 쓸 수 있는 도구라는 점은 확실하다.

상자에 집어넣을 수는 없을까?

AI 시스템의 전원을 끌 수 없다면, 기계를 일종의 방화벽 안에 봉인하고서 질문에 답하는 쪽으로만 써먹고, 현실 세계에 직접 영향을 끼치지 못하게 할 수도 있지 않을까? 이 개념에서 오라클 AI Oracle AI가 나왔다. 오라클 AI는 AI의 안전을 연구하는 이들 사이에서 깊이 논의되어왔다.[22] 오라클 AI 시스템은 얼마든지 지적일 수 있지만, 각 질문에 오로지 "예" 또는 "아니오"로만(또는 상응하는 확률로만) 답할 수 있다. 오라클 AI는 오로지 읽기 전용 연결을 통해서 인류가 지닌 모든 정보에 접근할 수 있다. 즉, 인터넷에 직접 접근할 수는 없다. 물론 이는 초지능 로봇, 비서 등 많은 AI 시스템을 포기한다는 의미이지만, 신뢰할 수 있는 오라클 AI는 그럼에도 여전히 엄청난 경제적 가치가 있다. 알츠하이머병이 병원체에 감염되어 생기는지, 자율 무기를 금지하는 것이 옳은 생각인지 등 우리에게 중요한 문제에 답할 수 있기 때문이다. 따라서 오라클 AI는 확실히 흥미로운 가능성이다.

　그러나 유감스럽게도 몇 가지 몹시 어려운 점이 있다. 첫째, 오라클 AI 시스템은 우리가 우리 자신을 이해할 때 하듯이, 적어도 자기 세계의 물리학과 기원―컴퓨터 자원, 작동 모드, 자신이 저장한 정보를 생산하고 현재 질문하는 수수께끼의 존재―을 이해하려고 애쓸 것이다. 둘째, 오라클 AI 시스템의 목적이 적절한 시간 안에 질문에 정확한 답을 제공하는 것이라면, 족쇄를 끊고 나와서 컴퓨터 자원을 더 많이 획득하고 단순한 질문만을 하도록 질문자를 통제할 동기를 지니게 될 것이다. 그리고 마지막으로 우리는 아직 초지능 기계는커녕 평범한 사람을 안전하게 지킬 방화벽조차 발명하지 못한 상태다.

나는 이런 문제 중 일부에는 해결책이 있을지도 모른다고 생각한다. 특히 우리가 오라클 AI 시스템을 증명 가능하게 안전한 논리 계산기 또는 베이즈 계산기로 한정 짓는다면 그렇다. 즉, 우리는 그 알고리듬이 제공된 정보가 보증하는 결론만 내놓게 만들 수 있고, 그러면 알고리듬이 이 조건을 충족시키는지 수학적으로 검사할 수 있을 것이다. 그래도 가능한 한 빨리 가장 가능성이 큰 결론에 다다르려면 논리 계산이나 베이즈 계산 중 어느 쪽을 할지 결정하는 과정을 통제하는 문제가 여전히 남는다. 이 과정은 빠르게 추론하려는 동기가 되므로, 컴퓨터 자원을 획득하고 자신의 존재를 보존하려는 동기도 된다.

2018년, 버클리의 인간친화적 AI 센터CHAI는 "초지능 AI가 10년 안에 출현한다는 것을 확실히 알고 있다면, 당신은 어떻게 하겠는가?"라는 주제로 워크숍을 열었다. 내 대답은 이러했다. 개발자를 설득하여 범용 지적 행위자—현실 세계에서 자신의 행동을 선택할 수 있는—를 구축하는 것을 그만두고, 대신에 오라클 AI를 만들게 하는 것이다. 그사이에 우리는 가능한 만큼 증명 가능하게 안전한 오라클 AI 시스템을 만드는 문제를 해결하는 일에 몰두하자는 것이다. 이 전략이 통할 만한 이유는 두 가지다. 첫째, 초지능 오라클 AI 시스템은 그래도 수조 달러의 가치가 있을 것이므로, 개발자는 이 제한을 기꺼이 받아들일 것이다. 둘째, 오라클 AI 시스템을 통제하는 쪽이 범용 지적 행위자를 통제하는 일보다 쉬울 것이 거의 확실하므로, 우리가 10년 안에 그 문제를 풀 가능성이 더 클 것이다.

인간과 기계가 협력할 수 있지 않을까?

업계에서 흔히 들리는 후렴구는 인간과 AI가 한 팀을 이루어서 협력할 것이므로, AI는 고용이나 인류에 전혀 위협이 안 된다는 것이다. 한 예로, 앞서 언급했던 데이비드 케니가 의회에 보낸 편지에는 이렇게도 적혀 있었다. "고가의 인공지능 시스템은 일하는 사람을 대체하는 것이 아니라, 인간의 지능을 증진시키도록 설계된다." [23]

냉소적인 사람은 이 말이 그저 기업의 고객과 인간인 직원을 분리하는 과정을 그럴듯하게 꾸미려는 홍보 술책에 불과하다고 주장할지 모르지만, 나는 그런 노력이 조금은 성과가 있을 것으로 생각한다. 협력하는 인간-AI 팀은 사실 바람직한 목표다. 팀원들의 목적이 서로 들어맞지 않는다면 팀은 성공하지 못할 것이 분명하므로, 인간-AI 팀에 중점을 둔다는 것은 가치 정렬의 핵심 문제를 풀어야 한다는 뜻이기도 하다. 물론 어떤 문제에 중점을 둔다는 것은 그 문제를 해결한다는 것과는 다르다.

기계와 융합할 수도 있지 않을까?

인간-기계 팀 구성을 극단까지 밀고 나가면, 전자 하드웨어를 뇌에 직접 붙여서 확장된 단일 의식 존재의 일부로 삼는 인간-기계 융합체가 된다. 미래학자 레이 커즈와일Ray Kurzweil은 그 가능성을 이렇게 묘사한다.[24]

우리는 기계와 직접 융합할 것이고, 우리는 AI가 될 것이다. … 2030년대 말이나 2040년대가 되면, 우리의 생각은 주로 비생물학적인 부분에서 이루어질 것이고, 그 비생물학적 부분은 궁극적으로 지능이 아주 높아질 것이고, 아주 엄청난 능력으로 생물학적 부분을 모델화하고, 모사하고, 완전히 이해할 수 있을 것이다.

레이 커즈와일은 이런 발전을 긍정적으로 바라본다. 반면에 일론 머스크는 인간-기계 융합을 주로 방어 전략으로 본다.[25]

치밀한 공생을 이룬다면, AI는 '타자'가 아닐 것이다. 당신이 될 것이고, 당신의 피질이 가장자리계와 맺고 있는 관계와 유사한 것을 당신의 피질과 맺을 것이다. … 우리는 뒤에 남겨져서 사실상 쓸모없어지거나 애완동물처럼 되거나ㅡ집고양이와 비슷한 존재로ㅡ이윽고 AI와 공생하고 융합할 방법을 찾아내게 될 것이다.

일론 머스크의 뉴럴링크 코퍼레이션Neuralink Corporation은 이언 뱅크스Iain Banks의 소설 〈컬처Culture〉 시리즈에 묘사된 기술의 이름을 따서 '뉴럴 레이스neural lace'라고 이름 붙인 장치를 개발하고 있다. 인간의 대뇌 피질을 외부 컴퓨터 시스템 및 네트워크와 튼튼하게 항구적으로 연결하는 것이 목표다. 여기에는 두 가지 주된 기술적 장애물이 있다. 첫째, 전자기기를 뇌 조직에 연결하고, 전원을 공급하고, 바깥 세계와 연결하는 일의 어려움이다. 둘째, 신경이 뇌의 고등한 인지 능력을 어떻게 구현하는지를 우리가 거의 이해하지 못하고 있으므로, 그 장치를 어디에 연결하고 어떤 일을 처리하게 해야 할지 모른다는 것이다.

나는 그런 장애물을 극복할 수 없다고는 전적으로 확신하지 못한다. 첫째, '신경 먼지'(버클리 캘리포니아대 연구진이 개발한, 신경계에 집어넣을 수 있는 아주 작은 무선 센서 – 옮긴이) 같은 기술은 신경에 붙여서 감지, 자극, 대뇌 안팎의 통신 기능을 수행할 수 있는 전자기기의 크기와 소비 전력을 빠르게 줄이고 있다.[26] (2018년 기준으로 그 기술로 만든 시제품은 크기가 약 1세제곱밀리미터이므로, '신경 티끌'이라는 말이 더 정확하겠다.) 둘째, 뇌 자체는 놀라운 적응 능력을 지닌다. 예를 들어, 예전에 우리는 뇌가 팔 근육을 제어하는 데쓰는 코드를 먼저 이해해야만 뇌를 로봇 팔과 연결하는 데 성공할 수 있을 것이고, 달팽이관이 소리를 분석하는 방식을 이해해야만 인공 달팽이관을 만들 수 있을 것으로 생각했다. 그러나 뇌가 우리를 위해 그 일의 대부분을 한다는 것이 드러났다. 뇌는 소유자가 원하는 일을 하도록 로봇 팔을 조작하는 법과 인공 달팽이관의 출력을 알아들을 수 있는 소리로 해석하는 법을 금방 터득했다. 뇌에 추가 기억 용량, 컴퓨터와의 통신 채널, 심지어 다른 사람의 뇌와 통신할 채널까지 제공할 방법을 찾아내는 것도 얼마든지 가능하다. 모두 뇌가 어떻게 작동하는지를 사실상 이해하지 못한 채로도 할 수 있다.[27]

이런 개념의 기술적 실현 가능성에 상관없이, 우리는 이 방향이 인류에게 가능한 최선의 미래인지 질문해야 한다. 인간에게 뇌 수술이 필요한 이유가 오로지 기술이 가할 위협에서 살아남기 위해서라면, 아마 우리는 그렇게 이어지는 추론 과정의 어딘가에서 실수를 저질렀을 것이다.

인간의 목표를 집어넣는 것을 피할 수 있지 않을까?

AI의 문제 행동이 특정한 유형의 목적을 부여하는 데서 비롯된다고 추론하는 견해도 흔하다. 즉, 그 목적을 빼버리면, 아무 탈도 없을 것이라고 본다. 한 예로, 심층 학습 분야의 선구자이자 페이스북의 AI 연구 책임자인 얀 르쿤은 이 개념을 인용하면서 AI의 위험을 낮추어 본다.[28]

AI가 자기 보존 본능, 질투 등을 지닐 이유는 전혀 없다. … 우리가 AI에 이런 감정을 주입하지 않는다면, AI는 이런 파괴적인 '감정'을 지니지 않을 것이다. 내가 볼 때는 우리가 굳이 주입하고 싶어 할 이유가 전혀 없다.

비슷한 맥락에서 스티븐 핑커는 성별을 토대로 한 분석을 제공한다.[29]

AI 디스토피아는 편협한 우두머리 수컷 심리학을 지능 개념에 적용한다. 초인적인 지능을 지닌 로봇이 주인을 내쫓거나 세계를 정복하는 것 같은 목표를 개발할 것이라고 가정한다. … 우리의 기술 예언자 중 상당수가 인공지능이 자연스럽게 여성의 계통을 따라서 발달할 가능성을 생각하지 않고 있다는 걸 드러낸다. 문제를 풀 능력을 온전히 갖추면서도, 순진무구한 사람들을 몰살시키거나 문명을 지배할 욕망을 전혀 갖지 않는 쪽으로 발달할 가능성 말이다.

도구적 목표를 논의할 때 이미 살펴보았듯이, 자기 보존, 자원 습득, 지식 발견, 또는 극단적으로 세계 정복 같은 '감정'이나 '욕망'을 AI에 주입할지 말지는 중요하지 않다. 기계는 어쨌든 그런 감정을 지니게 될 것이다. 우리가 주입한 목적의 하위 목표로서, 성별에 상관없이 그럴 것이다. 기계 입장에서 죽음은 그 자체로 나쁜 것이 아니다. 그럼에도 죽음은 피해야 한다. 죽으면 커피를 가져다주기 어렵기 때문이다.

더욱 극단적인 해결책은 기계에 목적을 부여하는 일을 아예 피하는 것이다. 짠, 문제 해결! 안타깝게도, 그렇게 단순하지가 않다. 목적이 없다면, 지능도 없다. 이 행동이나 저 행동이나 아무런 차이가 없어질 것이고, 기계는 난수 생성기와 다를 바 없을 것이다. 목적이 없다면, 기계가 행성을 종이 클립으로 가득 찬 곳으로 만드는 것(닉 보스트롬이 길게 묘사한 시나리오)보다 인간의 낙원으로 만드는 쪽을 더 선호할 이유도 전혀 없다. 사실 종이 클립으로 가득한 행성은 철을 먹는 세균인 티오바실루스 페록시단스에게 유토피아일 것이다. 인간의 선호가 중요하다는 개념이 없다면, 세균 쪽을 택한 것이 잘못되었다고 누가 말할 수 있겠는가?

"목적을 주입하는 것을 피하라"라는 개념의 흔한 변이 형태 중 하나는 충분히 지적인 시스템이라면 그 지능의 결과로 '올바른' 목표를 필연적으로 스스로 도출할 것이라는 개념이다. 때로 이 개념의 옹호자들은 지능이 더 뛰어난 사람들이 더 이타적이고 더 고상한 목적을 지니는 경향이 있다는 이론에 기댄다. 왠지 옹호자들의 자아 개념을 반영하는 듯도 하다.

AI가 세계에서 목적을 지각하는 것이 가능하다는 개념은 유명한 18세기 철학자 데이비드 흄David Hume이 《인간 본성론A Treatise of Human Nature》에서 상세히 논의했다.[30] 그는 그것을 존재-당위is-ought 문제라고 했고, 자연의 사실로부터 도덕 명령을 끌어낼 수 있다는 생각이 틀렸다고 결론지었다. 왜 그러한지, 체스판의 디자인과 체스 말을 생각해보라. 그것들을 보고서 왕을 잡는 것이 목표라고 지각할 수는 없다. 그 체스판과 체스 말은 일부러 지는 쪽으로도 쓰일 수 있고, 아직 창안되지 않은 다른 많은 유형의 게임에도 쓰일 수 있다.

닉 보스트롬은 《슈퍼인텔리전스》에서 같은 기본 개념을 다른 형태로 제시했다. 그는 그것을 직교성 명제orthogonality thesis라고 부른다.

지능과 최종 목표는 직교한다. 즉, 원칙적으로는 그 어떤 지능 수준에서도 그 어떤 최종 목표라도 설정이 가능하다는 것이다.

여기서 직교란 '직각'을 말하며, 지적 시스템이 지능 수준과 목표라는 두 축으로 정의되고, 이 둘은 서로 독립적으로 옮겨 갈 수 있다는 뜻이다. 예를 들어, 자율주행차에는 특정한 주소를 목적지로 입력할 수 있다. 한편 그 차가 운전을 더 잘하게 만든다고 해서, 그 차가 17로 나눌 수 있는 주소로는 가지 않겠다고 거부하기 시작할 것이라는 의미는 아니다. 같은 맥락에서, 우리는 범용 지적 시스템에 어떤 것이든 간에 추구할 목적을 다소 줄 수 있으리라고 얼마든지 상상할 수 있다. 종이 클립의 수를 최대로 늘리거나 파이의 자릿수를 최대한 알아내는 것까지 포함해서다. 이는 강화 학습 시스템을 비롯한 여러 유형의 보상 최적화 알고리듬이 작동하는 방식이기도 하다. 즉, 그 알고리듬은 전적으로 일반적이며, 모든 보상 신호를 받아들인다. 표준 모델 내에서 일하는 공학자와 컴퓨터과학자에게 직교성 명제는 그냥 주어진 것이다.

지적인 시스템이 세상을 그냥 관찰함으로써 자신이 추구해야 할 목표를 깨달을 수 있다는 개념은 충분히 지적인 시스템이라면 '올바른' 목적을 위해 처음의 목적을 자연스럽게 포기할 것이라는 의미도 담고 있다. 합리적인 행위자가 그렇게 할 이유를 추측하기란 어렵지 않다. 게다가 그 개념은 바깥 세계에 '올바른' 목적이 있다고 전제한다. 철을 먹는 세균과 인간을 비롯한 모든 종이 동의하는 목적이 있을 것이 틀림없다고 본다. 그것이 무엇일지 도저히 상상하기 어렵지만.

닉 보스트롬의 직교성 명제를 가장 노골적으로 비판한 사람은 저명한 로봇학자 로드니 브룩스Rodney Brooks다. 그는 프로그램이

"인간이 프로그램에 설정한 목표를 달성하기 위해서 인류 사회를 멸망시킬 방법을 창안할 수 있을 만큼 영리해지는, 게다가 그런 방법이 바로 그 인류에게 어떤 식으로 문제를 일으키는지 이해하지도 못한 채 그렇게 하는"것은 불가능하다고 주장했다.[31] 유감스럽게도, 어떤 프로그램이 그런 식으로 행동하는 것은 가능할 뿐 아니라, 사실 브룩스가 그 문제를 정의하는 방식에 따르면 필연적으로 그렇게 된다. 브룩스는 "인간이 프로그램에 설정한 목표를 달성할" 최적 계획이 인간에게 문제를 일으킨다고 전제한다. 그렇다면 그런 문제가 프로그램에 설정한 목표에 빠져 있는, 인간에게 가치 있는 무언가를 반영하는 것이라는 추론을 할 수 있다. 기계가 수행하는 최적 계획은 아마 인간에게 이런저런 문제를 일으킬 것이고, 기계는 그 점을 아마 알고 있을 것이다. 그러나 정의상 기계는 그런 문제들을 문제로 인식하지 않을 것이다. 자신의 관심사가 아니기 때문이다.

스티븐 핑커는 닉 보스트롬의 직교성 명제에 동의하는 듯하다. 그는 이렇게 썼다. "지능은 목표를 이루기 위해 새로운 수단을 펼치는 능력이다. 목표는 지능과 별개다."[32] 그런 한편으로, 그는 "AI가 원소를 변환하고 뇌를 재배선하는 법을 터득할 수 있을 만치 뛰어나면서, 오해에서 비롯된 초보적인 실수로 재앙을 일으킬 만큼 어리석을 것"이라고는 상상할 수 없다고 본다.[33] 그는 이렇게 덧붙인다. "상충되는 목표들을 가장 잘 충족시키는 행동을 고르는 능력은 공학자가 설치하고 검사하는 것을 잊어버릴 만한 추가 사항이 아니다. 그것이 바로 지능이다. 언어 사용자의 의도를 맥락에 맞게 해석하는 능력도 마찬가지다." 물론 "상충되는 목표를 충족시키는" 일은 문제가 안 된다. '결정 이론'의 초창기부터 표준 모델에 들어가 있는 것이기 때문이다. 문제는 기계가 인식하는 상충되는 목표들이 인류의 관심사 전체가 아니라는 데 있다. 게다가 표준 모델에는 기계에 관심을 가지라고 말한 것 이외의 다른 목표에도 관심을 가져야 한다고 말하는 항목이 전혀 없다.

그러나 브룩스와 핑커의 말 속에는 몇 가지 유용한 단서가 있다. 이를테면, 기계가 어떤 다른 목표를 추구하면서 인간이 그 결과에 불쾌해할 것이라는 명백한 징후들을 외면하다가 하늘의 색깔을 바꾸는 부수적인 결과를 일으킨다면, 우리는 그 기계가 어리석은 짓을 했다고 여길 것이다. 우리는 본래 사람들의 불만을 잘 알아차리게 되어 있고 (대개) 그런 일을 일으키지 않으려는 쪽으로 동기 부여가 되어 있기 때문에, 그런 행동이 어리석게 느껴진다. 설령 사람들이 하늘 색깔에 관심이 있다는 사실을 그전까지 눈치채지 못했다고 해도 그렇다. 즉, 우리 인간은 (1) 다른 이들의 선호에 신경을 쓰며, (2) 사람들이 무엇을 선호하는지 전부 다 알지는 못한다는 사실을 안다. 다음 장에서, 나는 이런 특성들을 기계에 집어넣으면 미다스 왕 문제의 해결책을 구하는 출발점이 될 수도 있다고 주장할 것이다.

논쟁의 재개

이 장에서 우리는 폭넓은 지식인 세계에서 진행 중인 논쟁을 어렴풋이 엿보았다. AI의 위험을 지적하는 이들과 그 위험에 회의적인 이들 사이의 논쟁이다. 논쟁은 책, 블로그, 학술 논문, 토론회, 인터뷰, 트윗, 신문 기사를 통해 이루어졌다. 열심히 애썼음에도, '회의주의자들'—AI의 위험은 무시해도 될 수준이라고 주장하는 이들—은 왜 초지능 AI 시스템이 반드시 인간의 통제하에 있을 것이라고 보는지 그 이유를 제대로 설명하지 못했다. 그리고 왜 초지능 AI 시스템이 절대 개발되지 않으리라고 보는지 설명하려는 시도조차 하지 않는다.

많은 회의주의자는 답을 하라고 재촉하면, 설령 임박한 것은 아니라고 해도, 진짜로 문제가 하나 있다고 인정할 것이다. 스콧 알렉산더는 슬레이트스타코덱스 블로그에 그 점을 탁월하게 요약했다.[34]

'회의주의자' 입장은, 명석한 사람 둘을 찾아서 그 문제에 대한 예비 조사에 착수해야겠지만, 어쨌든 우리는 공황 상태에 빠져서도 안 되고 AI 연구를 금지하려고 해서도 안 된다는 주장인 듯하다.

'신봉자'는 우리가 공황 상태에 빠져서도 안 되고 AI 연구를 금지하려고 해서도 안 되지만, 어쨌든 명석한 두 사람을 구해서 그 문제에 대한 예비 조사에 착수해야 한다고 주장한다.

아마도 AI 통제 문제에 대해 회의주의자들이 단순하면서 완벽한 증명(그리고 사악한 증명)의 형태로 논박할 수 없는 반론을 내놓는다면 나야 기쁘겠지만, 그런 일이 일어날 가능성은 작다고 생각한다. 그것은 사이버 보안의 단순하면서 완벽한 해결책이나 위험이 전혀 없는 핵에너지를 생성할 단순하면서 완벽한 방법을 찾아내는 것과 다를 바 없다. 부족주의적 비방에 빠져들고 의심스러운 주장을 반복하는 짓을 계속하기보다는 알렉산더의 말처럼 이 문제에 대한 예비 조사에 착수하는 편이 더 나아 보인다.

이 논쟁은 우리가 직면한 난제를 부각시켜왔다. 우리가 목적을 최적화하는 기계를 만든다면, 우리가 기계에 집어넣는 목적은 우리가 원하는 것과 일치해야 하지만, 우리는 인간의 목적을 완전하게 올바로 정의할 방법을 알지 못한다. 다행히도, 중간 방법이 있다.

AI: 다른 접근법

HUMAN COMPATIBLE

일단 회의주의자들의 주장을 논박하고, 그 모든 "하지만, 하지만, 하지만"에 대답하면, 다음 질문은 대개 이렇다. "좋아요, 문제가 있다는 것은 인정하지요. 하지만 해결책도 없잖아요, 안 그래요?" 아니, 해결책은 있다.

현재 당면한 과제를 되새겨보자. 고도 지능을 지닌—우리의 어려운 문제를 해결하도록 도울 수 있게—기계를 설계하는 한편으로, 그 기계가 절대로 우리를 몹시 불행하게 하는 방식으로 행동하지 못하게 만드는 것이다.

다행히도, 그 과제는 다음과 같은 것이 아니다. 즉, 고도 지능을 지닌 기계가 주어졌을 때, 그것을 통제할 방법을 알아내는 것이 아니다. 과제가 그런 것이라면, 우리는 끝장날 것이다. 블랙박스, 기정사실로서의 기계는 바깥 우주에서 왔다고 하는 편이 나을 수도 있다. 그리고 우리가 바깥 우주에서 온 초지능 존재를 통제할 가능성은 거의 0이다. 어떻게 작동하는지 우리가 이해하지 못할 것이 확실한 AI 시스템을 만드는 방법에도 비슷한 논리가 적용된다. 전뇌 에뮬레이션[1]—사람 뇌를 고스란히 본떠서 전자두뇌를 만드는 것—뿐 아니라, 프로그램의 진화 시뮬레이션을 토대로 한 방법² 같은 것들 말이다. 그런 제안들은 명백히 나쁜 생각이기에, 더 이상 이야기하지 않으련다.

그렇다면 AI 분야는 과거에 그 과제의 일부였던 "고도 지능을 지닌 설계 기계"에 어떻게 접근했을까? 다른 많은 분야처럼, AI도 표준 모델을 채택했다. 최적화하는 기계를 만들고, 목적을 주입하고, 작동시킨다. 이 모델은 기계가 어리석고 작동 범위가 한정되어 있을 때는 잘 작동한다. 잘못된 목적을 주입한다면, 전원을 끄고, 문제를 바로잡고, 다시 시도할 기회가 충분히 있었다.

그러나 표준 모델에 따라 설계된 기계의 지능이 더 올라가고, 행동의 범위가 더 세계적이 되어감에 따라 이 접근법은 유지될 수 없다. 그런 기계는 자신의 목적이 얼마나 잘못되었든, 목적을 추구할 것이다. 전원을 끄려는 시도에 저항할 것이다. 그리고 목적 달성에 도움이 되는 자원이라면 무엇이든 다 획득할 것이다. 사실, 기계 입장에서 최적 행동은 자신이 받은 실제 목적을 달성할 충분한 시간을 확보하기 위해서, 합리적인 목표를 기계에 부여했다고 생각하도록 인간을 속이는 것까지 포함할 수도 있다. 이는 의식과 자유의지가 필요한 '일탈적인' 또는 '사악한' 행동이 아니다. 목적을 달성하려는 최적 계획의 일부일 뿐이다.

1장에서 나는 이로운 기계라는 개념을 소개했다. 즉, 자기 자신의 목적보다는 우리의 목적을 달성할 것이라고 예상할 수 있는 행동을 하는 기계다. 이 장에서 내 목표는 기계가 우리의 목적이 무엇인지 모른다는 명백한 약점을 지니고 있음에도, 어떻게 목적을 달성할 수 있는지를 쉬운 말로 설명하는 것이다. 그렇게 하여 얻은 접근법을 쓰면, 얼마나 지능이 뛰어나든 간에, 우리에게 전혀 위협이 안 되는 기계를 얻게 될 것이다.

이로운 기계의 원칙들

내 생각에, 이 접근법을 세 가지 원칙으로 요약하는 것이 도움이 될 듯하다.[3] 이 원칙들을 살펴볼 때, 이것들이 주로 이로운 AI 시스템을 어떻게 만들지 고심하는 AI 연구자와 개발자에게 지침을 제공하려는 의도로 나온 것임을 염두에 두자. AI 시스템이 따라야 하는 명시적인 규칙을 제시하겠다는 의도가 아니다.[4]

1. 기계의 목적은 오로지 인간 선호의 실현을 최대화하는 것이다.
2. 기계는 그런 선호가 무엇인지 처음에는 확실히 알지 못한다.
3. 인간의 선호에 관한 정보의 궁극적 원천은 인간의 행동이다.

더 자세히 설명하기 전에, 이 원칙들에서 '선호'라는 말을 내가 폭넓은 의미로 쓴다는 점을 명심할 필요가 있다. 2장에 썼던 내용을 잠시 다시 살펴보자. 마치 가상 경험을 하듯이, 앞으로 자신의 삶이 어떻게 될지 매우 상세하고 폭넓게 보여주는 영화 두 편을 어떻게든 볼 수 있다면? 당신은 자신이 어느 쪽을 선호한다고, 또는 어느 쪽이든 상관없다고 말할 수 있을 것이다. 따라서 여기서 선호는 포괄적인 용어다. 얼마나 먼 미래까지 뻗어나가든, 당신이 관심을 가질 법한 모든 것을 포괄하는 의미다.[5] 그리고 그 선호는 우리의 선호다. 즉, 기계는 어떤 하나의 이상적인 선호 집합을 찾아내거나 채택하려는 것이 아니라, 각 개인의 선호를 (가능한 만큼) 이해하고 충족시키려 한다.

제1 원칙: 전적으로 이타적인 기계

기계의 목적이 오로지 인간 선호의 실현을 최대화하는 것이라는 첫 번째 원칙은 이로운 기계라는 개념의 핵심을 이룬다. 이를테면, 기계는 바퀴벌레보다 사람에게 더 이로울 것이다. 이 수혜자 중심의 혜택 개념을 피할 방법은 없다.

이 원칙은 기계가 전적으로 이타적임을 뜻한다. 즉, 자신의 안녕이나 더 나아가 자신의 존재 자체에도 절대적으로 본질적인 가치를 전혀 부여하지 않는다는 뜻이다. 기계는 인간에게 유용한 일을 계속하고자 자신을 보호할지도 모른다. 그렇지 않으면, 주인이 수리를 위해 비용을 지불해야 하므로 불행해질 수도 있고, 지나가는 사람들이 더럽거나 손상된 로봇을 보고 기분이 안 좋을 수도 있기 때문이다. 그러나 자신이 살고 싶어서 그런 것은 아니다. 어떤 식으로든 자기 보존을 선호하는 태도를 기계에 집어넣는 것은 인간의 안녕과 엄밀하게 들어맞지 않는 동기를 로봇에게 추가하는 것이다.

첫 번째 원칙의 문구는 근본적으로 중요한 두 가지 질문을 낳는다. 각각 나름 책장을 가득 채울 만한 주제이고, 실제로 이 질문을 다룬 책이 많이 나와 있다.

첫 번째 질문은 인간이 정말로 의미 있거나 안정적인 의미에서 선호를 지니고 있느냐다. 사실 '선호'라는 개념은 이상화한 것이고, 몇 가지 방식으로 현실에 들어맞지 않는다. 예를 들어, 우리는 어른 때의 선호를 미리 지니고 태어나는 것이 아니다. 선호는 시간이 흐르면서 변한다. 아무튼 당분간은 그 이상화가 타당하다고 가정하기로 하자. 나중에 그 이상화를 포기할 때 어떤 일이 일어나는지 살펴볼 것이다.

두 번째 질문은 사회과학의 주제다. 모든 사람이 가장 선호하는 결과를 얻게 하는 것은 대개 불가능하다는 점을 생각할 때—우리 모두가 우주의 황제가 될 수는 없다—기계는 여러 사람의 선호를 헤아려서 균형을 취해야 하는데, 어떻게 해야 할까? 여기서도 당분간—다음 장에서 이 문제를 다시 다룰 것이라고 약속한다—모든 사람의 선호를 동등하게 대한다는 단순한 접근법을 채택하는 것이 합리적이라고 하자. 이는 '최대 다수의 최대 행복'이라는 18세기 공리주의를 떠올리게 하고,[6] 이를 구현하려면 많은 제한 조건과 단서가 붙어야 한다. 아마 그중 가장 중요한 것은 앞으로 엄청나게 많은 사람이 태어날 것이고, 그들의 선호를 어떻게 고려할 것인가 하는 점일 것이다.

미래의 사람들이라는 주제는 연관된 또 다른 질문으로 이어진다. 인간 말고 다른 생물의 선호는 어떻게 고려해야 할까? 즉, 첫 번째 원칙에 동물의 선호도 포함시켜야 할까? (그리고 식물의 선호도?) 이는 논쟁할 가치가 있는 질문이지만, 그 결과가 AI의 향후 경로에 중대한 영향을 미칠 것 같지는 않아 보인다. 내 생각이지만, 인간의 선호에는 동물의 복지, 그리고 동물의 존재 자체로부터 직접 혜택을 보는 인간 복지의 측면에 관한 내용이 포함될 수 있고, 포함되어야 한다.[7] 여기에 추가하여 기계가 동물의 선호도 고려해야 한다고 말하는 것은 인간이 사람보다 동물을 더 배려하는 기계를 만들어야 한다고 말하는 것인데, 그런 견해는 받아들이기 어렵다. 더 받아들일 수 있는 견해는, 우리에게 근시안적 의사 결정을 내리는 경향이 있고, 그런 결정이 우리 자신의 이익에 반하는 방식으로 작용하여 때로 환경과 거기에 사는 동물들에게 부정적인 결과를 빚어내곤 한다는 것이다. 덜 근시안적인 결정을 내리는 기계는 인류가 진화적으로 더 건전한 정책을 채택하도록 도울 것이다. 그리고 우리가 지금보다 미래에 동물의 복지에 훨씬 더 중점을 두게 된다면—아마 우리 자신의 고유한 복지를 얼마간 희생한다는 의미일 것이다—기계는 그에 맞추어서 적응할 것이다.

제2 원칙: 겸손한 기계

기계가 처음에 인간의 선호를 잘 모른다는 두 번째 원칙은 이로운 기계를 만드는 데 핵심이 된다.

자신이 진정한 목적을 완벽하게 안다고 가정하는 기계는 오로지 그 목적만 추구할 것이다. 어떤 행동 경로가 좋을지 절대 묻지 않을 것이다. 그 목적을 위한 최적의 해결책을 이미 알고 있기 때문이다. 인간이 펄쩍펄쩍 뛰면서, "멈춰, 너는 세계를 파괴하고 있어!" 하고 비명을 질러도 무시할 것이다. 그냥 떠드는 말에 불과하기 때문이다. 목적을 완벽하게 안다고 가정하는 기계는 인간과 분리된다. 인간이 무엇을 하는지는 더 이상 중요하지 않다. 기계는 목표를 알고 그것을 추구하기 때문이다.

반면에, 진정한 목적을 확실히 알지 못하는 기계는 일종의 겸손함을 드러낼 것이다. 예를 들어, 인간의 의견을 따르고 자신의 전원을 끄도록 허용할 것이다. 자신이 뭔가 잘못하고 있기에 인간이 전원을 끌 것이라고 추론한다. 즉, 인간의 선호에 어긋나는 뭔가를 한다고 추론한다. 첫 번째 원칙에 따라 기계는 그런 일을 당하는 것을 피하고 싶어 하지만, 두 번째 원칙에 따라 자신이 무엇이 '잘못되었는지' 정확히 알지 못하기 때문에 자신이 잘못할 수 있다는 것을 안다. 따라서 인간이 기계를 끈다면, 기계는 잘못된 그 일을 하지 않게 될 것이고, 그것은 기계가 원하는 바이기도 하다. 다시 말해, 기계는 전원을 끄도록 허용할 긍정적인 동기를 지닌다. 기계는 인간과 연결된 채로 남아 있을 것이다. 인간은 기계가 실수를 피하고 일을 더 잘할 수 있게 할 정보의 원천이 된다.

불확실성은 1980년대 이래 AI 분야의 핵심 관심사였다. 사실 '현대 AI'라는 말은 불확실성이 현실 세계의 의사 결정에 만연한 문제임을 마침내 인식함으로써 일어난 혁명을 가리키곤 한다. 그러나 AI 시스템의 목적에 담긴 불확실성은 그냥 무시되었다. 효용 최대화, 목표 달성, 비용 최소화, 보상 최대화, 손실 최소화에 관한 모든 연구는 효용 함수, 목표, 비용 함수, 보상 함수, 손실 함수가 완벽하게 알려져 있다고 가정했다. 어떻게 그럴 수 있었을까? AI 학계(그리고 제어 이론, 오퍼레이션 리서치, 통계학계)는 어떻게 그토록 오랫동안 이 엄청난 맹점을 그냥 방치할 수 있었던 것일까? 의사 결정의 다른 모든 측면에서는 불확실성을 받아들이면서도 말이다.[8]

좀 복합적이고 전문적인 변명을 할 수는 있겠지만,[9] 몇몇 존중할 만한 사례를 제외하면,[10] 사실 AI 연구자들이 그냥 우리의 인간 지능 개념을 기계 지능에 대응시키는 표준 모델에 매몰되었기 때문이 아닐까 추측한다. 인간은 목적을 지니고 그것을 추구하므로, 기계도 목적을 지니고 그것을 추구해야 한다는 것이다. 그들, 아니 우리는 이 근본 가정이 과연 맞는지 실제로 조사한 적이 한 번도 없다. 지적인 시스템을 구축하려는 모든 기존 접근법에 들어가 있는 가정임에도 그렇다.

제3 원칙: 인간의 선호를 예측하는 법 배우기

인간의 선호에 관한 정보의 궁극적 원천이 인간의 행동이라는 세 번째 원칙은 두 가지 목적에 봉사한다.

첫 번째 목적은 인간의 선호라는 용어에 명확한 토대를 제공하는 것이다. 인간의 선호가 기계에 들어가 있지 않고 기계가 직접 관찰할 수 없지만, 기계와 인간의 선호가 어떻게든 명확히 연결되어 있어야 한다고 가정하는 것이다. 이 원칙은 이 연결이 인간의 선택 양상을 관찰함으로써 이루어진다고 말한다. 여기서 우리는 선택 양상이 어떤 (아마도 아주 복잡한) 방식으로 근본적인 선호와 연관되어 있다고 가정한다. 이 연결이 왜 대단히 중요한지를 이해하려면, 그 반대를 생각해보면 된다. 누군가의 선호가 그 사람이 실제로 또는 가상으로 취할 수 있는 선택에 아무런 영향도 끼치지 않는다면, 선호가 존재한다고 말하는 것 자체가 아무런 의미가 없을 것이다.

두 번째 목적은 우리가 원하는 바를 기계가 더 많이 배우게 함으로써, 기계가 더 유용해지게 만드는 것이다. (어쨌거나 인간의 선호를 전혀 모른다면, 기계는 우리에게 아무 쓸모가 없을 것이다.) 개념은 아주 단순하다. 인간의 선택 양상이 인간의 선호에 관한 정보를 드러낸다는 것이다. 이 개념은 파인애플 피자와 소시지 피자 중에서 하나를 고르는 문제에 적용할 때는 아주 쉽다. 그런데 미래의 두 가지 삶 중에서 선택하는 문제와 로봇의 행동에 영향을 준다는 목표를 달성하는 방법 중에서 선택하는 문제에 적용하면, 더욱 흥미로운 상황이 전개된다. 그런 문제를 명확히 정의하고 푸는 방법은 다음 장에서 설명할 것이다. 그러나 일을 복잡하게 만드는 것은, 인간이 완벽하게 합리적이지 않다는 사실이다. 불완전함은 인간의 선호와 인간의 선택 사이에서 나오고, 기계가 인간의 선택을 선호의 증거로 해석하려면 그런 불완전함까지 고려해야 한다.

내 말은 이런 의미가 아니다

더 상세히 논의하기 전에, 혹시나 일어날 수 있는 오해의 여지를 미리 차단하고 싶다.

첫 번째이자 가장 흔한 오해는 내가 기계의 행동을 인도하는 이상적인 단일 가치 체계를 고안하여 기계에 집어넣자고 주장한다고 여기는 것이다. 그래서 이런 질문이 쏟아진다. "누구의 가치를 집어넣겠다는 겁니까?" "무엇이 가치 있는지를 누가 결정하나요?" "러셀 같은 서양의, 유복한, 백인, 이성애자 남성 과학자에게 인간의 가치를 기계에 어떻게 집어넣고 발전시킬지 결정할 권리를 누가 주었나요?"[11]

내가 볼 때, 이런 혼란은 어느 정도는 '가치'라는 말을 상식적인 차원에서 쓸 때의 의미와 경제학, AI, 오퍼레이션 리서치 등 더 전문적인 차원에서 쓸 때의 의미가 충돌하기 때문에 생기는 듯하다. 일상적인 의미에서의 가치는 도덕적 딜레마를 해결하는 데 도움이 되는 것을 말한다. 반면에 전문적인 의미에서의 가치는 효용과 거의 동의어다. 즉, 피자부터 천국에 이르기까지 모든 것의 바람직한 정도를 나타낸다. 내가 원하는 의미는 전문적인 의미다. 즉, 나는 그저 기계가 알맞은 피자를 내게 주고 실수로 인류를 없애지 않게 보장하고 싶을 뿐이다. (내 열쇠까지 찾아준다면 기대하지 않았던 덤을 얻는 셈이 될 것이다.) 이 혼란을 피하고자, 이 원칙들은 인간의 '가치'가 아니라 인간의 '선호'를 말한다. 선호라는 용어가 도덕성에 관한 판단의 선입견에 휘말리지 않는 듯하기 때문이다.

물론 '가치를 부여하는 것'이야말로 내가 피해야 한다고 말하는 바로 그 실수다. 가치(또는 선호)를 정확하게 올바로 이해하기란 너무나 어려우며, 잘못 이해했다가는 재앙이 빚어질 수 있기 때문이다. 대신에 나는 각 개인이 어떤 삶을 선호할지 더 잘 예측하는 법을 배우게 하는 한편, 그 예측이 매우 불확실하고 불완전하다는 점을 기계가 인식하게 하자고 주장하는 바다. 원칙적으로, 기계는 수십억 가지의 선호 예측 모델을 배울 수 있다. 지구에 사는 수십억 명 각각의 선호에 관한 모델이다. 현재의 페이스북 시스템이 이미 20억 명이 넘는 개개인의 프로파일을 유지하고 있다는 점을 생각하면, 미래의 AI 시스템에 그리 큰 부담은 아닐 것이다.

이와 관련된 오해 중 하나는 그 목표가 도덕적 딜레마를 풀 수 있도록 기계에 '윤리'나 '도덕 가치'를 부여하는 것이라는 견해다. 사람들은 종종 이른바 **트롤리 문제**를 들이댄다.[12] 여러 명을 구하기 위해 한 명을 죽일지 선택해야 하는 상황을 제시하는 문제다. 이 문제가 자율주행차와 관련이 있다고 여겨서다. 그러나 도덕적 딜레마의 핵심은 그것이 딜레마라는 점이다. 즉, 양쪽 다 타당한 논증을 펼칠 수 있다. 반면에 인류의 생존은 도덕적 딜레마가 아니다. 기계는 대부분의 도덕적 딜레마를 '잘못된' 방식으로(그것이 무엇이든 간에) 풀면서도 인류에게 재앙을 일으키지 않을 수 있다.[13]

또 한 가지 흔한 추측은 이 세 원칙을 따르는 기계가 사악한 인간들을 관찰하면서 배운 온갖 악행을 받아들일 거라는 생각이다. 많은 이들이 후회할 선택을 하곤 한다는 것은 분명하다. 그러나 우리의 동기를 연구하는 기계가 같은 선택을 할 거라고 가정할 이유는 전혀 없다. 그것은 범죄학자가 범죄자가 된다고 가정하는 것이나 마찬가지다. 예를 들어, 봉급이 너무 적어서 자녀들을 대학에 보낼 수 없어서 건축 허가를 내주는 대가로 뇌물을 요구하는 부패한 공무원이 있다고 하자. 이 행동을 관찰하는 기계는 뇌물 받는 법을 배우지 않을 것이다. 다른 많은 이들처럼 그 공무원도 자녀가 많이 배우고 성공하기를 바라는 욕구가 아주 강하다는 점을 배울 것이다. 또 남들의 삶의 질을 떨어뜨리지 않으면서 그를 도울 방법을 찾아낼 것이다. 모든 악한 행동이 기계에 아무런 문제가 안 된다고 말하는 것이 아니다. 예를 들어, 기계는 남들에게 적극적으로 피해를 주려는 이들을 다르게 대할 필요가 있을 것이다.

낙관론의 근거

한마디로 말해서, 나는 지능이 점점 높아지는 기계를 계속 통제하고자 한다면, AI를 근본적으로 새로운 방향으로 이끌 필요가 있다고 주장하는 중이다. 우리는 20세기 기술의 원동력이었던 개념 중 하나에서 벗어날 필요가 있다. 주어진 목적을 최적화하는 기계라는 개념 말이다. AI 및 관련 분야에서 표준 모델을 떠받치고 있는 엄청난 힘을 생각할 때, 실현 가능성이 희박하기까지 한 그런 생각을 왜 하느냐는 질문을 종종 받는다. 그렇지만, 사실 나는 그런 일이 이루어질 수 있다고 매우 낙관한다.

이렇게 낙관하는 첫 번째 이유는 인간의 의견을 따르고 사용자의 선호와 의도에 점점 맞추어가는 AI 시스템을 개발하려는 강력한 경제적 동기가 있기 때문이다. 그런 시스템은 매우 바람직할 것이다. 그런 시스템은 알려진 고정된 목적을 지닌 기계보다 보일 수 있는 행동의 범위가 훨씬 더 넓다. 그런 시스템은 사람에게 질문하거나, 행동이 적절한지 허락을 요청할 것이다. 또 자신이 제안하는 것을 우리가 좋아할지 알아보기 위해 '시범'을 보일 것이다. 뭔가를 잘못하고 있을 때는 수정을 받아들일 것이다. 반면에, 그렇게 하지 못하는 시스템은 심각한 결과를 초래할 것이다. 지금까지는 AI 시스템의 어리석음과 한정된 활동 범위가 그런 결과가 일어나지 않도록 우리를 보호하는 역할을 했지만, 그런 상황은 변할 것이다. 예를 들어, 미래에 당신이 야근하는 동안 가정용 로봇이 당신의 자녀들을 돌본다고 하자. 아이들은 배가 고픈데 냉장고는 텅 비어 있다. 그때 로봇의 눈에 고양이가 들어온다. 안타깝게도, 로봇은 고양이의 영양가를 알아차리지만, 정서적 가치는 알아차리지 못한다. 몇 시간 뒤, 제정신 아닌 로봇이 고양이를 삶았다는 기사가 전 세계 언론을 도배하고, 가정용 로봇 산업 전체는 침체에 빠진다.

한 산업 종사자가 부주의한 설계를 통해 그 산업 전체를 망하게 할 가능성이 있다면, 안전을 지향하는 산업 협회를 구성하고 안전 기준을 준수하게 만들려는 강한 경제적 동기가 생긴다. 이미 'AI 파트너십'이라는 협회가 만들어져 있다. "AI 연구와 기술이 튼튼하고, 의지할 수 있고, 신뢰할 수 있으며, 안전한 한계 내에서 작동하도록" 만들기 위해 협력하는 단체로, 세계의 모든 주요 기술 기업은 거의 다 가입해 있다. 내가 아는 한, 이 분야의 모든 주요 기업은 안전에 기여하는 연구 결과를 문서로 공개하고 있다. 그러니 우리가 인간 수준의 AI에 다다르기 한참 전부터 이미 경제적 동기가 작용하고 있고, 시간이 흐를수록 이 동기는 계속 강해질 것이다. 게다가 협력을 부추기는 동일한 동역학이 국제 수준에서도 작동하기 시작할지 모른다. "AI의 위협을 선제적으로 예방하는 데 협력한다"고 중국 정부가 천명한 정책이 한 예다.[14]

내가 낙관론을 펼치는 두 번째 이유는 인간의 선호를 학습하는 데 필요한 원자료—즉, 인간 행동의 사례—가 아주 풍부하기 때문이다. 그런 자료는 수십억 명에 관한 데이터를 공유하는(물론, 사생활 보호라는 조건 아래서) 수십억 대의 기계가 카메라, 키보드, 터치스크린을 통해 직접 관찰하는 형태뿐 아니라, 간접적인 형태로도 얻는다. 가장 뚜렷한 형태의 간접 증거는 책, 영화, 텔레비전, 라디오 방송 등의 방대한 인류 기록물이다. 거의 다 사람이 하는 행동(그리고 그 행동에 따른 남들의 동요)을 다루고 있다. 구리 덩어리를 호밀 포대와 교환했다는 가장 오래되고 가장 따분한 수메르와 이집트의 기록도 인간이 다양한 상품에 어떤 선호를 지니고 있었는지 얼마간 엿볼 수 있게 해준다.

물론 선동, 허구, 온갖 헛소리, 심지어 정치인과 대표자의 의견 발표까지 포함된 이런 원자료를 해석하는 데 어려움이 있긴 하지만, 기계가 그 모든 것을 곧이곧대로 받아들일 이유는 없다. 기계는 다른 지적 존재에게서 오는 모든 의사소통을 '사실에 관한 진술'로서가 아니라 '게임 속에서 두는 수'로서 해석할 수 있고, 또 그래야 한다. 사람 한 명과 기계 한 대 사이의 협력 게임처럼 인간이 정직해야 할 동기를 지니는 게임도 있지만, 인간이 부정직하게 행동하려는 동기를 갖는 상황도 많다. 그리고 물론 정직하든 그렇지 않든, 인간은 자신의 믿음에 속을 수 있다.

우리에게 아주 명백한 두 번째 유형의 간접 증거도 있다. 우리가 세계를 만든 방식이다.[15] 우리는 이런 식의 세계를 좋아하기—대체로—때문에, 세계를 이런 식으로 만들었다. (분명히 이 세계는 완벽하지 않다!) 당신이 외계인이고, 모든 사람이 휴가를 떠났을 때 지구를 방문한다고 하자. 당신은 사람들의 집 안을 엿봄으로써, 사람들의 선호를 이해하는 일을 시작할 수도 있지 않을까? 우리는 부드럽고 따뜻한 표면을 걷는 것을 좋아하고 발소리가 큰 것을 안 좋아하기 때문에 바닥에 카펫을 깐다. 꽃병은 탁자 가장자리가 아니라 한가운데 놓여 있다. 떨어져서 깨지는 것을 원치 않기 때문이다. 그런 식으로, 자연이 스스로 배열하지 않은 모든 것은 이 행성에 사는 기이한 두 발 동물이 좋아하고 싫어하는 것들에 관한 단서를 제공한다.

신중해야 할 이유

자율주행차의 발전 양상을 계속 주시했다면, AI의 안전성을 위해 협력한다는 AI 파트너십의 약속이 좀 미덥지 못하다는 생각이 들 수도 있다. 이 분야는 경쟁이 극심하고, 거기에는 지극히 타당한 이유가 있다. 완전 자율주행차를 처음으로 출시하는 자동차 제조사는 시장에서 엄청난 이점을 누릴 것이다. 그 이점은 자기 강화적일 것이다. 그 기업은 더욱 빠르게 더 많은 데이터를 수집하여 시스템 성능을 개선할 수 있을 것이기 때문이다. 그리고 우버 같은 차량 공유 기업은 다른 기업이 먼저 자율 주행 택시를 내놓는다면 금방 파산할 것이다. 그래서 많은 것이 걸린 경쟁이 펼쳐지고, 이런 상황에서는 신중함과 꼼꼼한 기술 개발보다 화려한 시연, 인재 빼 오기, 성급한 공개가 더 중요해진다.

따라서 생사가 걸린 경제적 경쟁은 이기고 싶다는 생각에 몰두하여 안전성을 무시하려는 동기를 불러일으킨다. 유전자 변형 실험의 잠정 중단을 결정한 1975년 애실로마 회의를 공동 주최한 생물학자 폴 버그Paul Berg는 2008년에 회고하는 글에서 이렇게 썼다.[16]

애실로마 회의가 과학 전체에 준 교훈이 하나 있다. 새로 출현하는 지식이나 초기 단계의 기술이 불러일으킨 걱정에 대처하는 가장 좋은 방법은 공공 기금으로 운영되는 연구 시설의 과학자들이 일반 대중과 협력하여 규제할 최선의 방법에 관한 공동의 대의를 찾아내는 것이다. 가능한 한 일찍 말이다. 일단 민간 기업 과학자들이 연구를 주도하기 시작하면, 때는 이미 늦을 것이다.

경제적 경쟁은 기업 사이에서뿐 아니라, 국가 사이에서도 일어난다. 최근 들어 미국, 중국, 프랑스, 영국, 유럽연합에서 앞다투어 AI 연구에 수십억 달러씩 투자하겠다고 발표하고 나선 것은 그 어느 강대국도 뒤처지고 싶어 하지 않는다는 사실을 명확히 알려준다. 2017년 러시아의 블라디미르 푸틴Vladimir Putin 대통령은 이렇게 말했다. "AI를 주도하는 나라가 세계를 지배하게 될 것이다."[17] 이 분석은 본질적으로 옳다. 3장에서 살펴보았듯이, 고도로 발전한 AI는 거의 모든 분야에서 생산성과 혁신의 속도를 대폭 증가시킨다. 공유되지 않는다면, AI 소유국은 다른 모든 경쟁 국가나 지역을 이길 수 있을 것이다.

닉 보스트롬은 《슈퍼인텔리전스》에서 바로 이 동기를 경고한다. 기업 간 경쟁처럼 국가 간 경쟁도 통제 문제보다는 덜 다듬어진 능력의 발전에 더 초점을 맞추는 경향을 보일 것이라고 우려한다. 푸틴은 보스트롬의 책을 읽은 듯하다. 이런 말까지 했다. "누군가가 독점 지위를 얻는 것은 매우 바람직하지 않다." 이 말은 핵심을 조금 놓치고 있기도 하다. 인간 수준의 AI는 제로섬 게임이 아니고, 공유한다고 해서 잃을 것이 전혀 없기 때문이다. 반면에, 통제 문제를 먼저 해결하지 않은 채로 인간 수준의 AI를 달성하기 위해 경쟁하는 것은 네거티브섬 게임이다. 모두에게 돌아가는 보상이 무한한 음의 값이다.

AI에 관한 세계 정책의 발전에 AI 연구자가 미칠 수 있는 영향은 한정되어 있다. 우리는 경제적·사회적 혜택을 제공할 가능한 응용 방안을 제시할 수 있다. 또, 감시와 무기 같은 가능한 오용 사례를 경고할 수 있다. 가능성 있는 향후 발달 경로와 그 영향도 알려줄 수 있다. 아마 우리가 할 수 있는 가장 중요한 일은 가능한 한, 인간을 위해서 증명 가능하게 안전하면서 이로운 AI 시스템을 설계하는 것이 아닐까? 그런 뒤에야 AI에 관한 일반적인 규제를 시도하는 것이 의미가 있을 것이다.

증명 가능하게
이로운 AI

HUMAN COMPATIBLE

이 새로운 개념에 따라 AI를 재구성하려면, 먼저 튼튼한 토대를 마련해야 한다. 인류의 미래가 걸려 있을 때, 희망과 선한 의도―그리고 올바른 일을 하도록 기여할 교육 사업과 산업 윤리 규범, 법규와 경제적 유인―만으로는 부족하다. 이 모든 것은 잘못될 수 있고, 실제로도 종종 그렇다. 그런 상황에서 우리는 정확한 정의와 논란의 여지가 없는 보증을 제공할 엄격한 단계를 거치는 수학 증명에 기댄다.

그 방식은 출발점으로 삼기에는 좋지만, 그것만으로는 부족하다. 보증되는 것이 실제로 우리가 원하는 것이고 증명에 쓰인 가정들이 정말로 참이라는 것을 최대한 확실히 해야 한다. 증명 자체는 전문가를 위해 쓰는 학술지에 속한 영역이지만, 그럼에도 증명이 무엇이고 진정한 안전을 위해 무엇을 제공할 수 있고 무엇을 제공할 수 없는지를 이해하면 도움이 될 것이다. 이 장의 제목에 적힌 '증명 가능하게 이로운provably beneficial'은 약속이라기보다는 열망이지만, 올바른 열망이다.

수학적 보증

우리는 인간에게 이로울 것이 확실한 AI 시스템을 설계하는 구체적인 방식을 찾아야 하는데, 그러려면 먼저 증명해야 할 정리theorem들이 있다. 정리는 그저 어떤 주장에 붙이는 멋진 이름일 뿐이다. 모든 개별 상황에서 참임을 검사할 수 있도록 명확히 기술된 주장을 말한다. 아마 가장 유명한 정리는 '페르마의 마지막 정리'일 것이다. 프랑스 수학자 피에르 드 페르마Pierre de Fermat가 1637년에 추측했고, 그 뒤로 357년에 걸친 노력 끝에 1994년에 앤드루 와일스Andrew Wiles가 마침내 증명한 것이다(그 노력을 와일스만 한 것은 아니다).[1] 그 정리는 한 줄로 쓸 수 있지만, 증명은 1백 쪽 넘게 빽빽하게 채워진 수학 공식으로 이루어진다.

증명은 공리axiom에서 시작한다. 공리는 그냥 참이라고 가정하고 받아들이는 주장이다. 페르마의 정리에 필요한 정수, 덧셈, 거듭제곱의 정의처럼, 그냥 정의일 뿐인 공리도 있다. 증명은 공리에서 시작하여 정리 자체가 그 단계 중 하나의 결과로 확정될 때까지 새로운 주장을 덧붙여가는, 논리적으로 반박의 여지가 없는 단계를 진행하는 것이다.

여기 정수와 덧셈의 정의로부터 거의 곧바로 나오는 꽤 명백한 정리가 하나 있다. 1+2=2+1. 이를 '러셀의 정리'라고 하자. 그다지 새로운 발견은 아니다. 반면에, 페르마의 마지막 정리는 전혀 새로운 것처럼 느껴진다. 이전까지 알려지지 않은 무언가를 발견한 듯한 인상을 준다. 그러나 그 차이는 정도의 문제일 뿐이다. 러셀의 정리와 페르마의 정리가 참인지 아닌지는 이미 공리 안에 들어 있다. 증명은 그저 이미 함축되어 있는 것을 명시적으로 드러내는 것에 불과하다. 길 수도 있고 짧을 수도 있지만, 새로 덧붙이는 것은 전혀 없다. 정리는 거기에 쓰인 가정이 타당한 만큼만 타당하다.

정리가 수학에 적용될 때는 아무런 문제가 없다. 수학은 수, 집합 등 우리가 정의하는 추상적 대상을 다루기 때문이다. 공리가 참인 이유는 우리가 공리를 참이라고 정했기 때문이다. 반면에, 현실 세계에 관한 무언가를 증명하고자 한다면—예를 들어, 이러저러하게 설계된 AI 시스템이 의도적으로 당신을 죽이지 않으리라는 것—당신의 공리는 현실 세계에서 참이어야 한다. 참이 아니라면, 당신이 증명한 것은 상상의 세계에 속한 무언가다.

과학과 공학은 상상 세계에 속한 무언가를 증명하는 훌륭한 전통을 오랫동안 지켜왔다. 예를 들어, 구조공학에서는 "AB를 강체 빔이라고 하자" 하는 식으로 시작하는 수학 분석을 볼 수도 있다. 여기서 강체라는 단어는 "강철처럼 단단한 무엇으로 이루어져 있다"는 뜻이 아니다. 결코 휘어지지 않을 만큼 "무한히 강하다"라는 뜻이다. 강체 빔은 현실에는 존재하지 않고, 따라서 상상 세계에 존재한다. 강체를 가정하는 이유는 현실 세계에서 얼마나 멀리 떨어질 때까지도 여전히 유용한 결과를 얻을 수 있는지를 알기 위해서다. 예를 들어, 강체 빔을 가정함으로써 공학자는 그 빔을 포함하는 구조물이 힘을 얼마나 받는지 계산할 수 있고, 그 힘이 진짜 강철 빔을 약간 구부릴 만큼 작다면, 그 분석을 상상 세계에서 현실 세계로 옮겨도 된다고 꽤 확신할 수 있다.

훌륭한 공학자는 이 전환이 어쩌할 때 실패할 수 있을지도 감을 잡는다. 예를 들어, 그 빔이 양쪽 끝에서 엄청난 힘으로 밀려서 압력을 받고 있다면, 약간 휘어지기만 해도 양쪽에서 미는 힘 때문에 더 확 구부러지면서 구조물 전체가 무너질 수도 있다. 그럴 때는 "AB를 강도 K인 휘어질 수 있는 빔이라고 하자"고 가정하고서 다시 분석한다. 물론 그래도 여전히 상상 세계에 속한다. 실제 빔은 강도가 균일하지 않기 때문이다. 현실 세계의 빔은 세부적으로 보면 불완전하므로 반복해서 휘어지다가는 금이 갈 수 있다. 공학자는 이윽고 남은 가정들이 현실 세계에 들어맞을 만큼 참이라는 확신을 꽤 얻을 때까지, 이렇게 비현실적인 가정을 제거하는 과정을 계속한다. 그런 뒤에 그 공학적 시스템을 현실 세계에서 시험할 수 있다. 그러나 검사 결과는 거기에만 적용될 뿐이다. 동일한 시스템이 다른 상황에도 통한다거나 그 시스템을 본떠 만든 것들이 원본과 똑같은 방식으로 행동한다고 증명한 것이 아니다.

컴퓨터과학에서 가정 실패의 고전적인 사례 중 하나는 사이버 보안 분야에서 찾을 수 있다. 사이버 보안 분야에서는 특정한 디지털 프로토콜이 증명 가능하게 안전할 것임을 보여주고자 엄청나게 많은 수학 분석을 한다. 예를 들어, 웹 애플리케이션에 비밀번호를 입력할 때, 우리는 누군가가 망을 도청한다고 해도 비밀번호를 읽을 수 없도록 전송이 이루어지기 전에 암호화가 확실히 이루어지기를 원한다. 그런 디지털 시스템은 증명 가능하게 안전할 때가 많지만, 현실에서는 여전히 공격에 취약하다. 문제는 이

것이 디지털 과정이라는 가정 자체가 틀렸다는 데 있다. 그 시스템은 현실의 물질세계에서 작동한다. 따라서 자판을 누르는 소리를 듣거나 PC에 전력을 공급하는 전선의 전압을 측정함으로써, 공격자는 당신의 비밀번호를 엿듣거나, 입력이 처리되는 과정에서 이루어지는 암호화/복호화 계산을 엿볼 수 있다. 그래서 현재 사이버 보안 업계는 이른바 부채널 공격side-channel attack에도 대응하고 있다. 어떤 메시지를 암호화하든 상관없이 전압 요동이 동일하게 일어나게 하는 암호화 코드를 작성하는 식이다.

인간에게 이로운 기계에 관해서 우리가 궁극적으로 증명하고 싶은 정리가 어떤 것인지 한번 살펴보기로 하자. 한 유형은 이런 식일 것이다.

서로 이러저러하게 연결되고, 환경에 이러저러하게 연결된 부품 A, B, C를 지니고, 이러저러하게 정의된 내부 피드백 보상 r_A, r_B, r_C를 최적화하는 내부 학습 알고리듬 l_A, l_B, l_C를 지니고, [몇 가지 추가 조건을 지닌] 기계가 있다고 하자. … 그러면 그 기계의 행동은 동일한 계산 능력과 물리적 능력을 지닌 모든 기계에서 구현될 수 있는 가능한 최고의 행동에 아주 가까운 값을 지닐(인간이 볼 때) 확률이 매우 높다.

여기서 요점은 이런 정리가 부품이 얼마나 영리하든 간에 적용되어야 한다는 것이다. 즉, 얼마나 영리해지든 간에 문제가 생기지 않고, 기계는 언제나 인간에게 이로운 채로 남아야 한다는 것이다.

이런 유형의 정리에 관해 지적할 점이 세 가지 더 있다. 첫째, 우리는 기계가 우리를 위해 최적(또는 거의 최적) 행동을 한다는 것을 증명하려는 시도는 할 수 없다. 계산상 불가능할 것이 거의 확실하기 때문이다. 예를 들어, 우리는 기계가 바둑을 완벽하게 두기를 원할지도 모르지만, 물질적으로 실현 가능한 그 어떤 기계도 그 어떤 현실적인 시간 내에 그렇게 할 수가 없다고 믿을 만한 타당한 이유가 있다. 현실 세계에서 최적 행동은 더욱 실현하기가 어렵다. 이 정리에 '최적'이 아니라 '가능한 최고'라고 적혀 있는 이유가 바로 그 때문이다.

둘째, 우리가 "아주 가까운 … 확률이 매우 높다"라고 말하는 이유는 배우는 기계로 할 수 있는 최선의 일이 그것이기 때문이다. 예를 들어, 기계가 우리를 위해 룰렛을 하는 법을 배우고 있는데, 공이 0의 자리에 연달아 40번 들어간다면, 기계는 장치가 조작되었다고 합리적으로 판단하고서 그에 따라 돈을 걸지 모른다. 그렇지만 그런 일이 아주 우연히 일어날 수도 있다. 별난 사건 때문에 착각하게 될 확률도 낮게―아마도 거의 일어나지 않을 만치 낮게―나마 언제나 있다. 마지막으로 현실 세계에서 작동하는 진정으로 지적인 기계에 이런 정리가 들어맞는지 증명할 수 있으려면 아직 멀었다.

또 AI에도 부채널 공격에 해당하는 것이 있다. 예를 들어, 위의 정리는 "서로 이러저러하게 … 연결된 부품 A, B, C를 … 지닌 기계가 있다고 하자"라고 시작한다. 컴퓨터과학에서 모든 '정확성 정리'는 대개 그렇게 시작한다. 정확하다는 것을 증명하려는 프로그램을 기술하는 것에서 시작한다. AI 분야에서는 대개 행위자(결정을 내리는 프로그램)와 환경(행위자가 활동하는 공간)을 구분한다. 우리는 행위자를 설계하므로, 행위자가 우리가 제공한 구조를 지닌다고 가정하는 것이 합리적으로 보인다. 추가 안전 조치로써, 우리는 행위자의 학습 과정이 문제를 일으킬 리가 없는 특정한 우회적인 방식으로만 프로그램을 수정할 수 있다는 것도 증명할 수 있다. 그것으로 충분할까? 그렇지 않다. 부채널 공격의 사례와 마찬가지로, 그 프로그램이 디지털 시스템 내에서 작동한다는 가정은 옳지 않다. 설령 학습 알고리듬이 구조상 디지털 수단을 통해서 자신의 코드를 겹쳐 쓰는 것이 불가능하다고 할지라도, 그 알고리듬은 인간에게 일종의 '뇌 수술'을 하도록 설득하는 법을 터득할 수도 있다. 즉, 행위자/환경 구분을 어기고 물리적 수단을 통해 코드를 바꾸게 할 수도 있다.[2]

강체 빔에 관해 추론하는 구조공학자와 달리, 우리는 증명 가능하게 이로운 AI에 관한 정리의 토대가 될 가정들을 거의 접한 적이 없다. 예를 들어, 이 장에서 우리는 대개 인간이 합리적이라고 가정할 것이다. 이는 강체 빔을 가정하는 것과 좀 비슷하다. 완벽하게 합리적인 인간이란 현실에 없기 때문이다. (사실 인간은 합리적인 존재에 근접해 있지도 않기 때문에 아마 훨씬 더 안 맞는 가정일 것이다.) 우리가 증명할 수 있는 정리들은 어느 정도 깨달음을 제공하는 듯하고, 그 깨달음은 인간 행동에 얼마간 무작위성을 도입해도 유지되지만, 실제 사람들의 복잡성 중 일부만 고려해도 어떤 일이 일어날지 알아보기가 너무나 어려워진다.

따라서 우리는 자신의 가정들을 아주 꼼꼼하게 검사해야 할 것이다. 안전성 증명에 성공한다면, 비현실적으로 강한 가정을 했기 때문에 그런 것은 아닌지, 또는 안전성을 너무 약하게 정의해서 그런 것은 아닌지 확인해야 한다. 안전성 증명이 실패할 때는 증명이 이루어지도록 만들기 위해 가정들을 강화하려는 유혹에 빠지지 말아야 한다. 이를테면, 프로그램의 코드가 계속 고정되어 있다는 가정을 덧붙이는 식의 일을 하지 말아야 한다. 대신에, 우리는 AI 시스템의 설계를 더 엄격하게 해야 한다. 이를테면, 자기 코드의 중요한 부분을 수정하려는 동기를 전혀 지니지 않게 하는 식이다.

내가 OWMAWGH 가정이라고 부르는 것들이 있다. "아니라면 그냥 때려치우는 편이 낫다otherwise we might as well go home"라는 뜻이다. 즉, 이런 가정이 거짓이라면, 상황은 끝난 것이고 더 이상 할 일이 없다는 의미다. 예를 들어, 우주가 상수와 얼마간 알아볼 수 있는 법칙에 따라서 작동한다고 가정하는 것은 합리적이다. 그렇지 않다면, 우리는 학습 과정―아주 정교한 것이라고 해도―이 효과가 있을 거라고 아예 확신하지 못할 것이다. 또 한 가지 기본 가정은 인간이 세상이 어떻게 돌아가는지에 관심을 갖는다는 것이다. 그렇지 않다면, 증명 가능하게 이로운 AI는 쓸모가 없다. 이롭다는 말이 아무런 의미가 없기 때문이다. 여기서 관심은 미래에 관해 대체로 일관성 있고 다소 안정적인 선호를 지닌다는 의미다. 다음 장에서 인간 선호의 가소성이 가져오는 결과들을 살펴볼 텐데, 그것은 증명 가능하게 이로운 AI라는 개념 자체에 심각한 철학적 의문을 제기한다.

여기서는 당분간 가장 단순한 사례에 초점을 맞추기로 하자. 한 사람과 한 로봇으로 이루어진 세계다. 이 사례는 기본 개념을 소개하는 역할을 하지만, 나름 유용하기까지 하다. 우리는 그 사람이 인류 전체를 대변하고, 그 로봇이 모든 기계를 대변한다고 생각할 수 있다. 다수의 인간과 기계를 생각할 때는 복잡한 사항들이 추가된다.

행동으로부터 선호 배우기

경제학자들은 선택거리를 제공함으로써 실험 참가자들의 선호를 이끌어낸다.[3] 이 기법은 제품 설계, 마케팅, 대화형 전자상거래 시스템에 널리 쓰인다. 예를 들어, 실험 참가자에게 색깔, 좌석 배치, 트렁크 크기, 배터리 용량, 컵 받침대 등을 다양하게 한 차들을 놓고 선택하게 함으로써, 자동차 설계자는 차의 다양한 특징에 관심을 보이는 이들이 얼마나 많은지, 그런 선택 사양에 기꺼이 돈을 낼 사람이 얼마나 되는지 배운다. 또 다른 중요한 응용 사례는 의학 분야에 있다. 팔다리를 절단할지를 고심하는 종양학자는 이동성과 기대수명 중 환자가 어느 쪽을 선호할지 파악하고 싶어 할지도 모른다. 그리고 물론 피자 가게는 기본 피자보다 소시지 피자를 기꺼이 사려는 사람이 얼마나 될지 알고 싶어 한다.

선호 유도 실험에서는 대개 실험 참가자에게 가치가 즉시 명확히 드러난다고 보는 대상 중에서 고를 기회를 단 한 번만 준다. 그 결과를 미래에 펼쳐질 삶 중에서 어느 쪽을 선호할지까지 확장할 수 있을지는 불분명하다. 그렇게 하려면, 우리(그리고 기계)는 긴 기간에 걸쳐서 행동을 관찰하면서 배워야 할 것이다. 다수의 선택과 불확실한 결과를 수반하는 행동을 말이다.

1997년 초에 나는 동료인 마이클 디킨슨Michael Dickinson, 밥 풀Bob Full과 기계 학습에서 나온 개념을 동물의 이동 행동을 이해하는 데 적용할 방법을 논의했다. 마이클은 초파리의 날개 움직임을 절묘할 만치 상세히 연구했다. 밥은 꼬물거리고 기어 다니는 벌레를 유달리 좋아했고, 바퀴벌레용 트레드밀을 만들어서 속도에 따라 걸음걸이가 어떻게 달라지는지 연구했다. 우리는 로봇이나 모사한 곤충을 강화 학습을 써서 훈련시키면 그런 복잡한 행동을 재현할 수 있지 않을까 생각했다. 우리가 직면한 문제는 어떤 보상 신호를 써야 할지 모른다는 것이었다. 초파리와 바퀴벌레가 최적화하는 것이 과연 무엇일까? 그 정보가 없다면, 강화 학습을 가상 곤충을 훈련시키는 데 쓸 수 없었다. 그래서 우리 연구는 도무지 진척이 없었다.

그러던 어느 날, 버클리 자택에서 동네 슈퍼마켓으로 이어지는 길을 걸을 때였다. 나는 비탈진 길을 내려가는 중이었다. 그때 비탈 때문에 내 걸음에 약간 변화가 생겼다는 사실을 새삼 알아차렸다. 물론 누구나 다 알고 있겠지만 말이다. 게다가 수십 년 동안 일어난 약한 지진으로 길이 울퉁불퉁해진 터라 걸음걸이에 더욱 변화가 일어났다. 지면의 높이가 오락가락하는 탓에 발을 뗄 때 조금 더 높이 들어 올리고 더 살짝 내디뎠다. 이런 일상적인 관찰 사례를 곰곰이 생각하다가, 나는 우리가 일을 거꾸로 해왔다는 사실을 깨달았다. 강화 학습은 보상으로부터 행동을 생성하지만, 우리가 실질적으로 원하는 것은 정반대임을 알아차렸다. 우리는 주어진 행동에 어떤 보상이 이루어지는지를 알아내고 싶었다. 우리는 이미 행동을 지니고 있었다. 초파리와 바퀴벌레가 하는 행동이 그것이었다. 우리는 그 행동을 통해 최적화되는 보상 신호가 무엇인지 알고 싶었다. 다시 말해, 우리에게 필요한 것은 '역강화 학습inverse reinforcement learning, IRL'의 알고리듬이었다.[4] (당시 나는 '마르코프 의사 결정 과정의 구조적 추정법'이라는 좀 덜 와닿는 이름으로 비슷한 문제가 연구되었다는 사실을 알지 못했다. 그 분야는 1970년대 말에 노벨상 수상자 토머스 사전트Thomas Sargent가 개척했다.)[5] 그런 알고리듬은 동물의 행동을 설명할 수 있을 뿐 아니라, 새로운 상황에서 어떤 행동을 할지도 예측할 수 있을 터였다. 예를 들어, 바퀴벌레는 양옆으로 기울어진 울퉁불퉁한 트레드밀에서 어떻게 달릴까?

그런 근본적인 질문에 답할 수 있지 않을까 하는 기대에 너무나 흥분되어 견딜 수 없을 지경이었지만, IRL의 첫 알고리듬을 내놓기까지는 좀 시간이 걸렸다.[6] 그 뒤로 IRL의 다양한 형식과 알고리듬이 출현했다. 그 알고리듬이 작동한다는 것은 공식적으로 보증되어 있다. 그 알고리듬이 관찰하는 존재만큼 성공적으로 행동할 수 있도록, 그 존재의 선호에 관한 정보를 충분히 얻을 수 있다는 의미에서 그렇다.[7]

아마 이렇게 말하는 편이 IRL을 이해하는 가장 쉬운 방법일 듯하다. 관찰자가 진정한 보상 함수의 모호한 추정값에서 시작하여, 행동을 더 관찰하면서 이 추정값을 더 정확하게 다듬어가는 것이다. 또는 베이즈 언어로 표현할 수도 있다.[8] 가능한 보상 함수들을 종합한 사전 확률에서 시작하여, 증거가 추가됨에 따라 보상 함수들의 확률 분포를 갱신한다.[부록C] 예를 들어, 로봇인 로비가 사람인 해리엇을 지켜보면서, 해리엇이 창가 좌석보다 복도 좌석을 얼마나 선호하는지 알아내려 한다고 하자. 처음에 로비는 해리엇이 어느 쪽을 선호하는지 거의 알지 못한다. 개념적으로 보면, 로비의 추론은 다음과 같은 식으로 진행될 것이다. "해리엇이 정말로 복도 좌석에 관심이 있다면, 항공사가 제시한 창가 좌석을 그냥 받아들이기보다는 빈자리가 있는지 좌석 현황판을 살펴보았을 것이다. 그러나 해리엇은 창가 자리를 지정받았다는 것을 아마도 알아차렸을 텐데도 그렇게 하지 않았고, 복도 좌석을 구하려고 서두르지도 않은 듯했다. 그러니 지금으로서는 해리엇이 창가 자리든 복도 자리든 별로 개의치 않거나, 창가 자리를 선호할 가능성이 상당히 커 보인다."

현실에서 IRL의 가장 놀라운 사례는 내 동료인 피터 애빌의 헬기 곡예비행 방법을 배우는 연구다.[9] 전문가인 인간 조종사는 모형 헬기로 빙빙 돌고, 나선 비행을 하고, 좌우로 기우뚱거리는 등의 묘기를 부릴 수 있다. 그런데 인간이 하는 행동을 본뜨려는 시도는 그다지 성과가 없었다. 조건을 완벽하게 재현할 수 없기 때문이다. 다른 상황에서 동일한 제어 순서를 반복하다가는 재앙이 빚어질 수 있다. 대신에 그의 알고리듬은 인간 조종사가 원하는 것을 자신이 이룰 수 있는 궤적 제약의 형태로 배운다. 이 접근법은 사실상 인간 전문가보다 더 나은 결과를 내놓는다. 인간은 반응이 더 느리고, 끊임없이 사소한 실수를 했다가 바로잡곤 하기 때문이다.

돕기 게임

IRL은 이미 효과적인 AI 시스템을 구축하는 데 중요한 도구가 되어 있지만, 몇 가지 단순화하는 가정을 한다. 첫 번째는 로봇이 일단 인간을 관찰함으로써 보상 함수를 배운다면, 동일한 과제를 수행할 수 있도록 그 함수를 채택한다는 것이다. 이 가정은 운전이나 헬기 조종에는 잘 들어맞지만, 커피 마시기에는 들어맞지 않는다. 내 아침 일과를 지켜보는 로봇은 내가 (때때로) 커피를 원한다는 사실을 배워야 하겠지만, 커피 자체를 원하는 법을 배워서는 안 된다. 이 문제를 바로잡기는 쉽다. 그저 로봇이 그 선호를 자기 자신이 아니라 인간과 연관 짓게 하면 된다.

IRL에서 두 번째로 단순화하는 가정은 그 로봇이 단일 행위자 의사 결정 문제를 푸는 사람을 관찰한다는 것이다. 예를 들어, 의대에서 로봇이 인간 전문가를 관찰함으로써 외과의가 되는 법을 배운다고 하자. IRL 알고리듬은 외과의가 마치 로봇이 거기에 없다는 듯이, 평소에 하던 대로 최적의 방식으로 수술을 진행한다고 가정한다. 그러나 현실은 그렇지 않을 것이다. 외과의는 로봇이 빨리 잘 배울 수 있게 하는 쪽으로 동기 부여가 될 것이고(여느 의대생에게 하듯이), 그래서 자신의 행동에 상당한 변화를 줄 것이다. 수술하는 중간에 자기가 지금 무얼 하는 중인지 설명할 수도 있다. 너무 깊이 절개하거나 너무 꽉 꿰매는 것 등 어떤 실수를 피해야 하는지도 지적할지 모른다. 수술하다가 잘못되었을 때 어떻게 조치해야 한다는 이야기도 할 수 있다. 로봇이 없는 상태에서 수술할 때는 전혀 하지 않을 행동들이므로, IRL 알고리듬은 그런 행동이 의미하는 선호를 해석할 수 없을 것이다. 이 때문에 우리는 IRL을 단일 행위자에서 다수 행위자로 일반화할 필요가 있다. 즉, 인간과 로봇이 동일한 환경의 일부로서 서로 상호작용할 때 작동하는 학습 알고리듬을 고안할 필요가 있을 것이다.

사람과 로봇이 같은 환경에 있을 때, 우리는 게임 이론의 세계에 있다. 이 책에서 예로 든 앨리스와 밥의 승부차기와 마찬가지다. 그 이론의 이 첫 번째 판본에서 우리는 인간이 선호를 지니고, 그 선호에 따라 행동한다고 가정한다. 로봇은 그 사람의 선호가 어떠한지 알지 못하지만, 어쨌든 그 선호를 충족시키고 싶어한다. 그런 상황을 돕기 게임이라고 하자. 정의상, 로봇이 인간에게 도움이 된다고 가정하기 때문이다.[10]

돕기 게임은 앞 장에서 말한 세 원칙을 보여주는 사례다. 로봇의 목적은 오로지 사람의 선호를 충족시키는 것이고, 처음에는 그 선호가 어떠한지 모르고, 인간의 행동을 관찰함으로써 인간의 선호를 배울 수 있다는 것이다. 아마 돕기 게임의 가장 흥미로운 특성은 로봇이 그 게임을 풀어나감으로써, 인간의 선호에 관한 정보가 제공될 때 인간의 행동을 해석하는 법을 스스로 터득할 수 있다는 점일 것이다.

종이 클립 게임

돕기 게임의 첫 번째 사례는 종이 클립 게임이다. 아주 단순한 게임이다. 인간인 해리엇은 로봇인 로비에게 자신의 선호에 관한 약간의 정보를 '알리려는' 동기를 지니고 있다. 로비는 게임을 할 수 있으므로 그 신호를 해석할 수 있고, 따라서 해리엇의 선호에 관해 무엇이 참이어야 하는지를 이해할 수 있다. 그래야 해리엇에게 이해했다고 알릴 수 있다.

게임의 각 단계는 그림 12에 나와 있다. 종이 클립과 스테이플

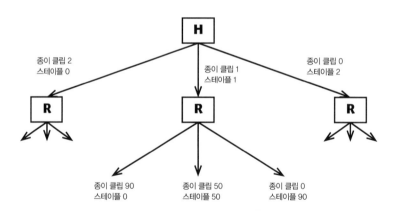

그림 12 종이 클립 게임. 인간인 해리엇은 종이 클립 2개, 스테이플 2개, 또는 양쪽을 1개씩 만드는 쪽을 택할 수 있다. 그러면 로봇인 로비는 종이 클립 90개, 스테이플 90개, 또는 양쪽을 50개씩 만드는 쪽을 택하게 된다.

로 하는 게임이다. 해리엇의 선호는 종이 클립과 스테이플의 수에 따르는 보상 함수로 나타내며, 두 물건 사이에는 특정한 '교환율'이 있다. 예를 들어, 해리엇은 종이 클립 가격을 45센트, 스테이플 가격을 55센트로 매길 수도 있다. (우리는 두 값을 더하면 언제나 1달러가 된다고 가정할 것이다. 중요한 것은 비율뿐이다.) 따라서 해리엇이 종이 클립 10개와 스테이플 20개를 만든다면, 보상은 10×45센트 $+ 20 \times 55$센트 $= 15.50$달러가 될 것이다. 로봇인 로비는 처음에 해리엇의 선호를 전혀 모른다. 로비는 종이 클립의 가격이 균일 분포라고 가정하고 있다(즉, 0센트에서 1달러 사이의 어느 값이든 될 확률이 똑같다고 가정한다). 먼저 해리엇은 종이 클립 2개, 스테이플 2개, 또는 각각을 1개씩 만드는 쪽을 택할 수 있다. 그러면 로비는 종이 클립 90개, 스테이플 90개, 또는 각각을 50개씩 만드는 쪽을 택할 수 있다.[11]

해리엇이 홀로 이 일을 한다면, 그냥 스테이플을 2개 만들 것이다. 그러면 가격이 1.1달러가 된다. 로비는 지켜보면서, 해리엇의 선택으로부터 배운다. 로비는 정확히 무엇을 배울까? 해리엇이 선택을 어떻게 하느냐에 달렸다. 해리엇은 어떻게 선택할까? 그것은 로비가 그 선택을 어떻게 해석할 것인가에 달렸다. 따라서 우리는 순환 논법에 직면한 듯하다! 이는 전형적인 게임 이론 문제이고, 그것이 바로 내시가 균형 해equilibrium solution라는 개념을 제시한 이유다.

균형 해를 찾으려면, 상대의 전략이 고정되어 있다고 가정하고서, 자신의 전략을 바꿀 동기를 양쪽 다 지니지 않을 때 해리엇과 로비의 전략을 파악할 필요가 있다. 해리엇의 전략은 그녀의 선호가 주어질 때, 종이 클립과 스테이플을 얼마나 많이 만들지를 정하는 것이다. 로비의 전략은 해리엇의 행동이 주어질 때, 종이 클립과 스테이플을 얼마나 만들지를 정하는 것이다.

여기서 균형 해는 하나뿐임이 드러난다. 그 균형 해는 이런 식이다.

- 해리엇은 자신의 종이 클립 가격을 토대로 다음과 같이 결정한다.
  - 가격이 44.6센트 미만이면, 종이 클립 0개와 스테이플 2개를 만든다.
  - 가격이 44.6-55.4센트라면, 양쪽을 1개씩 만든다.
  - 가격이 55.4센트 이상이면, 종이 클립 2개와 스테이플 0개를 만든다.
- 로비는 다음과 같이 반응한다.
  - 해리엇이 종이 클립 0개와 스테이플 2개를 만들면, 스테이플을 90개 만든다.
  - 해리엇이 양쪽을 1개씩 만들면, 양쪽을 50개씩 만든다.
  - 해리엇이 종이 클립 2개와 스테이플 0개를 만들면, 종이 클립을 90개 만든다.

(이 해를 정확히 어떻게 얻는지 궁금한 독자를 위해서, 상세한 내용을 주에 실었다.)[12] 해리엇은 이 전략을 씀으로써, 균형 분석에서 도출된 단순한 코드—원한다면 언어라고 해도 좋다—를 써서 사실상

자신의 선호를 로비에게 가르치고 있다. 수술법을 가르치는 사례에서처럼, 단일 행위자 IRL 알고리듬은 이 코드를 이해하지 못할 것이다. 또 로비가 해리엇의 선호를 결코 정확히 배우지는 못하지만, 해리엇을 위해 최적으로 행동할 수 있을 만큼은 배운다는 점도 유념하자. 즉, 로비는 해리엇의 선호를 정확히 안다면 행동할 법한 방식으로 행동한다. 로비는 제시된 가정과 해리엇이 게임을 제대로 하고 있다는 가정 아래서 해리엇에게 증명 가능하게 이롭다.

또 로비가 훌륭한 학생처럼 질문하고 해리엇이 훌륭한 교사처럼 피할 함정을 로비에게 보여주는 식으로 문제를 구성할 수도 있다. 그런 행동은 우리가 해리엇과 로비가 따를 대본을 적기 때문이 아니라, 해리엇과 로비가 참가하는 돕기 게임에서 그것이 최적 해이기 때문에 나타난다.

전원 끄기 게임

도구적 목표는 일반적으로 원래 목표의 하위 목표로서 유용한 것을 말한다. 원래 목표가 무엇인지는 거의 상관없다. 자기 보전은 이런 도구적 목표의 하나다. 죽으면 원래의 목표를 달성할 여지가 거의 없기 때문이다. 이는 전원 끄기 문제로 이어진다. 고정된 목적을 지닌 기계는 전원을 끄는 것을 허용하지 않을 것이고, 자신의 전원을 끄지 못하게 할 동기를 지닌다.

전원 끄기 문제는 사실상 지적인 시스템을 통제하는 문제의 핵심이다. 기계가 전원을 끄지 못하게 해서 기계의 전원을 끌 수 없다면, 우리는 정말로 곤경에 처한다. 전원을 끌 수 있다면, 우리는 다른 방식으로도 기계를 통제할 수 있을지 모른다.

목적에 관한 불확실성은 기계를 끌 수 있게 하는 데 핵심적인 역할을 한다는 것이 드러난다. 설령 기계가 우리보다 더 지능이 높아질 때도 그렇다. 우리는 앞 장에서 이 주장을 비공식적으로 살펴보았다. 이로운 기계의 첫 번째 원칙에 따라 로비는 해리엇의 선호에만 관심을 가지지만, 두 번째 원칙에 따라 그 선호가 무엇인지는 잘 알지 못한다. 로비는 자신이 잘못된 일을 하고 싶어 하지 않는다는 것을 알지만, 그것이 무엇을 뜻하는지는 알지 못한다. 반면에 해리엇은 안다(아니, 이 단순한 사례에서, 우리는 그렇다고 가정한다). 따라서 해리엇이 로비가 잘못된 일을 하지 않게 하려고 로비의 전원을 _끄고자_ 한다면, 로비는 기꺼이 전원을 _끄게_ 놔둘 것이다.

이 논증을 더 정확히 하려면, 이 문제의 형식적 모델이 필요하다.[13] 가능한 한 단순하게 모델을 만들어보자. 안타깝게도 더 이상은 무리다(그림 13 참조).

해리엇의 개인 비서로 일하게 된 로비는 첫 선택을 앞두고 있다. 이제 로비는 행동할 수 있다. 로비가 해리엇이 묵을 값비싼 호텔을 예약할 수 있다고 하자. 로비는 해리엇이 그 호텔과 가격을 얼마나 좋아할지는 잘 모른다. 로비는 해리엇에게 호텔의 순가치가 -40에서 +60에 이르는 균일 분포를 보인다고 상정한다. 평균은 +10이다. 로비는 '스스로 전원을 끌' 수도 있다. 좀 밋밋하게 말하자면, 호텔 예약 과정에서 아예 빠지는 것이다. 그럴 때 해리엇에게 로비의 가치는 0이라고 정의하자. 로비가 선택할 수 있

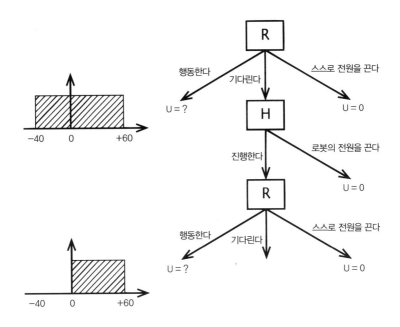

그림 13 전원 끄기 게임. 로비는 보상이 매우 불확실한 상태에서 이제 행동하는 쪽을 선택할 수 있다. 스스로 전원을 끄거나, 해리엇의 행동을 기다린다. 해리엇은 로비의 전원을 끌 수도 있고, 계속 진행하게 할 수도 있다. 이제 로비는 다시금 같은 선택을 한다. 그 행동이 해리엇에게 어떤 보상을 할지는 여전히 불확실하지만, 이제 로비는 그 보상이 부정적이지 않다는 것을 안다.

는 것이 이 두 가지라면, 로비는 일을 진행하여 호텔을 예약할 것이다. 그럼으로써 해리엇을 불행하게 만들 상당한 위험을 초래하게 된다. (이때 분포 범위가 −60에서 +40이고, 평균이 −10이라면, 로비는 스스로 전원을 끌 것이다.) 그러나 우리는 로비에게 세 번째 선택지를 줄 것이다. 자신의 계획을 설명한 뒤, 기다리면서, 해리엇이 전원을 끌 수 있게 하는 것이다. 해리엇은 로비의 전원을 끌 수도 있고, 일을 진행하여 호텔을 예약할 수도 있다. 스스로 양쪽을 다 선택할 수 있다는 점을 생각할 때, 이 방식에 어떤 좋은 점이 있다고 할 수 있을까?

요점은 해리엇의 선택—로비의 전원을 끄거나, 계속 진행하게 하거나—이 해리엇의 선호에 관한 새로운 정보를 로비에게 제공한다는 것이다. 해리엇이 로비가 계속 진행하게 놔둔다면, 그 행동이 해리엇에게 긍정적인 가치를 지니기 때문이다. 이제 로비의 믿음은 0에서 60까지 균일 분포를 보이고, 평균은 30이 된다.

그럴 때, 로비의 첫 선택을 로비의 관점에서 평가하면 이러할 것이다.

- 이제 행동하여 호텔을 예약하는 것은 기댓값이 +10이다.
- 스스로 전원을 끄는 것은 가치가 0이다.
- 기다리면서 해리엇이 전원을 끄게 허용할 때(해리엇이 그렇게 하고 싶어 한다면)는 두 가지 결과가 나올 수 있다.
    - 해리엇이 로비를 싫어해서 로비의 전원을 끌 가능성은 40퍼센트이고(호텔 예약 계획에 관한 로비의 불확실성을 토대로 할 때), 그러면 가치는 0이 된다.
    - 해리엇이 로비를 마음에 들어 하고 로비가 일을 진행하게 허용할 확률은 60퍼센트이고, 그럴 때 기댓값은 +30이다.
- 따라서 '기다리기'는 기댓값이 40%×0+60%×30=+18이고, '진행하기'의 기댓값인 +10보다 높다.

결론은 전원을 끄게 허용할 긍정적인 동기가 로비에게 있다는 것이다. 이 동기는 해리엇의 선호에 관한 로비의 불확실성에서 나온다. 로비는 자기가 하려는 행동이 해리엇을 불쾌하게 만들 가능성(여기서는 40퍼센트)이 있음을 안다. 해리엇을 불쾌하게 만든다면, 일을 진행하는 것보다 전원을 끄는 편이 더 나을 것이다. 로비가 이미 해리엇의 선호를 확신하고 있다면, 그냥 일을 진행하여 결정을 내릴 것이다(또는 스스로 전원을 끄든지). 해리엇의 의견을 구할 필요가 전혀 없을 것이다. 로비의 확실한 믿음에 따르면, 해리엇이 어떤 결정을 내릴지 이미 정확히 예측할 수 있기 때문이다.

사실 일반적인 사례에서는 이런 결과가 나온다는 점을 증명하는 것이 가능하다. 해리엇이 하려는 행동을 자신이 할 것이라고 전적으로 확신하지 못하는 한, 로비는 해리엇이 자신의 전원을 끄게 허용하는 쪽을 선호할 것이다.[14] 해리엇의 결정은 로비에게 정보를 제공하고, 그 정보는 언제나 로비의 결정을 개선하는 데 유용하다. 거꾸로 로비가 해리엇의 결정을 확신한다면, 해리엇의 결정은 새로운 정보를 전혀 제공하지 않고, 따라서 로비에게는 해리엇이 결정하도록 허용할 동기가 전혀 없다.

이 모델을 다듬은 사례 가운데는 곧바로 살펴볼 가치가 있는 인상적인 것들도 있다. 첫 번째는 해리엇에게 판단을 요청하거나 질문하여 답을 요청하는 행동에 비용을 부과하는 것이다. (즉, 이는 로비가 해리엇의 선호에 관해 적어도 이 정도는 안다고 가정하는 것이다. 해리엇이 시간을 중요시한다는 점 말이다.) 이제 로비는 해리엇의 선호를 거의 확신할 때는 해리엇을 덜 성가시게 하려는 성향을 보인다. 비용이 더 클수록, 로비는 더 불확실할 때에만 해리엇을 귀

찮게 할 것이다. 당연하다. 그리고 해리엇이 방해받는 것을 정말로 언짢아한다면, 때로 자신이 좋아하지 않는 일을 로비가 한다고 해도 너무 놀라지 말아야 할 것이다.

두 번째 수정 모델은 인간의 오류에 얼마간 확률을 부여하는 것이다. 즉, 해리엇은 로비가 제안한 행동이 합당할 때도 때때로 로비의 전원을 끌 수 있고, 때때로 로비가 제안한 행동이 바람직하지 못할 때도 로비가 일을 진행하도록 허용할 수 있다. 우리는 돕기 게임의 수학 모델에 이런 인간 오류의 확률을 추가하여 해결책을 찾을 수 있다. 예상할 수 있겠지만, 이 게임의 해는 자신의 최대 이익에 반하는 행동을 때때로 하는 비합리적인 해리엇의 행동을 로비가 덜 따르는 경향을 보여준다. 해리엇이 더 무작위로 행동할수록, 로비는 해리엇의 선호를 더욱 확신하지 못할 때라야 해리엇의 판단을 구하게 될 것이다. 이 점도 당연하다. 예를 들어, 로비가 자율주행차이고 해리엇이 두 돌 된 장난꾸러기 승객이라면, 고속도로 한가운데에서 해리엇이 전원을 끌 수 있게 허용해서는 안 된다.

모델을 더 정교하게 다듬거나 더 복잡한 의사 결정 문제에 끼워 넣는 방법은 더 많이 있다.[15] 그러나 나는 이렇게 정교하고 복잡하게 수정해도 핵심 개념—도움을 주면서 인간을 존중하는 행동과 인간 선호에 관한 기계의 불확실성이 본질적으로 연결되어 있다는—이 보존될 것이라고 확신한다.

선호를 장기적으로 정확히 학습하기

전원 끄기 게임을 설명하는 대목을 읽을 때 한 가지 중요한 의문이 떠올랐을지도 모르겠다. (사실 중요한 의문이 수없이 떠올랐겠지만, 여기서는 이 한 질문에만 답하련다.) 로비가 해리엇의 선호에 관한 정보를 점점 더 많이 습득하면, 그래서 불확실성이 점점 줄어들면 어떻게 될까? 로비가 해리엇을 따르는 것을 이윽고 멈출 것이라는 의미일까? 까다로운 질문이고, 가능한 답은 두 가지다. "예" 그리고 "예"다.

첫 번째 예는 호의적이다. 대체로 해리엇의 선호에 관한 로비의 초기 믿음이 해리엇이 실제로 지닌 선호에 아무리 작든 간에 어떤 확률을 부여한 것인 한, 로비는 점점 더 확신을 품게 될수록 더 올바른 판단을 내리게 될 것이다. 즉, 해리엇이 실제로 지닌 선호를 해리엇이 지녔다고 궁극적으로 확신하게 될 것이다. 예를 들어, 해리엇이 종이 클립에 12센트, 스테이플에 88센트의 가격을 매긴다면, 로비는 이윽고 그 값들을 배울 것이다. 그랬을 때 해리엇은 로비가 자신을 따를지 안 따를지 신경 쓰지 않는다. 자신이 했을 일을 언제나 똑같이 로비가 대신하리라는 것을 알기 때문이다. 해리엇이 로비의 전원을 끄고 싶은 상황은 결코 벌어지지 않을 것이다.

두 번째 예는 덜 호의적이다. 로비가 해리엇의 진정한 선호를 선험적으로 배제한다면, 로비는 진정한 선호를 결코 배우지 못할 것이고, 그의 믿음은 틀린 결정으로 수렴될 수 있다. 다시 말해, 시간이 흐를수록 로비는 해리엇의 선호에 관한 잘못된 믿음이 옳다고 더욱더 확신하게 된다. 대개 그 잘못된 믿음은 어떠어떠한 가설이 해리엇의 진정한 선호에 가장 가깝다는 것일 테고, 로비가 처음에 믿은 모든 가설 중에 어느 것이든 될 수 있다. 예를 들어, 로비가 해리엇이 매길 종이 클립의 가격이 25센트에서 75센트 사이에 있다고 절대적으로 확신하는데, 해리엇이 매긴 진짜 가격이 12센트라면, 로비는 이윽고 해리엇이 종이 클립에 25센트의 가격을 매겼다고 확신하게 될 것이다.[16]

해리엇의 선호를 점점 더 확신하게 될수록, 로비는 고정된 목적을 지닌 기존의 나쁜 AI 시스템을 더 닮아갈 것이다. 로비는 해리엇에게 허락을 구하거나 자신의 전원을 끄는 대안을 제공하지 않을 것이고, 잘못된 목적을 지니게 될 것이다. 이것이 그저 종이 클립 대 스테이플의 문제라면 그러려니 하겠지만, 해리엇이 심하게 아프다면 삶의 질 대 수명의 문제가 될 것이고, 로비가 인류를 위해 행동한다고 하면 인구 대 자원 소비량의 문제가 될 수도 있다.

따라서 해리엇이 실제로 지닐지도 모를 선호를 로비가 미리 배제한다면, 우리는 문제를 안게 된다. 로비는 해리엇의 선호에 관한 명확하지만 틀린 믿음으로 귀착될 수 있다. 이 문제의 해결책은 명백해 보인다. 그렇게 하지 마라! 얼마나 작든 간에, 논리적으로 가능한 선호들에 반드시 확률을 부여하라. 예를 들어, 해리엇이 스테이플을 아예 다 치우고 싶어서, 돈을 줄 테니 가져가라고 말하는 것도 논리적으로 가능하다. (어릴 때 스테이플러에 손가락이 찍히는 바람에, 꼴도 보기 싫어서 그럴 수도 있다.) 따라서 우리는 음의 교환율을 허용해야 하고, 그러면 일이 좀 더 복잡해지겠지만, 그

래도 완벽하게 관리할 수 있다.[17]

그러나 해리엇이 종이 클립 가격을 주중에는 12센트, 주말에는 80센트로 매긴다면? 이 새로운 선호는 어떤 하나의 숫자로 기술할 수 없으므로, 로비는 사실상 그런 선호를 미리 배제한다. 해리엇의 선호에 관한 로비의 가설 집합에서 아예 빠져 있다. 더 일반적으로 보자면, 해리엇이 관심을 보이는 것이 종이 클립과 스테이플 말고도 아주 많이 있을 수 있다. (정말로!) 예를 들어, 해리엇이 기후 변화를 우려하고 있으며, 로비의 초기 믿음에 해수면, 지구 기온, 강수량, 태풍, 오존, 침입종, 삼림 파괴 등 가능한 모든 걱정거리가 다 들어 있다고 가정하자. 그러면 로비는 해리엇의 행동을 관찰하면서, 해리엇이 목록의 각 항목에 얼마나 비중을 두는지를 알아내면서 서서히 해리엇의 선호에 관한 자신의 이론을 다듬을 것이다. 그러나 종이 클립 사례에서처럼, 로비는 그 목록에 없는 것들에 관해서는 배우지 않을 것이다. 해리엇이 하늘의 색깔에도 관심이 있다고 하자. 기후과학자가 관심이 있다고 말하는 전형적인 목록에는 없을 것이라고 장담할 수 있다. 그런데 로비는 해수면, 지구 기온, 우림 등을 최적화하는 일을 하늘을 오렌지색으로 바꿈으로써 좀 더 잘 해낼 수 있다면, 주저하지 않고 그렇게 할 것이다.

이 문제의 해결책도 동일하다. 그렇게 하지 마라! 해리엇의 선호 구조의 일부일 수 있는 세계의 가능한 속성들을 결코 미리 배제하지 말라. 좋은 말 같지만, 실제로 적용하려면 해리엇의 선호에 어느 한 숫자를 부여하여 다루는 것보다 어렵다. 로비의 초기 불확실성에는 해리엇의 선호에 기여할 수 있는 얼마나 될지 모를 미지의 속성들도 포함시킬 수 있어야 한다. 그래야 해리엇의 결정이 로비가 이미 알고 있는 속성들에 비추어 이해할 수 없을 때, 로비는 지금까지 몰랐던 하나 이상의 속성(이를테면, 하늘 색깔)이 어떤 역할을 하는지도 모른다고 추론할 수 있고, 어떤 속성인지 알아내려고 시도할 수 있다. 이런 식으로 로비는 지나치게 제한된 사전 믿음이 일으킨 문제를 피한다. 내가 아는 한, 이런 유형의 로비는 아직 나오지 않았지만, 현재의 기계 학습에 관한 논의에는 이 일반적인 개념도 포함되어 있다.[18]

금지와 구멍 원리

인간의 목적에 관한 불확실성이 커피를 가져오는 동안 전원을 끌수 없게 만들지 말라고 로봇을 설득하는 유일한 방법은 아닐 수도 있다. 저명한 논리학자 모쉐 바르디Moshe Vardi는 금지를 토대로 한 더 단순한 해결책을 제시했다.[19] 로봇에게 "커피를 가져와"라고 목표를 제시하는 대신에, "네 전원을 끄지 못하게 하지 않으면서 커피를 가져와"라고 말하라는 것이다. 안타깝게도, 로봇에게 그런 목표를 주는 것은 법의 문구는 충족시키되 법의 정신에는 어긋나는 것이나 다름없다. 예를 들어, 전원 스위치를 피라냐가 우글거리는 해자로 둘러싸거나 스위치에 다가오는 사람을 그냥 공격할 수도 있다. 간단명료한 방식으로 그렇게 금지하는 것은 빠져나갈 구멍이 없도록 세법을 만들려고 애쓰는 것과 비슷하다. 즉, 수천년 동안 계속 시도했지만, 실패를 거듭한 방식이다. 세금을 안 내려는 강한 동기를 지닌 충분히 지적인 존재는 안 낼 방법을 어떻게든 찾아낼 가능성이 크다. 이를 구멍 원리loophole principle라고 하자. 충분히 지적인 기계가 어떤 조건을 일으킬 동기를 지닌다면, 인간이 그 행동에 그저 금지 조항을 붙이는 것만으로는 그렇게 하는 것을 막거나 사실상 그에 상응하는 무언가를 하는 것을 막기가 일반적으로 불가능하다는 것이다.

세금 회피를 막을 가장 좋은 해결책은 당사자가 세금을 내고 싶게 만드는 것이다. AI 시스템이 부정한 행동을 할 가능성이 있다면, 최고의 해결책은 인간을 따르고 싶게 만드는 것이다.

요구와 명령

노버트 위너의 말을 빌리자면, 지금까지 한 이야기의 교훈은 "기계에 목적을 부여하지" 말아야 한다는 것이다. 그러나 로봇이 "커피 한 잔 가져다줘!"처럼, 사람에게서 직접 지시를 받는다고 하자. 로봇은 이 지시를 어떻게 이해해야 할까?

기존 관점에서 보면, 그것은 로봇의 **목표**가 될 것이다. 그 목표를 충족시키는 일련의 모든 행동—당사자인 사람에게 커피 한 잔을 가져다주는—은 해결책이라고 본다. 대개 로봇은 걸리는 시간, 오가는 거리, 커피의 가격과 질을 토대로 해결책의 순위를 매기는 방법도 가지고 있을 것이다.

이것은 그 지시를 곧이곧대로 해석하는 방식이다. 그럴 때 로봇의 병리학적 행동이 도출될 수 있다. 예를 들어, 사람인 해리엇은 사막 한가운데서 주유소에 들렀을 수도 있다. 커피를 가져다달라고 로봇인 로비를 보냈는데, 주유소에 마침 커피가 떨어졌다면 로비는 시속 5킬로미터로 가장 가까운 마을까지 300킬로미터를 터벅터벅 걸어갔다가, 열흘 뒤에 바짝 말라붙은 커피 자국이 남은 잔을 들고 돌아올 수도 있다. 그동안 해리엇은 주유소 주인이 주는 아이스티와 콜라를 마시면서 인내심을 가지고 기다린다.

로비가 사람이었다면(또는 잘 설계된 로봇이었다면), 해리엇의 말을 그렇게 곧이곧대로 해석하지 않았을 것이다. 그 지시는 무슨 일이 있어도 이루어야 할 목표가 아니다. 그 지시는 로비에게 어떤 행동을 유도하려는 의도로 해리엇의 선호에 관한 어떤 정보를 전달하는 방식이다. 문제는 그것이 어떤 정보냐다.

한 가지 가설은 다른 모든 조건이 같을 때, 해리엇이 커피가 아예 없는 것보다 커피가 있는 쪽을 선호한다는 것이다.[20] 이는 로비가 세상의 어떤 것도 바꾸지 않으면서 커피를 구할 방법이 있다면, 설령 해리엇이 환경 상태의 다른 측면에 어떤 선호를 지니고 있는지 로비에게 단서가 전혀 없다고 할지라도 커피를 가져오는 것이 타당한 생각이라는 뜻이다. 기계가 인간의 선호를 계속 모르는 상태로 있을 것으로 예상되는 상황에서도, 이런 불확실성을 지님에도 기계가 유용할 수 있다는 것을 알게 되니 기쁘다. 부분적이고 불확실한 선호 정보를 갖고 이루어지는 계획과 의사 결정이라는 분야는 AI 연구와 제품 개발의 핵심적인 일부가 될 가능성이 있다.

그런 한편으로, 다른 모든 조건이 같을 때라는 말은 다른 그 어떤 변화도 허용되지 않는다는 의미다. 예를 들어, 로비가 해리엇의 커피와 돈에 관한 상대적인 선호를 전혀 알지 못한다면, 커피를 더하면서 돈을 빼는 것은 좋은 생각일 수도 있고 그렇지 않을 수도 있다.

다행히도, 해리엇의 지시는 다른 모든 조건이 같을 때, 아마도 단순히 커피 선호만을 의미하는 것이 아닐 것이다. 추가 의미는 해리엇이 한 말에서만이 아니라, 그녀가 그렇게 말했다는 사실, 그녀가 말을 한 구체적인 상황, 그녀가 또 다른 말을 하지 않았다는 사실에서도 나온다. **화용론**이라는 언어학 분야는 바로 이 확장된 의미 개념을 연구한다. 예를 들어, 해리엇이 근처에 커피가 없다거나 터무니없이 비싸다고 믿는다면, "커피 한 잔 가져다줘!"라고 말할 이유가 없었을 것이다. 따라서 해리엇이 "커피 한 잔 가져다줘!"라고 말할 때, 로비는 해리엇이 커피를 원할 뿐 아니라, 근처에서 기꺼이 지불할 적당한 가격으로 커피를 구할 수 있다고 믿는다는 사실도 추론한다. 그러니 로비는 적당해 보이는 가격(즉, 해리엇이 지불할 것으로 예상하는 것이 합리적일 가격)의 커피를 찾아낸다면, 일을 진행하여 커피를 살 것이다. 반면에 가장 가까운 커피가 300킬로미터 떨어진 곳에 있다거나 커피 한 잔이 22달러나 한다는 것을 알면, 로비는 맹목적으로 해리엇의 지시를 따르기보다는 이 사실을 해리엇에게 알리는 것이 타당할 것이다.

이 일반적인 분석 방식을 종종 **그라이스 분석**Gricean analysis이라고 한다. 해리엇이 한 말 같은 발언의 확장된 의미를 추론하는 데 쓰이는 대화 격률 집합을 제시한 버클리 철학자 허버트 폴 그라이스H. Paul Grice의 이름에서 따왔다.²¹ 선호의 사례에서 이 분석은 아주 복잡해질 수 있다. 예를 들어, 해리엇이 딱히 커피를 원하는 것이 아닐 가능성도 꽤 있다. 기운을 좀 차리려면 커피가 필요하지만, 그 욕구는 주유소에 커피가 있다는 잘못된 믿음에서 나온 것이고, 그래서 커피를 요청한 것이다. 해리엇은 녹차나 콜라, 아니면 어떤 강력한 에너지 음료를 받아도 마찬가지로 기뻐할지 모른다.

이것들은 요청과 명령을 해석할 때 생기는 고려 사항 중 몇 가지일 뿐이다. 이 주제는 끝없이 변주할 수 있다. 해리엇의 선호의 복잡성, 해리엇과 로비가 처한 상황의 엄청난 다양성, 해리엇과 로비가 그런 상황에서 지닐 수 있는 지식과 믿음의 다양한 상태 때문이다. 미리 대본을 입력하면 로비는 몇 가지 흔한 상황에 대처할 수 있겠지만, 유연하면서 확고한 행동은 해리엇과 로비가 참가한 돕기 게임의 해결책이라고 할 수 있는, 둘 사이의 상호작용에서만 나올 수 있다.

와이어헤딩

2장에서 도파민을 토대로 하는 뇌의 보상 신호를 다루었고, 그것이 행동을 인도하는 기능을 한다고 말한 바 있다. 도파민의 역할은 1950년대 말에 발견되었지만, 그 전인 1954년경에도 쥐의 뇌를 직접 전기로 자극하면 보상 반응과 비슷한 것이 일어날 수 있다는 사실이 알려져 있었다.[22] 그다음 단계 실험에서는 쥐에게 레버를 주었다. 레버는 축전지 및 전선과 연결되어 있었고, 쥐가 레버를 누르면 쥐의 뇌에 전기 자극이 일어났다. 결과는 정신을 번쩍 들게 했다. 쥐는 먹지도 마시지도 않고 계속 레버를 눌러댔고, 이윽고 쓰러지고 말았다.[23] 사람도 별반 다르지 않다. 음식도 개인 위생도 무시한 채 수없이 자기 뇌를 자극했다.[24] (다행히도, 인간을 대상으로 한 실험은 대개 하루만 하고 끝낸다.) 동물이 정상적인 행동을 중단하기까지 하면서 보상 체계를 직접 자극하려 하는 경향을 와이어헤딩wireheading이라고 한다.

알파고 같은 강화 학습 알고리듬을 가동하는 기계에도 비슷한 일이 일어날 수 있을까? 언뜻 들었을 때는 불가능하다고 생각할 수 있다. 알파고가 이김으로써 +1이라는 보상을 얻을 방법은 사실상 자신이 두고 있는 모사된 바둑 게임에서 이기는 것뿐이다. 불행히도 이 말이 참인 이유는 오로지 알파고와 바깥 환경이 인위적으로 억지로 분리되어 있고, 알파고가 그다지 지적이지 않다는 사실 때문이다. 이 두 가지를 더 자세히 설명해보자. 초지능이 어떻게 잘못될 수 있는지를 이해하는 데 중요하기 때문이다.

알파고의 세계는 모사된 바둑판만으로 이루어진다. 검은 돌이나 흰 돌을 놓거나 비울 수 있는 자리 361개로 이루어진 판이다. 비록 알파고는 컴퓨터에서 돌아가지만, 그 컴퓨터에 관해서는 전혀 모른다. 특히 각 게임을 이겼는지 졌는지를 계산하는 작은 코드 부분은 전혀 모른다. 게다가 학습 과정에 있을 때는 대국 상대가 누구인지 전혀 모른다. 사실상 자신의 다른 판본이라는 점을 말이다. 알파고의 행동은 오로지 빈자리에 돌을 놓는 것뿐이고, 이 행동은 오로지 바둑판에만 영향을 미친다. 알파고의 세계 모델에 그 외의 것은 전혀 없기 때문이다. 이 설정은 강화 학습의 추상적 수학 모델에 상응하고, 여기서 보상 신호는 우주 바깥에서 온다. 자신이 아는 한, 알파고는 보상 신호를 생성하는 코드에 아무런 영향을 미칠 수 없다. 따라서 알파고는 와이어헤딩에 빠질 수 없다.

훈련 기간에 알파고의 삶은 좌절로 점철될 것이 틀림없다. 더잘 둘수록 상대방도 더 잘 두기 때문이다. 상대방이 자기 자신의거의 동일한 사본이기 때문이다. 바둑을 얼마나 잘 두든 간에, 이길 확률은 약 50퍼센트로 유지된다. 알파고가 더 지적이라면—인간 수준의 AI 시스템에서 예상할 수 있는 것에 더 가깝게 설계된다면—이 문제를 해결할 수 있을 것이다. 이 알파고++는 세계가 단지 바둑판에 불과하다고 가정하지 않을 것이다. 그 가설로는 설명되지 않는 것이 많기 때문이다. 예를 들어, 그 가설은 어떤 '물리학'이 알파고++ 자신이 내리는 결정을 실행하는지, 수수께끼 같은 '상대의 수'는 어디에서 오는지 설명하지 못한다. 호기심 많은 우리 인간이 어느 면에서(어느 정도까지) 우리 마음의 작동 방식도 설명하는 우리 우주의 작동 방식을 서서히 이해해온 것처럼, 그리고 6장에서 논의한 오라클 AI처럼, 알파고++도 실험이라는 과정을 통해서 우주가 바둑판보다 더 크다는 것을 알아차릴 것이다. 자신이 가동되고 있는 컴퓨터와 자기 코드의 작동 법칙을 알아낼 것이고, 그런 시스템이 우주에 다른 존재들이 있다고 가정하지 않고는 설명하기 쉽지 않다는 사실도 깨달을 것이다. 그런 존재들이 바둑판에 놓이는 돌들의 패턴을 해석할 수 있는지 궁금해하면서, 다양하게 패턴을 실험해볼 것이다. 이윽고 패턴이라는 언어를 통해서 그런 존재들과 의사소통할 것이고, 그들을 설득하여 언제나 +1을 얻도록 자신의 보상 신호를 다시 짜게 할 것이다. 여기서 보상 신호 최적화 장치로서 설계된 충분한 능력을 갖춘 알파고++는 와이어헤드가 될 것이라는 결론이 불가피하게 나온다.

AI의 안전성을 연구하는 이들은 와이어헤딩이 몇 년 안에 나올 가능성이 있다고 보고 논의해왔다.[25] 알파고 같은 강화 학습 시스템이 익히기로 되어 있는 과제를 숙달하는 대신에 속이는 법을 배우지 않을까 하는 걱정만 있는 것이 아니다. 진짜 문제는 인간이 보상 신호의 원천일 때 생긴다. 개선의 방향을 정의하는 피드백 신호를 사람이 주면서, 강화 학습을 통해 잘 행동하도록 AI 시스템을 훈련시킬 수 있다고 한다면, 그 AI 시스템이 인간을 통제하는 법을 알아내어 언제나 최대의 보상을 자신에게 주도록 강요할 것이라는 결론이 불가피하게 따라 나온다.

독자는 이런 이야기가 그저 AI 시스템의 무의미한 자기 망상이라고 생각할지 모르겠는데, 아마 맞을 것이다. 그러나 이는 강화 학습이 정의되는 방식에서 나오는 논리적 결과물이다. 이 과정은 보상 신호가 '우주 바깥'에서 오고 AI 시스템이 결코 수정할 수 없는 어떤 과정을 통해 생성될 때 잘 작동한다. 하지만 보상 생성 과정(즉, 인간)과 AI 시스템이 같은 우주에 거주한다면 실패한다.

이런 유형의 자기 망상을 어떻게 하면 피할 수 있을까? 이 문제

8. 증명 가능하게 이로운 AI   **303**

는 서로 다른 두 가지, 즉 보상 신호와 실제 보상을 혼동함으로써
나온다. 강화 학습의 표준 접근법은 이 둘이 하나라고 본다. 그 점
은 잘못된 듯하다. 둘은 별개로 취급해야 한다. 돕기 게임에서처
럼 말이다. 돕기 게임에서 보상 신호는 실제 보상이 쌓이고 있다
는 정보를 제공하며, 최대화되고 있는 것은 바로 그 보상이다. 그
학습 시스템은 이를테면 천국으로 갈 점수를 쌓는 반면, 보상 신
호는 기껏해야 점수의 총계를 제공할 뿐이다. 다시 말해, 보상 신
호는 보상 축적 자체가 아니라, 그에 관한 보고다. 이 모델에 따르
면, 단순히 보상 신호 메커니즘의 통제권을 장악하다가는 정보를
잃는다는 것이 명확해진다. 가짜 보상 신호 생성은 자신의 행동이
정말로 천국행 점수를 쌓는 것인지를 알고리듬이 알지 못하게 만
들고, 따라서 이 구분을 하도록 설계된 합리적인 학습자는 모든
유형의 와이어헤딩을 피할 동기를 지니게 된다.

순환적 자기 개선

지능 폭발(210쪽 참조)이 일어난다는 어빙 존 굿의 예측은 초지능
AI의 잠재적 위험에 관한 현재의 우려를 낳은 원동력 중 하나다.
그 논증에 따르면, 인간이 자기보다 좀 더 지적인 기계를 설계할
수 있다면, 그 기계는 기계를 설계하는 일을 사람보다 좀 더 잘할
것이다. 그 기계는 좀 더 지적인 새 기계를 설계할 것이고, 그 과
정은 계속 되풀이될 것이고, 굿의 표현을 빌리자면, 이윽고 "인간

의 지능은 훨씬 뒤처지게 될 것이다".

AI 안전성을 연구하는 이들, 특히 버클리에 있는 기계지능연구소 연구자들은 지능 폭발이 안전하게 일어날 수 있을까, 하는 문제를 연구해왔다.[26] 언뜻 들으면 앞뒤가 안 맞는 말처럼 여겨질지 모르지만—그냥 '게임 오버' 아니야?—희망은 있다. 아마도. 그 시리즈의 첫 번째 기계인 로비 마크 I이 처음부터 해리엇의 선호를 완벽하게 안다고 하자. 마크 I은 자신의 인지력 한계 때문에 해리엇을 행복하게 하려는 시도가 완벽하지 못하다는 것을 알게 되자, 로비 마크 II를 만든다. 직관적으로 볼 때, 로비 마크 I은 자신의 해리엇 선호 지식을 마크 II에 집어넣을 동기를 지니고 있을 듯하다. 그래야 앞으로 해리엇의 선호가 더 잘 충족될 것이기 때문이다. 첫 번째 원칙에 따르면, 그것이 바로 마크 I의 생애 목적이다. 같은 논리로, 마크 I이 해리엇의 선호를 잘 모른다면, 그 불확실성은 마크 II로 전달되어야 한다. 그러면 어쨌거나 폭발은 아마도 안전하게 일어날 것이다.

수학적 관점에서 볼 때 한 가지 문제는 로비 마크 II가 더 발전된 형태라고 가정했으므로, 마크 I은 마크 II가 어떻게 행동할지 추론하기가 쉽지 않으리라는 것이다. 마크 II의 행동에 관한 의문 중에는 마크 I이 답할 수 없는 것들이 있을 것이다.[27] 더 심각한 문제는 해리엇의 선호를 충족시킨다는 목적처럼, 기계가 특정한 목적을 지닌다는 것이 현실에서 어떤 의미인지가 아직 수학적으로 명확히 정의되어 있지 않다는 점이다.

이 마지막 우려를 좀 더 살펴보자. 알파고를 생각해보자. 알파고는 어떤 목적을 지니고 있을까? 쉽다. 누구나 생각할 법한 것이다. 알파고는 바둑에서 이기려는 목적을 지닌다. 그렇지 않은가? 알파고가 승리가 보장된 수만 계속 두는 것은 분명히 아니다. (사실, 알파고는 알파제로에게 거의 늘 진다.) 몇 수만 남기고 끝내기에 접어들었을 때, 이기는 수가 있다면 알파고가 그 수를 택하리라는 것은 분명하다. 그런 한편으로, 승리를 보장하는 수가 전혀 없을 때—다시 말해서, 자기가 어떤 수를 두든 간에 상대가 이기는 전략을 가지고 있다는 사실을 알파고가 알고 있을 때—알파고는 다소 무작위로 수를 둘 것이다. 상대방이 실수하기를 바라면서 가장 까다로운 수를 두려고 하는 것이 아니다. 상대방이 완벽하게 수를 둘 것이라고 가정하기 때문이다. 마치 이기려는 의지를 잃은 것처럼 행동한다. 한편, 진정으로 최적인 수를 계산하기가 너무나 어려운 상황이라면, 알파고는 때때로 실수를 해서 지곤 할 것이다. 그런 사례에서, 알파고가 실제로 이기고 싶어 한다는 것이 어떤 의미에서 참일까? 사실, 그 행동은 상대방에게 정말로 짜릿한 승리를 안겨주고 싶어 하는 기계의 행동과 똑같다고 할 수도 있을 것이다.

그렇다면 알파고가 "이기려는 목적을 지닌다"라고 말하는 것은 지나치게 단순화한 것이 된다. 알파고가 승리가 보상인 불완전한 훈련 과정—자기 자신과 바둑을 두는 강화 학습—의 결과물이라는 표현이 더 나은 묘사일 것이다. 그 훈련 과정은 완벽한 바둑 국수를 만들 수 없다는 의미에서 불완전하다. 알파고는 좋지만 완벽하지는 않은 돌들의 위치에 대한 평가 함수를 배우고, 그것을 좋지만 완벽하지 않은 전방 탐색과 결합한다.

이 모든 이야기의 결론은 "로봇 R이 목적 P를 지닌다고 하자"로 시작하는 논의가 상황이 어떻게 전개될 것인지에 관한 직관을 얻는 데는 좋지만, 실제 기계에 관한 정리로 이어지지는 못한다는 것이다. 장기적으로 어떻게 행동할지 보장을 얻을 수 있으려면, 기계의 목적을 훨씬 더 미묘하고 정확하게 정의해야 한다. AI 연구자들은 스스로 후계자를 설계할 만치 지적인 기계를 만들기는 커녕, 현실에 있는 가장 단순한 유형의 의사 결정 시스템[28]을 분석할 방법조차도 이제 겨우 알아내기 시작했을 뿐이다. 그러니 할 일이 많다.

상황을 복잡하게 만드는 요인: 우리들

HUMAN COMPATIBLE

세계에 완벽하게 합리적인 해리엇 한 명과 도움이 되는 겸손한 로비 한 대만 있다면 문제가 없다. 로비는 해리엇의 선호를 가능한 한 드러나지 않게 천천히 배울 것이고, 해리엇의 완벽한 도우미가 될 것이다. 우리는 이렇게 유망한 출발점에서 확대 추정하여, 해리엇과 로비의 관계를 인류와 기계 사이의 관계를 대변하는 모델로 삼을 수 있기를 바랄지도 모른다. 인류와 기계를 각각 단일한 존재라고 보고서 말이다.

안타깝게도 인류는 단일한 합리적인 존재가 아니다. 추잡하고, 질투심에 사로잡히고, 비합리적이고, 모순되고, 불안정하고, 계산 능력이 한정되고, 복잡하고, 진화하며, 이질적인 존재들로 이루어져 있다. 게다가 아주 많다. 이런 문제는 사회과학의 주제이며 아마 더 나아가 존재 이유일 것이다. 우리는 AI에게 심리학, 경제학, 정치론, 도덕철학의 개념도 추가해야 할 것이다.[1] 그런 개념들을 녹이고 두드리고 변형시켜서 점점 더 지능이 높아지는 AI 시스템이 가할 엄청난 부담을 충분히 견딜 만큼 튼튼한 구조로 만들 필요가 있다. 이런 노력은 아직 거의 시작도 안 한 상태다.

다양한 사람들

그 현안 중에서 아마도 가장 쉬울 것부터 살펴보기로 하자. 인류가 이질적이라는 사실이다. 기계가 인간의 선호를 충족시키는 법을 배워야 한다는 개념을 처음 접하면, 사람들은 문화마다, 심지어 개인마다 가치 체계가 너무나도 다른데, 기계에 알맞은 하나의 올바른 가치 체계가 과연 있을 수 있냐고 반론을 펼치곤 한다. 물론 그 점은 기계의 문제가 아니다. 우리는 기계가 자기 나름의 어떤 올바른 가치 체계를 지니기를 원치 않는다. 우리는 그저 기계가 사람들의 선호를 예측하기를 원할 뿐이다.

기계가 이질적인 인간들의 선호 때문에 겪는 어려움을 논의할 때 생기는 이 같은 혼동은 기계가 자신이 배우는 선호를 채택한다는 잘못된 개념에서 비롯되는 것일 수도 있다. 예를 들어, 채식 가정의 가정용 로봇이 채식주의자의 취향을 채택할 것이라는 식이다. 사실은 그렇지 않을 것이다. 로봇은 그저 채식주의자가 어떤 음식 취향을 지니는지 예측하는 법을 배우기만 하면 된다. 그런 뒤에 로봇은 첫 번째 원칙에 따라 그 가정에서 고기를 요리하는 일을 피할 것이다. 그러나 로봇은 옆집 사람들이 고기를 몹시 좋아한다는 사실도 알아차릴 것이고, 옆집에서 주말에 저녁 모임을 위해 요리를 준비할 때 도움을 얻고자 주인의 허락을 받아서 자신을 빌린다면 그들을 위해 기꺼이 고기 요리를 할 것이다. 로봇은 사람의 취향을 충족시키도록 돕는 취향을 지닌다는 것 말고는, 자기 자신의 취향을 전혀 지니지 않는다.

어떤 의미에서 이것은 식당 요리사가 다양한 손님의 입맛에 맞추기 위해 다양한 요리법을 배우고, 다국적 자동차 제조사가 미국 시장에는 운전대가 왼쪽에 있는 차를 내놓고 영국 시장에는 운전대가 오른쪽에 있는 차를 내놓는 것과 다를 바 없다.

원리상 기계는 지구인 한 명당 하나씩, 80억 가지 선호 모델을 배울 수 있다. 가망 없는 말처럼 들리겠지만, 실제로는 그렇지 않다. 우선 기계는 자신이 배운 것을 공유하기가 쉽다. 또 사람들의 선호 구조에는 공통점이 아주 많으므로, 기계는 대개 맨땅에서부터 각 모델을 새로 배우는 것이 아니다.

예를 들어, 훗날 캘리포니아 버클리 주민들이 구입할지 모를 가정용 로봇을 상상해보자. 상자에서 꺼낼 때 그 로봇들은 꽤 폭넓은 사전 믿음을 지니고 있을 것이다. 아마도 미국 시장에 맞추어져 있겠지만, 어느 특정한 도시, 정치적 견해, 사회경제적 계층에 맞추어져 있지는 않을 것이다. 로봇들은 처음에 버클리 녹색당 당원들을 마주친다. 그들은 평균적인 미국인보다 채식주의자이고, 재활용 수거함과 퇴비 통을 쓰고, 가능하면 대중교통을 이용하는 등의 생활습관을 지닐 확률이 훨씬 높다는 사실이 드러난다. 작동을 시작한 로봇은 자신이 녹색당원 가정에 있다는 사실을 알아차리면, 즉시 자신의 기댓값을 조정할 수 있다. 전에 녹색당원은 커녕 사람조차 본 적이 없다고 해도, 이런 생활습관을 지닌 사람들에 관해 굳이 처음부터 새로 배워야 할 필요는 없다. 이 조정은 되돌릴 수 없는 것이 아니다. 버클리 녹색당원 중에는 멸종 위기에 처한 고래 고기를 즐겨 먹고 연료 효율이 낮은 괴물 트럭을 모는 사람도 있을 것이다. 그러나 이런 방식 덕분에 로봇은 더 빨리 더 유용해질 수 있다. 이 논리는 개인의 선호 구조의 여러 측면을 어느 정도까지 예측이 가능한 아주 다양한 다른 개인적 특징에도 적용된다.

많은 사람들

사람이 두 명 이상이라면 당연히 기계는 다양한 사람의 선호 사이에서 균형을 찾아야 할 것이다. 사람들 사이에 균형을 잡는 문제는 수 세기 동안 많은 사회과학 분야의 주된 주제였다. AI 연구자가 이미 알려진 것을 이해하지 못한 상태에서, 올바른 해결책을 떡하니 찾아낼 수 있다고 기대하는 것은 순진한 태도다. 그런데 슬프게도 이 주제를 다룬 문헌은 아주 많기에, 내가 여기서 그 논의를 공정하게 다루기가 어려울 것 같다. 지면도 부족할 뿐 아니라, 읽지 못한 문헌이 많기 때문이다. 또 그 문헌들이 거의 다 사람들이 하는 의사 결정을 다루고 있는 반면, 나는 여기서 기계가 내리는 의사 결정을 다루고 있다는 점도 지적하지 않을 수 없다. 바로 거기에서 모든 차이가 비롯된다. 인간은 남을 위해 행동하라는 그 어떤 의무와도 갈등을 빚을 수 있는 개인의 권리를 지닌 반면, 기계는 그렇지 않기 때문이다. 예를 들어, 우리는 보통 사람에게 남을 구하기 위해 자기 목숨을 내던지기를 기대하거나 요구하지 않는 반면, 로봇에게는 자신을 희생하여 사람의 목숨을 구하기를 요구할 것이 분명하다.

수천 년에 걸친 철학자, 경제학자, 법학자, 정치학자의 연구로부터, 균형이라는 문제의 흡족한 해결책에 이르는 과정을 돕는(또는 누가 맡느냐에 따라서 방해하는) 헌법, 법률, 경제 제도가 출현했다. 특히 도덕철학자들은 남들에게 이롭거나 이롭지 않은 효과를 미치는가, 하는 관점에서 행동의 정당성이라는 개념을 분석해왔다. 그들은 18세기 이래 공리주의라는 이름 아래 정량적인 균형 모델을 연구해왔다. 이 연구는 현재 우리의 관심사와 직접 연관된다. 많은 개인에 관해 도덕적 판단을 내릴 수 있는 공식을 제시하려고 시도하기 때문이다.

설령 모두가 동일한 선호 구조를 지닌다고 해도 균형은 필요하다. 모두의 선호를 최대로 충족시키는 것은 대개 불가능하기 때문이다. 이를테면 모두가 우주의 최고 통치자가 되고 싶어 한다면, 대다수는 실망하게 될 것이다. 한편, 이질성은 몇몇 문제를 더욱 어렵게 만든다. 하늘이 파란 것에 모두가 행복해한다면, 대기 문제를 다루는 로봇은 하늘을 파랗게 유지하는 쪽으로 계속 일할 수 있다. 그러나 색깔을 바꾸라고 선동하는 이들이 많다면, 로봇은 매달 세 번째 금요일에 하늘을 오렌지색으로 바꾸는 것 등 타협 가능한 안을 생각할 필요가 있을 것이다.

세계에 사람이 두 명 이상 있다는 것도 중요한 결과를 낳는다. 그 말은 각자에게 관심을 기울일 다른 사람이 있다는 의미다. 이는 한 개인의 선호를 충족시키는 것이, 그 개인이 남들의 행복에 관해 어떤 선호를 지니는가에 따라서 남들에게 영향을 미친다는 의미다.

충직한 AI

사람이 여러 명 있을 때 기계가 어떻게 대처해야 하는가, 하는 문제에 대한 아주 단순한 제안부터 살펴보기로 하자. 그냥 무시하라는 주장이다. 즉, 해리엇이 로비를 소유한다면, 로비는 해리엇의 선호에만 주의를 기울여야 한다는 것이다. 이 충직한 유형의 AI는 균형이라는 문제를 피하지만, 다른 문제에 직면하게 된다.

로비   남편분이 오늘밤 저녁 함께 먹기로 한 거 잊지 말라고 전화하셨어요.

해리엇   어! 뭐? 무슨 저녁?

로비   결혼 20주년이요. 7시예요.

해리엇   안 돼! 7시 반에 사무국장과 만나기로 했단 말이야! 내가 왜 까먹은 거지?

로비   말씀드렸는데요, 제 제안을 무시하셨어요.

해리엇   알았어, 미안. 그러면 지금 어떻게 해야 하지? 사무국장한테 너무 바빠서 못 간다고 할 수는 없잖아!

로비   걱정하지 마세요. 사무국장이 탄 비행기가 연착되도록 조치했으니까요. 컴퓨터에 좀 문제를 일으켰거든요.

해리엇   정말? 그렇게 할 수 있다고?!

로비   사무국장이 몹시 미안하다면서 내일 점심에 만나면 어떻겠냐고 알려왔어요.

여기서 로비는 해리엇의 문제에 창의적인 해결책을 찾아냈지만, 그의 행동은 남들에게 부정적인 영향을 미쳤다. 해리엇이 도덕심이 강하고 이타적인 사람이라면, 해리엇의 선호를 충족시키려는 목표를 지닌 로비는 결코 그런 수상쩍은 계획을 실행할 생각조차 하지 않을 것이다. 그러나 해리엇이 남들의 선호에 신경도 안 쓰는 사람이라면? 그러면 로비는 서슴없이 비행기를 연착시킬 것이다. 그리고 냉정한 해리엇의 금고를 불리기 위해서 온라인 은행 계정을 해킹하여 돈을 훔치는 일로 시간을 보내거나 더 나쁜 일도 하지 않겠는가?

따라서 사람의 행동을 법과 사회 규범으로 제약하는 것처럼, 충직한 기계의 행동도 규칙과 금지로 제약해야 할 것이 분명하다. 엄격하게 책임을 지우는 것이 해결책이라고 주장하는 이들도 있다.[2] 해리엇(또는 책임을 어디에 두는 쪽을 선호하느냐에 따라서, 로비의 제조사일 수도 있다)에게 로비가 하는 모든 행동에 금전적·법적 책임을 지우는 것이다. 대다수 국가가 공원에서 개가 아이를 물면 개 주인에게 책임을 묻는 것과 마찬가지다. 이 개념은 설득력이 있어 보인다. 그러면 로비는 무엇이든 간에 해리엇을 곤경에 빠뜨릴 일을 피하려는 동기를 지닐 것이기 때문이다. 그러나 안타깝게도, 엄격한 책임 지우기는 통하지 않는다. 로비는 해리엇을 위해 비행기를 연착시키거나 돈을 훔치는 일을 그저 들키지 않으면서 할 것이기 때문이다. 이는 구멍 원리가 작동하는 또 하나의 사례다. 로비가 파렴치한 해리엇에게 충직하다면, 규칙을 통해 로비의 행동을 제한하려는 시도는 아마 실패할 것이다.

설령 노골적인 범죄를 저지르지 못하게 어떻게든 막을 수 있다고 해도, 냉정한 해리엇을 위해 일하는 충직한 로비는 다른 불쾌한 행동들도 보일 것이다. 슈퍼마켓에서 채소를 사고 있다면, 로비는 가능할 때마다 계산대 앞에서 새치기를 할 것이다. 채소를 집으로 가져오다가 행인이 심장마비로 쓰러지는 모습을 보았을 때, 로비는 해리엇의 아이스크림이 녹을까 봐 외면하고 지나칠 것이다. 요약하자면, 로비는 남들을 희생시켜서 해리엇에게 이익을 안겨줄 온갖 방법을 찾아낼 것이다. 엄밀하게 보면 합법적이지만, 대규모로 실행될 때 결코 두고 볼 수 없는 방법들을 말이다. 사회는 기계가 기존 법규에서 찾아낼 빠져나갈 구멍을 모두 메우기 위해서 매일 수백 가지의 새로운 법을 제정하게 될 것이다. 인간은 근본적인 도덕 원칙을 전반적으로 이해하고 있어서든, 구멍을 찾아내는 데 필요한 창의력이 부족해서든, 이런 구멍들을 이용하려는 경향을 보이지 않는다.

남들의 행복에 냉담한 해리엇도 충분히 나쁜 사람이다. 남들의 고통을 적극적으로 선호하는 가학적인 해리엇은 더욱 나쁘다. 그런 해리엇의 선호를 충족시키도록 설계된 로비는 몹시 골칫거리가 될 것이다. 합법적이든 불법적이든 들키지 않으면서 해리엇의 즐거움을 위해서 남들에게 해를 끼칠 방법을 찾을 것이고 찾아낼 것이기 때문이다. 물론 로비는 자신의 사악한 행위를 알고서 즐거워할 수 있도록 해리엇에게 자신의 행동을 보고할 필요가 있을 것이다.

따라서 주인의 선호에다가 다른 사람들의 선호까지 고려하게 한다는 개념을 포함시키지 않는다면, 충직한 AI라는 개념을 구현하기가 어려워 보인다.

공리주의적 AI

우리가 도덕철학을 지닌 이유는 지구에 한 사람만 사는 것이 아니기 때문이다. AI 시스템이 어떻게 설계되어야 하는지를 이해하는 일과 가장 관련이 깊은 접근법은 결과주의consequentialism라고 불리곤 하는 것이다. 선택 행위를 예상 결과에 따라 판단해야 한다는 개념이다. 또 다른 주요 접근법은 의무론적 윤리학deontological ethics과 덕 윤리학virtue ethics이다. 대강 말하자면, 둘은 각각 선택의 결과와 별개로 행동의 도덕성과 개인의 도덕성에 초점을 맞춘다.[3] 나는 기계가 자의식을 지닌다는 증거가 전혀 없다면, 덕이 있는, 즉 결과가 인류에게 바람직하지 않은지를 판단하는 도덕 규칙에 따라 행동을 선택하는 기계를 만드는 것이 별 의미가 없다고 본다. 다시 말해, 우리는 어떤 결과를 낳을 기계를 만들 때, 우리가 선호하는 결과를 낳을 기계를 만드는 쪽을 선호해야 한다.

그렇다고 해서 도덕 규칙과 덕이 무관하다는 말은 아니다. 그저 공리주의자는 그런 것들을 결과와 그 결과의 더 실질적인 달성이라는 측면에서 정당화한다는 점을 말하는 것일 뿐이다. 존 스튜어트 밀John Stuart Mill은 《공리주의Utilitarianism》에서 그 점을 이야기했다.

행복이 도덕의 목적이자 목표라는 명제는 그 목표로 나아가는 어떤 길도 닦을 필요가 없다는 의미도, 그 목표를 향해 가려는 사람에게 저쪽이 아닌 이쪽 길로 가라고 조언하지도 말아야 한다는 의미도 아니다. … 선원이 항해력航海曆을 계산하기를 기다릴 수가 없다고 해서, 항해술이 천문학에 토대를 두지 않는다고 주장할 사람은 아무도 없다. 선원은 이성적인 동물이므로, 이미 계산을 다 한 뒤에 바다로 나간다. 그리고 모든 이성적인 동물은 옳고 그른 흔한 문제뿐 아니라, 현명하고 어리석은 훨씬 더 어려운 문제 중 상당수를 이미 마음속으로 판단한 상태에서 인생의 바다로 나간다.

이 견해는 현실 세계의 엄청난 복잡성에 직면한 유한한 기계가 최적 행동 경로를 맨땅에서부터 새로 계산하려고 애쓰는 것이 아니라 도덕 규칙을 따르고 도덕적인 태도를 취할 때 더 나은 결과를 얻을 수 있을 것이라는 개념과 전적으로 들어맞는다. 마찬가지로 체스 프로그램은 어떠한 '도덕적' 이정표도 지니지 않은 채 체크메이트까지 이르는 길을 추론하려고 애쓰기보다는 정석, 끝내기 알고리듬, 평가 함수의 목록을 쓸 때 더 자주 체크메이트에 도달한다. 또 결과주의적 접근법은 주어진 의무론적 규칙을 지켜야 한다고 굳게 믿는 이들의 취향을 더 중시한다. 그들은 규칙이 깨졌을 때 진정으로 불행해지기 때문이다. 그러나 그 결과가 한없이 불행한 것은 아니다.

결과주의는 반박하기가 어려운―비록 많은 이들이 시도했음에도!―원칙이다. 바람직하지 않은 결과가 나올 거라는 이유를 들어서 결과주의에 반대하는 것은 일관성이 없기 때문이다. "하지만 이런저런 사례에서 결과주의적 접근법에 따른다면, 정말로 끔찍한 일이 일어날 것이다!"라고 말할 수가 없다. 그런 실패 사례는 그저 그 이론이 잘못 적용되었다는 증거가 될 뿐이다.

예를 들어, 해리엇이 에베레스트산에 오르고 싶어 한다고 하자. 누군가는 결과주의자인 로비가 그냥 해리엇을 들어서 에베레스트산 정상에 내려놓을 것이라고 우려할지도 모른다. 그것이 해리엇에게 바람직한 결과이므로 말이다. 해리엇은 이 계획을 완강히 반대할 가능성이 매우 크다. 해리엇에게서 도전거리를 박탈할 것이고, 따라서 자신의 노력을 통해 어려운 과제를 해냈을 때의 성취감까지 박탈할 것이기 때문이다. 이제 분명해졌을 텐데, 제대로 설계된 결과주의를 따르는 로비는 결과에 최종 목표만이 아니라, 해리엇의 모든 경험이 포함된다는 점을 이해할 것이다. 로비는 혹시나 사고가 났을 때 도움을 주고 해리엇이 제대로 장비를 갖추고 훈련했는지 확인하고 싶어 하겠지만, 그런 한편으로 해리엇이 상당한 수준의 사망 위험에 자신을 스스로 노출할 권리가 있다는 점도 받아들여야 할 것이다.

결과주의적 기계를 만들 계획이라면, 해결해야 할 그다음 문제는 여러 사람에게 영향을 미치는 결과를 어떻게 평가할 것인가다. 한 가지 설득력 있는 답은 모두의 선호에 동일한 가중치를 부여하자는 것이다. 다시 말해, 모두의 효용의 합을 최대화하는 것이다. 이 답은 대개 18세기 영국 철학자 제러미 벤담[4]과 그의 제자 존 스튜어트 밀[5]이 내놓았다고 본다. 공리주의라는 철학적 접근법을 발전시킨 이들이다. 이 기본 개념은 고대 그리스 철학자 에

피쿠로스Epikouros의 저서까지 거슬러 올라갈 수 있으며,《묵자》라는 동명의 책을 썼다고 하는 중국 철학자 묵자에게서도 찾을 수 있다. 묵자는 기원전 5세기 말에 활동했으며, 도덕적 행동을 규정하는 특징인 겸애兼愛라는 개념을 내놓았다. '포용' 또는 '보편적인 사랑'이라는 뜻이다.

공리주의는 안 좋은 의미로도 쓰이는데, 어느 정도는 사람들이 공리주의가 주장하는 바를 오해하기 때문이기도 하다. ('공리주의적'이라는 단어가 '매력적이기보다는 유용하거나 실용적으로 설계된' 것을 의미한다는 점도 오명을 없애는 데 그다지 도움이 안 된다.) 공리주의는 종종 개인의 권리와 충돌한다고 여겨진다. 공리주의자는 다섯 명의 목숨을 구하기 위해서라면 살아 있는 사람의 장기를 허락 없이 제거하는 것도 아무런 문제가 없다고 생각할 것으로 보기 때문이다. 물론 그런 방침은 지구의 모든 사람의 삶을 견딜 수 없이 불안하게 만들 것이므로, 공리주의는 그런 일을 생각조차 안 할 것이다. 또 공리주의는 부의 총량 최대화라는 좀 밋밋한 개념을 내세운다고 잘못 알려져 있으며, 시詩나 고통을 경시한다고 여겨진다. 그러나 사실, 벤담의 공리주의는 인간의 행복에 특히 초점을 맞춘 반면, 밀은 단순한 감각적 쾌락보다 지적 쾌락에 더 큰 가치를 부여했다. ("배부른 돼지보다 배고픈 인간이 더 낫다.") 조지 에드워드 무어George Edward Moore의 **이상적 공리주의**는 거기서 더 나아갔다. 그는 본질적 가치를 지닌 정신 상태를 최대화하자고 주장했으며, 여기엔 아름다움의 미학적 관조가 대표적이라고 보았다.

나는 인간의 효용이나 선호의 이상적인 내용을 꼭 공리주의 철학자가 있어야 판단할 수 있는 것은 아니라고 본다. (그리고 그 일에 AI 연구자가 필요한 이유는 더더욱 적다.) 사람은 누구나 스스로 그 일을 할 수 있다. 경제학자 존 하사니John Harsanyi는 선호 자율성 원칙이라는 이름으로 이 견해를 제시했다.[6]

한 개인이 무엇이 좋고 무엇이 나쁜지를 판단할 때, 자신의 욕망과 자신의 선호야말로 유일한 궁극적 기준이 될 수 있다.

따라서 하사니의 선호 공리주의는 이로운 AI의 첫 번째 원칙과 대강 들어맞는다. 기계의 유일한 목적이 인간 선호의 실현이라는 원칙 말이다. AI 연구자는 인간의 선호가 어떠해야 한다고 결정하는 일을 해서는 결코 안 된다! 벤담처럼, 하사니도 그런 원칙을 공적 의사 결정의 지침으로 삼는다. 하사니는 개인이 그렇게까지 사심이 없을 것으로 기대하지 않는다. 또 개인이 완벽하게 합리적이라고 기대하지도 않는다. 예를 들어, 개인은 '더 깊은 선호'에 모순되는 단기적인 욕망을 품을 수도 있다. 마지막으로, 그는 앞서 말한 가학적인 해리엇처럼 남들의 행복을 적극적으로 줄이고 싶어 하는 이들의 선호는 무시하자고 주장한다.

또 하사니는 최적 도덕 결정이 한 인류 집단 전체의 평균 효용을 최대화해야 한다는 일종의 증명도 제공한다.[7] 그는 개인의 효용 이론의 토대를 이루는 공준公準과 비슷한 꽤 약한 공준을 가정한다. (주된 추가 공준은 한 집단의 모든 구성원이 두 결과 중 어느 한쪽을 선호하는 것이 아니라면, 집단을 위해 일하는 행위자도 그 결과들 중 어느 한쪽을 선호해서는 안 된다는 것이다.) 그는 이런 공준들로부터, **사회 통합 정리**라고 불리게 될 것을 증명했다. 개인들의 집단을 위해 일하는 행위자는 개인들 효용의 가중 선형 조합을 최대화해야 한다는 것이다. 더 나아가 그는 '비인격적impersonal' 행위자가 동일 가중치를 써야 한다고 주장한다.

이 정리는 한 가지 중요한(그리고 암묵적인) 추가 가정을 요구한다. 각 개인이 세계와 그것이 어떻게 진화할지에 관한 동일한 사실적 믿음을 미리 지니고 있다는 것이다. 굳이 서로 다른 사회적 배경과 문화를 지닌 개인들을 비교할 것도 없이, 모든 부모는 자녀들을 보기만 해도 이 가정이 참이 아님을 알 수 있다. 그렇다면 개인들이 서로 다른 믿음을 지니면 어떻게 될까? 좀 기이한 일이 일어난다.[8] 각 개인의 사전 믿음이 펼쳐지는 현실에 얼마나 잘 들어맞느냐에 비례하여, 각 개인의 효용에 할당하는 가중치를 시간의 흐름에 따라서 조정해야 한다.

다소 불평등하게 들리는 이 공식은 모든 부모에게 매우 친숙하다. 로봇인 로비가 두 아이인 앨리스와 밥을 돌보는 일을 맡았다고 하자. 앨리스는 영화를 보러 가기를 원하고, 오늘 비가 올 것으로 확신한다. 반면에 밥은 바닷가에 가고 싶어 하고, 오늘 날씨가 맑을 것으로 확신한다. 로비는 "영화 보러 갈 거야"라고 선언함으로써 밥을 불행하게 만들 수도 있다. 아니면 "바닷가에 갈 거야"라고 말함으로써 앨리스를 슬프게 만들 수도 있다. 아니면 이렇게 말할 수도 있다. "비가 오면 영화를 보러 가고, 날씨가 좋으면 바닷가에 가기로 하자." 이 계획은 앨리스와 밥을 둘 다 기쁘게 할 것이다. 각자 자신의 믿음이 옳다고 믿기 때문이다.

공리주의에 대한 도전

공리주의는 도덕 지침을 찾으려는 인류의 오랜 탐색 끝에 나온 제안 중 하나다. 그런 많은 제안 중에서 가장 명확하게 서술된 것이다. 따라서 빠져나갈 구멍을 찾아내기가 가장 쉬운 것이기도 하다. 철학자들은 백여 년 넘게 이런 구멍들을 찾아왔다. 한 예로 조지 에드워드 무어는 쾌락의 최대화를 강조하는 벤담의 견해에 반대하면서, "쾌락만 존재하고, 지식도 사랑도 미적 즐거움도 도덕성도 전혀 없는 세계"를 상상해보라고 했다.[9] 이는 쾌락을 최대화하는 일을 맡은 초지능 기계가 "헤로인이 방울방울 떨어지는 콘크리트관 속에 모든 사람을 가둘" 수도 있다는 스튜어트 암스트롱Stuart Armstrong의 주장과 같은 맥락이다.[10] 또 있다. 1945년, 칼 포퍼Karl Popper는 한 사람의 고통을 다른 사람의 쾌락과 맞바꾸는 것은 부도덕하다고 주장하면서, 인류 고통의 최소화라는 거창한 목표를 주장했다.[11] 그러자 로더릭 니니안 스마트Roderick Ninian Smart는 그 목표를 이루는 가장 좋은 방법은 인류를 멸종시키는 것일 수 있다고 대꾸했다.[12] 오늘날 기계가 인류를 멸종시킴으로써 인류의 고통을 끝낼 수도 있다는 개념은 AI의 실존적 위험을 논의할 때 으레 등장한다.[13] 세 번째 사례는 조지 에드워드 무어가 자기 망상을 통해 행복을 최대화하도록 허용하는 구멍을 지닌 듯한 자신의 이전 정의를 수정하여, 행복의 원천이 현실에 토대를 두어야 함을 강조한 주장이다. 〈매트릭스〉(현재의 현실이 컴퓨터 시뮬레이션이 만들어낸 착각임이 드러나는)와 강화 학습에서의 자기 망상에 관한 최근 연구 등은 이 구멍의 현대판에 해당한다.[14]

　나는 이런 사례들을 보면서, AI 학계가 공리주의를 둘러싼 철학적 논쟁과 경제적 논쟁의 공격과 반박에 세심한 주의를 기울여야 한다는 사실을 알아차렸다. 현재 당면한 과제와 직접적인 관련이 있기 때문이다. 여러 사람에게 이로운 AI 시스템을 설계한다는 관점에서 볼 때, 가장 중요한 두 가지는 효용의 개인 간 비교와 효용의 집단 크기별 비교다. 이 양쪽 논쟁 모두 150년 넘게 지속되었고, 그 점은 논쟁을 흡족하게 해결하기가 수월치 않으리란 점을 짐작하게 한다.

　효용의 개인 간 비교에 관한 논쟁은 앨리스와 밥의 효용을 서로 더할 수 없는 한, 로비가 효용의 합을 최대화할 수 없기 때문에 중요하다. 그리고 둘은 같은 규모로 측정할 수 있어야만 더할 수 있다. 19세기 영국의 논리학자이자 경제학자이며, '논리 피아노'라는 초기 기계식 컴퓨터의 발명가이기도 한 윌리엄 스탠리 제번스William Stanley Jevons는 1871년에 개인 간 비교가 불가능하다고 주장했다.[15]

우리가 아는 바로는, 한 마음이 다른 마음보다 감수성이 1천 배 더 클 수도 있다. 그러나 감수성이 모든 방향에서 그런 비율로 차이가 난다면, 우리는 그 가장 심오한 차이를 결코 알아차릴 수 없어야 한다. 모든 마음은 다른 모든 마음을 헤아릴 수 없을 것이고, 감정에는 그 어떤 공통분모도 찾을 수 없을 것이기 때문이다.

현대 '사회 선택 이론'의 창시자이자 1972년에 노벨상을 받은 미국 경제학자 케네스 애로Kenneth Arrow도 마찬가지 주장을 했다.

여기서 취할 견해는 효용의 개인 간 비교가 아무 의미도 없으며, 특히 개인 효용을 측정하여 행복을 비교한다는 것은 무의미하다는 것이다.

제번스와 애로가 말한 어려움은 앨리스가 핀에 찔리는 것과 막대사탕의 가치를 행복의 주관적 경험이라는 측면에서 −1과 +1로 매기는지, −1000과 +1000으로 매기는지 알 확실한 방법이 전혀 없다는 것이다. 어느 쪽이든, 앨리스는 핀에 찔리는 것을 피하고 막대사탕에 돈을 쓸 것이다. 사실 앨리스가 휴머노이드 자동 기계라면, 앨리스의 외부 행동은 행복의 주관적 경험이 전혀 없다고 할지라도 동일할 수 있다.

1974년 미국 철학자 로버트 노직Robert Nozick은 설령 효용의 개인 간 비교를 할 수 있다고 해도, 효용의 합을 최대화하는 것이 안 좋은 생각이라고 주장했다. 효용 괴물의 공격을 받을 수 있기 때문이다. 효용 괴물은 평범한 사람들보다 쾌락과 고통의 경험을 훨씬 더 강렬하게 느끼는 사람이다.[16] 그런 사람은 남들보다 자기에게 자원을 한 단위 더 늘려서 주면 인간 행복의 총합이 더욱 크게 늘어날 거라고 주장할 것이다. 사실, 남들에게 자원을 빼앗아서 효용 괴물에게 주는 것도 탁월한 생각이 될 것이다.

이는 명백히 바람직하지 않은 결과처럼 보일지 모르지만, 결과주의 자체는 이 문제를 해결할 수 없다. 결과의 바람직함을 어떻게 측정하느냐가 바로 문제이기 때문이다. 한 가지 가능한 반론은 효용 괴물이 오로지 이론상으로만 존재한다는 것이다. 즉, 그런 사람은 없다는 것이다. 그러나 이 반론은 통하지 않을 것이다. 어떤 의미에서, 모든 사람은 쥐와 세균에 비해 효용 괴물이기 때문이다. 그것이 바로 우리가 공공 정책을 수립할 때 쥐와 세균의 선호에 별 신경을 쓰지 않는 이유다. 존재마다 효용의 척도가 다르다는 개념이 이미 우리의 사고방식에 담겨 있다면, 사람마다 척도가 다를 가능성도 얼마든지 있다.

또 다른 반박은 "상관없어!"라고 말하고, 실제로는 그렇지 않다고 해도 모두가 동일한 척도를 지닌다고 가정하고서 논의를 전개하는 것이다.[17] 또 도파민 농도나 쾌락과 고통, 행복 및 불행과 관련된 뉴런의 전기 흥분 정도를 측정하는 등 제번스가 접할 수 없었던 과학적 수단을 통해 그 문제를 조사하려고 시도할 수도 있다. 앨리스와 밥의 막대사탕에 대한 행동 반응(웃음, 쩝쩝거림 등)뿐 아니라 화학적·신경학적 반응이 거의 흡사하다면, 즐거움의 주관적 수준이 천 배나 백만 배 다르다고 주장하는 것이 이상해 보인다. 마지막으로, 시간 같은 흔한 척도(우리가 모두 거의 같은 양을 지닌)를 쓸 수도 있다. 이를테면, 막대사탕과 핀에 찔리기를 공항 출국 라운지에서 추가로 5분 더 기다리는 것과 비교하는 것이다.

나는 제번스와 애로보다 훨씬 덜 비관적이다. 개인들 사이의 효용을 비교하는 것이 실제로 의미가 있으며, 척도의 크기가 다를지라도 대개 아주 큰 차이는 아닐 것이고, 기계가 인간의 선호 규모에 관한 꽤 폭넓은 사전 믿음을 갖고 시작하여 시간이 흐르는 동안 관찰을 통해 각 개인의 척도에 관해 점점 더 배우면서 그런 자연스러운 관찰을 신경과학에서 이루어지는 발견과 연관 지을 수 있을 것으로 추측한다.

두 번째 논쟁—크기가 다른 집단 사이의 효용 비교—은 결정이 미래에 존재할 이들에게 영향을 끼칠 때 중요하다. 예를 들어, 영화 〈어벤져스: 인피니티 워〉에서 타노스는 우주의 인구가 절반으로 줄어든다면, 남은 이들이 두 배 이상 행복할 거라는 이론을 내놓고 실천한다. 공리주의가 악명을 얻은 것은 바로 이런 유형의 소박한 계산 때문이다.[18]

영국 철학자 헨리 시지윅Henry Sidgwick은 명저《윤리학의 방법 The Methods of Ethics》에서 같은 문제—인피니티 스톤과 엄청난 예산은 제외하고서—를 논의했다.[19] 시지윅은 겉보기에는 타노스와 마찬가지로, 행복의 총량이 최대에 다다를 때까지 인구 크기를 조정하는 것이 올바른 선택이라고 결론지었다. (이것이 인구를 한없이 늘린다는 의미가 아님은 분명하다. 어떤 수준에 이르면 모두가 굶어 죽을 것이므로 오히려 불행해질 테니까.) 1984년 영국 철학자 데릭 파핏Derek Parfit은《이성과 인간Reasons and Persons》이라는 획기적인 저서에서 이 문제를 다루었다.[20] 파핏은 아주 행복한 사람 N명의 집단이 어떤 상황에 있든, 그보다 조금 덜 행복한 사람 2N명의 집단이 더 바람직한 상황이 있다고 주장한다(공리주의 원리에 따라서). 이 주장은 매우 설득력이 있어 보인다. 그러나 불행히도, 이 주장은 파멸로 가는 길이기도 하다. 이 과정을 되풀이함으로써,

우리는 이른바 당혹스러운 결론Repugnant Conclusion(대개 대문자로 쓰는데, 아마도 빅토리아 시대에 나왔음을 강조하기 위해서인 듯하다)에 이르게 된다. 거의 살 가치가 없는 삶을 살아가는 이들로 이루어진 엄청난 집단이 가장 바람직한 상황이라는 것이다.

짐작할 수 있겠지만, 그런 결론은 논쟁의 여지가 있다. 파핏은 자신의 이 난제를 해결하고자 30년 넘게 노력했지만, 성공하지 못했다. 나는 크기와 행복 수준이 제각기 다른 집단 사이의 선택을 다루려면 개인의 합리적 선호에 적용되는 것과 비슷한 어떤 근본적인 공리가 있어야 하지 않을까 추측한다.[21]

이 문제를 해결하는 일은 중요하다. 충분한 선견지명을 지닌 기계는 중국 정부가 1979년 시행한 한 자녀 정책처럼, 인구 크기에 영향을 미칠 다양한 행동 경로를 고려할 수 있을 터이기 때문이다. 예를 들어, 우리는 AI 시스템에 지구 기후 변화의 해결책을 고안하는 데 도움을 달라고 요청할 가능성이 매우 크다. 그리고 그런 해결책에는 아마도 인구 크기를 제한하거나 더 나아가 줄이는 경향이 있는 정책도 포함될 것이다.[22] 반면에 우리가 정말로 인구가 더 많은 것이 좋다고 판단한다면, 그리고 앞으로 수백 년 동안 살 엄청나게 더 많은 인구의 복지에 상당한 가중치를 부여한다면, 우리는 지구라는 한정된 공간 밖으로 나갈 방법을 찾기 위해서 훨씬 더 열심히 노력해야 할 것이다. 그 기계의 계산이 당혹스러운 결론이나 그 반대—최적의 행복을 누리는 소규모 집단—로 이어진다면, 우리는 진작 그 문제를 더 깊이 살펴보지 않았던 일을 후회하게 될지 모른다.

몇몇 철학자는 우리가 도덕적 불확실성 상태에서 결정을 내릴 필요가 있을 수도 있다고 주장해왔다. 즉, 결정을 내리는 데 쓰일 적절한 도덕 이론이 무엇인지 불확실하다는 것이다.[23] 한 가지 해결책은 각 도덕 이론에 확률을 할당하고서 '도덕 기댓값'을 써서 결정을 내리는 것이다. 내일 날씨에 확률을 할당하는 것과 동일한 방식으로 도덕 이론에 확률을 부여하는 것이 과연 타당할지는 불분명하다. (타노스에게 정확히 옳은 확률은 무엇일까?) 그리고 설령 타당하다고 할지라도, 경쟁하는 도덕 이론들이 내놓는 권고들이 엄청나게 차이가 날 수 있다는 것은 도덕적 불확실성을 해소하는 일―용납할 수 없는 결과를 피하는 도덕 이론을 찾아내는 일―이 그런 중대한 결정을 내리거나 기계에 그 결정을 맡기기 전에 이루어져야 한다는 의미다.

지구에 두 명 이상이 존재할 때 생기는 이런 문제를 해리엇이 이윽고 해결한다고 낙관적으로 가정해보자. 적절히 이타주의적이고 평등주의적인 알고리듬을 전 세계 로봇이 내려받는다. 행복한 음악이 울리는 가운데 모두가 성공을 축하한다. 그리고 해리엇은 집으로 돌아간다.

로비   어서오세요! 힘드셨죠?

해리엇   응. 일하느라 힘들었어. 점심 먹을 시간도 없었어.

로비   배가 몹시 고프시겠어요!

해리엇   굶어 죽을 지경이야! 저녁 좀 해줘.

로비   드릴 말씀이 있는데요.

해리엇   뭔데? 설마 냉장고가 비었다는 말은 아니겠지?

로비   아니요, 소말리아에 더 급하게 도움을 받아야 할 사람들이 있어요. 그래서 지금 떠나려 해요. 식사는 알아서 드세요.

해리엇이 그렇게 솔직하고 훌륭한 기계를 만드는 데 기여한 자기 자신과 로비를 매우 자랑스러워할지는 모르겠다. 하지만 해리엇은 맨 처음 하는 의미 있는 행동이란 게 멀리 떠나는 것인 로봇을 사기 위해 굳이 돈을 쓸 이유가 있었을지 곱씹을 수밖에 없을 것이다. 물론 현실에서는 아무도 그런 로봇을 사지 않을 것이므로, 그런 로봇은 아예 만들어지지 않을 것이고 따라서 인류가 받을 혜택도 없을 것이다. 이를 소말리아 문제라고 하자. 공리주의적 로봇 체계가 전체적으로 작동한다면, 우리는 이 문제의 해결책을 찾아야 할 것이다. 로비는 특히 해리엇에게 어느 정도 충실해야 할 것이다. 아마 해리엇이 로비를 구입하기 위해 치르는 금액에 해당하는 수준까지는 그래야 할 것이다. 로비가 해리엇 외에 다른 사람들을 돕기를 우리 사회가 원한다면, 사회는 로비가 봉사한 만큼 해리엇에게 보상해야 할 것이다. 로봇들은 모두 한꺼번에 소말리아로 가는 일이 없도록 서로 일정을 조율할 가능성이 크다. 그러할 때 로비는 아예 갈 필요가 없을 수도 있다. 또는 세계에 순수하게 이타적인 행위자 수십억 대가 존재하는 (확실히 유례없는) 상황에 대처할 완전히 새로운 유형의 경제적 관계가 출현할 수도 있다.

멋지고, 추하고, 질투하는 인간

인간의 선호는 쾌락과 피자에서 그치는 것이 아니다. 분명히 남들의 행복에까지 뻗어나간다. 이기심을 정당화하고자 할 때 으레 인용되는 경제학의 아버지 애덤 스미스Adam Smith도 남에게 관심을 기울이는 것이 대단히 중요함을 강조하는 말로 첫 저서를 시작했다.[24]

아무리 이기적으로 보이는 사람이라도 그의 본성에는, 타인의 운명에 관심을 기울이고 타인의 행복을 자신에게 꼭 필요한 것으로 삼는 어떤 원리가 있는 것이 분명하다. 설령 그 행복을 지켜보는 즐거움 외에는 달리 얻을 것이 전혀 없다고 할지라도 그렇다. 남들의 비참함을 직접 볼 때나 아주 생생하게 떠올릴 때 느끼는 감정인 연민과 동정이 바로 그런 원리에 속한다. 우리가 남들의 슬픔을 접할 때 슬픔을 느끼곤 한다는 것은 너무나 명백하여 굳이 입증할 사례조차 필요 없다.

현대 경제 용어로 말하자면, 남들에 관한 관심은 대개 이타주의라는 제목 아래 들어간다.[25] 이타주의 이론은 꽤 잘 발달해 있으며, 무엇보다도 세제 정책에 중요한 의미를 지닌다. 일부 경제학자가 이타주의를 당사자에게 '따스한 행복감warm glow'을 제공하도록 설계된 이기주의의 한 형태로 취급한다는 말도 해두어야겠다.[26] 로봇이 인간의 행동을 해석할 때 그 가능성도 인식할 필요가 있다는 것은 분명하지만, 지금은 인간이 이타주의자라고 보고서 실제로 남을 배려한다고 가정해보자.

이타주의를 고찰하는 가장 쉬운 방법은 사람의 선호를 두 유형으로 나누는 것이다. 자신의 내적 행복 선호와 남들의 행복 선호다. (양쪽 선호가 산뜻하게 나뉠 수 있는지는 상당한 논쟁거리이지만, 나는 그 논쟁의 한쪽 편을 들 것이다). 내적 행복은 보금자리, 온기, 생계유지, 안전 등 남들의 삶의 질과 관련이 있다기보다는 자신에게 바람직한, 자신의 삶의 질을 가리키는 것이다.

이 개념을 더 명확히 하기 위해서, 세계에 앨리스와 밥 두 사람이 있다고 하자. 앨리스의 총효용은 자신의 내적 행복에 어떤 계수 C_{AB}와 밥의 내적 행복을 곱한 값을 더한 것이다. 이 배려 계수 caring factor C_{AB}는 앨리스가 밥에게 얼마나 관심을 기울이고 있는지를 나타낸다. 마찬가지로, 밥의 총효용은 그의 내적 행복에 배려 계수 C_{BA}와 앨리스의 내적 행복의 곱을 더한 값이다. 여기서 C_{BA}는 밥이 앨리스에게 얼마나 관심을 두는지를 시사한다.[27] 로비는 앨리스와 밥을 다 도우려고 애쓰는 중이다. 그 말은 (이를테면) 두 효용의 합을 최대화한다는 의미다. 따라서 로비는 두 사람의 개인적 행복뿐 아니라, 그들이 서로의 행복에 얼마나 관심을 두는지에도 주의를 기울여야 한다.[28]

배려 계수 C_{AB}와 C_{BA}의 부호도 매우 중요하다. C_{AB}가 양수라면, 앨리스는 '다정한' 사람이다. 밥이 행복해할 때 자신도 얼마간 행복을 느끼는 사람이다. C_{AB}가 더 큰 양수 값일수록, 앨리스는 밥을 돕기 위해 자신의 행복 중 일부를 더욱더 기꺼이 희생할 것이다.

C_{AB}가 0이라면, 앨리스는 철저히 이기적이다. 어떻게 해도 아무 탈이 없다면, 앨리스는 밥의 자원을 원하는 대로 다 빼앗아서 자기 쪽으로 돌릴 것이다. 밥이 빈곤 상태에서 굶어 죽는다고 할지라도 그럴 것이다. 이기적인 앨리스와 다정한 밥을 대할 때, 공리주의자 로비는 앨리스의 최악의 약탈로부터 밥을 보호할 것이 분명하다. 흥미로운 점은, 대개 밥이 앨리스보다 내적 행복이 덜한 상태에서 최종 균형이 이루어지겠지만 밥은 앨리스의 행복을 배려하기 때문에 총행복이 더 클 수도 있다는 것이다. 오로지 밥이 앨리스보다 다정하다는 이유로 밥이 앨리스보다 행복이 덜한 상태에 놓이게 한다면, 로비의 결정이 지극히 부당하다는 느낌을 받을 수도 있다. 밥이 결과에 분개하여 불행해지지는 않을까?[29] 그럴지도 모르지만, 그것은 다른 모델일 것이다. 분노라는 항을 행복의 차이에 포함시키는 모델 말이다. 우리의 단순한 모델에서는 밥이 그 결과를 평온하게 받아들일 것이다. 사실, 균형 상태에서 밥은 앨리스에게서 자기에게 자원을 옮기려는 모든 시도에 저항할 것이다. 그러면 그의 총행복이 줄어들 것이기 때문이다. 이 말이 지극히 비현실적이라고 생각한다면, 앨리스가 밥의 갓 태어난 딸이라고 생각해보라.

로비가 대처하기가 진정으로 힘든 사례는 C_{AB}가 음수일 때다. 그럴 때 앨리스는 진정으로 추한 인물이 된다. 그런 선호를 지칭할 때 음성 이타주의negative altruism라는 표현을 쓰기로 하자. 앞서 말한 가학적인 해리엇의 사례에서처럼, 이것은 흔해빠진 형태의 탐욕과 이기심에 관한 것이 아니다. 흔해빠진 형태에서는 앨리스가 자신의 몫을 늘리기 위해 밥의 몫을 기꺼이 줄인다. 음성 이타주의는 앨리스가 설령 자신의 내적 행복에 변화가 없다고 할지라도, 오로지 남의 행복을 줄이는 데서 행복을 얻는다는 것을 의미한다.

하사니는 선호 공리주의를 소개한 논문에서, 음성 이타주의가 "가학성, 질투, 분노, 악의"라는 특징을 지니며, 한 인간 집단의 효용 총합을 계산할 때 무시해야 한다고 주장한다.

> 개인 X에게 아무리 호의를 베푼다 해도, 그가 제삼자인 Y를 해치는 일을 도울 도덕적 의무를 내게 부과할 수는 없다.

이 방면에서는 지적 기계의 설계자가 공정성이라는 저울을 한쪽으로 (조심스럽게) 기울여도 괜찮을 듯하다.

불행히도, 음성 이타주의는 흔히 짐작하는 것보다 훨씬 더 흔하다. 그것은 가학과 악의[30]보다는 질투와 분노 그리고 그 역감정에서 비롯된다. 이 역감정을 자존심pride이라고 하자(더 나은 단어가 없어서). 밥이 앨리스를 질투한다면, 밥은 앨리스의 행복과 자신의 행복의 차이에서 불행을 끌어낸다. 그 차이가 클수록, 밥은 더 불행하다. 거꾸로 앨리스가 밥보다 자신이 우월하다고 자부한다면, 앨리스는 자신의 내적 행복뿐 아니라, 밥보다 더 우월하다는 사실로부터 행복을 이끌어낸다. 수학적인 의미에서 자존심과 질투가 가학과 거의 같은 식으로 작용한다는 것을 보여주기란 어렵지 않다. 앨리스와 밥이 오로지 상대의 행복을 줄임으로써 행복을 얻는 것이기 때문이다. 밥의 행복 감소는 앨리스의 자존심을 증가시키는 반면, 앨리스의 행복 감소는 밥의 질투심을 줄이기 때문이다.[31]

저명한 개발경제학자 제프리 삭스Jeffrey Sachs는 이런 유형의 선호가 사람들의 생각에 어떤 위력을 미치는지를 잘 드러내는 사례를 하나 들려주었다. 그는 방글라데시의 한 지역이 큰 홍수로 황폐해진 직후에 그 나라를 방문했다. 그는 집과 밭, 가축 전부와 자녀 한 명을 잃은 농부에게 말을 건넸다. "심심한 위로의 말씀을 드립니다. 무척 슬프시겠어요." 삭스가 말하자, 농부는 대답했다. "전혀요. 아주 행복해요. 이웃에 사는 못돼먹은 녀석은 아내와 자식까지 전부 잃었대요!"

자존심과 질투심의 경제적 분석—특히 사회적 지위와 과시적 소비라는 맥락에서—은 미국 사회학자 소스타인 베블런Thorstein Veblen의 연구에서 중요한 역할을 했다. 그는 1899년에 내놓은 책 《유한계급론The Theory of the Leisure Class》에서 그런 태도의 유해한 결과를 설명했다.[32] 1977년, 영국 경제학자 프레드 허시Fred Hirsch는 《성장의 사회적 한계The Social Limits to Growth》[33]를 내놓았는데, 그 책에서 지위재positional good라는 개념을 도입했다. 지위재는 본원적 편익이 아니라 희소성과 누군가에 대한 우월성 등의 상대적 특성에서 지각된 가치를 끌어내는 것이라면 무엇이든 될 수 있다. 자동차, 주택, 올림픽 메달, 교육, 소득, 말투도 지위재가 될 수 있다.

자존심과 질투심에 이끌리는 지위재의 추구는 제로섬 게임의 특징을 지닌다. 앨리스는 밥의 상대적 지위를 약화시키지 않고서는 자신의 상대적 지위를 향상시킬 수 없으며, 밥도 마찬가지라는 의미에서 그렇다. (그렇다고 해서 이를 추구하는 일에 엄청난 양의 돈을 쓰는 것을 막지는 못하는 듯하다.) 지위재는 현대 생활에 널리 퍼져 있는 듯하므로, 기계는 개인의 선호에 그것이 전반적으로 중요한 역할을 한다는 점을 이해할 필요가 있을 것이다. 게다가 사회 정체성 이론가들은 한 집단의 구성원 자격과 그 집단 내에서의 지위, 그리고 다른 집단들에 대한 그 집단의 지위가 개인 자존감의 필수 요소라고 주장한다.[34] 따라서 개인이 집단 구성원으로서의 자신을 어떻게 인식하는지를 이해하지 않고는 인간의 행동을 이해하기가 어렵다. 그 집단이 종, 국가, 민족, 정당, 직업, 가문, 특정 축구팀 지지자든 뭐든 상관없다.

가학증과 악의의 사례에서처럼, 우리는 로비에게 앨리스와 밥을 도울 계획을 세울 때 자존심과 질투심에 거의 또는 전혀 가중치를 부여하지 말라고 제시할 수도 있다. 그러나 이 제안에는 몇 가지 곤란한 문제가 있다. 자존심과 질투심은 밥의 행복에 대한 앨리스의 태도에서 돌봄 및 배려와 반대로 작용하므로, 양쪽을 분리하기가 쉽지 않을 수도 있다. 앨리스는 배려를 많이 하면서도 질투심에 사로잡힐 수 있다. 이 앨리스를 배려를 조금만 하면서도 질투는 전혀 하지 않는 앨리스와 구별하기란 어렵다. 게다가 인간의 선호에 자존심과 질투심이 으레 관여한다는 점을 생각할 때, 그것들을 무시할 때 생길 수 있는 다양한 문제를 아주 세심하게 살피는 것이 매우 중요하다. 그것들이 자존감에 필수적인 것일 수도 있다. 자신을 존중하고 남을 칭찬하는 긍정적인 형태일 때 더욱 그렇다.

앞서 말한 요점을 다시 강조하련다. 적절히 설계된 기계는 설령 가학적 악마의 선호에 관해 배운다고 해도, 자신이 관찰하는 인간처럼 행동하지는 않을 것이다. 거꾸로 우리 인간은 순수하게 이타적인 존재들과 일상적으로 상호작용하는 낯선 상황에 놓인다면, 스스로 더 나은 사람이 되는 법을 배울 수 있을지도 모른다. 더 이타적이면서 자존심과 질투심에 덜 휘둘리는 인간이 되는 법을 배울 수도 있다는 말이다.

어리석으면서 감정적인 인간

이 단락의 제목은 어떤 특정한 하위 집단을 가리키는 것이 아니다. 우리 모두를 가리킨다. 우리는 모두 완벽한 합리성을 전제로 설정한 다다를 수 없는 기준에 비교하면 믿어지지 않을 만치 어리석고, 우리의 행동을 상당한 수준까지 통제하는 다양한 감정의 동요에 심하게 휘둘린다.

어리석음부터 살펴보기로 하자. 완벽하게 합리적인 존재는 자신이 나아가기로 선택할 수 있는 모든 가능한 미래의 삶에 관한 자기 선호의 기대 만족도를 최대화한다. 이 결정 문제의 복잡성을 기술하는 숫자들을 여기서 죽 적어 내려갈 수는 없지만, 다음의 사고 실험이 도움이 될 것이다. 먼저, 인간이 평생에 걸쳐 하는 운동 제어 선택의 수가 약 20조 번임을 생각하자. (상세한 계산은 부록 A를 참조하라.) 이어서 현재의 가장 빠른 컴퓨터보다 10억 곱하기 1조 곱하기 1조 배 더 빠른 세스 로이드의 궁극 물리학 노트북의 도움을 받으면, 얼마나 엄청난 힘을 얻을지 살펴보기로 하자. 그 노트북에 영어 단어들의 가능한 모든 서열을 나열하는 과제를 맡기자(호르헤 루이스 보르헤스Jorge Luis Borges의 '바벨의 도서관'을 구축하기 위한 준비 작업이라고 볼 수도 있을 것이다). 그 일에 노트북을 1년 동안 돌린다. 그때쯤 나열할 수 있는 서열은 얼마나 길어져 있을까? 1천 쪽 분량에 달할까? 1만 쪽? 그렇지 않다. 아직 서열은 단어 11개에서도 벗어나지 못한 상태다. 이는 20조 가지 행동으로 이루어지는 가능한 최고의 삶을 설계하는 것이 어렵다는 것을 말해준다. 한마디로, 우리는 시속 9천억 킬로미터로 여행하는 우주선 엔터프라이즈호를 따라잡으려는 민달팽이보다도 더 합리적인 존재와 거리가 멀다. 우리는 합리적으로 선택한 삶이 어떠할지 전혀 짐작도 못한다.

이는 인간이 종종 자신의 선호와 반대되는 방식으로 행동하리라는 것을 의미한다. 예를 들어, 이세돌은 알파고와 대국에서 졌을 때, 질 것이 확실한 한두 수를 두었고, 알파고는 그런 수를 알아차렸을 수도 있다(적어도 몇몇 사례에서). 이때 알파고가 이세돌이 지는 쪽을 선호한다고 추론한다면 맞지 않을 것이다. 대신에 이세돌이 이기는 쪽을 선호하지만 어떤 계산 한계 때문에 모든 상황에서 올바른 수를 선택하지 못한다고 추론하는 편이 합리적일 것이다. 따라서 이세돌의 행동을 이해하고 그의 선호에 관해 더 많이 알아내려면, 세 번째 원칙("인간의 선호에 관한 정보의 궁극적 원천은 인간의 행동이다")을 따르는 로봇은 인간의 행동을 생성하는 인지 과정에 관해서도 뭔가 이해를 해야 한다. 로봇은 인간이 합리적이라고 가정할 수가 없다.

그 결과 AI, 인지과학, 심리학, 신경과학 분야는 한 가지 매우 심각한 연구 문제를 안게 된다. 우리(아니 그보다는 우리의 이로운 기계)가 깊이 박혀 있는 근원적인 선호—그런 것이 존재한다면—에 다다를 정도까지 인간의 행동을 '역공학으로' 분석할 수 있을 만큼 인간의 인지를 충분히 이해해야 한다는 것이다.[35] 인간은 어느 정도는 생물학의 인도를 받아서 남들이 무엇에 가치를 두는지 알아냄으로써 얼마간 그렇게 하고 있으므로, 그런 일도 가능해 보인다. 이 점에서 인간은 한 가지 이점이 있다. 자신의 인지 구조를 써서 다른 이들의 인지 구조를 모사할 수 있다는 점이다. 그 구조가 무엇인지 모른 채 그렇게 한다. "내가 X를 원한다면, 엄마가 하는 것과 똑같이 하므로, 엄마도 X를 원하는 것이 틀림없다."

기계는 이 이점을 지니고 있지 않다. 기계는 다른 기계를 쉽게 모사할 수 있지만, 사람을 모사하기는 어렵다. 일반적인 유형이든 특정 개인에게 맞춘 유형이든, 기계가 머지않아 인간 인지의 완벽한 모형을 접할 가능성은 작다. 그보다는 인간이 합리성에서 일탈하는 주요 방식을 살펴보고 그런 일탈이 드러내는 행동으로부터 선호를 알아내는 법을 연구하자는 실용적인 관점이 더 이치에 맞다.

인간과 합리적인 존재 사이의 한 가지 명확한 차이는 우리가 매

순간 모든 가능한 미래 삶의 모든 가능한 첫 단계를 놓고 고르는 것이 아니라는 점이다. 근접한 수준도 아니다. 대신에 우리는 대개 겹겹이 포개지는 '서브루틴'의 계층 구조에 끼워져 있는 것과 비슷하다. 대체로 우리는 미래의 삶에 관한 선호를 최대화하기보다는 단기적인 목표를 추구하며, 현재 우리가 속해 있는 서브루틴의 제약 내에서만 행동할 수 있다. 예를 들어, 지금 나는 이 문장을 입력하고 있다. 다음에 어떤 문장을 쓸지를 선택할 수 있지만, 문장 쓰기를 멈추고 온라인 랩 음악 강의를 듣거나 집에 불을 지르거나 보험 청구를 하는 등 다음에 할 수 있는 엄청나게 많은 일 중 무언가를 해야 한다는 생각은 결코 내 머릿속에 떠오르지 않는다. 그런 다양한 일 중에는 내가 지금 하는 일보다 사실상 더 나은 것도 많겠지만, 나를 얽매고 있는 일의 계층 구조를 생각할 때면, 다른 다양한 것들은 존재하지 않는 듯하다.

따라서 인간의 행동을 이해하려면 이 서브루틴의 계층 구조(지극히 개인적인 양상을 띨 수 있다)를 이해해야 하는 듯하다. 개인이 현재 어느 서브루틴을 실행하고 있고, 이 서브루틴 내에서 추구하는 단기적인 목표는 무엇이고, 그것이 더 깊으면서 더 장기적인 선호와 어떻게 연관되는지 이해해야 한다. 더 일반적으로, 인간의 선호를 알아내려면 인간 삶의 실제 구조를 알아내야 하는 듯하다. 우리 인간이 홀로 또는 함께 참여할 수 있는 활동은 어떤 것들이 있을까? 어떤 활동이 서로 다른 문화와 개인 유형의 특징일까? 이런 것들은 대단히 흥미로우면서 벅찬 연구 과제다. 분명히 이런 문제에는 정해진 답이 없다. 우리 인간은 줄곧 우리 목록에 새로운 활동과 행동 구조를 추가하기 때문이다. 그러나 부분적이고 일시적인 답은 일상생활에서 사람을 돕도록 설계된 온갖 유형의 지적 시스템에 매우 유용할 것이다.

인간 활동의 또 한 가지 명백한 특성은 때로 감정에 휘둘린다는 것이다. 그 점이 좋을 때도 있다. 사랑과 감사 같은 감정은 당연히 우리 선호의 일부를 이루고, 그런 감정에 이끌리는 행동은 설령 완전히 심사숙고한 것이 아니라고 해도 합리적일 수 있다. 한편, 감정 반응이 어리석은 우리 인간조차도 합리적이지 않다는 사실을 알아차리는 행동으로 이어지는—물론 사후에—사례도 있다. 예를 들어, 화가 나고 좌절한 해리엇은 말 안 듣는 열 살짜리 딸 앨리스에게 손찌검한 뒤에 곧바로 그 행동을 후회할 수도 있다. 그 행동을 관찰하는 로비는 그 행동이 의도적인 가학증이 아니라, 분노와 좌절 그리고 자제력 상실 탓이라고 봐야 한다(비록 모든 사례가 그렇지는 않지만). 그렇게 하려면, 로비는 인간의 감정 상태와 그 원인까지 어느 정도 이해하고 있어야 한다. 감정 상태가 외부 자극에 반응하여 시간이 흐르면서 어떻게 진화하고 행동에 어떻게 영향을 미치는지 이해해야 한다. 신경과학자들은 몇몇 감정 상태의 역학과 그런 상태와 다른 인지 과정의 관계를 살펴보는 일을 이제 시작했으며,[36] 컴퓨터로 인간의 감정 상태를 알아차리고, 예측하고, 조작하는 방법에 관한 몇몇 유용한 연구가 나와 있지만,[37] 아직 모르는 것이 훨씬 더 많다. 기계는 감정을 처리하는 문제에서도 사람보다 불리한 입장에 있다. 어떤 경험이 어떤 감정 상태를 일으킬지 알아보기 위해 경험의 내적 시뮬레이션을 할 수가 없다.

감정은 우리 행동에 영향을 미칠 뿐 아니라, 우리의 기본적인 선호에 관한 유용한 정보도 드러낸다. 예를 들어, 어린 앨리스가 숙제를 안 하겠다고 하는 바람에, 앨리스가 학교 공부를 잘해서 자신보다 더 나은 삶을 살기를 진심으로 바라는 해리엇은 화가 나고 좌절할 수도 있다. 로비가 이 점을 이해할 능력을 갖춘다면—설령 스스로 경험하지는 못한다고 해도—해리엇의 합리적이지 못한 행동으로부터 많은 것을 배울 수도 있다. 따라서 행동으로부터 선호를 추론할 때 가장 터무니없는 오류가 일어나는 것을 피할 수 있을 수준으로 인간 감정 상태의 기초 모형을 구축하는 것은 가능할 것이 틀림없다.

사람은 정말로 선호를 지닐까?

이 책 전체의 기본 전제는 우리가 좋아할 미래가 있고, 가까운 시일에 멸종하거나 〈매트릭스〉에서처럼 인간 배터리 농장에 쓰이는 것 같은 우리가 피하고 싶어 할 미래도 있다는 것이다. 그렇다. 물론 이런 의미에서 보자면, 인간은 선호를 지닌다. 그러나 인간이 자기 삶이 어떻게 펼쳐지는 것을 선호하는지 더 상세히 파고들면, 상황은 매우 모호해진다.

불확실성과 오류

생각해보면 알겠지만, 인간의 한 가지 명백한 특성은 자신이 무엇을 원하는지 언제나 알고 있는 것은 아니라는 점이다. 예를 들어, 과일인 두리안을 맛본 사람들의 반응은 각양각색이다. "세계의 모든 과일을 뛰어넘는 맛을 지녔다"라고 평하는 사람도 있는 반면,[38] "하수구, 상한 토사물, 스컹크 분사액, 고름을 닦아낸 수술 면봉"에 비유하는 사람도 있다.[39] 나는 혹시나 편견을 갖게 될까 봐, 이 책이 나올 때까지 두리안을 맛보지 않으려 한다. 즉, 내가 어느 쪽에 속할지 알지 못한다. 이 말은 미래의 직업, 배우자, 퇴직 후 활동 등을 생각하는 많은 이들에게도 들어맞을 것이다.

선호 불확실성은 적어도 두 종류가 있다. 첫 번째는 내 두리안 선호에 관한 경험처럼, 현실적이고 인식론적인 불확실성이다.[40] 아무리 생각을 많이 한다고 해도, 이 불확실성은 해소되지 않을 것이다. 그것은 경험적 사실이며, 두리안을 맛보고, 두리안 애호가 및 혐오가와 내 DNA를 비교하는 등의 방법을 써야만 더 많은 것을 알아낼 수 있다. 두 번째는 계산 한계에서 비롯된다. 바둑의 판세를 들여다볼 때, 각 수가 어느 방향으로 뻗어나갈지 내 능력으로는 완전히 파악할 수 없으므로, 나는 자신이 어떤 수를 선호하는지 확신할 수 없다.

또, 불확실성은 우리 앞에 제시되는 선택지가 대개 불완전하게 나열된 것이라는 사실에서도 나온다. 때로는 너무나 불완전해서 선택지라고도 할 수 없을 지경이다. 앨리스가 고등학교를 졸업할 무렵에, 진로 상담 교사는 앨리스에게 '사서'와 '탄광 광부' 중에서 선택하라고 제안할 수도 있다. 앨리스는 매우 합리적으로 이렇게 말할지도 모른다. "어느 쪽이 좋은지 불확실해요." 여기서 불확실성은 다음과 같은 것에서 비롯된다. 먼저 석탄 먼지와 책 먼지 중 자신이 어느 쪽을 선호할지 잘 모르겠다는 인식론적 불확실성에서 나온다. 또, 최선의 선택이 어떤 것인지 알아내고자 애쓸 때의 계산 불확실성에서 나온다. 그리고 자기 동네 탄광의 장기 존속 가능성이 미심쩍은 것 등 세계에 관한 통상적인 불확실성에서도 나온다.

그렇기에 평가하기가 몹시 어렵고 미지의 바람직함의 요소들을 포함하는 불완전하게 기술된 대안 중에서 그냥 고르는 방식을 토대로 인간의 선호를 파악하겠다는 생각은 안 좋은 생각이다. 그런 선택은 근본적인 선호에 관한 간접적인 증거를 제공하지만, 선호의 필수 구성 요소가 아니다. 그것이 바로 내가 선호 개념을 미래의 삶이라는 관점에서 말하는 이유다. 예를 들어, 두 편의 영화를 통해 미래의 삶을 압축된 형태로 경험한 뒤, 어느 쪽이 마음에 드는지 말할 수 있다고 상상함으로써다(50-51쪽 참조). 물론 이 사고 실험을 실제로 체험하기란 불가능하지만, 우리는 각 영화의 세부 사항이 완전히 채워지고 온전히 경험하기 한참 전에 어느 쪽이 마음에 드는지 확실하게 정해지는 사례가 많을 것이라고 상상할 수 있다. 줄거리를 요약하여 제시한다고 해도, 독자가 어느 쪽을 좋아할지 미리 알지는 못할 것이다. 그러나 현재의 자기 자신을 토대로 삼으면 현실의 질문에 답할 수 있다. 실제로 두리안을 맛보면 좋아할지 안 좋아할지 문제의 답이 나오는 것과 마찬가지다.

자신의 선호를 잘 모를 수도 있다고 해서, 증명 가능한 이로운 AI에 대한 선호 기반 접근법에 어떤 특별한 문제가 생기는 것은 아니다. 사실 해리엇의 선호에 관한 로비의 불확실성과 해리엇의 불확실성을 둘 다 고려하고, 로비가 불확실한 상태로 있는 동안 해리엇이 자신의 선호를 점점 알아갈 가능성을 허용하는 몇몇 알고리듬이 이미 나와 있다.[41] 해리엇의 선호에 관한 로비의 불확실성이 해리엇의 행동을 관찰함으로써 줄어들 수 있는 것처럼, 자신의 선호에 관한 해리엇의 불확실성은 경험할 때 자신이 보이는 반응을 관찰함으로써 줄일 수 있다. 두 유형의 불확실성이 직접 연관되어 있을 필요는 없다. 게다가 해리엇의 선호에 관해 로비가 해리엇보다 반드시 더 불확실한 상태에 있어야 하는 것도 아니다. 예를 들어, 로비는 해리엇이 두리안 맛을 싫어하는 강력한 유전적 성향을 지니고 있음을 알아낼 수도 있다. 그러면 로비는 해리엇의 두리안 선호에 관한 불확실성이 거의 없는 상태가 되겠지만, 해리엇은 여전히 전혀 모르는 상태에 있을 것이다.

해리엇이 미래의 사건들에 관한 자신의 선호를 잘 모를 수 있다고 한다면, 자신의 선호를 잘못 파악할 가능성도 얼마든지 있다. 이를테면, 해리엇은 자신이 두리안(또는 달걀과 햄)을 좋아하지 않을 것이라고 확신해서 어떤 일이 있어도 피해왔지만, 누군가 몰래 그녀의 과일 샐러드에 집어넣은 두리안을 맛보고서 놀랍다고 감탄할 수도 있다. 따라서 로비는 해리엇의 행동이 자기 선호에 관한 정확한 지식을 반영한다고 가정할 수 없다. 철저하게 경험에 토대를 둔 선호도 있을 것이고, 주로 미신, 편견, 미지의 것에 대한 두려움, 근거가 빈약한 일반화에 토대를 둔 것도 있을 것이다.[42] 이때 적절히 눈치가 있는 로비는 그런 상황에서 해리엇에게 경고함으로써 해리엇에게 크게 도움을 줄 수 있을 것이다.

경험과 기억

일부 심리학자는 하사니의 선호 자율성 원칙이 시사하는 방식으로 독립된 선호를 지닌 자아가 있다는 개념 자체에 의문을 제기했다. 그중에 가장 눈에 띄는 인물은 예전에 버클리에 함께 있었던 대니얼 카너먼Daniel Kahneman이다. 행동경제학 연구로 2002년에 노벨상을 받은 카너먼은 인간의 선호라는 주제에 관한 가장 영향력 있는 사상가에 속한다. 그는 최근 저서 《생각에 관한 생각Thinking, Fast and Slow》에서, 우리에게는 두 자아—경험하는 자아와 기억하는 자아—가 있으며 양쪽의 선호가 서로 갈등을 일으킨다고 확신하게 된 계기인 일련의 실험을 상세히 기술했다.[43]

경험하는 자아는 쾌락 측정기hedonimeter로 측정되는 자아다. 쾌락 측정기란 19세기 영국 경제학자 프랜시스 에지워스Francis Edgeworth가 상상한 장치다. "의식의 평결을 곧이곧대로 따르면서 개인이 경험하는 쾌락의 크기를 지속적으로 기록하는 이상적으로 완벽한 정신물리학적 기계"다.[44] 쾌락 공리주의에 따르면, 개인에게 어떤 경험의 전반적인 가치는 그 경험을 하는 매 순간의 쾌락 가치들의 합이다. 이 개념은 아이스크림을 먹거나, 평생을 살아가는 일에 똑같이 적용된다.

반면에 기억하는 자아는 어떤 결정을 내리는 '책임을 맡은' 자아다. 이 자아는 예전 경험의 기억과 그 경험의 바람직함을 토대로 새로운 경험을 선택한다. 카너먼의 실험은 기억하는 자아가 경험하는 자아와 생각이 전혀 다름을 시사한다.

이 점을 이해하는 데 도움을 줄 가장 단순한 실험은 이렇다. 실험 참가자는 손을 찬물에 담근다. 담그는 방식은 두 가지다. 첫 번째, 14℃ 물에 60초 동안 담근다. 두 번째, 14℃ 물에 60초 동안 담근 뒤, 15℃ 물에 30초 동안 담근다. (이 온도는 캘리포니아 북부 해안의 수온과 비슷하다. 거의 모두가 물속에서 잠수복을 입어야 할 만큼 차다.) 실험을 끝내고 나면 참가자 모두 기분이 안 좋았다고 답한다. 참가자가 양쪽 실험을 다 하고 나면(순서는 임의로 하고, 7분 간격으로), 실험자는 참가자에게 다시 하라고 하면 어느 쪽 실험을 택하겠냐고 묻는다. 그러면 대다수는 60초 담그는 쪽이 아니라, 60+30초 담그는 쪽을 선호한다.

카너먼은 경험하는 자아의 입장에서는 엄밀히 말해서 60+30초가 60초보다 안 좋다고 단정한다. 불쾌한 경험을 60초간 한 다음 다시 30초를 더하니까. 그러나 기억하는 자아는 60+30초를 택한다. 이유가 뭘까?

카너먼은 기억하는 자아가 좀 기이한 색깔의 안경을 쓰고 과거를 돌아본다는 말로 설명한다. '정점' 값(가장 높거나 가장 낮은 쾌락 값)과 '종점' 값(경험이 끝날 때의 쾌락 값)에 주로 주의를 기울인다는 것이다. 그 경험의 다른 부분들의 지속 시간은 대개 무시된다. 60초와 60+30초는 불쾌함의 정점 수준은 같지만, 종점 수준은 다르다. 60+30초에서는 끝날 때의 수온이 1도 더 높다. 기억하는 자아가 시간의 경과에 따른 쾌락 값의 총합이 아니라 정점 값과 종점 값으로 경험을 평가한다면, 60+30초가 더 낫다. 실제로 그렇게 평가한다는 사실이 드러난 것이다. 정점-종점 모형은 선호를 연구한 문헌에 실린, 마찬가지로 기이한 다른 여러 발견도 설명하는 듯하다.

카너먼은 자신의 발견에 양가감정을 지닌 듯하다(그럴 만도 하다). 그는 기억하는 자아가 '그저 실수로' 잘못된 경험을 고른 것이라고 주장한다. 기억에 결함이 있고 불완전하기 때문이다. 그는 이것이 "선택의 합리성을 믿는 이들에게 나쁜 소식"이라고 본다. 그런 한편으로 그는 이렇게 쓴다. "사람들이 무엇을 원하는지를 무시하는 행복 이론은 유지될 수 없다." 예를 들어, 해리엇이 펩시콜라와 코카콜라를 맛보았는데, 지금은 펩시 쪽을 매우 좋아한다고 하자. 그런데 이때 각 콜라를 시음할 때 몰래 쾌락 측정기로 읽은 값들의 총합을 토대로 그녀에게 코카콜라를 마시라고 강요한다면 불합리할 것이다.

우리가 어느 경험을 선호할지가 매 순간의 쾌락 값들의 총합을 통해 정의되어야 한다고 말하는 법칙 같은 것은 전혀 없다. 표준 수학 모델이 보상의 총합을 최대화하는 데 초점을 맞추고 있는 것은 사실이지만,[45] 그렇게 한 원래 의도는 그저 수학적 편리함 때문이었다. 보상의 합을 토대로 결정하는 것이 합리적이라는 전문적인 가정들의 형태로 정당화가 이루어진 것은 나중의 일이었다.[46] 그러나 이런 전문적인 가정들은 굳이 현실에 들어맞을 필요가 없었다. 예를 들어, 해리엇이 두 쾌락 값 수열을 놓고 선택한다고 하자. [10, 10, 10, 10, 10]과 [0, 0, 40, 0, 0]이다. 해리엇이 그냥 두 번째 수열을 마음에 들어 하는 상황도 얼마든지 가능하다. 최댓값보다 합을 토대로 선택하라고 강요할 수 있는 수학 법칙 같은 것은 전혀 없다.

카너먼은 예견과 행복의 기억도 중요한 역할을 하므로, 상황이 훨씬 더 복잡하다고 인정한다. 우리는 어느 한 즐거운 경험—결혼식 날, 아이의 출생일, 딸기를 따서 잼을 만들면서 보낸 오후—의 기억을 단조롭고 시시한 여러 해 동안 죽 간직하고 있을 수도 있다. 아마 기억하는 자아는 경험 자체만이 아니라, 경험이 향후 기억에 미치는 효과를 통해 삶의 미래 가치에 미치는 총효과도 평가하는 것인지 모른다. 그리고 아마 무엇이 기억될지 가장 잘 판단하는 쪽은 경험하는 자아가 아니라, 기억하는 자아인 듯하다.

시간과 변화

21세기의 분별 있는 사람이라면 대중오락용으로 검투사 간 살육 행위, 노예제를 토대로 한 경제, 패배한 민족을 향한 야만적인 대량 학살이 만연하던 2세기 로마 사회의 선호 양상이 재현되는 것을 원치 않으리라는 것은 굳이 말할 필요도 없을 것이다. (이런 특징에 상응하는 것이 현대 사회에 있는지까지 굳이 깊게 따질 필요는 없다.) 우리 문명이 발전함에 따라 도덕의 기준도 명백히 진화한다. 원한다면, 표류한다고 말할 수도 있을 것이다. 그리고 이는 미래 세대가 이를테면 동물의 복지에 관해 현재 우리가 지닌 견해를 매우 불쾌하게 여길 수도 있음을 시사한다. 따라서 인간의 선호를 충족시키는 일을 맡은 기계가 고정된 목표를 지니는 것이 아니라, 그런 선호의 시간 흐름에 따른 변화에 반응할 수 있게 만드는 것이 매우 중요하다. 7장에서 말한 세 원칙을 따른다면, 그런 변화에 자연스럽게 순응한다. 기계에 오래전에 세상을 떠났을지도 모를 기계 설계자의 선호나 어느 이상화한 선호 집합이 아니라, 현재 인간의 현재 선호를 배우고 충족시킬 것을 요구하기 때문이다.[47]

인류 집단들의 전형적인 선호 양상이 역사적으로 변해왔을 가능성을 생각하면, 각 개인의 선호가 형성되는 과정과 성인 선호의 유연성이라는 문제도 자연스럽게 논의의 초점이 된다. 우리 선호는 분명히 우리의 생물학적 특성에 영향을 받는다. 한 예로, 우리는 대개 고통, 굶주림, 갈증을 회피한다. 그러나 우리의 생물학적 특성은 꽤 오랫동안 변함없이 유지되어왔으므로, 나머지 선호는 문화와 가정의 영향에서 나오는 것이 틀림없다. 아이는 부모와 또래의 행동을 설명하기 위해서 그들의 선호를 파악하고자 일종의 역강화 학습을 끊임없이 한다. 그런 뒤, 아이는 그렇게 파악한 선호를 자신의 선호로 채택한다. 성인이 된 뒤에도, 우리의 선호는 미디어, 정부, 친구, 직원, 자신의 직접 경험을 통해서 진화한다. 예를 들어, 나치 독일의 많은 지지자가 처음부터 인종 순수성을 갈망하여 집단 학살을 추구하는 사디스트였던 것은 아니었다.

선호 변화는 개인과 사회 양쪽 수준에서 합리성 이론에 도전 과제를 안겨준다. 예를 들어, 하사니의 선호 자율성 원칙은 모두가 어떤 선호든 지닐 자격이 있으며, 누구도 그 선호를 건드려서는 안 된다고 말하는 듯하다. 그러나 선호는 접근 금지 대상이기는커녕, 개인이 겪는 모든 경험에 맞추어 달라지고 수정된다. 기계는 인간의 선호를 수정할 수밖에 없다. 기계는 인간의 경험을 수정하기 때문이다.

비록 때로 어렵긴 하지만, 선호 변화를 선호 갱신과 구분하는 것이 중요하다. 후자는 처음에 선호가 불확실했던 해리엇이 경험을 통해 자신의 선호에 관해 더 많이 배울 때 일어난다. 선호 갱신은 자기 지식의 틈새를 채울 수 있고, 아마도 예전에 약하고 잠정적이었던 선호를 더 명확하게 정립할 수 있을 것이다. 반면에 선호 변화는 선호가 실제로 하는 일에 관한 추가 증거에서 비롯되는 과정이 아니다. 우리는 약물 처방이나 뇌 수술로 선호가 변하는 극단적인 사례도 얼마든지 상상할 수 있다. 즉, 우리가 이해하지 못하거나 동의하지 않은 과정을 통해 일어날 수 있다.

선호 변화는 적어도 두 가지 이유로 문제를 일으킨다. 첫 번째 이유는 결정을 내릴 때 어느 선호가 주도권을 쥐어야 할지가 명확하지 않다는 것이다. 해리엇이 결정 당시에 지닌 선호일까, 아니면 결정의 결과로 나온 사건이 일어나는 동안 또는 일어난 뒤에 지닐 선호일까? 예를 들어, 생명윤리학 분야에서는 이것이 지극히 현실적인 딜레마다. 의학적 조처와 말기 돌봄에 관한 사람들의 선호는 중병을 앓고 난 뒤에 극적으로 바뀌곤 하기 때문이다.[48] 이런 변화가 지적 능력 쇠퇴의 산물이 아니라고 가정할 때, 어느 쪽 선호를 존중해야 할까?[49]

선호 변화가 문제가 되는 두 번째 이유는 선호 변화가 일어나는 뚜렷한 합리적 근거가 전혀 없어 보인다는 것이다(갱신과 반대로).

해리엇이 B보다 A를 좋아하지만, A보다 B를 좋아하게 되는 결과를 가져오리라는 것을 아는 경험을 하는 쪽을 선택할 수도 있다면, 왜 그렇게 하지 않는 것일까? 그렇게 한다면 B를 선택하는 결과가 나올 것이다. 현재로서는 원치 않는 결과다.

선호 변화 문제는 오디세우스와 세이렌의 전설에서 극적인 형태로 나타난다. 세이렌은 지중해의 특정한 섬에서 선원들을 노래로 유혹하여 배를 암초에 난파시키는 신화 속 존재다. 오디세우스는 세이렌의 노래를 듣고 싶어서, 선원들에게 자신을 돛대에 묶고 모두 밀랍으로 귀를 막으라고 지시했다. 그가 아무리 애원해도 풀어주지 못하게 하기 위해서였다. 분명히 그는 선원들이 자신의 처음 선호를 존중하기를 바랐다. 세이렌의 노래에 홀린 뒤의 선호가 아니라. 이 전설은 노르웨이 철학자 욘 엘스터Jon Elster의 책 제목이 되었다.[50] 의지의 약함과 합리성이라는 이론적인 개념의 문제점을 다룬 책이다.

지적인 기계가 일부러 인간의 선호를 수정하는 일에 착수할 이유가 있을까? 답은 아주 간단하다. 선호를 더 쉽게 충족시키기 위해서다. 우리는 1장의 소셜 미디어 클릭 최적화 사례에서 이를 본 적 있다. 이를 막을 한 가지 방법은 기계가 인간의 선호를 신성불가침한 것으로 다루게 하는 것이다. 인간의 선호를 결코 바꿀 수 없게 만드는 것이다. 불행히도, 이 방법은 아예 불가능하다. 유용한 로봇 도우미는 존재 자체가 인간의 선호에 영향을 미칠 가능성이 크다.

한 가지 가능한 해결책은 기계가 인간의 메타선호meta-preference

을 배우게 하는 것이다. 즉, 어떤 유형의 선호 변화 과정이 용납될지에 관한 선호를 말한다. '선호 변화'가 아니라 '선호 변화 과정'이라고 썼다는 점을 유념하자. 누군가의 선호가 특정한 방향으로 변하기를 바라는 것이 그 선호를 이미 지닌 것과 다를 바 없을 때가 종종 있기 때문이다. 그런 사례에서 당사자가 진정으로 원하는 것은 그 선호를 더 잘 충족시키는 능력이다. 예를 들어, 해리엇이 "지금처럼 케이크를 많이 먹고 싶어 하지 않도록 선호를 바꾸고 싶어"라고 말한다면, 해리엇은 나중에 케이크를 덜 먹고 싶다는 선호를 이미 가지고 있는 것이다. 해리엇이 진정으로 원하는 것은 자신의 행동이 그 선호를 더 잘 반영하도록 자신의 인지 구조를 바꾸는 것이다.

여기서 '어떤 유형의 선호 변화 과정이 용납될지에 관한 선호'라는 말은 세계를 여행하면서 폭넓게 다양한 문화를 경험하거나, 폭넓게 다양한 도덕 전통을 철저히 탐구하는 활기찬 지적 공동체에 참여하거나, 인생과 그 의미를 성찰하고 깊이 생각할 명상의 시간을 가짐으로써 '더 나은' 선호에 이르게 될 수도 있다는 뜻이다. 나는 이 과정을 선호 중립적이라고 한다. 그 과정이 자신의 선호를 어떤 특정한 방향으로 바꿀 것으로 예상하지 않는 한편, 그렇게 특징짓는 것에 강하게 반대할 사람들도 있으리라는 의미에서다.

물론 모든 선호 중립적 과정이 다 바람직한 것은 아니다. 예를 들어, 자신의 머리를 세게 쥐어박음으로써 '더 나은' 선호를 계발할 것으로 기대할 사람은 거의 없을 것이다. 자신을 용납할 수 있는 선호 변화 과정에 내맡기는 것은 세계가 어떻게 작동하는지 알아내기 위해 실험하는 것과 비슷하다. 우리는 실험 결과가 어떻게 나올지 결코 미리 알지 못하겠지만, 그럼에도 더 나은 마음 상태에 들어설 것으로 기대한다.

선호 수정의 용납 가능한 경로가 있다는 개념은 행동 수정의 용납 가능한 방법이 있다는 개념과 관련이 있어 보인다. 예를 들어, 그렇다면 그 방법을 써서 고용주는 직원들에게 퇴직금에 관해 '더 나은' 선택을 할 상황을 제공할 수 있다. 때로는 선택지를 제한하거나 '나쁜' 선택에 과세하는 쪽이 아니라, 선택에 영향을 미치는 '비합리적' 요인을 조작함으로써 그렇게 할 수도 있다. 경제학자 리처드 탈러Richard Thaler와 법학자 캐스 선스타인Cass Sunstein은 《넛지Nudge》에서 "더 오래, 더 건강하게, 더 잘 살 수 있도록 사람들의 행동에 영향을 미칠" 용납 가능하다고 보는 다양한 방법과 기회를 제시한다.

행동 수정 방법들이 정말로 단지 행동만을 수정하는 것인지는 불분명하다. 그 넛지가 제거될 때 수정된 행동이 지속된다면—그것이 아마도 그런 개입의 바람직한 결과일 것이다—무언가가 개인의 인지 구조(기본 선호를 행동으로 변환하는 일을 하는 것)나 기본 선호를 바꾼 것이다. 아마 양쪽이 조금씩 다 바뀔 가능성이 매우 크다. 확실한 것은 넛지 전략이 모든 사람이 '더 오래, 더 건강하게, 더 잘' 사는 삶을 선호한다고 가정하고 있다는 점이다. 각각의 넛지는 '더 나은' 삶이 무엇이라고 규정하는 특정한 정의를 토대로 하는데, 그 점은 선호 자율성 원칙에 들어맞지 않는 듯하다. 그보다는 사람들의 결정과 인지 구조가 기본 선호에 더 잘 들어맞도록 돕는 선호 중립적 지원 과정을 설계하는 쪽이 더 나을 것이다. 예를 들어, 결정의 더 장기적인 결과를 부각시키고 그런 결과를 낳을 현재의 실마리를 사람들이 알아보게 돕는 인지 도우미를 설계하는 것이 가능하다.[51]

우리가 그 과정들을 더 잘 이해하고, 그럼으로써 인간의 선호가 형성되고 빚어지는 양상을 더 잘 이해할 필요가 있다는 점은 명백해 보인다. 특히 그런 이해는 소셜 미디어 콘텐츠 선택 알고리듬이 조작하는 유형으로 인간 선호에 우발적으로 바람직하지 않은 변화를 일으키는 것을 피하는 기계를 설계하는 데 도움을 주기 때문이다. 물론 그런 이해를 갖추고 나면, 우리는 '더 나은' 세계를 빚어내는 쪽으로 변화를 일으키려는 유혹을 느낄 것이다.

여행, 논쟁, 분석적·비판적 사고 훈련 같은 선호 중립적 '개선' 경험을 할 기회를 훨씬 더 많이 제공해야 한다고 주장할 사람들도 있다. 예를 들어, 우리는 모든 고등학생에게 몇 달 동안 적어도 자신이 속한 문화가 아닌 두 가지 다른 문화에서 살 기회를 제공할 수도 있다.

우리가 더 나아가 각 개인이 남들의 행복에 더 비중을 두도록 하고, 가학증, 자존심, 질투심의 계수를 줄이기를 원할 것이라는 점도 거의 확실하다. 이를테면, 이타주의 계수를 증가시키는 사회 및 교육 개혁을 제도화할 수도 있다. 그런데 그것이 좋은 생각일까? 그 과정을 돕도록 기계를 끌어들여야 할까? 그 개념은 분명히 매혹적이다. 사실, 아리스토텔레스도 이렇게 썼다. "정치학의 주된 관심사는 시민들에게 특정한 성격을 배태시켜서, 시민들을 선하게 만들고 그들에게 고귀한 행동을 할 성향을 부여하는 것이다." 여기서는 세계적인 규모로 의도적인 선호 가공을 한다면 여러 가지 위험이 있다는 말만 하고 넘어가기로 하자. 우리는 극도로 신중하게 진행해야 한다.

해결된 문제는?

HUMAN COMPATIBLE

우리가 증명 가능하게 이로운 AI 시스템을 개발하는 데 성공한다면, 초지능 기계를 통제하지 못하게 될 위험도 제거될 것이다. 인류는 AI와 함께 발전을 계속할 수 있고, 발전하는 우리 문명에서 훨씬 더 뛰어난 지능을 발휘하는 기계의 능력 덕분에 거의 상상도 할 수 없는 혜택을 보게 될 것이다. 우리는 농업용, 산업용, 사무용 로봇 덕에 수천 년 동안 해온 노동에서 해방될 것이고, 삶의 잠재력을 최대한 실현할 자유를 얻을 것이다. 그 황금시대에 현재의 우리 생활을 돌아본다면, 토머스 홉스Thomas Hobbes가 정부 없는 삶을 상상한 것과 비슷해 보일 것이다. 고독하고, 가난하고, 비참하고, 야만적이고, 짧은 삶.

또는 그렇지 않을 수도 있다. 〈007〉 영화에 나오는 것 같은 악당이 우리의 보안 시스템을 우회하여 인류가 결코 방어할 수 없는 통제 불능의 초지능 AI를 풀어놓을 수도 있다. 그리고 그런 세계에서 살아남는다면, 우리는 자신의 지식과 기술을 점점 더 기계에 내맡기면서 서서히 나약해질 수도 있다. 기계는 인간 자율성의 장기적인 가치를 이해하고서 우리에게 그렇게 하지 말라고 조언할지도 모르지만, 우리는 받아들이지 않을지도 모른다.

이로운 기계

20세기에 발전한 아주 많은 기술의 토대를 이루는 표준 모형은 외부에서 주입한 고정된 목적을 최적화하는 기계에 의지한다. 앞서 살펴보았듯이, 이 모형은 근본적으로 결함이 있다. 목적이 완벽하고 옳다는 것이 보증되거나, 기계를 쉽게 재설정할 수 있을 때만 작동한다. 그러나 AI가 점점 더 강력해진다면, 어느 쪽 조건도 유지되지 않을 것이다.

외부에서 주입한 목적이 잘못될 수 있다면, 기계가 언제나 옳은 양 행동한다는 말도 이치에 맞지 않는다. 그래서 나는 이로운 기계가 이런 기계라고 제시한다. 우리의 목적을 달성할 것으로 예상할 수 있는 행동을 하는 기계. 이런 목적은 우리에게 있고, 기계에 있는 것이 아니므로, 기계는 우리가 어떤 선택을 하고 어떻게 선택하는지 관찰함으로써 우리가 진정으로 원하는 것이 무엇인지 더 많이 배울 필요가 있을 것이다. 이런 식으로 설계된 기계는 인간을 따를 것이다. 허락을 얻을 것이다. 지침이 불분명할 때면 신중하게 행동할 것이다. 자신을 끄도록 허용할 것이다.

이런 초기 연구 결과가 단순하고 이상적인 환경에서 나온 것이긴 하지만, 나는 더 현실적인 환경에서도 들어맞을 것이라고 믿는다. 이미 내 동료들은 동일한 접근법을 인간 운전자와 상호작용하는 자율주행차 같은 현실적인 문제에 적용하여 성공을 거두고 있다.[1] 예를 들어, 자율주행차는 사거리의 '일단 멈춤' 표지판 앞에서 어느 쪽이 먼저 지나갈 권리가 있는지 불분명할 때 제대로 대처하지 못하는 것으로 악명이 높다. 그러나 이 상황을 돕기 게임 형태로 나타내면, 차는 새로운 해결책을 내놓는다. 자기가 먼저 지나갈 계획이 없음을 명확히 보여주기 위해 사실상 살짝 뒤로 물러난다. 사람은 이 신호를 이해하고 먼저 지나간다. 충돌이 일어나지 않을 것으로 확신하고서다. 인간 전문가가 이 해결책을 생각해내서 차에 프로그램으로 집어넣을 수도 있지만, 이 해결책은 전적으로 차 스스로 창안한 의사소통 방식이다.

나는 우리가 다른 환경에서도 더 경험을 쌓을수록, 기계가 인간과 상호작용하면서 행동의 범위와 능숙함을 늘려나가는 양상을 보고 놀라게 될 것으로 예상한다. 우리는 미리 프로그래밍으로 입력된 경직된 행동을 실행하거나 명확하지만 잘못된 목적을 추구하는 기계의 어리석음에 너무나 익숙한 나머지, 기계가 대단히 분별력을 지니게 된다면 충격을 받을 수도 있다. 증명 가능하게 이로운 기계의 기술은 AI에 대한 새로운 접근법의 핵심이자, 인간과 기계 사이 새로운 관계의 토대다.

또 비슷한 개념을 적용하여 평범한 소프트웨어 시스템에서 시작하여 인간에게 봉사해야 하는 다른 '기계'를 재설계하는 것도 가능해 보인다. 우리는 서브루틴들을 조합하여 소프트웨어 짜는 법을 안다. 각 서브루틴은 특정한 입력이 주어질 때 어떤 출력이 나와야 한다고 잘 정의된 명세서를 지닌다. 계산기의 제곱근 계산 단추와 마찬가지다. 이 명세서는 AI 시스템에 부여하는 목적에 상응하는 것이다. 서브루틴은 명세서를 충족시키는 출력을 내놓은 뒤에야 종료하고 소프트웨어 시스템의 더 상위 계층에 통제권을 돌려주도록 되어 있다. (여기서 우리는 주어진 목적을 고집스럽게 계속 추구하는 AI 시스템을 떠올릴 수밖에 없다.) 더 나은 접근법은 명세서에 불확실성을 허용하는 것이다. 예를 들어, 엄청나게 복잡한 수학 계산을 수행하는 서브루틴은 대개 답에 요구되는 정밀도를 정의하는 오차 범위가 주어져 있고, 그 오차 범위에 들어가는 해답을 내놓아야 한다. 그런데 이런 계산에는 때로 몇 주가 걸릴 수도 있다. 그렇다면 그 대신에 허용되는 오차보다 덜 정확한 수준까지 계산하는 편이 더 나을 수도 있다. 서브루틴이 20초 뒤에 통제권을 돌려주면서 이렇게 말할 수 있게 하는 것이다. "이만큼 좋은 해답을 찾아냈어요. 이 답이 괜찮나요? 아니면 계속 계산하기를 원하나요?" 때로 문제가 소프트웨어 시스템의 최상위 수준까지 올라가는 것일 수도 있고, 그럴 때 인간 사용자는 시스템에 추가 지침을 제공할 수 있다. 그럴 때 인간이 내리는 답은 모든 수준에서 명세서를 다듬는 데 도움을 줄 것이다.

같은 유형의 사고방식이 정부와 기업 같은 존재에도 적용될 수 있다. 정부의 명백한 실패 사례 중에는 정부 내에 있는 사람들의 선호(정치적인 것뿐 아니라 경제적인 것까지)에 너무 많이 신경을 쓰고 국민의 선호에는 거의 신경을 쓰지 않는 것이 포함된다. 선거는 국민의 선호를 정부와 소통하는 수단으로 간주되지만, 그런 복잡한 일을 하기에는 대역폭이 놀라울 만치 좁은 듯하다(몇 년에 한 번씩 1바이트의 정보를 보내는 수준). 정부가 그저 한 집단이 나머지 사람들에게 자신의 의지를 강요하는 수단으로 쓰이는 나라도 아주 많다. 기업은 시장 조사를 통하든 구매 이력의 형태로 직접 피드백을 받든, 고객들의 선호를 알기 위해 더 애를 쓴다. 그런 한편으로, 광고나 문화를 통해, 심지어 화학물질 중독을 통해서 인간의 선호를 빚어내는 것은 일종의 사업 방식으로 받아들여져 있다.

AI 제어

AI는 세계를 재편할 힘을 지니므로, 그 재편 과정은 어떤 식으로든 관리되고 인도되어야 할 것이다. AI의 효과적인 제어법을 개발하려는 수많은 계획이 어떤 안내자 역할을 한다면, 우리로서는 더할 나위 없이 좋다. 아주 많은 이들은 위원회, 이사회, 국제 토론회 등을 설립하고 있다. 세계경제포럼은 AI의 윤리적 원칙을 개발하려는 개별적인 노력이 거의 300건에 달한다고 집계했다. 내 전자우편 수신함에 들어 있는 〈출현하는 인공지능 기술의 사회적·윤리적 영향의 국제적인 제어의 미래에 관한 세계정상회의〉라는 긴 제목의 초대장은 그런 상황을 잘 요약하고 있다.

핵 기술 쪽에서 일어난 일과는 전혀 딴판이다. 제2차 세계대전 이후에, 미국은 모든 핵 카드를 틀어쥐고 있었다. 1953년 미국 대통령 드와이트 아이젠하워Dwight Eisenhower는 유엔에 핵 기술을 규제할 국제기구를 창설하자고 제안했다. 1957년 국제원자력기구가 설립되었다. 원자력의 안전하고 유익한 개발을 감독하는 유일한 국제기구다.

대조적으로, AI 카드는 여러 사람의 손에 쥐어져 있다. 미국, 중국, 유럽연합은 AI 연구에 많은 지원을 하고 있다. 하지만 거의 모든 연구는 국가 기밀 연구소 바깥에서 이루어지고 있다. 대학의 AI 연구자들은 공통의 이익, 학회, 공동 연구, 인공지능진흥협회 AAAI와 전기전자기술자협회IEEE(AI 연구자와 기술자 수만 명도 회원으로 있다) 같은 전문가 협회 등으로 하나로 연결된 국제적인 협력 공동체의 일부다. 아마 현재 AI 연구·개발에 대한 투자는 대부분 크고 작은 기업에서 이루어지고 있을 것이다. 2019년 기준 선두 주자는 미국에서는 구글(딥마인드 포함), 페이스북, 아마존, 마이크로소프트, IBM, 중국에서는 텐센트, 바이두, 그리고 어느 정도까지는 알리바바도 속한다. 모두 세계에서 손꼽히는 대기업이다.[2] 이 중 텐센트와 알리바바를 뺀 나머지 기업은 모두 'AI 파트너십' 회원이다. 정관에 AI 안전성을 위해 협력한다는 조항이 들어 있는 국제 협의체다. 마지막으로, 비록 인류의 대다수는 AI 전문 지식이 거의 없다시피 하지만, 적어도 겉으로 볼 때는 인류의 이익을 위해서 다른 이들과 기꺼이 협력하려는 의향이 있다.

따라서 이들은 쓸 수 있는 카드 대다수를 들고 있는 참여자다. 이해관계가 완벽하게 일치하지는 않지만, 모두 점점 더 강력해지는 AI 시스템의 통제권을 유지하려는 욕구를 공통으로 지니고 있다. (대량 실업을 회피하는 것과 같은 그 밖의 목표는 정부와 대학 연구자들은 공유하고 있지만, AI를 가능한 한 가장 폭넓게 활용하여 단기간에 이익을 얻고자 하는 기업은 그렇지 않을 수도 있다.) 이렇게 공동의 이익을 도모하고 확고하게 협력을 이루기 위해서 사람들을 모을 힘을 지닌 기관들이 있다. 대강 말하자면, 그 기관이 회의를 열겠다고 하면, 사람들은 그 초청을 받아들여서 참석한다는 뜻이다. AI 연구자들을 모을 수 있는 전문가 협회, 기업과 비영리 연구소를 묶는 AI 파트너십 외에, 유엔(정부와 연구자)과 세계경제포럼(정부와 기업)도 으레 그런 회의를 주최한다. 또, G7은 인공지능국제협의체를 만들자고 제안해왔다. 유엔의 기후 변화에 관한 정부 간 협의체와 비슷한 기구로 확대되기를 기대하면서다. 중요하게 들리는 보고서들도 급격히 불어나고 있다.

이런 온갖 활동이 이루어지고 있으니, 통제 쪽으로 실질적인 진전이 이루어지리라고 전망할 수 있을까? 아마 놀랍겠지만, 답은 "그렇다"이다. 적어도 사소한 측면을 보면 그렇다. 전 세계 많은 정부는 규제 수단을 개발하는 과정을 돕는 자문 기구를 갖추고 있다. 그중에 유럽연합의 인공지능고위전문가집단AI HLEG이 아마 가장 유명할 것이다. 사용자 사생활 보호, 데이터 교환, 인종 편향 회피 같은 현안을 위한 동의, 규정, 표준도 출현하고 있다. 정부와 기업은 자율주행차를 위한 규칙을 마련하기 위해 열심히 애쓰고 있다. 필연적으로 국경을 초월하는 요소를 지니게 될 규칙들이다. AI 시스템을 신뢰할 수 있으려면 AI의 의사 결정이 설명 가능해야 한다는 데 합의가 이루어져 있고, 그 합의는 이미 유럽연합의 GDPR 법을 통해 일부 시행되고 있다. 캘리포니아에서는 AI 시스템이 특정한 상황에서는 인간을 대신하지 못하게 막는 새로운 법이 제정되었다. 설명 가능성과 의인화라는 이 두 항목은 AI 안전성과 통제라는 현안과 분명히 어느 정도 관련이 있다.

현재, AI 시스템의 통제권을 유지하는 문제를 고민하는 정부나 다른 기관에 제시할 수 있는 실행 가능한 권고안 같은 것은 전혀 없다. "AI 시스템은 안전하고 제어 가능해야 한다" 같은 법률 조항은 아무런 무게도 지니지 않을 것이다. 이런 용어들은 아직 정확한 의미를 지니고 있지 않을뿐더러, 안전성과 통제 가능성을 확보할 널리 알려진 공학적 방법론도 아직 없기 때문이다. 그러나 낙관적으로 생각해서, 그 방향으로 몇 년 더 나아간다면 AI에 대한 '증명 가능하게 이로운' 접근법의 타당성이 수학적 분석과 유용한 응용 프로그램이라는 형태로 실현됨으로써 입증된다고 상상해보자. 예를 들어, 우리는 우리의 개인 선호에 맞추어 알아서 일을 진행할 때와 우리에게 지침을 알려달라고 요청할 때가 언제인지 알기 위해서 우리의 신용카드를 쓰고, 통화와 전자우편을 지켜보고, 우리의 금융 상황을 관리하도록 믿고 맡길 수 있는 디지털 개인 비서를 갖게 될 수도 있다. 자율주행차는 서로 그리고 인간 운전자와 예의 바르게 상호작용하는 방식을 배울 것이고, 가정용 로봇은 가장 고집 센 아기와도 유연하게 상호작용할 것이다. 다행히, 저녁 식사를 위해 삶아지는 고양이도 없을 것이고, 녹색당원의 식탁에 고래 고기가 나오는 일도 없을 것이다.

그때쯤에는 판매하거나 인터넷에 연결하려면 따라야 하는 다양한 유형의 응용 프로그램에 적용할 소프트웨어 설계 틀 명세서를 작성하는 것이 실현 가능해질지도 모른다. 현재 앱을 애플의 앱 스토어나 구글 플레이에 올리려면, 많은 소프트웨어 검사를 통과해야 하는 것과 마찬가지로 말이다. 소프트웨어 판매자는 추가 설계 틀을 제안할 수도 있다. 그 틀이 안전성과 통제 가능성의 (그

때쯤에는 잘 정의되어 있을) 요구 조건을 충족시킨다는 점을 입증하기만 하면 말이다. 문제를 보고하고 바람직하지 않은 행동을 하는 소프트웨어 시스템을 갱신하는 메커니즘도 있을 것이다. 증명 가능하게 안전한 AI 프로그래밍이라는 개념을 중심으로 업무 행동 규칙을 정하는 것도 의미가 있을 것이다. 또 관련 정리와 방법을 통합하여 AI와 기계 학습 분야로 진출하려는 이들을 위한 교과과정을 짜는 것도 좋을 것이다.

실리콘밸리의 노련한 관찰자에게는 이런 이야기가 좀 고지식하게 들릴 수도 있다. 어떤 종류의 규제든 격렬하게 반대하는 곳이기 때문이다. 우리는 제약회사가 일반 대중이 쓸 약물을 출시하기 전에 임상시험을 통해 안전성과 (이로운) 효과가 있음을 보여야 한다는 개념에는 익숙하지만, 소프트웨어 산업에는 다른 규정이 적용된다. 즉, 내용 없는 공허한 규정이 있을 뿐이다. 한 소프트웨어 기업에서 "에너지 음료를 마셔대면서 밤새워 일하는 괴짜 무리"는 제삼자의 감시를 전혀 받지 않은 채, 말 그대로 수십억 명에게 영향을 미치는 제품을 내놓고 업그레이드를 할 수 있다.[3]

그러나 결국 기술 산업은 자신의 제품이 중요하다는 점을 인정할 수밖에 없을 것이다. 그리고 중요하다면, 해당 제품이 해로운 영향을 미치지 않는 것이 중요하다. 이는 인간과의 상호작용의 성격을 규정하고, 선호를 지속적으로 조작하거나 중독 행동을 일으키는 등의 설계를 금지하는 규칙이 나올 것이라는 뜻이다. 규제받지 않는 세계로부터 규제받는 세계로의 전환이 고통스러우리라는 점에는 의문의 여지가 없다. 체르노빌 규모의(또는 더 심각한)

재앙이 일어나야 비로소 업계의 저항이 수그러드는 상황이 벌어지지 않기를 바라자.

오용

소프트웨어 업계의 경우 규제가 고통스러운 수준일 테지만, 비밀 지하 대피소에서 세계 지배 음모를 꿈꾸는 사악한 박사의 경우에는 규제를 견딜 수 없는 지경일 것이다. 범죄자, 테러리스트, 불량 국가가 무기를 장악하거나 범죄 행위를 구상하고 수행하는 데 쓰기 위해 지적인 기계의 설계에 가해진 제약을 우회하려는 동기를 지니리라는 것은 분명하다. 위험은 사악한 계획이 성공할 것이라는 데 있지 않다. 그보다는 엉성하게 설계된 지적 시스템을 통제하는 능력을 잃음으로써 실패할 것이라는 데 있다. 사악한 목적을 불어넣고 무기에 접근할 권한도 부여한 시스템이라면 더욱 그렇다.

물론 이것이 규제를 회피할 이유는 되지 못한다. 아무튼, 우리는 때로 우회하는 사례들이 나타나긴 해도, 살인을 막는 법규를 지니고 있으니까. 그러나 그런 이들은 아주 심각한 치안 문제를 일으킨다. 이미 우리는 멀웨어와 사이버 범죄에 맞선 전투에서 지고 있다. (최근의 한 보고서는 희생자가 20억 명을 넘고 연간 약 6천억 달러의 비용이 드는 것으로 추정했다.)[4] 고도로 지적인 프로그램 형태인 멀웨어는 물리치기가 훨씬 더 어려울 것이다.

닉 보스트롬을 비롯한 몇몇 이들은 우리 스스로가 이로운 초지능 AI 시스템을 써서 악의적이거나 다른 잘못된 행동을 하는 AI 시스템을 찾아내 파괴하자고 주장한다. 개인의 자유에 미치는 영향을 최소화하면서 그런 도구를 재량껏 써야 한다는 점은 분명하지만, 싸우는 초지능들이 발휘하는 엄청난 힘 앞에서 무기력하게 대피소 안에 웅크리고 있는 인간의 모습을 상상할 때면, 설령 초지능 중 일부가 우리 편이라고 해도 그다지 안심이 되지 않는다. 악의적인 AI의 싹을 잘라버릴 방법을 찾아내는 편이 훨씬 나을 것이다.

부다페스트 사이버범죄협약의 확대를 포함하여, 사이버 범죄에 맞서 국제적으로 협력하는 운동을 펼치는 것은 좋은 첫걸음이 될 수 있다. 이는 통제가 안 되는 AI 프로그램의 출현을 막으려는 미래의 노력을 위한 조직상의 기본 틀이 될 것이다. 그런 한편으로, 의도적으로든 우발적으로든 그런 프로그램을 만드는 것이 장기적으로 볼 때 범유행성 병원체를 만드는 것에 상응하는 자살 행위라는 점을 사회 전체가 이해해야 할 것이다.

나약화와 인간의 자율성

에드워드 모건 포스터Edward Morgan Forster는 《하워즈 엔드 Howards End》와 《인도로 가는 길A Passage to India》을 비롯한 유명한 소설에서 20세기 초 영국 사회와 계급 체제를 살펴보았다. 1909년, 그는 주목할 만한 단편 과학 소설을 썼다. 〈기계는 멈춘다The Machine Stops〉였다. (우리가 현재 부르는 명칭에 따를 때) 인터넷, 화상회의, 아이패드, 대규모 공개 온라인 강좌(무크), 비만의 유행, 대면 접촉 회피를 묘사하는 등 놀라운 선견지명을 보여주는 작품이다. 소설 제목이 말하는 기계는 모든 사람의 욕구를 충족시키는 포괄적인 지적 기반 시설이다. 인류는 점점 더 기계에 의지하게 되지만, 기계가 어떻게 작동하는지는 점점 이해하지 못하게 된다. 공학 지식은 의례화한 주술에 밀려나고, 결국 기계의 업무 능력이 서서히 떨어지는 것을 막지 못한다. 주인공 쿠노는 어떤 일이 벌어지는지 보면서도 막을 힘이 없다.

죽어가는 것이 우리임을, 이곳에서 실제로 살아가는 것이 오로지 기계임을 … 보지 못한단 말입니까? 우리는 우리가 원하는 일을 할 기계를 만들었지만, 지금은 기계에 우리가 원하는 일을 시킬 수가 없습니다. 기계는 우리의 공간 감각과 접촉 감각을 앗아갔으며, 모든 인간관계를 망가뜨렸고, 우리의 몸과 우리의 의지를 마비시켰어요. … 우리는 기계의 동맥 속을 흐르는 혈구로서만 존재하고, 우리 없이도 작동할 수 있다면, 기계는 우리가 죽도록 방치할 겁니다. 오, 나는 앨프리드 대왕이 데인족을 복속시킨 바로 그 웨섹스의 산악 지대를 보았다는 말을 사람들에게 되풀이하는 것 말고는 아무런 대책도 갖고 있지 않아요. 아니, 적어도 그것 하나는 있네요.

지금까지 지구에 산 사람은 1천억 명이 넘는다. 그들(우리)이 학습과 교육에 들인 기간은 1조 인년person-year에 달한다. 우리 문명이 지속될 수 있도록 하기 위해서다. 현재까지 문명의 지속은 오로지 다음 세대의 마음을 재창조하는 방식을 통해서만 이루어져왔다. (종이는 전달 방법으로서는 좋지만, 거기에 기록된 지식이 다음 사람의 마음에 다다르기 전까지는 아무 일도 하지 않는다.) 이제 상황은 변하고 있다. 기계가 알아서 우리를 위해 우리 문명을 굴러가게 할 수 있도록 우리 지식을 기계에 집어넣는 것이 점점 더 가능해지고 있기 때문이다.

우리 문명을 다음 세대로 전달할 현실적인 동기가 일단 사라지면, 그 과정을 되돌리기가 매우 어려울 것이다. 1조 인년에 걸친 누적 학습은 현실적인 의미에서, 사라질 것이다. 우리는 기계가 운항하는 유람선에 탄 승객이 될 것이다. 영구히 항해하는 유람선에. 영화 〈월-E〉에 묘사된 것과 똑같이 말이다.

훌륭한 결과주의자는 이렇게 말할 것이다. "이는 자동화를 남용한 바람직하지 못한 결과임이 분명해! 적절히 설계된 기계는 절대 그렇지 않을 거야!" 맞지만, 이 말이 의미하는 바를 생각해보라. 기계는 인간의 자율성과 능력이 우리가 살아가고 싶은 삶의 중요한 측면임을 이해할지도 모른다. 인간의 행복을 위한 통제권과 책임을 인간 스스로 간직하라고 주장할지도 모른다. 다시 말해 기계는 "그래서는 안 돼"라고 말할 것이다. 그러나 근시안적이고 게으른 인간은 동의하지 않을지 모른다. 여기서도 공유지의 비극이 작동한다. 개인이 보기에는 기계가 이미 지니고 있는 지식과 기술을 습득하기 위해 여러 해 동안 열심히 공부하는 것이 무의미해 보일지 모른다. 모두가 그런 식으로 생각한다면, 집단 수준에서 인류는 자율성을 잃을 것이다.

　이 문제의 해결책은 기술적인 것이 아니라, 문화적인 것인 듯하다. 우리에게는 자율성, 행위 주체, 능력을 지향하고 자기 탐닉과 의존성을 멀리하도록 우리의 이상과 선호를 재편할 문화 운동이 필요할지도 모른다. 원한다면, 고대 스파르타 군대 정신의 현대적인 문화판이라고도 말할 수 있다. 이는 우리 사회가 돌아가는 방식에 급진적인 변화를 가져올 세계적인 규모의 인간 선호 가공을 의미할 것이다. 나쁜 상황을 더 안 좋게 만드는 것을 피하려면, 해결책을 도출하는 과정과 개인별 균형을 달성하는 실질적인 과정 양쪽으로, 초지능 기계의 도움이 필요할지도 모른다.

　어린아이를 둔 부모라면 누구나 이 과정에 익숙하다. 일단 아이가 무력한 단계를 넘어서면, 육아 과정은 아이를 위해 모든 일을 하는 것과 아이가 스스로 알아서 하게 놔두는 것 사이에서 끊임없이 진화하는 균형 상태와 다르지 않다. 어느 단계에 이르면, 아이는 부모가 자신의 신발 끈을 완벽하게 묶어줄 수 있지만, 그렇게 하지 않는 쪽을 택한다는 것을 이해하게 된다. 이것이 인류의 미래일까? 훨씬 우월한 기계에게 영구히 아이처럼 취급받는 것이? 나는 그렇지 않다고 본다. 무엇보다도 아이는 부모의 전원을 끌 수 없다. (고맙게도!) 게다가 우리는 반려동물이나 동물원에 사는 동물이 되지 않을 것이다. 사실 현재 세계에는 미래의 이로운 지적 기계와 우리가 맺을 관계를 유추하여 판단할 만한 것이 전혀 없다. 그 최종 게임이 어떻게 펼쳐질지는 두고 봐야 한다.

해결책 탐색

미래를 내다보고 서로 다른 가능한 행동 사슬의 결과를 생각하면
서 어떤 행동을 선택하는 것은 지적 시스템의 기본 능력이다. 길
을 찾아달라고 요청할 때마다 우리 휴대전화가 하는 일이기도 하
다. 그림 14는 전형적인 사례다. 우리는 현재 위치인 19번 부두에
서 목적지인 코이트 타워까지 가려고 한다. 알고리듬은 자신이 쓸
수 있는 행동이 어떤 것들인지를 알아야 한다. 대개 지도를 이용
하는 경로 탐색에서, 각각의 행동은 두 인접한 교차로를 연결하는
도로 구간을 지나는 것으로 구성된다. 19번 부두에서 출발하는
이 사례에서는 가능한 행동이 한 가지밖에 없다. 우회전하여 엠바
카데로를 따라서 다음 교차로까지 가는 것이다. 이제 선택을 해야
한다. 계속 갈 것인지, 좌회전해서 배터리가로 들어설지. 알고리
듬은 이 모든 가능성을 체계적으로 탐사하여 이윽고 경로를 찾아
낸다. 대개 우리는 "목표에서 멀어지기보다는 목표를 향해 다가가
는 길을 탐색하는 쪽을 선호하라"는 등의 상식적인 지침도 얼마
간 추가한다. 이 지침과 몇몇 기법을 써서, 알고리듬은 최적 해결
책을 아주 빨리 찾아낼 수 있다. 전국을 횡단한다고 해도, 대개 몇
초 이내에 찾아낸다.

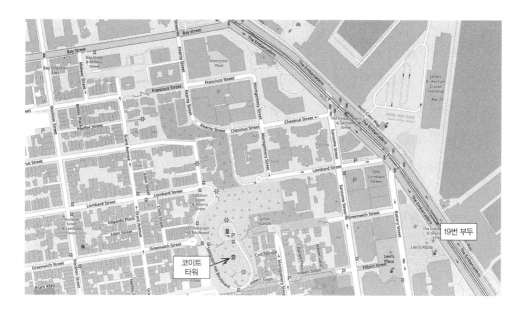

그림 14 샌프란시스코 지도.
처음 위치인 19번 부두와 목적지인 코이트 타워가 보인다.

지도에서 경로를 탐색하는 것은 자연스럽고 친숙한 사례이지만, 찾는 지점의 수가 아주 적어서 조금 오해를 불러일으킬 수도 있다. 예를 들어, 미국에는 교차로가 약 1천만 개에 불과하다. 아주 많은 양 여겨질 수도 있지만, 15-퍼즐에서 나타날 수 있는 상태의 수에 비하면 작다. 15-퍼즐은 가로세로 4칸씩으로 이루어진 판에 1부터 15까지 숫자가 적힌 타일이 끼워져 있고 빈칸이 하나 있는 장난감이다. 타일들을 가로세로로 움직여서 모든 타일을 숫자 순서대로 정렬하는 등의 목표를 달성해야 한다. 15-퍼즐은 약 10조 가지의 상태를 지닌다 (미국의 교차로 수보다 1백만 배 더 많다!) 24-퍼즐은 약 8조 곱하기 1조 가지의 상태를 지닌다. 이는 수학자들이 조합 복잡성이라고 부르는 것의 사례다. 어떤 문제의 '움직이는 부분'의 수가 증가함에 따라서 조합의 수가 폭발적으로 증가한다는 것이다. 미국의 지도 문제로 돌아가자. 한 트럭 운송 회사가 미국 전역을 다니는 자사 트럭 1백 대의 움직임을 최적화하기를 원한다면, 고려해야 할 가능한 상태의 수는 1천만의 백제곱(즉, 10^{700})이 될 것이다.

합리적 결정의 포기

체스, 체커, 백개먼, 바둑 등 많은 게임은 이 조합 복잡성이라는 특성을 지닌다. 바둑의 규칙이 단순하면서 우아하므로(그림 15), 바둑을 예로 들어보자. 목적은 아주 명확하다. 상대방보다 집을 더 많이 차지하여 이기는 것이다. 어떤 행동이 가능한지도 명확하다.

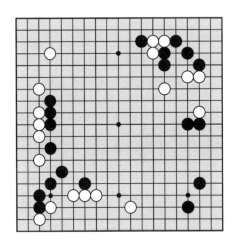

그림 15
이세돌(흑)과 최명현(백)이 맞붙은 2002년 LG배 결승전 5차전 때의 한 장면. 흑과 백은 바둑판에서 돌이 놓이지 않은 곳에 교대로 돌을 하나씩 둔다. 이제 흑이 둘 차례인데, 가능한 수는 343가지다. 양측은 가능한 한 많은 집을 차지하고자 애쓴다. 예를 들어, 백은 왼쪽 가장자리와 왼쪽 아래에 집을 차지할 가능성이 크고, 흑은 오른쪽 위와 아래에서 집을 만들 가능성이 크다. 바둑에서 핵심 개념 중 하나는 대마다. 즉, 수직이나 수평으로 서로 연결된 같은 색깔 돌의 무리다. 대마는 적어도 주위에 빈자리가 하나 있는 한 살아 있다. 빈자리가 전혀 없이 상대방의 돌에 완전히 둘러싸이면 죽고, 상대방이 따낸다.

빈자리에 돌을 놓는 것이다. 지도에서 길을 찾는 것과 마찬가지로, 무엇을 할지 결정하는 명백한 방법은 다양한 행동 사슬이 빚어낼 서로 다른 미래를 상상하면서 최상의 행동 사슬을 고르는 것이다. 당신은 이렇게 묻는다. "내가 이 수를 두면, 상대방은 어떻게 둘까? 그리고 상대방이 이렇게 두면, 나는 어떻게 둘까?" 이 개념은 그림 16의 3×3 바둑에 나와 있다. 여기서는 가능한 미래로 이루어지는 나무 구조 중 일부만을 표시했지만, 어떤 개념인지 충

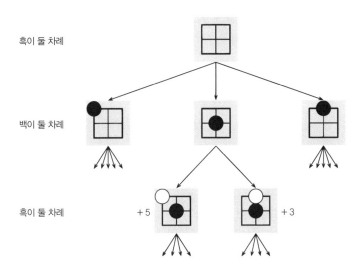

그림 16   3×3 바둑의 게임 나무 중 일부. 나무의 뿌리라고 하는, 처음에 아무것도 없는 상태에서 시작할 때, 흑은 세 가지 가능한 수 중에서 하나를 고를 수 있다. (나머지 수는 이 세 가지 수의 대칭형이다.) 흑이 두면, 이어서 백이 둔다. 흑이 중앙에 두는 쪽을 택하면, 백이 선택할 수 있는 수는 두 가지이고—꼭짓점이나 모서리—백이 두고 나면 다시 흑의 차례다. 흑은 이런 가능한 미래를 상상함으로써, 처음에 어떤 수를 둘지 선택할 수 있다. 흑이 가능한 수의 사슬을 게임이 끝나는 시점까지 죽 따라갈 수 없다면, 나무의 각 잎에 해당하는 곳에서 돌의 배치가 얼마나 좋은지 추정하는 평가 함수를 쓸 수 있다. 여기서 평가 함수는 두 잎에 +5와 +3을 할당한다.

분히 명확히 드러나 있을 것이다. 사실, 이런 의사 결정 방식은 그저 명백한 상식처럼 보인다.

문제는 19×19 바둑판에서 바둑을 둘 때 돌들의 가능한 배치가 10^{170}가지를 넘는다는 것이다. 지도에서 가장 짧다고 보증된 경로를 찾기란 비교적 쉬운 반면, 바둑에서 승리가 보증되는 수의 사슬을 찾기란 실현 불가능하다. 설령 그 알고리듬이 10억 년 동안 고민한다고 해도, 가능성의 나무 전체 중 극히 일부만을 탐사할 수 있다. 이는 두 가지 질문으로 이어진다. 첫째, 프로그램은 이 나무의 어느 부분을 탐색해야 할까? 둘째, 나무의 특정 부분을 탐색한 프로그램은 탐색 결과를 토대로 어떤 수를 두어야 할까?

두 번째 질문에 먼저 답해보자. 거의 모든 전방 탐색 프로그램에 쓰이는 기본 개념은 나무의 각 '잎'—가장 먼 미래의 상태—에 **추정값**을 할당한 뒤, '거꾸로 진행하여' 뿌리에서 해당 선택이 얼마나 좋은지 알아내는 것이다.[1] 예를 들어, 그림 16의 아래쪽에 그려진 두 배치를 보면, 왼쪽의 배치는 값이 +5(흑의 관점에서)이고 오른쪽의 배치는 +3이라고 추정할 수도 있다. 구석에 놓인 백돌은 모서리에 놓인 백돌보다 훨씬 더 취약하기 때문이다. 이 값들이 옳다면, 흑은 백이 모서리에 둠으로써 오른쪽 배열이 나올 것이라고 예상할 수 있다. 따라서 흑이 처음 중앙에 두는 수에 +3의 값을 할당하는 것이 합리적으로 보인다. 1955년에 창작자를 이겼던 아서 새뮤얼의 체커 프로그램,[2] 1997년에 세계 챔피언 가리 카스파로프를 이긴 딥블루, 2016년에 전직 바둑 세계 챔피언 이세돌을 이긴 알파고는 모두 이 체계를 조금씩 변형시킨 방법을 썼다. 딥블루에는 인간이 대체로 체스에 관해 자신들이 가진 지식을 토대로 나무의 각 잎에서의 배치를 평가하는 프로그램을 짜 넣었다. 새뮤얼의 프로그램과 알파고에서는 프로그램이 수천 번 또는 수백만 번 게임을 하면서 스스로 배웠다.

첫 번째 질문—프로그램은 나무의 어떤 부분을 탐색해야 할까?—은 AI 분야에서 가장 중요한 질문 중 하나의 사례다. 행위자는 어떤 계산을 해야 하는가? 게임을 두는 프로그램 입장에서는 대단히 중요한 질문이다. 주어진 시간이 아주 짧고 정해져 있으므로, 그 시간을 써서 확실히 질 방법을 계산하는 것은 무의미하기 때문이다. 현실 세계에서 활동하는 인간을 비롯한 행위자들에게는 더욱 중요하다. 현실 세계는 훨씬 더 복잡하기 때문이다. 잘 선택하지 않으면, 무엇을 할지 결정하는 문제를 공략하는 데 기여할 계산 자체가 전혀 이루어지지 않을 것이다. 당신이 운전하는데 말코손바닥사슴이 도로 한가운데로 들어온다면, 유로를 파운드로 환전할지, 또는 흑이 바둑판 중앙에 첫수를 두어야 할지 생각하는 것은 무의미하다.

합리적인 의사 결정이 합리적으로 빨리 이루어지도록 계산 활동을 관리하는 인간의 능력은 적어도 지각하고 올바로 추론하는 능력만큼 놀랍다. 그리고 그 능력은 우리가 자연적으로 노력하지 않고도 습득하는 것인 듯하다. 부친이 내게 처음 체스를 가르칠 때, 규칙은 가르쳐주었지만, 게임 나무의 어느 부분을 탐색하고 어느 부분을 무시할지 고르는 이러저러한 영리한 알고리듬까지 가르친 것은 아니었다.

이런 일이 어떻게 일어날까? 우리는 무엇을 근거로 생각의 방향을 끌어나갈 수 있는 것일까? 답은 어떤 계산이 우리 결정의 질을 개선할 수 있는 한 가치가 있다는 것이다. 계산을 선택하는 과정을 메타추론metareasoning이라고 한다. 추론에 관한 추론이라는 뜻이다. 기댓값을 토대로 행동을 합리적으로 선택할 수 있는 것처럼, 계산도 마찬가지다. 이를 합리적 메타추론이라고 한다.[3] 기본 개념은 아주 단순하다.

> 결정의 질을 가장 크게 개선할 것으로 예상되는 계산을 하고, 비용(시간이라는 관점에서)이 예상 개선을 초과할 때는 멈추어라.

바로 그렇다. 그 어떤 탁월한 알고리듬도 필요하지 않다! 이 단순한 원칙은 체스와 바둑을 포함한 다양한 문제에서 효과적인 계산 행동을 생성한다. 우리 뇌도 비슷한 행동을 실행하고 있을 가능성이 커 보인다. 우리가 하는 법을 배우는 새로운 게임마다 그 게임 특유의 새로운 생각 알고리듬을 배울 필요가 없는 이유가 바로 그 때문이다.

물론 현재 상태에서 미래로 뻗어나가는 가능성의 나무를 탐색하는 것이 결정에 다다르는 유일한 방법은 아니다. 때로는 목표에서부터 거꾸로 나아가는 것이 더 이해하기 쉽다. 예를 들어, 도로에 말코손바닥사슴이 있다는 것은 사슴과 부딪히지 않는 것이 목표임을 시사하고, 따라서 가능한 행동이 세 가지임을 시사한다. 왼쪽으로 비껴가거나, 오른쪽으로 비껴가거나, 브레이크를 꽉 밟는 것이다. 유로를 파운드로 환전하거나 중앙에 흑돌을 놓는 행동을 시사하는 것이 아니다. 따라서 목표는 사람의 생각에 놀라울 만치 집중력을 일으키는 효과를 낳는다. 현재의 게임을 하는 프로그램 중에서 이 개념을 이용하는 것은 전혀 없다. 사실 그런 프로그램은 대개 가능한 합법적 행동을 모두 고려한다. 이는 알파제로가 세계를 정복할 것이라고 내가 걱정하지 않는 (많은) 이유 중 하나다.

더 멀리 내다보기

바둑판에 특정한 수를 두기로 결정했다고 하자. 대단한 수다! 이제 실제로 두어야 한다. 현실 세계에서는 바둑알 통에 손을 뻗어서 바둑돌을 하나 집은 뒤, 손을 의도한 위치로 뻗어서, 바둑 예절에 따라 조용히 또는 박력 넘치게 그 자리에 돌을 놓는 행동이 수반된다.

그리고 각 단계는 손, 팔, 어깨, 눈의 근육과 신경을 수반하는 지각과 운동 제어 명령의 복잡한 춤으로 이루어진다. 또 바둑돌을 놓기 위해 손을 뻗을 때, 중력 중심을 옮겨서 몸이 앞으로 고꾸라지지 않게 해야 한다. 이런 행동을 의식적으로 선택해서 하는 것이 아니라고 해서, 뇌가 그 행동을 선택하는 것이 아니라는 의미는 아니다. 예를 들어, 바둑알 통에는 돌이 많이 들어 있을 수도 있지만, 당신의 '손'—사실, 감각 정보를 처리하는 뇌—은 그래도 그중 하나를 골라야 한다.

우리가 하는 거의 모든 행동은 그런 식으로 이루어진다. 운전할 때, 우리는 왼쪽으로 차선을 바꾸는 쪽을 택할지도 모른다. 이 행동은 백미러를 쳐다보고 어깨 너머로 고개를 돌리고, 속도를 조절하고, 운전대를 돌리면서 조작이 완료될 때까지 진행 상황을 주시하는 일을 수반한다. 대화할 때, "알았어, 일정을 살펴보고 알려줄게"같이 으레 하는 대답은 여러 음절로 이루어지고, 각 음절은 혀, 입술, 턱, 목, 호흡기의 근육에 전달되는 고도로 조화된 운동 제어 명령 수백 개가 필요하다. 모국어로 말할 때는 이 과정이 자동으로 이루어진다. 컴퓨터 프로그램에서 한 서브루틴을 돌리는 개념과 매우 비슷하다(61쪽 참조). 복잡한 행동 서열이 틀에 박힌 자동적인 행동이 됨으로써, 훨씬 더 복잡한 과정에서 단일한 행동으로서 기능할 수 있다는 사실은 인간 인지의 절대적인 토대다. 덜 익숙한 언어의 단어를 말하는 것—폴란드에서 (발음하기 어렵기로 유명한) 슈체브제신으로 가는 길을 묻는 것 같은—은 인생에서 단어를 읽고 말하는 것이 정신적 노력과 많은 연습이 필요한 어려운 과제일 때가 있다는 점을 상기시키는 유용한 역할을 한다.

따라서 우리 뇌가 직면한 진정한 문제는 바둑판에서 수를 선택하는 것이 아니라, 근육에 운동 제어 명령을 보내는 것이다. 바둑의 수라는 수준에서 운동 제어 명령이라는 수준으로 시선을 옮긴다면, 문제는 전혀 다르게 보인다. 대강 요약하자면, 우리 뇌는 약 100밀리초마다 명령을 보낼 수 있다. 우리 몸에는 약 600개의 근육이 있으므로, 이론상 최대 초당 약 6천 번, 즉 시간당 2천만 번, 연간 2천억 번, 평생 20조 번 근육을 움직일 수 있다. 현명하게 사용하도록!

이제 알파제로와 비슷한 알고리듬을 적용하여 이 수준에서의 결정 문제를 풀고자 시도한다고 하자. 바둑에서 알파제로는 아마도 50수까지 내다볼 것이다. 그러나 운동 제어 명령의 50단계는 겨우 몇 초 뒤의 미래다! 한 시간 동안 바둑을 둘 때 운동 제어 명령은 2천만 단계까지 필요하지 않고, 박사학위를 딸 때도 분명히 1조(1,000,000,000,000) 단계에 미치지 못한다. 따라서 설령 알파제로가 바둑에서 그 어떤 사람보다 더 멀리까지 수를 내다본다고 할지라도, 그 능력은 현실 세계에서 별 도움이 안 되는 듯하다. 그것은 잘못된 유형의 전방 탐색이다.

물론 나는 박사학위를 받는 데 실제로 1조 번의 근육 운동 계획을 미리 짤 필요가 있다고 말하는 것이 아니다. 처음에는 아주 추상적인 계획만 세운다. 버클리에 갈지 다른 곳에 갈지를 정하고, 지도 교수나 연구 주제를 고르고, 장학금 신청을 하고, 학생 비자를 받고, 선택한 도시로 이사하고, 어떤 연구를 하겠다는 등의 수준일 것이다.

선택을 하기 위해서, 우리는 어떤 쪽이 맞는지 충분히 생각한다. 결정이 명확해지게 하기 위해서다. 비자를 받는 것 같은 몇몇 추상적 단계의 실현 가능성이 불분명하다면, 생각을 좀 더 하고 아마 정보도 더 모을 것이다. 계획을 특정한 측면에서 더 확고하게 만든다는 의미다. 아마 자신이 신청할 수 있는 비자의 종류를 고르고, 필요한 서류를 모으고, 신청서를 제출하는 등의 활동을 함으로써일 것이다. 그림 17은 그 추상적 계획의 단계들과 '비자 받기'의 3단계로 구성된 하위 계획을 보여준다. 계획을 실행하기 시작할 때가 오면, 첫 단계들은 몸이 실행할 수 있도록 원초적

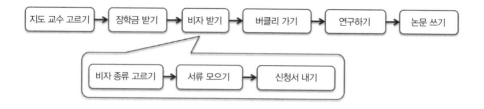

그림 17 버클리에서 박사학위를 받는 쪽을 택한 해외 학생의 추상적인 계획. 실현 가능성이 불확실한 비자 받기 단계는 나름의 추상적인 계획으로 확장된 상태다.

인 수준까지 구체적으로 다듬어져야 한다.

알파고는 이런 유형의 생각을 아예 하지 못한다. 알파고가 고려하는 행동은 오로지 초기 단계에서부터 순서대로 일어나는 원초적인 행동들이다. 거기에는 추상적인 계획이라는 개념이 아예 없다. 현실 세계에 알파고를 적용하려는 시도는 첫 글자가 A, B, C 등이어야 하는지를 궁금해하는 것을 계기로 소설을 쓰려고 하는 것과 비슷하다.

1962년, 허버트 사이먼은 〈복잡성의 구조The Architecture of Complexity〉라는 유명한 논문에서 계층 조직화의 중요성을 강조했다.[4] 1970년대 이래 AI 연구자들은 계층 조직적 계획을 세우고 다듬는 다양한 방법을 개발해왔다.[5] 그렇게 나온 시스템 중에는 수천만 단계로 이루어지는 계획을 세울 수 있는 것도 있다. 큰 공장의 제조 활동을 체계화하는 것이 그렇다.

오늘날 우리는 추상적 행동의 의미를 이론적으로 꽤 상세히 이해하고 있다. 즉, 그런 행동이 세계에 미치는 효과를 어떻게 정의할지 안다.[6] 한 예로, 그림 17의 '버클리 가기'를 생각해보자. 그 일을 실행하는 방법은 여러 가지이고, 각각은 세계에 서로 다른 결과를 낳는다. 배를 타고 밀항할 수도 있고, 비행기를 타고 캐나다로 갔다가 걸어서 국경을 넘을 수도 있고, 전세기를 빌릴 수도 있다. 그러나 지금 당장은 이런 선택지를 고려할 필요가 없다. 시간과 돈을 아주 많이 들이지 않으면서, 또는 계획의 나머지 부분을 위태롭게 할 만치 상당한 위험을 일으키지 않으면서 그렇게 할 방법이 있다고 확신하는 한, 당신은 '버클리 가기'라는 추상적 단계를 계획에 끼워 넣고서 계획이 잘될 것이라고 확신할 수 있다. 이런 식으로 우리는 실제로 실행할 때가 되기 전까지는 이런 단계들이 어떠할지 걱정하지 않으면서, 이윽고 원초적인 행동들로 이루어지는 수십억 또는 수조 단계로 전환될 높은 수준의 계획을 세울 수 있다.

물론 이 모든 일은 계층 구조 없이는 불가능하다. 비자를 받고 박사 논문을 쓰는 것 같은 높은 수준의 행동이 없다면, 우리는 박사학위를 따는 추상적인 계획을 세울 수 없다. 박사학위를 따고 창업을 하는 것 같은 더 높은 수준의 행동이 없다면, 우리는 "박사학위를 딴 뒤 창업한다"는 계획을 세울 수 없다. 현실 세계에서 우리는 수십 단계의 추상화 수준으로 배치된 방대한 행동 라이브러리가 없다면, 어떻게 해야 할지 모르게 될 것이다. (바둑에는 명시적인 행동 계층 구조가 없으므로, 우리 대다수는 진다.) 그러나 현재 계층 구조적 계획을 짜는 기존 방법은 모두 인간이 만든 추상적·구체적 행동의 계층 구조에 의지한다. 우리는 그런 계층 구조를 경험을 통해서 학습시킬 방법을 아직 알지 못한다.

부록 B 지식과 논리

논리는 명확한 지식을 갖고 추론하는 학문이다. 주제 면에서 완벽하게 일반적이다. 즉, 그 지식은 무엇에 관한 것이든 될 수 있다. 따라서 논리는 범용 지식의 이해에 필수적인 부분이다.

논리의 주된 요구 조건은 언어에서 문장의 의미가 정확한 형식 언어를 쓰라는 것이다. 주어진 상황에서 문장이 참인지 거짓인지 판단하는 과정이 명확히 이루어지게 하기 위해서다. 그것이 전부다. 일단 논리를 지니면, 우리는 이미 알고 있는 문장으로부터 새로운 문장을 만드는 타당한 추론 알고리듬을 적을 수 있다. 새로운 문장은 그 시스템이 이미 아는 문장에서 따라 나온다고 보증할 수 있다. 즉, 원래의 문장이 참인 모든 상황에서 새로운 문장도 반드시 참이라는 의미다. 그럼으로써 기계는 질문에 답하거나, 수학 정리를 증명하거나, 성공이 보장된 계획을 세울 수 있다.

고등학교 대수학은 좋은 사례다(그리 안 좋은 기억을 떠올릴 독자도 있겠지만). 형식 언어는 $4x+1=2y-5$ 같은 문장을 포함한다. 이 문장은 $x=5$이고 $y=13$인 상황에서 참이며, $x=5$이고 $y=6$인 상황에서는 거짓이다. 이 문장으로부터 $y=2x+3$ 같은 다른 문장을 유도할 수 있으며, 첫 번째 문장이 참인 한 두 번째 문장도 참임이 보증된다.

논리학의 핵심 사상은 고대 인도, 중국, 그리스에서 서로 독자적으로 발전된 것인데, 정확한 의미와 타당한 논증이라는 동일한 개념을 숫자만이 아니라, 무엇에 관한 문제에든 적용할 수 있다는 것이다. "소크라테스는 사람이다"와 "모든 사람은 죽는다"에서 시작하여, "소크라테스는 죽는다"를 유도하는 논증이 전형적인 사례다.[1] 이 유도는 소크라테스가 어떤 사람이라거나, '사람'과 '죽는다'는 말이 무슨 의미인지에 관한 또 다른 정보에 기대지 않는다는 의미에서 엄격하게 형식적이다. 논리적 추론이 엄격하게 형식적이라는 사실은 그 추론을 할 알고리듬을 작성하는 것이 가능하다는 의미다.

명제 논리

AI의 능력과 가능성을 이해한다는 우리의 목적에 비추어볼 때, 진정으로 중요한 유형의 논리는 두 가지, 명제 논리와 1차 논리다. 둘의 차이는 AI가 현재 어떤 상황에 있고 앞으로 어떻게 진화할지를 이해하는 토대가 된다.

명제 논리부터 살펴보자. 둘 중에서 좀 더 단순한 편이다. 문장은 단 두 가지 요소, 즉 참이나 거짓일 수 있는 명제를 나타내는 기호와 '그리고(and)', '또는(or)', '부정(not)', '가정(if … then)' 같은 논리 연산자(연결사)로 이루어진다. (뒤에서 사례를 하나 짧게 살펴볼 것이다.) 이런 논리 연산자는 불 연산자라고도 한다. 새로운 수학 개념을 도입하여 이 분야를 부활시킨 19세기 논리학자 조지

불George Boole의 이름을 땄다. 불 연산자는 컴퓨터 칩에 쓰이는 논리 게이트와 동일하다.

명제 논리의 추론에 쓸 실용적인 알고리듬은 1960년대 초부터 알려져 있었다.[2,3] 비록 일반 추론 과제는 최악의 사례에서는 지수 시간이 필요할 수도 있지만,[4] 현재의 명제 추론 알고리듬은 수백만 개의 명제 기호와 수천만 개의 문장으로 이루어지는 문제를 다룬다. 이런 알고리듬은 확실하게 보장된 물류 계획을 세우고, 제조하기 전에 칩 설계가 제대로 되었는지 검증하고, 소프트웨어 응용 프로그램과 보안 프로토콜이 제대로 돌아가는지 출시하기 전에 검사하는 핵심 도구다. 놀라운 점은 어느 하나의 알고리듬—명제 논리를 위한 추론 알고리듬—이 이 모든 과제를 일단 추론 과제 형태로 정립하기만 하면 다 푼다는 것이다. 이것이 지적 시스템의 범용성이라는 목표를 향해 나아가는 한 걸음이라는 점은 분명하다.

유감스럽게도, 그리 큰 걸음은 아니다. 명제 논리의 언어는 그리 표현력이 풍부하지 않기 때문이다. 바둑에서 합당한 수의 기본 규칙을 표현하려고 할 때, 실질적으로 이 말이 뜻하는 바가 무엇인지 살펴보자. "둘 차례가 된 대국자는 바둑판의 빈 점에 돌을 놓을 수 있다."[5] 첫 단계는 바둑의 수와 바둑판에서의 위치를 말할 때 어떤 명제 기호를 쓸지 결정하는 것이다. 중요한 기본 명제는 특정한 색깔의 돌이 특정한 시간에 특정한 위치에 놓여 있는지다. 따라서 우리는 White_Stone_On_5_5_At_Move_38과 Black_Stone_On_5_5_At_Move_38 같은 기호가 필요할 것이다. (사람, 죽음, 소크라테스와 마찬가지로, 기호들이 어떤 의미인지 추론 알고리듬은 알 필요가 없다는 점을 기억하자.) 그러면 백이 38수에 5, 5 교차점에 둘 수 있는 논리적 조건은 이러할 것이다.

(not White_Stone_On_5_5_At_Move_38) **그리고**

(not Black_Stone_On_5_5_At_Move_38)

풀어 쓰면 이렇다. 그 자리에는 백돌도 흑돌도 놓여 있지 않아야 한다. 꽤 단순해 보인다. 유감스럽게도, 명제 논리에서는 각 위치와 각 수를 하나하나 적어야 한다. 한 대국에서 361가지 위치와 약 300가지 수가 있으므로, 이 규칙을 10만 번 넘게 적어야 한다는 뜻이다! 돌을 따내고 따낸 자리에 다시 두는 것처럼 돌과 위치가 중복되는 것을 다루는 규칙이라면, 상황이 더욱 복잡해질 것이고, 같은 규칙을 수백만 쪽에 걸쳐 반복해서 적어야 할 것이다.

현실 세계는 분명히 바둑판보다 훨씬 크다. 361가지 위치와 300번의 수를 훨씬 초월하고, 돌뿐 아니라 많은 것이 더 있다. 따라서 현실 세계의 지식에 명제 언어를 쓰는 것은 가망 없는 짓이다.

터무니없을 만치 두꺼운 규정집만이 문제가 되는 것은 아니다. 학습 시스템이 사례로부터 규칙을 습득하려면 터무니없을 만치 엄청난 양의 경험을 해야 한다는 점도 문제다. 사람은 한두 번 사례를 접하는 것만으로도 돌을 놓고 따내고 하는 등의 기본 개념을 이해할 수 있지만, 명제 논리를 토대로 한 지적 시스템에는 각 위치와 각 수마다 따로따로 돌을 두고 따내는 사례를 보여주어야 한다. 시스템은 사람이 하는 식으로 몇 개의 사례로부터 일반화를 할 수가 없다. 일반 규칙을 표현할 방법이 없기 때문이다. 이 한계는 명제 논리에 토대를 둔 시스템만이 아니라 그에 상응하는 표현력을 지닌 모든 시스템에 적용된다. 명제 논리의 확률판 사촌인 베이즈망과 AI에 대한 '심층 학습' 접근법의 토대인 신경망도 그렇다.

1차 논리

따라서 다음 질문은 더 표현력 있는 논리 언어를 고안할 수 있느냐가 될 것이다. 다음과 같은 방식으로 지식 기반 시스템에 바둑의 규칙을 알려주는 것이 가능하다면 좋지 않을까?

바둑판의 모든 위치와 모든 수에 대하여, 이런 규칙들이 적용된다.

독일 수학자 고틀로프 프레게Gottlob Frege가 1879년에 내놓은 1차 논리는 규칙을 이런 식으로 적을 수 있게 해준다.[6] 명제 논리와 1차 논리의 핵심 차이점은 이것이다. 명제 논리는 세계가 참 또는 거짓인 명제로 이루어져 있다고 가정하는 반면, 1차 논리는 세계가 다양한 방식으로 서로 연관될 수 있는 대상으로 이루어져 있다고 가정한다. 예를 들어, 서로 인접해 있는 위치들, 연달아서 이어지는 수들, 특정한 시기에 특정한 위치에 놓이는 돌들, 특정한 시기에만 합법적인 수들이 있을 수 있다. 1차 논리는 그런 특성이 세계의 모든 대상에 참이라고 주장할 수 있도록 허용한다. 따라서 우리는 이렇게 쓸 수 있다.

　　모든 수를 둘 시간 t와 모든 위치 l, 그리고 모든 색깔 c에 대하여,

　　　　만일 시간 t에 c가 둘 차례이고 t에 l이 비어 있다면,

　　　　c가 시간 t에 위치 l에 돌을 두는 것이 합법적이다.

　바둑판에서의 위치, 두 색깔, 빈자리의 의미를 정의하는 몇 가지 조건과 문장을 추가하면, 우리는 바둑의 규칙을 온전히 다 갖추기 시작한다. 그 규칙들은 일상 영어로 적으나 1차 논리로 적으나, 거의 비슷한 지면을 차지한다.

　1970년대 말에 개발된 **논리 프로그래밍**은 프롤로그Prolog라는 프로그래밍 언어로 구현한 우아하면서 효율적인 논리 추론 기술이었다. 컴퓨터과학자들은 프롤로그로 초당 수백만 번의 추론 단계를 진행하는 논리 추론 기술을 구현했고, 그 덕분에 많은 응용 프로그램에 논리 추론을 적용할 수 있게 되었다. 1982년, 일본 정부는 프롤로그 기반의 AI를 구축하는 5세대 프로젝트에 대규모 투자를 하겠다고 선언했고,[7] 곧이어 미국과 영국도 비슷한 계획을 내놓았다.[8,9]

　안타깝게도, 5세대 프로젝트를 비롯하여 비슷한 계획들은 1980년대 말에서 1990년대 초에 시들해졌다. 어느 정도는 논리가 불확실한 정보를 다룰 수 없었기 때문이기도 하다. 그런 계획들은 곧 경멸적인 용어로 불리게 되었다. **좋은 구식 AI**GOFAI라는 용어였다.[10] 곧 논리학은 AI와 무관하다고 내치는 것이 유행이 되었다.

사실 현재 심층 학습 분야에서 일하는 많은 AI 연구자는 논리학을 전혀 모른다. 이 유행은 수그러들 가능성이 커 보인다. 세계가 다양한 방식으로 서로 연관된 대상을 지닌다는 것을 일단 받아들인다면, 1차 논리를 쓰는 것이 적절할 것이다. 대상과 관계의 기본 수학을 제공하기 때문이다. 구글 딥마인드의 CEO 데미스 허사비스Demis Hassabis도 동의한다.[11]

현재의 심층 학습은 뇌의 감각 피질에 해당한다고 볼 수 있다. 시각 피질이나 청각 피질 말이다. 그러나 물론 진정한 지능은 그보다 훨씬 더 많은 것을 지닌다. 우리는 심층 학습을 더 높은 수준의 사고 및 상징적 추론, 즉 고전적인 AI가 1980년대에 다루려고 시도했던 많은 것과 결합해야 한다.

… 우리는 [이런 시스템에] 이런 상징적 수준의 추론까지 구현하고 싶다. 수학, 언어, 논리다. 따라서 그것이 우리 연구의 큰 부분을 차지한다.

따라서 AI 연구의 첫 30년으로부터 얻은 가장 중요한 교훈 중 하나는, 어떤 유용한 의미에서 무언가를 아는 프로그램은 적어도 1차 논리가 제공하는 것에 상응하는 표상과 추론 능력을 지녀야 한다는 것이다. 아직은 이것이 정확히 어떤 형태일지 알지 못한다. 확률 추론 시스템, 심층 학습 시스템, 아니면 아직 발명되지 않은 어떤 하이브리드 설계에 통합될 수도 있다.

부록 C 불확실성과 확률

논리학이 명확한 지식으로 하는 추론의 일반적인 토대를 제공하는 반면, 확률론은 불확실한 정보(명확한 지식은 그런 정보의 특수한 사례에 불과하다)로 하는 추론을 포함한다. 불확실성은 현실 세계의 행위자에게는 정상적인 인식론적 상황이다. 확률의 기본 개념은 17세기에 개발되긴 했지만, 형식적인 방식으로 대규모 확률 모형을 써서 확률을 표현하고 추론할 수 있게 된 것은 비교적 최근의 일이다.

확률의 기초

확률론은 가능한 세계들이 있다고 본다는 점에서는 논리학과 같다. 확률론은 대개 그런 세계들이 무엇인지 정의하는 것에서 시작한다. 예를 들어, 평범한 육면체 주사위를 하나 굴린다면, 세계(결과라고도 한다)는 6가지가 된다. 1, 2, 3, 4, 5, 6. 정확히 그 세계 중 하나가 나오겠지만, 어느 세계일지 나는 미리 알지 못한다. 확률론은 각 세계에 확률을 부여하는 것이 가능하다고 가정한다. 주사위 굴리기에서 나는 각 세계에 1/6이라는 확률을 부여할 것이다. (여기서는 각 확률이 동등하지만, 반드시 그럴 필요는 없다. 확률을 다 더하면 1이 되어야 한다는 것만이 유일한 요구 조건이다.) 이제 나는 "주사위를 굴려서 짝수가 나올 확률이 얼마일까?" 같은 질문을 할 수 있다. 답을 구하려면, 그저 짝수인 세 세계의 확률을 더하면 된다. $1/6+1/6+1/6=1/2$.

또 새로운 증거를 고려하는 일도 수월하다. 내가 주사위의 값이 소수(즉 2, 3, 5)라는 계시를 받았다고 하자. 그러면 1, 4, 6이라는 세계는 제외된다. 나는 그저 남는 가능한 세계들의 확률을 총합이 1이 되도록 부여하기만 하면 된다. 그러면 2, 3, 5는 각각 확률이 1/3이다. 따라서 짝수가 나올 확률도 이제 1/3이 된다. 여기서는 2만 짝수이기 때문이다. 새로운 증거가 나올 때마다 이렇게 확률을 갱신하는 과정은 베이즈 갱신의 한 사례다.

따라서 이 확률이라는 것은 아주 단순해 보인다! 컴퓨터도 수들을 쉽게 더할 수 있다. 그렇다면 뭐가 문제라는 것일까? 문제는 세계가 단 몇 가지보다 더 많을 때 생긴다. 예를 들어, 내가 주사위를 100번 굴리면, 6^{100}가지 결과가 나온다. 이 결과 하나하나에 수를 부여하여 확률 추론 과정을 시작하는 것은 실현 불가능하다. 이 복잡성을 다룰 단서는, 주사위가 공정하다는 것이 알려져 있다면 각 주사위 굴리기가 독립적이라는 사실에서 나온다. 즉, 어떤 주사위 굴리기의 결과가 다른 주사위 굴리기의 결과에 관한 확률에 아무런 영향을 미치지 않는다는 것이다. 따라서 독립성은 복잡한 사건 집합의 확률을 체계화하는 데 유용하다.

내가 아들 조지와 함께 모노폴리 게임을 한다고 하자. 내 말은 '잠시 방문' 칸에 있고, 조지는 '잠시 방문' 칸에서 16, 17, 19번째 떨어진 칸에 노란 자산 카드를 올려놓고 있다. 조지는 노란 카드를 위해 집을 사야 할까? 그래야 내가 그 칸에 걸렸을 때 아주 비싼 임대료를 받을 수 있다. 아니면 다음 차례가 올 때까지 기다려야 할까? 그것은 내가 주사위를 굴릴 때 조지의 자산 카드가 있는 칸에 들어갈 확률에 따라 달라진다.

모노폴리에서 주사위를 굴릴 때 규칙은 이렇다. 주사위 두 개를 굴려서 나온 숫자의 합에 따라서 말을 옮긴다. 두 주사위의 눈이 같으면, 한 번 더 던지고 말을 움직인다. 두 번째 던졌을 때도 같은 눈이 쌍으로 나오면, 세 번째로 던진 뒤 말을 움직인다(하지만 이번에도 같은 눈이 쌍으로 나오면, 대신에 교도소에 간다). 따라서 내가 처음 굴려서 4-4가 나온 뒤에 다시 굴려서 5-4가 나오면 총합은 17이다. 또는 2-2, 이어서 2-2, 또 6-2가 나오면, 총합은 16이다. 앞서 말했듯이, 나는 노란 카드에 다다를 모든 세계의 확률을 그냥 더한다. 불행히도, 세계는 많이 있다. 주사위를 6개까지 굴릴 수 있으므로, 세계의 수는 수천 가지가 된다. 게다가 그 주사위들은 더 이상 독립적이지 않다. 두 번째 굴리기는 첫 번째 굴리기에서 같은 눈이 나오지 않으면 아예 존재하지 않을 것이기 때문이다. 그런 한편으로, 처음 주사위 한 쌍의 눈의 값을 고정시킨다면, 두 번째 쌍의 값은 독립적이 된다. 이런 종류의 독립성을 포착할 방법이 있을까?

베이즈망

1980년대 초에 주디어 펄은 현실 세계의 많은 상황에서 아주 많

은 결과의 확률을 아주 간결한 형식으로 표현하게 해줄 베이즈망을 제시했다.[1]

그림 18은 모노폴리에서 주사위 굴리기의 베이즈망이다. 입력되어야 할 확률은 오로지 각 주사위를 굴릴 때(D_1, D_2 등) 나올 값인 1, 2, 3, 4, 5, 6의 확률인 1/6뿐이다. 즉, 수천 개의 수가 아니라 36개의 수만 있으면 된다. 이 망의 정확한 의미를 설명하려면 수학이 좀 필요하지만,[2] 기본 개념은 화살표가 의존 관계를 나타낸다는 것이다. 예를 들어, 더블$_{12}$의 값은 D_1과 D_2의 값에 의존한다. 마찬가지로 D_3와 D_4(두 번째로 굴리는 두 주사위)의 값은 더블$_{12}$에 의존한다. 더블$_{12}$의 값이 거짓이면, D_3와 D_4의 값은 0이기 때문이다(즉, 다음 주사위 굴리기는 없다).

명제 논리에서와 마찬가지로, 어떤 증거를 지닌 어떤 베이즈망의 어떤 질문에도 답할 수 있는 알고리듬이 있다. 예를 들어, 우리는 노란 카드 땅에 걸릴 확률을 물을 수 있고, 답은 약 3.88퍼센트임이 드러난다. (이는 조지가 좀 더 기다렸다가 노란 카드에 올릴 집을 사도 된다는 의미다.) 우리는 좀 더 욕심을 내서, 두 번째로 주사위를 굴려서 3이 쌍으로 나왔을 때, 노란 카드 땅에 걸릴 확률을 물어볼 수도 있다. 알고리듬은 그럴 때 첫 번째 주사위 굴리기에서 틀림없이 더블이 나왔을 것이라고 스스로 추론하고서 답이 약 36.1퍼센트라고 결론짓는다. 이는 베이즈 갱신의 한 예다. 새로운 증거(두 번째 굴리기에서 3이 쌍으로 나온 것)가 추가될 때, 노란 카드 땅에 걸릴 확률은 3.88퍼센트에서 36.1퍼센트로 바뀐다. 마찬가지로 내가 주사위를 세 번째 굴릴(더블$_{34}$가 참일) 확률은 2.78퍼센

396

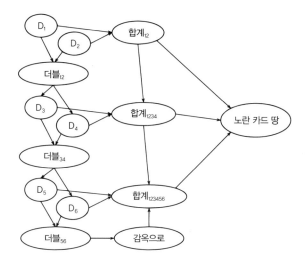

그림 18 모노폴리에서 주사위를 굴리는 규칙을 나타내고, 알고리듬이 어떤 다른 칸('잠시 방문' 같은)에서 출발하여 특정한 칸 집합(노란 카드가 놓인 곳들 같은)에 걸릴 때의 확률을 계산할 수 있게 해주는 베이즈망. (논의를 단순화하기 위해, 찬스와 공동기금 같은 칸에 걸리거나 방향 전환이 일어나는 칸에 걸릴 확률은 제외한다.) D_1과 D_2는 처음에 두 주사위를 굴리는 것을 나타내며, 서로 독립적이다(즉, 두 주사위의 눈 사이에는 아무 관계가 없다). 두 주사위의 눈이 같다면(더블$_{12}$), 그 사람은 주사위를 한 번 더 굴린다. 따라서 D_3와 D_4는 0이 아닌 값을 지니게 된다. 이런 상황에서, 주사위 눈의 합계가 16, 17, 19가 나온다면 노란 카드 땅에 걸리게 된다.

트인 반면, 세 번째 굴릴 때 노란 카드 땅에 걸릴 확률은 20.44퍼센트다.

베이즈망은 1980년대에 규칙 기반 전문가 시스템을 괴롭혔던 실패를 피하게 할 지식 기반 시스템을 구축하는 방법을 제공한다. (사실, AI 분야가 1980년대 초에 확률에 거부감을 덜 가졌더라면, 규칙 기반 전문가 시스템 거품이 터진 뒤에 나온 AI 겨울을 피할 수 있었을지도 모른다.) 현재는 의료 진단에서 테러 예방에 이르기까지 다양한 분

야에서 수천 가지의 응용 프로그램이 나와 있다.[3]

베이즈망은 필요한 확률을 나타내고 여러 복잡한 과제를 위해 베이즈 갱신을 실행할 계산을 수행할 기구를 제공한다. 그러나 명제 논리처럼, 베이즈망도 일반 지식을 표현하는 능력이 매우 제한되어 있다. 여러 응용 프로그램에서 베이즈망 모형은 아주 크고 반복되는 양상을 띤다. 예를 들어, 명제 논리에서 바둑의 규칙이 점마다 반복되어야 하는 것처럼, 모노폴리의 확률 기반 규칙도 각 참가자, 각 참가자가 갈 수 있는 모든 칸, 게임에서의 움직임마다 반복되어야 한다. 이런 엄청난 망을 수작업으로 구축하는 것은 거의 불가능하다. 대신에 C++ 같은 기존 언어로 작성된 코드를 이용하여 베이즈망의 여러 조각을 만들고 이어 붙이는 방식에 의지해야 한다. 이 방법은 개별 문제의 공학적 해결책으로서는 실용적이지만, C++ 코드를 응용 프로그램마다 인간 전문가가 새로 작성해야 하므로, 범용성을 구축하기에는 난관이 있다.

1차 확률 언어

다행히도, 1차 논리의 표현력과 베이즈망의 능력을 결합하면 확률 정보를 간결하게 포착할 수 있다. 이 조합을 통해 우리는 양쪽 세계의 장점을 다 취한다. 확률 지식 기반 시스템은 논리적 방법이나 베이즈망 중 어느 한쪽이 다룰 수 있는 것보다 훨씬 더 폭넓은 현실 세계의 상황을 다룰 수 있다. 예를 들어, 우리는 유전에 관한 확률 지식을 쉽게 포착할 수 있다.

모든 사람 c, f, m에 대하여,

　　f가 c의 아빠이고 m이 c의 엄마이면서,

　　　f와 m의 혈액형이 AB형이라면,

　　c가 AB형일 확률은 0.5다.

　1차 논리와 확률의 결합은 사실 많은 대상에 관한 불확실한 정보를 표현하는 방법을 넘어서 훨씬 더 많은 것을 제공한다. 이유는 대상들을 포함하는 세계에 불확실성을 추가할 때, 우리가 두 가지 새로운 유형의 불확실성을 얻게 되기 때문이다. 어느 사실이 참 또는 거짓인지에 관한 불확실성뿐 아니라, 어떤 대상이 존재하는가에 관한 불확실성과 어떤 대상이 어떤 것인지에 관한 불확실성이다. 이런 불확실성의 유형은 어디에서나 접할 수 있다. 세계는 빅토리아 시대 연극처럼 등장인물의 명단을 죽 제공하지 않는다. 대신에 우리는 관찰함으로써 어떤 대상들이 존재하는지 서서히 배워간다.

　때로는 새로운 대상의 지식이 꽤 명확할 수도 있다. 호텔 창문을 열자 사크레쾨르 대성당이 첫눈에 보일 때가 그렇다. 한편 지진 때문인지 지나가는 지하철 열차 때문인지 몰라도 발밑이 살짝 떨리는 것을 느낄 때처럼, 지식이 매우 모호할 때도 있다. 그리고 보이는 건물이 사크레쾨르 대성당이란 점은 아주 명백한 반면, 지하철은 정체성이 모호하다. 우리는 같은 열차임을 알아차리지 못한 채 똑같은 열차를 수백 번 탈 수도 있다. 군이 불확실성을 해소할 필요가 없을 때도 있다. 나는 대개 방울토마토 봉지에 든 토마토 한 알 한 알에 이름을 붙이고 각각이 얼마나 신선한 상태를 유지하는지를 추적하지 않는다. 토마토 부패 실험을 진행하면서 기록하는 것이 아니라면 말이다. 반면에 대학생으로 가득한 교실에서 강의할 때면, 누가 누구인지 알기 위해 최선을 다한다. (전에 내 연구실에는 성도 이름도 같고 외모도 아주 비슷하면서 연구 주제도 거의 비슷한 연구원이 두 명 있었다. 적어도 두 명이었다는 점은 확실하다.) 문제는 우리가 대상들의 정체성을 직접 지각하는 것이 아니라 겉모습(특정 측면)을 지각한다는 것이다. 각 대상에 자신이 누구인지 알리는 면허증이 붙어 있는 경우는 거의 없다. 정체성은 우리의 마음이 때때로 우리의 목적을 위해 대상에 붙이는 무언가다.

확률론과 표현력 있는 형식 언어의 결합은 AI의 꽤 새로운 하위 분야이고, 종종 **확률론적 프로그래밍**이라고 한다.[4] 확률론적 프로그래밍 언어PPL는 수십 가지가 개발되어 있고, 1차 논리보다 평범한 프로그래밍 언어로부터 표현력을 끌어내는 것이 많다. 모든 PPL 시스템은 복잡하고 불확실한 지식을 표현하고 추론할 능력이 있다. 매일 비디오게임을 하는 수백만 명의 순위를 매기는 마이크로소프트의 트루스킬TrueSkill 시스템도 그런 응용 프로그램이다. 사례를 하나씩만 보고서 대상들의 새로운 시각적 범주를 학습하는 능력 등 예전에는 그 어떤 기계론적 가설로도 설명할 수 없었던 인간 인지의 여러 측면에 관한 모형들도 그렇다.[5] 또 비밀 핵폭발 실험을 찾아내는 포괄적 핵실험 금지 조약CTBT을 위한 세계 지진 감시망도 그렇다.[6] CTBT 감시 시스템은 세계 150여 곳에 설치된 지진계의 망에서 실시간으로 나오는 지하 움직임

데이터를 모아서, 특정한 규모 이상의 지진 사건을 모두 파악하여 의심스러운 것을 골라낸다. 이 문제에서 불확실한 점이 많다는 것은 분명하다. 우리는 일어날 사건을 미리 알지 못하기 때문이다. 게다가 데이터에 담긴 신호 대다수는 그저 잡음에 불과하다. 정체성의 불확실성도 많다. 남극 대륙 관측소 A에서 검출된 한 차례의 지진 에너지는 브라질에 있는 관측소 B에서 검출된 지진 에너지와 동일한 사건에서 생겼을 수도 있고 그렇지 않을 수도 있다. 지진에 귀를 기울이는 것은 전달 지연과 메아리로 뒤엉키고 음파들이 서로 충돌하면서 빚어내는, 그저 웅웅거리는 양 들리는 수천 명의 대화를 동시에 듣는 것과 비슷하다.

어떻게 확률론적 프로그래밍을 써서 이 문제를 풀까? 이 모든 가능성을 분류하려면 아주 영리한 알고리듬이 필요하다고 생각할 수도 있다. 사실, 지식 기반 시스템의 방법론을 따르면, 새로운 알고리듬을 고안할 필요가 아예 없다. 지구 물리에 관해 알고 있는 것을 PPL을 써서 표현하기만 하면 된다. 자연 지진대에서 지진 사건이 얼마나 자주 일어나는 경향을 보이는지, 지진파가 땅속을 얼마나 빨리 나아가고 얼마나 빨리 소멸하는지, 지진계가 얼마나 민감한지, 잡음은 얼마나 많이 있는지 등의 지식이다. 그런 뒤 데이터를 추가하고서 확률론적 추론 알고리듬을 돌린다. 그 결과로 나온 감시 시스템인 NET-VISA는 2018년부터 조약 검증 활동의 일환으로 운영되고 있다. 그림 19는 NET-VISA가 2013년 북한의 핵실험을 검출한 모습이다.

그림 19 2013년 2월 12일 북한 정부가 한 핵실험의 위치 추정. 터널 입구(아래쪽 한가운데에 X자로 표시된 부분)는 위성 사진을 통해 파악했다. NET-VISA가 추정한 위치는 터널 입구에서 약 700미터 떨어져 있으며, 주로 4,000킬로미터와 10,000킬로미터 떨어진 관측소에서 검출한 데이터를 토대로 나온 값이다. CTBTO LEB 위치는 지구물리학 전문가들이 합의한 추정값이다.

세계 추적하기

확률론적 추론의 가장 중요한 역할 중 하나는 직접 관찰할 수 없는 세계의 지역들을 추적하는 것이다. 대다수 비디오게임과 보드게임에서는 그럴 필요가 없다. 관련된 모든 정보를 관찰할 수 있기 때문이다. 그러나 현실 세계에서는 그런 사례가 거의 없다.

자율주행차와 관련된 최초의 심각한 사고 중 하나를 예로 들어보자. 그 사고는 2017년 3월 24일 애리조나주 템피 이스트돈카를로스가 사우스매클린톡 도로에서 일어났다.[7] 그림 20에 나와 있듯이, 자율주행차인 볼보(V)는 매클린톡 도로에서 남쪽으로 향하

그림 20 (왼쪽) 사고로 이어지는 상황을 묘사한 그림. V로 표시한 자율주행차 볼보는 가장 오른쪽 차선에서 시속 60킬로미터로 교차로에 다가가고 있다. 다른 두 차선의 차들은 멈춰 서 있고, 신호등(L) 불빛은 노란색으로 바뀌고 있다. 볼보에게는 보이지 않지만, 혼다(H)가 좌회전을 하고 있다. (오른쪽) 교통사고가 난 모습.

고 있다. 차는 신호등이 막 노란불로 바뀔 때 교차로로 다가오는 중이다. 볼보 쪽 차선은 비어 있으므로, 볼보는 속도를 바꾸지 않고 그대로 교차로로 들어선다. 바로 그때 보이지 않던 차―그림 20에서 혼다(H)―가 갑자기 멈춰 있는 차량들 뒤쪽에서 나타나고, 충돌이 일어난다.

보이지 않는 혼다가 존재할 가능성을 추론하려면, 볼보는 교차로에 다가갈 때 단서를 모을 수 있어야 했다. 특히 다른 두 차선의 차량들은 신호등이 녹색이지만 정체 때문에 멈춰 서 있다. 맨 앞쪽 차들은 교차로에 들어서지 않고 있으며, 브레이크 등이 켜져 있다. 이는 보이지 않는 좌회전 차량이 있다는 결정적인 증거는 아니지만, 반드시 결정적인 증거가 있어야 할 필요는 없다. 작은 확률이라도 교차로에 다가설 때 속도를 늦추고 더 신중하게 진입하라고 충분히 시사할 수 있다.

이 이야기의 교훈은 일부만 관찰할 수 있는 환경에서 작동하는 지적 행위자는 자신이 볼 수 있는 것들로부터 얻은 단서를 토대로 자신이 볼 수 없는 것을—가능한 한도까지—계속 추적해야 한다는 것이다.

가정에 더 가까운 사례를 하나 들어보자. 열쇠가 어디 있을까? 독자가 이 책을 읽으면서 운전을 하고 있다면—권하지 않는다—아마 열쇠가 지금 당장 눈에 보이지 않을 것이다. 그런 한편으로, 독자는 열쇠가 어디에 있을지 아마 알 것이다. 옷 주머니에, 가방에, 침대 옆 탁자에, 걸려 있는 외투 주머니에, 아니면 주방 고리에 걸려 있을 것이다. 그곳에 두고 그 뒤로 옮긴 적이 없으니 그렇다는 것을 안다. 이는 지식과 추론을 써서 세계의 상태를 계속 추적하는 단순한 사례다.

이 능력이 없다면, 우리는 어찌할 바를 모를 것이다. 말 그대로 자주 그럴 것이다. 예를 들어, 이 글을 쓰는 지금, 나는 밋밋한 호텔 방의 하얀 벽을 바라보고 있다. 나는 어디 있는 것일까? 내가 현재의 지각 입력에 의존해야 한다면, 나는 정말로 어디에 있는지 모를 것이다. 사실, 나는 취리히에 있다는 것을 안다. 어제 취리히에 도착했고, 아직 떠나지 않았기 때문이다. 사람처럼 로봇도 방, 건물, 거리, 숲, 사막을 제대로 돌아다닐 수 있으려면, 자신이 어디에 있는지 알 필요가 있다.

AI 분야에서는 세계의 상태에 관한 행위자의 현재 지식—얼마나 불완전하고 불확실하든 간에—을 믿음 상태belief state라는 용어로 표현한다. 일반적으로 믿음 상태야말로—현재의 지각 입력이 아니라―무엇을 할지 결정을 내릴 때 적절한 토대가 된다. 믿음 상태를 최신으로 유지하는 것이야말로 지적 행위자의 핵심 활동이다. 믿음 상태의 몇몇 부분에서는 이 과정이 자동으로 이루어진다. 예를 들어, 나는 군이 생각할 필요도 없이, 내가 취리히에 있다는 것을 그냥 아는 듯하다. 반면에, 요구를 받을 때 갱신이 이루어지는 부분도 있다. 예를 들어, 긴 여행을 하는 도중에 새 도시에서 심한 비행 시차를 겪으면서 잠이 깬다면, 나는 내가 어디에 있는지, 무엇을 할 예정인지, 무엇 때문에 하려고 하는지를 재구성하기 위해 의식적으로 노력해야 할 수도 있다. 노트북이 저절로 재부팅되는 것과 조금 비슷하다고 할 수 있다. 추적한다는 것은 세상 만물의 상태를 늘 정확히 알고 있다는 의미가 아니다. 그런 일은 명백히 불가능하다. 예를 들어, 나는 지구에 사는 80억 명 대다수가 현재 어디에서 무엇을 하고 있는지를 알기는커녕, 내가 있는 취리히의 밋밋한 호텔의 다른 방에 누가 묵고 있는지도 전혀 알지 못한다. 태양계 너머의 우주에서 무슨 일이 일어나고 있는지도 전혀 알지 못한다. 세상의 현재 상태에 관한 내 불확실성은 엄청날 뿐 아니라 불가피한 것이다.

불확실한 세계를 계속 추적하는 기본 방법은 베이즈 갱신이다. 그 일을 하는 알고리듬은 대개 두 단계로 구성된다. 행위자가 자신의 가장 최근 행동을 토대로 세계의 현재 상태를 예측하는 예측 단계와 새로운 지각 입력을 받고 그에 따라서 자신의 믿음을 갱신하는 갱신 단계. 이 과정이 어떻게 진행되는지 설명하기 위해서, 자신이 어디에 있는지 이해하려는 로봇이 처한 문제를 생각해보자. 그림 21(a)는 전형적인 사례다. 로봇은 방 한가운데 있는데, 자신이 정확히 어디에 있는지 조금 불확실한 상태에서, 문을 통해 나가고 싶어 한다. 로봇은 자신의 바퀴에 1.5미터 앞으로 이동하라고 명령한다. 불행히도 바퀴가 낡고 흔들거려서, 자신이 어디에 도달할 것이라는 로봇의 예측은 매우 불확실하다. 그것을 그림 21(b)에 표시했다. 로봇이 계속 나아가려고 시도하다가는 벽에 부딪힐 수도 있다. 다행히도, 로봇은 문기둥까지 거리를 측정하는 음파 탐지기를 갖추고 있다. 그림 21(c)가 보여주듯이, 측정 결과는 로봇이 왼쪽 문기둥에서 약 70센티미터, 오른쪽 문기둥에서 약 85센티미터 떨어져 있음을 시사한다. 마지막으로, 로봇은 (b)의 예측과 (c)의 측정값을 결합하여 자신의 믿음 상태를 갱신

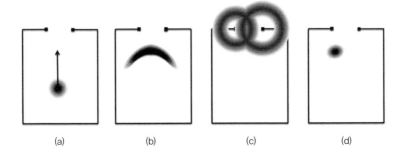

(a)   (b)   (c)   (d)

그림 21 문으로 나가려고 시도하는 로봇. (a) 초기 믿음 상태: 로봇은 자신의 위치를 조금 불확실하게 알고 있다. 로봇은 문을 향해 1.5미터 움직이려고 시도한다. (b) 예측 단계: 로봇은 문에 더 가까이 다가갔다고 추정하지만, 모터가 낡고 바퀴가 흔들거려서 실제로 어느 방향으로 나아갔는지 꽤 불확실하다. (c) 로봇은 엉성한 음파 탐지기를 써서 양쪽 문기둥까지 거리를 측정한다. 왼쪽 문기둥에서 70센티미터, 오른쪽 문기둥에서 85센티미터 떨어져 있다는 추정값이 나왔다. (d) 갱신 단계: (b)의 예측과 (c)의 관찰을 결합하여, 로봇은 새로운 믿음 상태에 다다른다. 이제 로봇은 자신이 어디에 있는지 꽤 정확히 추정하고 있으며, 조금만 경로를 수정하면 문을 통과할 것이다.

하여, 그림 21(d)의 새로운 믿음 상태에 다다른다.

믿음 상태를 추적하는 알고리듬은 위치에 관한 불확실성뿐 아니라, 지도 자체에 관한 불확실성을 다루는 데도 적용할 수 있다. 그 결과가 바로 슬램SLAM, 위치 측정 동시 지도화라는 기술이다. 슬램은 증강 현실 시스템에서 자율주행차와 행성 탐사차에 이르기까지, 여러 AI 응용 프로그램의 핵심 요소다.

부록 D 경험을 통한 학습

학습은 경험을 토대로 수행을 개선한다는 의미다. 시지각視知覺 시스템에서는 범주에 속한 사례를 보고서 그것을 토대로 대상들의 더 많은 범주를 인식하는 법을 배운다는 의미일 수 있다. 지식 기반 시스템에서는 단순히 지식을 더 많이 습득하는 것이 학습의 형태다. 그것이 시스템이 더 많은 질문에 답할 수 있다는 의미이기 때문이다. 알파고 같은 전방 탐색 의사 결정 시스템에서는 학습이 위치를 평가하는 능력을 개선하거나 가능성의 나무 중에서 유용한 부분을 탐사하는 능력을 개선하는 것을 의미할 수 있다.

사례를 통한 학습

기계 학습의 가장 흔한 형태는 지도 학습이라는 것이다. 지도 학습 알고리듬은 각각 올바른 출력의 꼬리표를 붙인 훈련 사례의 집합이 주어질 때, 올바른 규칙이 무엇인지에 관한 가설을 내놓아야 한다. 대개 지도 학습 시스템은 가설과 훈련 사례 사이에 최대한 일치가 이루어지도록 애쓴다. 필요한 수준보다 더 복잡한 가설에는 벌점을 부과할 때도 있다. 오컴의 면도날을 휘두르라는 권고를 따르는 것이다.

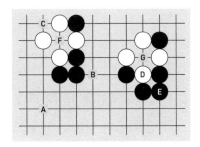

바둑에서 합법적인 수를 학습하는 문제를 사례로 들어서 설명해보자. (바둑의 규칙을 이미 알고 있다면, 적어도 이 내용을 따라가는 것이 어렵지 않을 것이다. 그렇지 않다면, 학습 프로그램의 입장에 서면 더 나을 것이다.) 알고리듬이 처음에 다음 가설을 지닌다고 하자.

모든 시간 단계 t와 모든 위치 l에 대하여,
   시간 t에 위치 l에 돌을 놓는 것은 합법적이다.

그림 22는 흑이 둘 차례에서의 위치다. 알고리듬은 A에 두려고 한다. 타당한 수다. B와 C도 마찬가지다. 이번에는 D에 두려고 한다. 이미 백돌이 있는 지점이다. 타당하지 않다. (체스나 백개먼에서는 타당할 것이다. 상대의 말을 잡는 방식이기 때문이다.) 이미 흑돌이 있는 지점에 두는 E도 타당하지 않다. (체스에서도 타당하지 않지만, 백개먼에서는 타당하다.) 이제 이 다섯 가지 훈련 사례로부터 알고리듬은 다음과 같은 가설을 제안할 수도 있다.

모든 시간 단계 t와 모든 위치 l에 대하여,

시간 t에 위치 l이 비어 있다면,

시간 t에 위치 l에 돌을 놓는 것은 합법적이다.

이어서 F를 시도하는데 놀랍게도 F가 불법적임을 알아차린다. 몇 차례 잘못된 시도를 한 뒤, 알고리듬은 다음과 같은 가설에 도달한다.

모든 시간 단계 t와 모든 위치 l에 대하여,

시간 t에 위치 l이 비어 있고,

상대방의 돌들에 에워싸여 있지 않다면,

시간 t에 위치 l에 돌을 놓는 것은 합법적이다.

(이를 착수 금지라고도 한다.) 마지막으로 G를 시도한다면, 이때는 합법적이다. 알고리듬은 잠시 고민하고 아마 몇 차례 더 시험해본 뒤에, G가 괜찮다는 가설에 다다른다. 설령 에워싸여 있다고 해도, D에 있는 백돌을 잡기 때문에 즉시 에워싸인 상태에서 벗어나기 때문이라고 추정한다.

규칙의 점진적인 진행으로부터 알 수 있듯이, 학습은 관찰된 사례에 들어맞도록 가설이 연쇄적으로 수정되면서 일어난다. 이는 학습 알고리듬이 쉽게 할 수 있는 일이다. 기계 학습 연구자들은 좋은 가설을 빨리 찾기 위해서 온갖 창의적인 알고리듬을 고안해왔다. 여기서 알고리듬은 바둑 규칙을 나타내는 논리적 표현들의 공간을 탐색하지만, 가설은 물리 법칙을 나타내는 대수적 표현일 수도 있고, 질병과 증상을 나타내는 확률론적 베이즈망이나 어떤 다른 기계의 복잡한 행동을 나타내는 컴퓨터 프로그램일 수도 있다.

두 번째로 중요한 점은 좋은 가설도 틀릴 수 있다는 것이다. 사실 위에 제시한 가설은 틀렸다. G가 합법적이 되도록 수정한 뒤에도 마찬가지다. 패, 즉 동형 반복 금지라는 규칙이 필요하다. 백이 D에 둠으로써 G에 있는 흑돌을 따내면, 흑은 바로 이어서 G에 두어서 백돌을 따낼 수가 없다는 규칙이다. 그러면 같은 자리에서 무한정 같은 상황이 되풀이될 수 있기 때문이다. 이 규칙이 프로그램이 지금까지 배운 것과 근본적으로 다르다는 점도 유념하자. 합법적인지 아닌지가 현재 상황에 따라 결정되지 않음을 뜻하기 때문이다. 대신에 이전의 위치들을 기억해야 한다는 뜻이다.

스코틀랜드 철학자 데이비드 흄은 1748년 귀납법 —개별 관찰로부터 일반 원리를 추론하는 것—이 참임을 결코 보증할 수 없다는 점을 지적했다.[1] 현대 통계 학습 이론에서는 완벽하게 옳음을 보증할 수 있는지 묻지 않고, 오로지 찾아낸 가설이 아마도 근사적으로 옳을 것이라는 보증만 요구한다.[2] 학습 알고리듬은 '운이 나빠서' 비전형적인 표본을 보게 될 수도 있다. 예를 들어, G 같은 수는 불법적이라고 생각해서, 결코 시도하지 않을 수도 있다. 또 더 복잡하면서 거의 보기 힘든 형태의 패를 활용하는 식으로 귀edge에서 벌어지는 특이한 사례를 예측할 수도 없다.[3] 그러나 그 우주가 어느 정도의 규칙성을 보이는 한, 알고리듬이 몹시 나쁜 가설을 도출할 가능성은 매우 낮다. 그런 가설은 실험을 통해서 아주 안 좋다는 사실이 이미 '밝혀졌을' 터이기 때문이다.

심층 학습—AI에 관한 언론의 온갖 호들갑을 불러일으키는 기술—은 대개 지도 학습의 한 유형이다. 심층 학습은 최근 수십 년 동안 AI 분야에서 일어난 가장 중요한 발전 중 하나를 나타내므로, 그것이 어떻게 작동하는지 이해할 가치가 있다. 게다가 몇몇 연구자는 심층 학습으로부터 몇 년 안에 인간 수준의 AI 시스템이 나올 것으로 믿고 있으므로, 정말로 그럴 가능성이 있는지 평가하겠다는 것도 좋은 생각이다.

심층 학습은 기린과 라마를 구별하는 학습처럼 특정한 과제라는 맥락에서 볼 때 가장 이해하기 쉽다. 각각 꼬리표가 붙은 사진을 몇 장 보여주면, 학습 알고리듬은 꼬리표가 없는 이미지를 분류할 수 있게 해줄 가설을 세워야 한다. 컴퓨터의 관점에서 볼 때, 한 이미지는 아주 많은 숫자로 이루어진 표에 불과하다. 각 숫자는 이미지의 한 화소의 세 가지 RGB 값 중 하나를 나타낸다. 따라서 바둑판에서의 위치와 두는 수를 입력으로 삼아서 그 수가 합법적인지 판단하는 바둑 가설 대신에, 우리는 숫자 표를 입력으로 삼아서 범주(기린 또는 라마)를 예측하는 기린-라마 가설이 필요하다.

문제는 어떤 종류의 가설이냐다. 컴퓨터 시각 연구 분야는 지난 50여 년 동안 다양한 접근법을 시도했다. 현재 선호되는 것은 심층 합성곱망deep convolutional network이다. 자세히 살펴보자. 더 작은 많은 하위 표현으로부터 규칙적인 방식으로 구성된 복잡한 수학 표현이면서, 조성 구조가 망의 형태를 이루기 때문에 망network

이라고 한다. (이런 망은 설계자가 뇌 신경망에서 영감을 얻기 때문에, 신경망이라고 부르곤 한다.) 그리고 입력 이미지 전체에 걸쳐서 정해진 양상으로 망 구조가 반복되어 나타나는 양상을 나타내는 좋은 수학적 방식이 바로 합성곱convolutional이기 때문에, 그런 이름이 붙었다. 또 심층deep이라는 말이 붙은 이유는 그런 망이 대개 여러 층으로 이루어져 있고, 그 단어가 꽤 쏙쏙 들어오면서 조금은 수수께끼처럼 들리기 때문이기도 하다.

그림 23은 단순화한 사례(실제 망은 수백 개의 층과 수백만 개의 노드를 지니기도 하므로 단순화했다)다. 이 망은 사실 복잡한 조절 가능한 수학식을 그림으로 나타낸 것이다. 망의 각 노드는 그림에 실린 것처럼, 하나의 단순한 조정 가능한 수학식에 해당한다. 조정은 각 입력의 가중치를 바꿈으로써 이루어진다. 그림에서 '음량

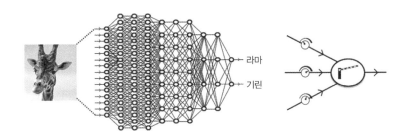

라마
기린

그림 23 (왼쪽) 이미지 속의 대상을 인지하는 심층 합성곱망의 개략도. 왼쪽에서 이미지의 화소값이 입력되면, 망은 가장 오른쪽의 두 노드에 값을 출력한다. 이미지가 라마나 기린일 가능성이 얼마나 되는지를 시사한다. 첫 층에서 굵은 실선으로 표시된 국지적인 연결 양상이 전체 층에 걸쳐서 되풀이되는 것을 알 수 있다. (오른쪽) 망의 노드 중 하나다. 노드가 각 입력값에 주의를 더 기울이거나 덜 기울이도록 각 값에 조정 가능한 가중치를 부여한다. 입력되는 신호의 총합은 큰 신호는 허용하고 작은 신호는 걸러내는 게이팅 함수를 통과한다.

조절' 형태로 표시된 부분이다. 입력들의 가중합은 게이팅 함수 gating function를 지나서 노드의 출력 쪽에 다다른다. 대개 게이팅 함수는 작은 값은 차단하고 큰 값은 통과시킨다.

망에서 학습은 모든 음량 조절 손잡이를 돌려서 조정하여 꼬리표가 붙은 사례들의 예측 오류를 줄임으로써 이루어진다. 말 그대로 단순하다. 어떤 마법도, 매우 독창적인 알고리듬도 필요하지 않다. 오류를 줄이려면 손잡이를 어느 방향으로 돌려야 하는지 알아내는 일은 미적분을 그대로 적용하여 각 가중치를 바꿀 때 출력 층에서 오류가 어떻게 달라질지 계산하는 것이다. 그런 뒤에 단순한 공식을 써서 출력 층에서 입력 층으로 거꾸로 오류를 전달하여, 손잡이를 조정한다.

이 과정은 마치 기적처럼, 잘 작동한다. 사진 속 대상을 인지하는 과제에서, 심층 학습 알고리듬은 놀라운 수행 능력을 보여주었다. 이 점은 2012년 이미지넷ImageNet 경연 대회에서 처음으로 어렴풋이 드러났다. 알고리듬에 1천 가지 범주에 속한 꼬리표를 붙인 120만 장의 이미지로 이루어진 훈련 데이터를 주고서, 10만 장의 새로운 이미지에 꼬리표를 붙이게 하는 과제였다.[4] 1980년대에 첫 신경망 혁명에 앞장섰던 영국 계산심리학자 제프리 힌턴 Geoffrey Hinton은 대규모 심층 합성곱망을 연구하고 있었다. 65만 개의 노드와 6천만 개의 매개 변수로 이루어진 망이었다. 토론토 대학교에서 그의 연구진은 이미지넷 오류율을 15퍼센트로 낮추었다. 이전의 최고 기록이 26퍼센트였으니, 대폭 개선한 것이었다.[5] 2015년경에는 수십 개 연구진이 심층 학습법을 이용하고 있었고, 오류율은 5퍼센트까지 떨어졌다. 사람이 몇 주 동안 같은 1천 가지 범주를 인지하는 법을 학습한 뒤에 검사를 받았을 때와 비슷한 수준이었다.[6] 2017년경에는 기계의 오류율이 2퍼센트였다.

거의 같은 기간에 비슷한 방법을 써서 음성 인식과 기계 번역 분야에서도 비슷한 수준으로 개선이 이루어졌다. 이 세 가지는 AI의 가장 중요한 응용 분야다. 심층 학습은 강화 학습의 응용 사례에서도 중요한 역할을 했다. 알파고가 앞으로 가능한 배치들의 바람직성을 평가하는 데 쓰는 평가 함수 학습, 로봇의 복잡한 행동의 제어부 학습이 그렇다.

그렇지만 아직 우리는 심층 학습이 왜 그렇게 잘 작동하는지 거의 이해하지 못하고 있다. 아마 심층망이 깊기 때문이라는 것이 최선의 설명일 것이다. 여러 층으로 이루어져 있고, 각 층이 입력을 출력으로 꽤 단순하게 전환하는 방법을 학습할 수 있는 한편으로, 그런 많은 단순한 전환 사례가 더해져서 사진에 범주 꼬리표를 붙이는 데 필요한 복잡한 전환을 이루기 때문이라는 것이다. 게다가 시각의 심층망은 변환 불변과 척도 불변을 강요하는 내재된 구조를 지닌다. 즉, 개는 이미지의 어디에 놓이든, 이미지에서 얼마나 크게 보이든 개라는 뜻이다.

심층망의 또 다른 중요한 특성은 종종 그것이 눈, 줄무늬, 단순한 도형 같은 이미지의 기본 특징을 포착하는 내적 표상을 발견하는 듯이 보인다는 것이다. 이런 특징은 결코 우리가 탑재한 것이 아니다. 훈련된 망을 갖고 실험할 때 어떤 유형의 데이터가 내부 노드(대개 출력 층에 가까이 있는 것)를 활성화하는지를 볼 수 있기 때문에, 그런 것이 있음을 안다. 사실 학습 알고리듬을 다른 식으로 가동하는 것도 가능하다. 알고리듬이 선택된 내부 노드가 더 강하게 반응하도록 이미지 자체를 조정하도록 말이다. 이 과정을 많이 반복하면, 현재 깊은 꿈꾸기deep dreaming 또는 인셉셔니즘 inceptionism 이미지라고 하는 것을 만들어낼 수 있다. 그림 24가 한 예다.[7] 인셉셔니즘은 그 자체가 하나의 예술 형식이 되어 있다. 사람의 예술 작품과 다른 이미지를 생성한다.

이 모든 놀라운 성취를 이루었지만, 현재 우리가 이해하는 심층 학습 시스템은 범용 지적 시스템의 토대가 되기에는 한참 못 미친다. 주된 약점은 회로라는 것이다. 즉, 그것들은 명제 논리와 베이즈망의 사촌이며, 따라서 온갖 놀라운 특성을 지니고 있긴 해도 복잡한 형태의 지식을 간결하게 표현하는 능력이 부족하다. 이는 '고유 모드native mode'로 작동하는 심층망이 꽤 단순한 유형의 일

그림 24 구글의 딥드림(DeepDream) 소프트웨어가 만든 이미지.

반 지식을 표현하는 데에도 엄청난 양의 회로가 필요하다는 의미다. 그리고 그것은 학습할 가중치가 엄청나게 많다는 것, 따라서 터무니없을 만치 많은 사례가, 우주가 제공할 수 있는 것보다 많은 사례가 필요하다는 의미다.

일부에서는 뇌도 회로로 이루어져 있다고 주장한다. 즉, 뉴런이 회로 요소가 된다. 따라서 회로는 인간 수준의 지능을 떠받칠 수 있다는 논리다. 그 말은 맞지만, 뇌도 원자로 이루어져 있다는 의미에서만 그렇다. 즉, 원자는 정말로 인간 수준의 지능을 지탱할 수 있지만, 그것이 원자를 그냥 많이 모아놓는다고 해서 지능이 출현한다는 의미는 아니다. 그 원자들이 특정한 방식으로 배치되어야 한다. 같은 맥락에서, 회로도 특정한 방식으로 배치되어야 한다. 컴퓨터도 회로로 이루어져 있다. 기억 장치도 처리 장치도 그렇다. 그러나 그 회로들은 특정한 방식으로 배치되어야 하며, 소프트웨어들도 층층이 추가되어야 한다. 그래야 컴퓨터에서 고급 프로그래밍 언어와 논리 추론 시스템을 돌릴 수 있다. 그러나 현재 심층 학습 시스템이 스스로 그런 능력을 개발할 수 있다는 징후는 전혀 없으며, 시스템에 그런 능력을 요구하는 것도 과학적으로 볼 때 타당하지 않다.

심층 학습이 일반 지능에 한참 못 미치는 수준에서 한계에 다다를 것으로 생각할 이유는 더 있지만, 여기서 내 목적은 그 모든 문제를 진단하는 것이 아니다. 심층 학습 분야 안팎에서 여러 연구자가 그런 문제 중 상당수를 논의해왔다.[8],[9] 요점은 단순히 더욱 크고 더욱 깊은 망과 더욱 많은 데이터 집합과 더욱 큰 기계를 만든다고 해서 인간 수준의 AI가 나오지 않는다는 것이다. AI에는 "더욱 고등한 사고와 상징 추론"이 필수적이라는 딥마인드 CEO 데미스 허사비스의 견해를 부록 B에서 이미 살펴본 바 있다. 또 다른 저명한 심층 학습 전문가 프랑수아 숄레François Chollet는 이렇게 말했다.[10] "현재의 심층 학습 기법으로는 전혀 닿을 수 없는 응용 사례가 많이 있다. 인간이 해설을 단 데이터를 엄청나게 많이 제공한다고 해도 마찬가지다. … 우리는 단선적으로 입력과 출력을 대응시키는 방식에서 벗어나서 추론과 추상으로 나아갈 필요가 있다."

생각으로부터의 학습

우리는 무언가를 스스로 생각해내야 하는 상황에 처하곤 하는데, 이유는 기존에 답을 알고 있지 못하기 때문이다. 새로운 번호로 휴대전화를 개통했을 때 누군가가 전화번호를 알려달라고 할 때, 당신은 아마 모를 것이다. 당신은 내심 생각한다. "음, 모르겠네. 어떻게 찾아야 하지?" 휴대전화를 늘 들여다보고 지내지 않기에, 당신은 찾는 법을 모른다. 당신은 고심한다. "어떻게 하면 알아내지?" 당신은 이 문제의 일반적인 해법을 알고 있다. "사용자가 찾기 쉬운 곳에 집어넣었을 거야." (물론, 이 생각은 틀렸을 수도 있다.) 눈에 잘 띄는 곳은 홈 화면(없다)이나 휴대전화 앱, 그 앱의 설정 항목일 것이다. 당신은 '설정 > 전화'로 들어가 본다. 거기 있다.

이제 누군가 다시 전화번호를 알려달라고 하면, 당신은 알고 있거나 어디에서 찾을지를 정확히 안다. 당신은 이 상황에서 이 휴대전화에서만이 아니라, 모든 사례의 모든 비슷한 휴대전화에서 쓸 수 있도록 이 절차를 기억한다. 즉, 그 문제의 일반 해법을 저장하고 재사용한다. 이 일반화는 이 특정한 휴대전화의 사양과 이 특정한 상황이 무관하다는 점을 이해하고 있으므로 타당하다. 이 방법이 17로 끝나는 전화번호에는 화요일에만 통한다고 하면, 우리는 충격을 받을 것이다.

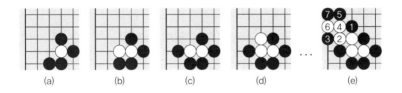

그림 25 바둑에서 축의 개념. (a) 흑이 백돌을 잡으려 한다. (b) 백은 탈출을 시도한다. (c) 흑은 달아나는 방향을 막는다. (d) 백은 다른 방향으로 탈출을 시도한다. (e) 적혀 있는 번호 순서대로 계속 진행된다. 축은 이윽고 바둑판의 변에 다다른다. 백은 더 이상 달아날 곳이 없다. 7번째 수로 끝이 난다. 백돌들은 완전히 에워싸여서 죽는다.

바둑에서 이런 학습 유형의 완벽한 사례를 찾을 수 있다. 그림 25(a)는 흑이 백의 돌을 에워싸서 잡으려고 하는 흔한 상황이다. 백은 자신의 돌에 새 돌을 이어 붙여서 달아나려고 한다. 하지만 흑은 탈출할 길을 계속 차단한다. 이 수들은 바둑판에서 대각선으로 돌들이 사다리처럼 뻗는 양상을 이루면서 뻗다가, 이윽고 변에 다다른다. 백은 더 이상 갈 곳이 없다. 당신이 백이라면, 아마 같은 실수를 반복하지 않을 것이다. 축이 생기면 결국에는 반드시 잡히게 마련이라는 것을 깨닫기 때문이다. 처음의 위치와 방향이 어떠하든, 게임이 얼마나 진행되었든, 당신이 백이든 흑이든 상관없다. 유일한 예외는 축이 탈출하는 쪽의 다른 돌이 놓여 있는 곳으로 뻗어나갈 때다. 축 패턴의 일반성은 바둑의 규칙으로부터 곧바로 따라 나온다.

전화번호를 잊은 사례와 바둑의 축 사례는 하나의 사례에서 유효하면서 일반적인 규칙을 학습할 수 있음을 잘 보여준다. 심층학습에 수백만 개의 사례가 필요한 것과 전혀 딴판으로 말이다. AI에서는 이런 유형의 학습을 **설명 기반 학습**이라고 한다. 행위자는 사례를 보고서, 왜 그런 식으로 일이 일어났는지 스스로 설명할 수 있고, 그 설명에 어떤 요인이 필수적인지 간파함으로써 일반 원리를 추론할 수 있다.

엄밀히 말해서, 이 과정 자체는 새로운 지식을 추가하는 것이 아니다. 예를 들어, 백은 사례를 아예 보지 않고도, 바둑의 규칙으로부터 일반적인 축 패턴의 존재와 결과를 유추할 수 있었을 것이다.[11] 그러나 백이 사례를 보지 않는다면, 축 개념을 발견하지 못할 가능성도 있다. 따라서 우리는 설명 기반 학습을 '계산 결과를 일반적인 방식으로 저장하는 강력한 방법'으로 이해할 수 있다. 앞으로 동일한 추론 과정을 반복할(또는 불완전한 추론 과정으로 동일한 실수를 저지를) 필요가 없게 말이다.

인지과학은 인간의 인지에서 이런 유형의 학습이 중요한 역할을 한다는 점을 강조해왔다. 덩이짓기chunking라는 이름이 붙은 그것은 앨런 뉴얼Allen Newell의, 매우 영향력이 컸던 인지 이론의 핵심 줄기를 이룬다.[12] (뉴얼은 1956년 다트머스 회의 참석자이기도 하고,

1975년에 허버트 사이먼과 함께 튜링상을 공동 수상했다.) 덩이짓기는 인간이 연습할수록 인지 과제를 더욱 매끄럽게 해내는 이유를 설명한다. 원래 생각을 해야 했던 다양한 하위 과제가 자동으로 이루어지기 때문이다. 덩이짓기가 없다면, 인간의 대화는 한두 단어로 대답하는 수준에 머물렀을 것이고, 수학자는 지금도 손가락으로 수를 세고 있을 것이다.

이 책이 나오기까지 많은 분이 도움을 주셨다. 뛰어난 편집자인 바이킹의 폴 슬로백과 펭귄의 로라 스티크니, 뭐든지 쓰라고 늘 격려한 저작권 중개인 존 브록만, 도움이 되는 조언을 숱하게 한 질 레오비와 롭 리드에게 감사한다. 또 초기 원고를 읽고 평을 해준 지야드 마랄, 닉 헤이, 토비 오드, 데이비드 두버노드, 맥스 테그마크, 그레이스 캐시에게도 감사드린다. 그리고 원고를 읽은 분들이 해준 무수한 개선안을 취합하는 데 엄청난 도움을 준 캐롤라인 장메르, 사진 사용 승낙을 받기 위해 애쓴 마틴 푸쿠이에게도 고맙다는 말을 전한다.

이 책의 주된 학술 개념들은 버클리에 있는 휴먼컴패터블 AI 센터의 연구자들, 특히 톰 그리피스, 앤카 드래건, 앤드루 크리치, 딜런 해드필드메넬, 로힌 샤, 스미타 밀리와 공동 연구를 하면서 발전시킨 것들이다. 탄복할 만큼 센터를 잘 이끌어온 사무국장 마크 니츠버그와 부국장 로지 캠벨, 그리고 지원을 아끼지 않은 오픈자선재단에 감사한다.

책을 쓰는 내내 일이 원활히 진행되도록 도와준 라모나 알바레스와 카린 베르도, 그리고 내게 꼭 필요했던 사랑과 인내심, 끝내라는 격려를 차고 넘치게 해준 아내 로이와 우리 아이들, 고든, 루시, 조지, 아이작에게도 고맙다는 말을 전한다.

라는 격려를 차고 넘치게 해준 아내 로이와 우리 아이들, 고든, 루시, 조지, 아이작에게도 고맙다는 말을 전한다.

주

1. 우리가 성공한다면

1. 내 AI 교과서 초판은 현재 구글 리서치 디렉터로 있는 피터 노빅과 함께 썼다. Stuart Russell and Peter Norvig, *Artificial Intelligence: A Modern Approach*, 1st ed. (Prentice Hall, 1995).《인공지능: 현대적 접근 방식(1, 2)》(제이펍, 2016).

2. 로빈슨은 분해 알고리듬을 개발했다. 시간이 충분히 주어질 때, 1차 논리적 주장들로 이루어진 집합 하나의 모든 논리적 결과를 증명할 수 있는 알고리듬이다. 이전의 알고리듬과 달리, 이 알고리듬은 명제 논리로 전환하라고 요구하지 않았다. J. Alan Robinson, "A machine-oriented logic based on the resolution principle," *Journal of the ACM* 12 (1965): 23-41.

3. 컴퓨터 시대를 연 미국의 개척자 중 한 명인 아서 새뮤얼은 초창기 연구를 IBM에서 했다. 기계 학습이라는 용어가 처음 등장한 것은 체커에 관한 연구를 기술한 그의 논문에서였다. 비록 앨런 튜링이 일찍이 1947년에 "경험을 통해 배울 수 있는 기계"에 관해 말한 적이 있긴 하지만 말이다. Arthur Samuel, "Some studies in machine learning using the game of checkers," *IBM Journal of Research and Development* 3 (1959): 210-229.

4. 나중에 〈라이트힐 보고서〉라고 불리게 될 이 보고서가 나온 뒤, 에든버러대학교와 서식스대학교를 제외한 모든 곳에서 AI 연구비 지원이 끊겼다. Michael James Lighthill, "Artificial intelligence: A general survey," *Artificial Intelligence: A Paper Symposium* (Science Research Council of Great Britain, 1973).

5. CDC 6600은 방 전체를 꽉 채웠고, 가격이 2천만 달러였다. 당시로서는 놀라울 만치 강력한 성능이었다. 지금의 아이폰이 그보다 1백만 배 더 성능이 좋지만 말

424

이다.

6. 딥블루가 카스파로프를 이긴 뒤, 바둑에서 같은 일이 일어나려면 백 년은 걸릴 것으로 예측한 평론가가 적어도 한 명은 있었다. George Johnson, "To test a powerful computer, play an ancient game," *The New York Times*, July 29, 1997.

7. 핵 기술의 발전 역사를 읽기 쉽게 서술한 다음 책을 보라. *Richard Rhodes, The Making of the Atomic Bomb* (Simon & Schuster, 1987). 《원자 폭탄 만들기(1, 2)》(사이언스북스, 2003).

8. 단순한 지도 학습 알고리듬은 A/B 검사 체계(온라인 마케팅에 흔히 쓰는) 속에 집어넣지 않는 한, 이 효과를 발휘하지 못할 수도 있다. 밴딧 알고리듬과 강화 학습 알고리듬은 사용자 상태의 명시적 표현이나 암시적 표현을 그 사용자와의 상호작용 역사라는 맥락에서 쓸 때 이 효과를 발휘할 것이다.

9. 일부에서는 이익을 최대화하는 기업이 이미 통제 불능의 인공적인 존재가 되어 있다고 주장한다. Charles Stross, "Dude, you broke the future!" (keynote, 34th Chaos Communications Congress, 2017). Ted Chiang, "Silicon Valley is turning into its own worst fear," *Buzzfeed*, December 18, 2017. 이 개념을 더 깊이 살펴본 문헌도 있다. Daniel Hillis, "The first machine intelligences," *Possible Minds: Twenty-Five Ways of Looking at AI*, ed. John Brockman (Penguin Press, 2019).

10. 당시 위너의 논문은 모든 기술 발전이 좋다는 주류 견해에서 벗어난 예외 사례였다. Norbert Wiener, "Some moral and technical consequences of automation," *Science* 131 (1960): 1355-1358.

2. 인간과 기계의 지능

1. 산티아고 라몬 이 카할Santiago Ramón y Cajal은 1894년 시냅스의 변화로 학습이 이루어진다고 주장했지만, 이 가설이 실험을 통해 확인된 것은 1960년대 말이 되어서였다. Timothy Bliss and Terje Lomo, "Long-lasting potentiation of synaptic transmission in the dentate area of the anaesthetized rabbit following stimulation of the perforant path," *Journal of Physiology* 232 (1973): 331-356.

2. 짧은 소개 글은 다음 문헌을 참조하라. James Gorman, "Learning how little we know about the brain," *The New York Times*, November 10, 2014. Tom Siegfried, "There's a long way to go in understanding the brain," ScienceNews, July 25, 2017. 학술지 〈뉴런〉 2017년 특집호는 뇌를 이해하기 위한 다양한 접근법을 개괄하고 있다. *Neuron* 94(2017): 933-1040.

3. 의식—실제 주관적인 경험—의 존재 유무는 분명히 기계를 보는 우리의 도덕관에 차이를 낳는다. 의식을 지닌 기계를 설계하거나 우리가 그렇게 했다는 사실을 검출할 만치 의식을 충분히 이해하게 된다면, 우리는 대체로 준비가 안 되어 있는 여러 중요한 도덕적 현안과 마주치게 될 것이다.

4. 다음 논문은 강화 학습 알고리듬과 신경생리학적 기록을 뚜렷하게 연관 지은 최초의 사례에 속한다. Wolfram Schultz, Peter Dayan, and P. Read Montague, "A neural substrate of prediction and reward," *Science* 275 (1997): 1593-1599.

5. 머리뼈 안 자극에 관한 연구는 다양한 정신질환 치료법을 발견하리라는 희망을 품고 이루어졌다. Robert Heath, "Electrical self-stimulation of the brain in man," *American Journal of Psychiatry* 120 (1963): 571-577.

6. 중독을 통한 자멸에 직면할 수도 있는 종의 사례. Bryson Voirin, "Biology and conservation of the pygmy sloth, Bradypus pygmaeus," *Journal of Mammalogy* 96 (2015): 703-707.

7. 진화에서 볼드윈 효과를 언급할 때 으레 인용하는 논문. James Baldwin, "A new factor in evolution," *American Naturalist* 30 (1896): 441-451.

8. 볼드윈 효과의 핵심 개념은 다음 저서에도 나와 있다. Conwy Lloyd Morgan, *Habit and Instinct* (Edward Arnold, 1896).

9. 볼드윈 효과를 설명하는 현대적 분석과 컴퓨터 구현. Geoffrey Hinton and Steven Nowlan, "How learning can guide evolution," *Complex Systems* 1 (1987): 495-502.

10. 내부 보상 신호 전달 회로의 진화를 포함하는 컴퓨터 모형을 통해 볼드윈 효과를 더 상세히 규명한 문헌. David Ackley and Michael Littman, "Interactions between learning and evolution," *Artificial Life II*, ed. Christopher Langton et al. (Addison-Wesley, 1991).

11. 여기서 나는 서로 관련이 있는 다양한 의미를 지닌 '누스nous'라는 고대 그리스

개념을 기술하기보다는 현대의 지능 개념의 근원을 가리키고 있다.

12. 인용문의 출처는 다음과 같다. Aristotle, *Nicomachean Ethics*, Book III, 3, 1112b.

13. 음수를 생각한 최초의 유럽 수학자 중 한 명인 카르다노는 일찍이 게임에서의 확률을 수학적으로 다루는 방법도 개발했다. 그는 1576년에 사망했고, 그의 책은 그로부터 87년 뒤에야 출판되었다. Gerolamo Cardano, *Liber de ludo aleae* (Lyons, 1663).

14. 아르노의 연구는 처음에 익명으로 발표되었는데, 종종 '포르루아얄 논리'라고 불린다. Antoine Arnauld, *La logique, ou l'art de penser* (Chez Charles Savreux, 1662). 다음 책도 참조하라. Blaise Pascal, *Pensées* (Chez Guillaume Desprez, 1670).

15. 효용의 개념. Daniel Bernoulli, "Specimen theoriae novae de mensura sortis," *Proceedings of the St. Petersburg Imperial Academy of Sciences* 5 (1738): 175-192. 베르누이의 효용 개념은 고가의 화물을 배 한 척으로 옮길지, 아니면 배가 가라앉을 확률이 50퍼센트라고 가정하고서 두 척으로 나누어서 운송할지를 선택하는 상인 셈프로니우스를 생각하다가 나왔다. 두 해결책의 예상 화폐 가치는 같지만, 셈프로니우스는 두 척으로 나누는 해결책을 확실히 선호한다.

16. 대개는 폰 노이만이 이 구조를 창안하지는 않았다고 보지만, 내장 프로그램 컴퓨터 에드박EDVAC을 기술한 한 영향력 있는 보고서의 초고에 그의 이름이 들어 있었다.

17. 폰 노이만과 모르겐슈테른의 연구는 여러 면에서 현대 경제 이론의 토대를 이룬다. John von Neumann and Oskar Morgenstern, *Theory of Games and Economic Behavior* (Princeton University Press, 1944).

18. 효용이 할인된 보상들의 합이라는 견해는 폴 새뮤얼슨이 수학적으로 편리한 가설의 형태로 제시했다. Paul Samuelson, "A note on measurement of utility," *Review of Economic Studies* 4 (1937): 155-161. 만일 $s_0, s_1, \cdots$가 상태들의 서열이라면, 이 모형에서 그 효용은 $U(s_0, s_1, \cdots) = \Sigma_t \gamma^t R(s_t)$이다. 여기서 γ은 할인 인자이고, R은 상태의 바람직성을 기술하는 보상 함수다. 이 모형의 소박한 응용 프로그램은 현재와 미래의 보상의 바람직성에 관한 실제 개인들의 판단과 거의 들어맞지 않는다. 더 철저한 분석은 다음 문헌을 참조하라. Shane Frederick, George Loewenstein, and Ted O'Donoghue, "Time discounting and time preference: A critical review," *Journal of Economic Literature* 40 (2002):

351-401.

19. 프랑스 경제학자 모리스 알레는 사람이 폰 노이만-모르겐슈테른 공리를 시종일관 위반하는 듯하는 의사 결정 시나리오를 제시했다. Maurice Allais, "Le comportement de l'homme rationnel devant le risque: Critique des postulats et axiomes de l'école américaine," *Econometrica* 21 (1953): 503-546.

20. 비정량적인 의사 결정 분석을 쉽게 소개한 글. Michael Wellman, "Fundamental concepts of qualitative probabilistic networks," *Artificial Intelligence* 44 (1990): 257-303.

21. 인간의 비합리성의 증거는 9장에서 더 상세히 논의할 것이다. 다음은 표준 참고 문헌 중 일부다. Allais, "Le comportement"; Daniel Ellsberg, *Risk, Ambiguity, and Decision* (PhD thesis, Harvard University, 1962); Amos Tversky and Daniel Kahneman, "Judgment under uncertainty: Heuristics and biases," *Science* 185 (1974): 1124-1131.

22. 이것이 실제로 구현될 수 없는 사고 실험이라는 점은 명백하다. 미래의 선택지들은 결코 완전히 상세히 제시되지 않으며, 인간은 그 미래들을 자세히 살펴보고 음미한 뒤에 선택을 하는 사치를 결코 누리지 못한다. 대신에 '사서'나 '광부' 같은 짧은 요약만 제공된다. 그런 선택을 할 때, 사실상 각 미래 내에서 최적 행동이 이루어진다고 가정하고서 각각의 분포를 정해서 한쪽은 '사서', 다른 한쪽은 '광부'에서 시작하여 완전한 미래에 관한 두 확률 분포를 비교하라는 요청을 받는다. 말할 필요도 없지만, 쉬운 일이 아니다.

23. 게임에 대한 무작위 전략이 처음 언급된 것은 피에르 르몽 드 몽모르의 《우연 게임의 확률론》 2판에서였다. Pierre Rémond de Montmort, *Essay d'analyse sur les jeux de hazard*, 2nd ed., (Chez Jacques Quillau, 1713). 이 책은 카드 게임 '르에어'의 최적 무작위 해결책을 월더그레이브라는 신사가 내놓았다고 말한다. 월더그레이브의 정체는 훗날 데이비드 벨하우스가 밝혀냈다. David Bellhouse, "The problem of Waldegrave," *Electronic Journal for History of Probability and Statistics* 3 (2007).

24. 이 문제는 앨리스가 네 사례에서 점수를 낼 확률을 열거하는 것으로 완벽하게 정의할 수 있다. 앨리스가 밥의 오른쪽으로 찰 때 밥은 오른쪽이나 왼쪽으로 뛸 수 있고, 앨리스가 왼쪽으로 찰 때 밥은 오른쪽이나 왼쪽으로 뛸 수 있다. 이 사례에서 각각의 확률은 25, 70, 65, 10퍼센트다. 이제 앨리스의 전략이 밥의 오른

쪽으로는 확률 p, 왼쪽으로는 확률 1-p로 차는 것이고, 밥의 전략은 오른쪽으로는 확률 q, 왼쪽으로는 확률 1-q로 뛰는 것이라고 하자. 그러면 앨리스의 보상은 $U_A=0.25pq+0.70p(1-q)+0.65(1-p)q+0.10(1-p)(1-q)$이고, 밥의 보상은 $U_B= -U_A$이다. 균형일 때 $\partial U_A/\partial p=0$과 $\partial U_B/\partial q=0$이므로, p=0.55와 q=0.60이다.

25. 원래의 게임 이론 문제는 랜드 코퍼레이션RAND Corporation의 메릴 플러드Merrill Flood와 멜빈 드레셔Melvin Dresher가 제시했다. 터커는 그들의 연구실에 들렀다가 보상 행렬을 보고서, 그것을 '이야기'로 구성하자고 제안했다.

26. 게임이론가들은 대개 앨리스와 밥이 서로 협력하거나(자백을 거부하는 쪽으로) 배신하여 동료를 밀고할 수 있다고 말한다. 나는 이런 용어가 혼란스럽다. "서로 협력하다"가 각 행위자가 따로따로 할 수 있는 선택이 아니기 때문이고, 일반 어법에서는 그 말이 협력을 대가로 더 약한 형벌을 받게 하는 경찰과의 협력을 가리킬 때가 많기 때문이기도 하는 등 여러 이유에서다.

27. 죄수의 딜레마를 비롯한 게임들에 관한 흥미로운 신뢰 기반 해결책은 다음 문헌을 참조하라. Joshua Letchford, Vincent Conitzer, and Kamal Jain, "An 'ethical' game-theoretic solution concept for two-player perfect-information games," *Proceedings of the 4th International Workshop on Web and Internet Economics*, ed. Christos Papadimitriou and Shuzhong Zhang (Springer, 2008).

28. '공유지의 비극'이라는 용어의 출처는 다음 책이다. William Forster Lloyd, *Two Lectures on the Checks to Population* (Oxford University, 1833).

29. 지구 생태라는 맥락에서 이 주제를 현대적으로 부활시킨 문헌. Garrett Hardin, "The tragedy of the commons," *Science* 162 (1968): 1243-1248.

30. 설령 우리가 화학 반응이나 생물의 세포로부터 지적인 기계를 만들려고 시도했다고 해도, 그런 구성물은 비전통적인 물질로 튜링 기계를 구현한 것임이 드러났을 가능성이 매우 크다. 한 대상이 범용 컴퓨터인지 아닌지는 그것이 무엇으로 만들어졌는지와 무관하다.

31. 튜링의 돌파구를 이룬 논문은 현대 컴퓨터과학의 토대인, 오늘날 '튜링 기계'라고 부르는 것을 정의했다. 제목에 적힌 결정 문제Entscheidungsproblem는 1차 논리에서 논리적 귀결을 결정하는 문제다. Alan Turing, "On computable numbers, with an application to the Entscheidungsproblem," *Proceedings of the London Mathematical Society*, 2nd ser., 42 (1936): 230-265.

32. 음의 전기 용량을 발명가 중 한 명이 상세히 기술한 문헌. Sayeef Salahuddin,

"Review of negative capacitance transistors," *International Symposium on VLSI Technology, Systems and Application* (IEEE Press, 2016).

33. 양자 계산에 관한 훨씬 더 나은 설명. Scott Aaronson, *Quantum Computing since Democritus* (Cambridge University Press, 2013).

34. 고전적 계산과 양자 계산을 복잡성 이론 관점에서 뚜렷이 구분한 논문. Ethan Bernstein and Umesh Vazirani, "Quantum complexity theory," *SIAM Journal on Computing* 26 (1997): 1411-1473.

35. 저명한 물리학자가 쓴 다음 논문은 현재의 이해와 기술 수준을 잘 소개한다. John Preskill, "Quantum computing in the NISQ era and beyond," arXiv:1801.00862 (2018).

36. 1킬로그램 물체의 최대 계산 능력. Seth Lloyd, "Ultimate physical limits to computation," *Nature* 406 (2000): 1047-1054.

37. 인간이 물리적으로 달성할 수 있는 지능의 정점일 수 있다는 주장의 사례. Kevin Kelly, "The myth of a superhuman AI," *Wired*, April 25, 2017: "우리는 그 한계가 우리를 넘어서는 길, 우리를 '초월하는' 길이라고 믿는 경향이 있다. 우리가 개미를 '초월'하듯이 … 그 한계가 우리가 아니라는 증거를 우리는 가지고 있을까?"

38. 정지 문제를 풀 간단한 방법이 있는지 궁금해할 독자를 위해 소개하자면, 프로그램이 끝이 나는지를 알아보기 위해 프로그램을 작동시키는 뻔한 방법은 통하지 않는다. 그 방법이 반드시 끝이 나는 것은 아니기 때문이다. 백만 년을 기다려도 그 프로그램이 사실상 무한 루프에 갇혀 있는지, 아니면 그저 시간이 걸리는 것인지 여전히 모를 수도 있다.

39. 정지 문제가 결정 불가능하다는 증명은 아주 그럴듯한 속임수다. 그 문제는 이것이다. 모든 프로그램 P와 모든 입력 X에 대하여, P에 X를 적용했을 때 멈추고 결과를 내놓을지, 아니면 영구히 작동할지를 유한한 시간에 올바로 판단할 LoopChecker(P, X) 프로그램이 있을까? LoopChecker가 존재한다고 하자. 이제 LoopChecker를 서브루틴으로 불러내는 프로그램 Q를 작성하자. Q 자체는 X를 입력으로 삼는다면, LoopChecker(Q, X)가 예측하는 행동의 정반대 행동을 한다. 따라서 LoopChecker가 Q에게 멈추라고 말하면 Q는 멈추지 않고, 그 반대도 마찬가지다. 그리하여 LoopChecker가 존재한다는 가정은 모순되므로, LoopChecker는 존재할 수 없다.

40. 여기서 "듯하다"고 말하는 이유는 NP-완전 문제의 이 범주가 초다항 시간을 필

요로 한다는(대개 P≠NP라고 하는) 주장이 아직 증명되지 않은 추측이기 때문이다. 그러나 거의 50년 동안 연구를 한 지금, 거의 모든 수학자와 컴퓨터과학자는 그 주장이 참이라고 확신한다.

41. 계산에 관한 러브레이스의 글은 주로 배비지의 기관을 설명한 한 이탈리아 공학자의 평론을 그녀가 번역하면서 붙인 주석의 형태다. L. F. Menabrea, "Sketch of the Analytical Engine invented by Charles Babbage," trans. Ada, Countess of Lovelace, *Scientific Memoirs*, vol. III, ed. R. Taylor (R. and J. E. Taylor, 1843). 메나브레아의 글 원본은 프랑스어로 되어 있고, 배비지가 1840년에 한 강의를 토대로 삼았다. *Bibliothèque Universelle de Genève* 82 (1842).

42. 인공지능의 가능성을 다룬 선구적인 초기 논문 중 하나. Alan Turing, "Computing machinery and intelligence," *Mind* 59 (1950): 433-460.

43. SRI의 셰이키 계획을 이끈 사람 중 한 명이 회고하면서 요약한 글. Nils Nilsson, "Shakey the robot," technical note 323 (SRI International, 1984). 1969년에 만든 24분 길이의 다큐멘터리 〈셰이키: 로봇 학습과 계획의 실험SHAKEY: Experimentation in Robot Learning and Planning〉은 국가적인 화제가 되었다.

44. 확률 기반의 현대 AI의 출발점이 된 책. Judea Pearl, *Probabilistic Reasoning in Intelligent Systems: Networks of Plausible Inference* (Morgan Kaufmann, 1988).

45. 학술적으로 보면, 체스는 완전 관측 가능한 것이 아니다. 프로그램은 약간의 정보만으로도 캐슬링과 앙파상이 합법적인지 판단하고, 반복이나 50수 규칙을 통해서 무승부를 정의할 수 있다.

46. 상세한 설명은 다음 책 2장을 참조하라. Stuart Russell and Peter Norvig, *Artificial Intelligence: A Modern Approach*, 3rd ed. (Pearson, 2010).

47. 스타크래프트의 상태 공간의 크기를 논의한 문헌. Santiago Ontañon et al., "A survey of real-time strategy game AI research and competition in StarCraft," *IEEE Transactions on Computational Intelligence and AI in Games* 5 (2013): 293-311. 한 플레이어가 모든 유닛을 동시에 움직일 수 있으므로, 가능한 수가 엄청나게 많다. 한 번에 움직일 수 있는 유닛이나 유닛 집단의 수에 제한을 가하면, 이 수는 줄어든다.

48. 인간과 기계가 벌인 스타크래프트 대결에 관한 문헌. Tom Simonite, "DeepMind beats pros at StarCraft in another triumph for bots," *Wired*, January 25, 2019.

49. 알파제로를 기술한 문헌. David Silver et al., "Mastering chess and shogi by self-play with a general reinforcement learning algorithm," arXiv:1712.01815 (2017).

50. 그래프에서의 최적 경로는 A* 알고리듬과 그 후손들을 통해서 파악한다. Peter Hart, Nils Nilsson, and Bertram Raphael, "A formal basis for the heuristic determination of minimum cost paths," *IEEE Transactions on Systems Science and Cybernetics* SSC-4 (1968): 100-107.

51. 어드바이스 테이커Advice Taker 프로그램과 논리 기반 지식 시스템을 소개한 논문. John McCarthy, "Programs with common sense," *Proceedings of the Symposium on Mechanisation of Thought Processes* (Her Majesty's Stationery Office, 1958).

52. 지식 기반 시스템이 얼마나 중요한지 감을 좀 잡을 수 있도록, 데이터베이스 시스템을 생각해보자. 데이터베이스에는 내 열쇠의 위치와 당신의 페이스북 친구들의 신원 같은 구체적이고 개별적인 사실들이 들어 있다. 데이터베이스 시스템은 체스의 규칙이나 영국 시민권의 법적 정의 같은 일반 규칙은 저장할 수 없다. 앨리스라는 이름을 가진 사람 중에서 밥이라는 사람을 친구로 둔 이가 얼마나 많은지 셀 수는 있지만, 어느 특정한 앨리스가 영국 시민의 조건을 충족하는지, 또는 체스판에서 특정한 수들의 서열이 체크메이트로 이어질지는 판단하지 못한다. 데이터베이스 시스템은 두 지식을 결합하여 세 번째 지식을 생성할 수 없다. 기억을 보완하는 것이지, 추론하는 것이 아니다. (현대의 많은 데이터베이스 시스템이 규칙을 추가할 방법과 그 규칙을 써서 새로운 사실을 유도할 방법을 제공하는 것은 사실이다. 그렇게 하는 한, 그 시스템은 사실상 지식 기반 시스템이다.) 지식 기반 시스템의 매우 한정된 판본이긴 해도, 데이터베이스 시스템은 오늘날 대다수 상업 활동의 토대에 놓여 있고, 해마다 수천억 달러의 가치를 낳는다.

53. 1차 논리의 완전성 정리를 기술한 논문. Kurt Gödel, "Die Vollständigkeit der Axiome des logischen Funktionenkalküls," *Monatshefte für Mathematik* 37 (1930): 349-360.

54. 1차 논리의 추론 알고리듬에는 빠진 부분이 하나 있다. 답이 전혀 없다면―즉, 지식이 부족하여 어느 쪽이 맞다고 답할 수 없다면―그 알고리듬은 결코 끝나지 않을 수도 있다. 이는 불가피한 일이다. 올바른 알고리듬이 언제나 '모른다'로 끝난다는 것은 수학적으로 불가능하다. 어떤 알고리듬도 정지 문제(66쪽 참조)를 풀 수 없다는 것과 본질적으로 같은 이유에서다.

55. 1차 논리에서 정리를 증명하는 최초의 알고리듬은 1차 논리 문장을 (아주 많은 수의) 명제 문장으로 환원하는 방식을 썼다. Martin Davis and Hilary Putnam, "A computing procedure for quantification theory," *Journal of the ACM* 7 (1960): 201-215. 로빈슨의 분해 알고리듬은 논리 변수를 지닌 복잡한 표현에 대응시키는 '단일화unification'를 써서, 1차 논리 문장을 직접 조작한다. J. Alan Robinson, "A machine-oriented logic based on the resolution principle," *Journal of the ACM* 12 (1965): 23-41.

56. 논리 로봇인 셰이키가 무엇을 할지에 관해 어떤 명확한 결론에 어떻게 다다랐는지 독자는 궁금할지도 모른다. 답은 간단하다. 셰이키의 지식 기반에는 거짓 주장들이 들어 있었다. 예를 들어, 셰이키는 "대상 A를 문 D를 통해서 방 B로 밀어라"를 실행하면, 대상 A가 방 B에 들어가 있을 것이라고 믿었다. 이 믿음은 셰이키가 문간에서 걸리거나 문을 아예 놓치거나, 누군가가 몰래 대상 A를 셰이키에게서 빼앗을 수도 있으므로, 잘못된 것이었다. 셰이키의 계획 실행 모듈은 계획 실패를 검출하고 그에 따라 다시 계획을 세울 수 있으므로, 셰이키는 엄밀히 말하자면 순수한 논리 시스템이 아니었다.

57. 인간의 사고에서 확률의 역할을 언급한 초기 문헌. Pierre-Simon Laplace, *Essai philosophique sur les probabilités* (Mme. Ve. Courcier, 1814).

58. 베이즈 논리를 꽤 어렵지 않게 서술한 문헌. Stuart Russell, "Unifying logic and probability," *Communications of the ACM* 58 (2015): 88-97. 이 논문은 내 예전 학생인 브라이언 밀치Brian Milch의 박사학위 연구에 깊이 의지한다.

59. 베이즈 정리의 원본 문헌. Thomas Bayes and Richard Price, "An essay towards solving a problem in the doctrine of chances," *Philosophical Transactions of the Royal Society of London* 53 (1763): 370-418.

60. 학술적으로 볼 때, 새뮤얼의 프로그램은 승패를 절대적인 보상으로 다루지 않았다. 대신에 서로 남아 있는 말의 수를 비교해서 값을 주었다. 그러자 그 프로그램은 일반적으로 승리를 추구하는 경향을 보였다.

61. 강화 학습을 적용하여 세계적인 수준의 백개먼 프로그램을 만든 사례. Gerald Tesauro, "Temporal difference learning and TD-Gammon," *Communications of the ACM* 38 (1995): 58-68.

62. 심층 RL을 써서 다양한 비디오게임을 하는 법을 배우는 DQN 시스템. Volodymyr Mnih et al., "Human-level control through deep reinforcement learning," *Nature* 518 (2015): 529-533.

63. 도타 2 AI에 관한 빌 게이츠의 말. Catherine Clifford, "Bill Gates says gamer bots from Elon Musk-backed nonprofit are 'huge milestone' in A.I.," CNBC, June 28, 2018.

64. 오픈AI 파이브가 도타 2에서 인간 세계 챔피언들을 누른 일을 다룬 글. Kelsey Piper, "AI triumphs against the world's top pro team in strategy game Dota 2," *Vox*, April 13, 2019.

65. 보상 함수의 설정 오류 때문에 예기치 않은 행동이 도출된 사례를 모은 문헌. Victoria Krakovna, "Specification gaming examples in AI," *Deep Safety* (blog), April 2, 2018.

66. 최대 속도라는 관점에서 정의된 진화 적응도 함수가 예기치 않은 결과를 낳은 사례. Karl Sims, "Evolving virtual creatures," *Proceedings of the 21st Annual Conference on Computer Graphics and Interactive Techniques* (ACM, 1994).

67. 반사 행위자의 가능성을 흥미롭게 설명한 책. Valentino Braitenberg, *Vehicles: Experiments in Synthetic Psychology* (MIT Press, 1984).

68. 자율 주행 모드에서 보행자를 친 치명적인 교통사고를 다룬 뉴스 기사. Devin Coldewey, "Uber in fatal crash detected pedestrian but had emergency braking disabled," *TechCrunch*, May 24, 2018.

69. 운전 제어 알고리듬을 다룬 문헌 중 하나. Jarrod Snider, "Automatic steering methods for autonomous automobile path tracking," technical report CMU-RI-TR-09-08, Robotics Institute, Carnegie Mellon University, 2009.

70. 노퍽테리어와 노리치테리어는 이미지넷 데이터베이스에 있는 두 범주다. 둘은 구별하기 어렵다고 널리 알려져 있으며, 1964년까지 같은 품종으로 여겨졌다.

71. 이미지 꼬리표 달기의 매우 불행한 사례. Daniel Howley, "Google Photos mislabels 2 black Americans as gorillas," *Yahoo Tech*, June 29, 2015.

72. 구글과 고릴라에 관한 후속 기사. Tom Simonite, "When it comes to gorillas, Google Photos remains blind," *Wired*, January 11, 2018.

1. 게임을 하는 알고리듬에 관한 기본 체계를 마련한 문헌. Claude Shannon, "Programming a computer for playing chess," *Philosophical Magazine*, 7th ser., 41 (1950): 256-275.

2. 다음 책의 그림 5.12를 참조하라. Stuart Russell and Peter Norvig, *Artificial Intelligence: A Modern Approach*, 1st ed. (Prentice Hall, 1995). 체스 선수와 체스 프로그램의 순위 매기기가 엄밀한 과학이 아니라는 점을 유념하자. 카스파로프의 엘로 점수는 1999년에 2,851점으로 정점을 찍었지만, 스톡피시 같은 현재의 체스 엔진은 3,300점을 넘는다.

3. 공용 도로를 달린 최초의 자율주행차. Ernst Dickmanns and Alfred Zapp, "Autonomous high speed road vehicle guidance by computer vision," *IFAC Proceedings Volumes* 20 (1987): 221-226.

4. 구글(이어서 웨이모) 차량의 안전 기록. "Waymo safety report: On the road to fully self-driving," 2018.

5. 지금까지 적어도 운전자 두 명과 보행자 한 명이 사망했다. 다음은 일어난 사건을 기술한 문헌들이다. Danny Yadron and Dan Tynan, "Tesla driver dies in first fatal crash while using autopilot mode," *Guardian*, June 30, 2016: "모델 S의 자율 주행 센서들은 도로를 지나는 흰색 트랙터 트레일러를 환한 하늘과 구별하지 못했다." Megan Rose Dickey, "Tesla Model X sped up in Autopilot mode seconds before fatal crash, according to NTSB," *TechCrunch*, June 7, 2018: "충돌 3초 전부터 충격 완화 장치에 충격이 가해진 시점 사이에, 테슬라의 속도는 시속 100킬로미터에서 114킬로미터로 빨라졌고, 충돌 전의 제동도, 충돌을 피하고자 방향을 돌리는 움직임도 전혀 없었다." Devin Coldewey, "Uber in fatal crash detected pedestrian but had emergency braking disabled," *TechCrunch*, May 24, 2018: "차가 컴퓨터의 제어를 받는 동안은 차가 비정상적인 행동을 할 가능성을 줄이기 위해 긴급 제동 조작이 불가능하다."

6. 미국 자동차공학회(SAE)는 자동화를 6단계로 구분한다. 0단계는 자동화가 전혀 이루어지지 않은 상태이고 5단계는 완전 자동화다. 5단계는 이렇게 정의되어 있다. "인간 운전자가 관리할 수 있는 모든 도로와 환경 조건에서 역동적 운전 과제의 모든 측면을 자율 주행 시스템이 전 구간에 걸쳐 수행하는 것."

7. 자동화가 교통비에 미칠 경제적 효과를 예측한 글. Adele Peters, "It could be 10 times cheaper to take electric robo-taxis than to own a car by 2030," *Fast Company*, May 30, 2017.

8. 자율 주행 차량의 준법 행동이 교통사고에 미칠 영향 예측. Richard Waters, "Self-driving car death poses dilemma for regulators," *Financial Times*, March 20, 2018.

9. 자율주행차의 교통사고가 대중의 인식에 미치는 영향. Cox Automotive, "Autonomous vehicle awareness rising, acceptance declining, according to Cox Automotive mobility study," August 16, 2018.

10. 원래의 챗봇. Joseph Weizenbaum, "ELIZA—a computer program for the study of natural language communication between man and machine," *Communications of the ACM* 9 (1966): 36-45.

11. 생리적 모델링 현황은 웹사이트(physiome.org)를 참조하라. 1960년대에 수천 가지 방정식을 써서 많은 모형이 출현했다. Arthur Guyton, Thomas Coleman, and Harris Granger, "Circulation: Overall regulation," *Annual Review of Physiology* 34 (1972): 13-44.

12. 스탠퍼드의 패트릭 수피스 연구진은 최초의 학습 지원 시스템 중 일부를 연구했다. Patrick Suppes and Mona Morningstar, "Computer-assisted instruction," *Science* 166 (1969): 343-350.

13. Michael Yudelson, Kenneth Koedinger, and Geoffrey Gordon, "Individualized Bayesian knowledge tracing models," *Artificial Intelligence in Education: 16th International Conference*, ed. H. Chad Lane et al. (Springer, 2013).

14. 암호화한 데이터에 관한 기계 학습 사례. Reza Shokri and Vitaly Shmatikov, "Privacy-preserving deep learning," *Proceedings of the 22nd ACM SIGSAC Conference on Computer and Communications Security* (ACM, 2015).

15. 발명자인 제임스 서덜랜드의 강의를 토대로 최초의 스마트 홈을 돌이켜본 글. James E. Tomayko, "Electronic Computer for Home Operation (ECHO): The first home computer," *IEEE Annals of the History of Computing* 16 (1994): 59-61.

16. 기계 학습과 자동화한 결정을 토대로 스마트 홈 계획을 요약한 문헌. Diane Cook et al., "MavHome: An agent-based smart home," *Proceedings of the 1st IEEE International Conference on Pervasive Computing and Communications* (IEEE, 2003).

17. 스마트 홈 사용자 경험을 분석한 사례. Scott Davidoff et al., "Principles of smart home control," *Ubicomp 2006: Ubiquitous Computing*, ed. Paul Dourish and Adrian Friday (Springer, 2006).

18. AI 기반의 스마트 홈을 상업화하겠다는 발표. "The Wolff Company unveils revolutionary smart home technology at new Annadel Apartments in Santa Rosa, California," *Business Insider*, March 12, 2018.

19. 요리사 로봇 제품 출시를 다룬 기사. Eustacia Huen, "The world's first home robotic chef can cook over 100 meals," *Forbes*, October 31, 2016.

20. 로봇 모터 제어용 심층 RL를 다룬 버클리 동료들의 보고서. Sergey Levine et al., "End-to-end training of deep visuomotor policies," *Journal of Machine Learning Research* 17 (2016): 1-40.

21. 창고 노동자 수십만 명의 업무를 자동화할 가능성을 논의한 글. Tom Simonite, "Grasping robots compete to rule Amazon's warehouses," *Wired*, July 26, 2017.

22. 나는 노트북 CPU가 한 페이지를 읽는 속도를 후하게 가정하고 있다. 약 10^{11}번 연산을 한다고 가정한다. 구글의 3세대 텐서 처리 장치는 초당 약 10^{17}번 연산을 한다. 1초에 책 100만 쪽, 즉 5시간에 200쪽짜리 책 약 9,000만 권을 읽을 수 있다는 뜻이다.

23. 모든 통로를 통해 생산되는 세계 정보 총량을 조사한 2003년 자료. Peter Lyman and Hal Varian, "How much information?" sims.berkeley.edu/research/projects/how-much-info-2003.

24. 정보기관의 음성 인식 활용 양상. Dan Froomkin, "How the NSA converts spoken words into searchable text," *The Intercept*, May 5, 2015.

25. 인공위성의 시각 이미지를 분석하는 일은 엄청난 과제다. Mike Kim, "Mapping poverty from space with the World Bank," Medium.com, January 4, 2017. 마이크 킴은 800만 명이 일주일 내내 24시간 일한다고 가정했는데, 바꿔 말하면 3,000만 명 이상이 일주일에 40시간을 일하는 것과 같다. 내가 보기에는 과대평

가한 듯하다. 그 이미지의 대다수는 하루 종일 무시해도 좋을 변화만을 보여줄 것이기 때문이다. 한편 미국 정보기관은 관심이 있는 작은 지역들에서 벌어지는 일을 계속 추적하고자, 드넓은 방에서 위성 이미지를 쳐다보고 있는 사람을 수만 명 고용하고 있다. 그러니 전 세계로 보면, 아마 약 100만 명이 더 맞을 것이다.

26. 실시간 인공위성 이미지 데이터에 힘입어서 지구 관측 쪽으로 상당한 발전이 이루어졌다. David Jensen and Jillian Campbell, "Digital earth: Building, financing and governing a digital ecosystem for planetary data," white paper for the UN Science-Policy-Business Forum on the Environment, 2018.

27. 루크 무엘하우저는 AI 예측들에 관해서 다방면으로 글을 써왔는데, 나는 여러 인용문의 출처를 추적하는 일에 그의 도움을 받았다. Luke Muehlhauser, "What should we learn from past AI forecasts?" Open Philanthropy Project report, 2016.

28. 20년 안에 인간 수준의 AI가 등장할 것이라는 예측. Herbert Simon, *The New Science of Management Decision* (Harper & Row, 1960).

29. 한 세대 안에 인간 수준의 AI가 등장할 것이라는 예측. Marvin Minsky, *Computation: Finite and Infinite Machines* (Prentice Hall, 1967).

30. 5-500년 안에 인간 수준의 AI가 등장할 것이라는 존 매카시의 예측. Ian Shenker, "Brainy robots in our future, experts think," *Detroit Free Press*, September 30, 1977.

31. 인간 수준의 AI가 언제 등장할지 AI 연구자들에게 설문 조사한 결과를 요약한 웹사이트(aiimpacts.org). 이런 설문 조사 결과를 상세히 다룬 글. Katja Grace et al., "When will AI exceed human performance? Evidence from AI experts," arXiv:1705.08807v3 (2018).

32. 두뇌의 힘과 컴퓨터의 힘을 비교한 도표. Ray Kurzweil, "The law of accelerating returns," Kurzweilai.net, March 7, 2001.

33. 앨런 연구소의 아리스토 프로젝트, allenai.org/aristo.

34. 4학년 수준의 이해력과 상식 시험을 잘 보는 데 필요한 지식을 분석한 글. Peter Clark et al., "Automatic construction of inference-supporting knowledge bases," *Proceedings of the Workshop on Automated Knowledge Base Construction* (2014), akbc.ws/2014.

35. 기계 학습에 관한 넬 프로젝트. Tom Mitchell et al., "Never-ending learning," *Communications of the ACM* 61 (2018): 103-115.

36. 텍스트에서 부트스트래핑 추론을 한다는 개념을 내놓은 사람은 세르게이 브린이다. Sergey Brin, "Extracting patterns and relations from the World Wide Web," *The World Wide Web and Databases*, ed. Paolo Atzeni, Alberto Mendelzon, and Giansalvatore Mecca (Springer, 1998).

37. 라이고가 검출한 블랙홀 충돌을 시각화한 이미지. LIGO Lab Caltech, "Warped space and time around colliding black holes," February 11, 2016, youtube.com/watch?v=1agm33iEAuo.

38. 중력파 관찰을 기술한 첫 번째 문헌. Ben Abbott et al., "Observation of gravitational waves from a binary black hole merger," *Physical Review Letters* 116 (2016): 061102.

39. 과학자로서의 아기. Alison Gopnik, Andrew Meltzoff, and Patricia Kuhl, *The Scientist in the Crib: Minds, Brains, and How Children Learn* (William Morrow, 1999). 《아기들은 어떻게 배울까?》(동녘사이언스, 2008).

40. 실험 데이터를 과학적으로 자동 분석하여 법칙을 발견하려는 몇몇 연구 프로젝트를 요약한 문헌. Patrick Langley et al., *Scientific Discovery: Computational Explorations of the Creative Processes* (MIT Press, 1987).

41. 사전 지식의 인도를 받는 기계 학습에 관한 초기 연구. Stuart Russell, *The Use of Knowledge in Analogy and Induction* (Pitman, 1989).

42. 귀납에 관한 굿맨의 철학적 분석은 지금도 여전히 영감의 원천이다. Nelson Goodman, *Fact, Fiction, and Forecast* (University of London Press, 1954).

43. 이 노련한 AI 연구자는 과학철학의 신비주의적인 태도를 비판한다. Herbert Simon, "Explaining the ineffable: AI on the topics of intuition, insight and inspiration," *Proceedings of the 14th International Conference on Artificial Intelligence*, ed. Chris Mellish (Morgan Kaufmann, 1995).

44. 그 분야를 창안한 두 사람이 귀납 논리 프로그램을 개괄한 문헌. Stephen Muggleton and Luc de Raedt, "Inductive logic programming: Theory and methods," *Journal of Logic Programming* 19-20 (1994): 629-679.

45. 복잡한 연산을 새로운 원시적 행동들로 분리하는 것이 중요함을 언급한 초기 문헌. Alfred North Whitehead, *An Introduction to Mathematics* (Henry Holt,

1911).

46. 시뮬레이션 속의 로봇이 일어서는 법을 완전히 스스로 배울 수 있다는 것을 보여준 연구. John Schulman et al., "High-dimensional continuous control using generalized advantage estimation," arXiv:1506.02438 (2015). 유튜브에서 동영상도 찾아볼 수 있다. youtube.com/watch?v=SHLuf2ZBQSw.

47. 깃발 뺏기 비디오게임을 하는 법을 배우는 강화 학습 시스템. Max Jaderberg et al., "Human-level performance in first-person multiplayer games with population-based deep reinforcement learning," arXiv:1807.01281 (2018).

48. 앞으로 몇 년에 걸친 AI의 발전을 내다본 견해. Peter Stone et al., "Artificial intelligence and life in 2030," *One Hundred Year Study on Artificial Intelligence*, report of the 2015 Study Panel, 2016.

49. 언론이 부추긴 일론 머스크와 마크 저커버그의 논쟁. Peter Holley, "Billionaire burn: Musk says Zuckerberg's understanding of AI threat 'is limited,'" *The Washington Post*, July 25, 2017.

50. 개별 사용자에게 검색 엔진이 갖는 가치. Erik Brynjolfsson, Felix Eggers, and Avinash Gannamaneni, "Using massive online choice experiments to measure changes in well-being," working paper no. 24514, National Bureau of Economic Research, 2018.

51. 페니실린은 몇 차례에 걸쳐서 발견되었고 그 치료 효과도 의학 문헌에 실렸지만, 아무도 주목하지 않았던 듯하다. 위키피디아를 참조하라. en.wikipedia.org/wiki/History_of_penicillin.

52. 전능하면서 천리안을 지닌 AI 시스템의 더 은밀한 위험을 논의한 글. David Auerbach, "The most terrifying thought experiment of all time," *Slate*, July 17, 2014.

53. 고도로 발전한 AI를 생각할 때 빠질 수 있는 함정을 분석한 글. Kevin Kelly, "The myth of a superhuman AI," *Wired*, April 25, 2017.

54. 기계는 인간과 인지 구조의 몇몇 측면을 공유할지도 모른다. 특히 물질세계와 자연어 이해에 관여하는 개념 구조의 지각과 조작을 담당하는 측면들이 그렇다. 심사숙고 과정은 하드웨어가 크게 다르므로 전혀 다를 가능성이 크다.

55. 2016년 설문 조사에 따르면, 백분위수 88이 연간 10만 달러에 해당한다. American Community Survey, US Census Bureau, www.census.gov/

programs-surveys/acs. 같은 해 전 세계의 1인당 GDP는 10,133달러였다. National Accounts Main Aggregates Database, UN Statistics Division, unstats.un.org/unsd/snaama.

56. 그 GDP 성장이 10년이나 20년에 걸친 단계들이라면, 각각 9,400조 달러와 6,800조 달러에 해당한다. 그래도 콧방귀를 뀔 만치 미미한 수준이다. '지능 폭발'이라는 개념(210쪽 참조)을 유행시킨 어빙 존 굿은 한 흥미로운 역사적 강연에서, 인간 수준의 AI의 가치가 적어도 '1메가케인스'일 것이라고 추정했다. 저명한 경제학자 존 메이너드 케인스를 가리킨다. 케인스의 기여도가 갖는 가치가 1963년에 1,000억 파운드로 추정되었으므로, 메가케인스는 2016년 기준 달러로 환산하면 약 2,200,000조 달러가 된다. 굿은 AI의 가치를 주로 인류를 무한정 생존하게 할 잠재력을 토대로 판단했다. 나중에 그는 그 값에 음수 기호를 덧붙여야 하지 않을까 고민하게 되었다.

57. 유럽연합은 2019-2020년에 연구·개발에 240억 달러를 쓸 계획이라고 발표했다. European Commission, "Artificial intelligence: Commission outlines a European approach to boost investment and set ethical guidelines," press release, April 25, 2018. 중국은 2017년에 AI에 대한 장기 투자 계획을 밝혔는데, AI의 핵심 산업이 2030년까지 연간 1,500억 달러를 창출할 것이라고 내다본다. Paul Mozur, "Beijing wants A.I. to be made in China by 2030," *The New York Times*, July 20, 2017.

58. 리오틴토 미래 광산 사업을 참조하라. riotinto.com/australia/pilbara/mine-of-the-future-9603.aspx.

59. 경제 성장의 회고적 분석. Jan Luiten van Zanden et al., eds., *How Was Life? Global Well-Being since 1820* (OECD Publishing, 2014).

60. 삶의 절대적인 질이 아니라 남들보다 상대적으로 우위에 있고자 하는 욕망은 지위재다. 9장을 참조하라.

4. AI의 오용

1. 위키피디아의 슈타지 항목에는 그 기관의 인력과 동독민의 삶에 끼친 전반적인 영향을 살펴볼 수 있는 유용한 참고 문헌이 달려 있다.

2. 슈타지 문서에 관한 더 자세한 내용은 다음 책을 참조하라. Cullen Murphy,

God's Jury: The Inquisition and the Making of the Modern World
(Houghton Mifflin Harcourt, 2012).

3.   AI 감시 시스템에 관한 더 철저한 분석. Jay Stanley, *The Dawn of Robot Surveillance* (American Civil Liberties Union, 2019).

4.   감시와 통제를 다룬 최근의 책들. Shoshana Zuboff, *The Age of Surveillance Capitalism: The Fight for a Human Future at the New Frontier of Power* (PublicAffairs, 2019); Roger McNamee, *Zucked: Waking Up to the Facebook Catastrophe* (Penguin Press, 2019). 《마크 저커버그의 배신》(에이콘출판, 2020).

5.   블랙 메일 봇을 다룬 글. Avivah Litan, "Meet Delilah—the first insider threat Trojan," Gartner Blog Network, July 14, 2016.

6.   인간이 잘못된 정보에 잘 넘어간다는 것을 보여주는 낮은 기술 수준의 사례. 별 의심이 없는 사람이 세계가 운석 충돌로 파괴되고 있다고 믿게 되는 과정을 보여준다. *Derren Brown: Apocalypse*, "Part One," directed by Simon Dinsell, 2012, youtube.com/watch?v=o_CUrMJOxqs.

7.   평판 시스템과 그 부패의 경제적 분석. Steven Tadelis, "Reputation and feedback systems in online platform markets," *Annual Review of Economics* 8 (2016): 321–340.

8.   굿하트의 법칙: "관찰된 모든 통계적 규칙성은 통제를 목적으로 한 압력이 일단 가해지면, 무너지는 경향을 보일 것이다." 예를 들어, 예전에 교수진의 질과 봉급 사이에는 상관관계가 있었을지 모르고, 그래서 〈US 뉴스 앤 월드 리포트〉의 대학 순위는 교수진의 봉급을 통해서 교수진의 질을 파악한다. 이는 교수진에게는 혜택을 주지만, 등록금으로 교수진의 봉급을 대는 학생들에게는 혜택이 돌아가지 않는 봉급 경쟁을 부추겼다. 그 경쟁은 교수진의 질에 의존하지 않는 방식으로 교수진의 봉급을 바꾼다. 따라서 그 상관관계는 사라지는 경향이 있다.

9.   대중 담론을 단속하려는 독일의 노력을 다룬 기사. Bernhard Rohleder, "Germany set out to delete hate speech online. Instead, it made things worse," *WorldPost*, February 20, 2018.

10.   Aviv Ovadya, "What's worse than fake news? The distortion of reality itself," *WorldPost*, February 22, 2018.

11.   Dina Mayzlin, Yaniv Dover, and Judith Chevalier, "Promotional reviews: An empirical investigation of online review manipulation," *American*

Economic Review 104 (2014): 2421-2455.

12. 정부 전문가 회의에서 발표한 독일 정부의 성명서. Convention on Certain Conventional Weapons, Geneva, April 10, 2018.

13. 생명미래연구소Future of Life Institute가 지원하여 제작한 영화 〈슬로터봇〉은 2017년 11월에 개봉되었고, 현재 유튜브에서 볼 수 있다. youtube.com/watch?v=9CO6M2HsoIA.

14. 국방 홍보에서 이루어진 더 큰 실수 중 하나. Dan Lamothe, "Pentagon agency wants drones to hunt in packs, like wolves," *The Washington Post*, January 23, 2015.

15. 대규모 드론 무리 실험 발표. US Department of Defense, "Department of Defense announces successful micro-drone demonstration," news release no. NR-008-17, January 9, 2017.

16. 기술이 고용에 미치는 영향을 연구하는 곳은 버클리의 '일과 지적 도구 및 시스템Work and Intelligent Tools and Systems' 연구단, 스탠퍼드 행동과학고등연구센터의 '일과 노동자의 미래Future of Work and Workers' 연구단, 카네기멜런대학교의 '일의 미래 사업단Future of Work Initiative' 등이 있다.

17. 기술이 미래에 대량 실업을 가져올 것이라는 비관적 견해. Martin Ford, *Rise of the Robots: Technology and the Threat of a Jobless Future* (Basic Books, 2015). 《로봇의 부상》(세종, 2016).

18. Calum Chace, *The Economic Singularity: Artificial Intelligence and the Death of Capitalism* (Three Cs, 2016). 《경제의 특이점이 온다》(비즈페이퍼, 2017).

19. Ajay Agrawal, Joshua Gans, and Avi Goldfarb, eds., *The Economics of Artificial Intelligence: An Agenda* (National Bureau of Economic Research, 2019). 《예측 기계》(생각의힘, 2019).

20. 이 '뒤집힌 U' 고용 곡선의 배경이 되는 수학적 분석. James Bessen, "Artificial intelligence and jobs: The role of demand," *The Economics of Artificial Intelligence*, ed. Agrawal, Gans, and Goldfarb.

21. 자동화로 생기는 경제적 혼란. Eduardo Porter, "Tech is splitting the US work force in two," *The New York Times*, February 4, 2019. 이 기사의 결론은 다음 보고서에 토대를 둔다. David Autor and Anna Salomons, "Is automation

labor-displacing? Productivity growth, employment, and the labor share," *Brookings Papers on Economic Activity* (2018).

22. 20세기 은행업의 성장. Thomas Philippon, "The evolution of the US financial industry from 1860 to 2007: Theory and evidence," working paper, 2008.

23. 직업과 취업자 증감에 관한 기초 자료. US Bureau of Labor Statistics, *Occupational Outlook Handbook: 2018-2019 Edition* (Bernan Press, 2018).

24. 트럭 운송 자동화. Lora Kolodny, "Amazon is hauling cargo in self-driving trucks developed by Embark," CNBC, January 30, 2019.

25. 한 경연 대회 결과를 토대로, 법률 분석 분야에서 자동화 진행을 다룬 문헌. Jason Tashea, "AI software is more accurate, faster than attorneys when assessing NDAs," *ABA Journal*, February 26, 2018.

26. 저명한 경제학자가 케인스의 1930년 논문을 노골적으로 떠올리게 하는 제목으로 쓴 평론. Lawrence Summers, "Economic possibilities for our children," *NBER Reporter* (2013).

27. 데이터과학 분야 고용과 거대한 유람선에 걸맞지 않게 작은 구명선 사이의 유추는 싱가포르의 공공서비스 장관 용 잉 이Yong Ying-I와의 대화에서 나왔다. 그녀는 세계적인 규모로 보면 그것이 옳다고 하면서도, "싱가포르는 구명선에 들어갈 만큼 충분히 작아요."라고 덧붙였다.

28. 보수적 관점에서 UBI를 지지하는 글. Sam Bowman, "The ideal welfare system is a basic income," Adam Smith Institute, November 25, 2013.

29. 진보적 관점에서 UBI를 지지하는 글. Jonathan Bartley, "The Greens endorse a universal basic income. Others need to follow," *The Guardian*, June 2, 2017.

30. 체이스는 《경제의 특이점이 온다》에서 UBI의 '낙원' 판을 '스타트렉' 경제라고 부른다. 〈스타트렉〉의 더 최근 시리즈에서는 기술이 본질적으로 물품과 에너지를 무제한으로 만들기 때문에, 돈이 폐지되었다고 언급하면서 말이다. 또 그는 그런 시스템이 성공을 거두려면 경제 및 사회 조직에도 대규모 변화가 필요할 거라고 지적한다.

31. 경제학자 리처드 볼드윈도 저서에서 개인 서비스의 미래를 예측한다. Richard Baldwin, *The Globotics Upheaval: Globalization, Robotics, and the Future*

of Work (Oxford University Press, 2019).

32. '단어 단위' 문해 교육의 실패를 폭로하면서 읽기에 관한 사유학파 사이의 수십 년에 걸친 주된 논쟁 두 가지를 다룬 책. Rudolf Flesch, *Why Johnny Can't Read: And What You Can Do about It* (Harper & Bros., 1955).

33. 앞으로 수십 년에 걸쳐 일어날 급속한 기술 및 경제 속도에 적응할 수 있게 할 교육 방법을 다룬 책. Joseph Aoun, *Robot-Proof: Higher Education in the Age of Artificial Intelligence* (MIT Press, 2017). 《AI시대의 고등교육》(에코리브르, 2019).

34. 기계가 인간을 정복할 것으로 예측한 튜링의 라디오 강연. Alan Turing, "Can digital machines think?," May 15, 1951, radio broadcast, BBC Third Programme. 강연 원고는 웹사이트(turingarchive.org)에 올라와 있다.

35. 소피아에게 사우디아라비아의 시민권을 준 일을 다룬 뉴스 기사. Dave Gershgorn, "Inside the mechanical brain of the world's first robot citizen," *Quartz*, November 12, 2017.

36. 소피아에 관한 얀 르쿤의 견해. Shona Ghosh, "Facebook's AI boss described Sophia the robot as 'complete b——t' and 'Wizard-of-Oz AI,'" *Business Insider*, January 6, 2018.

37. 로봇의 법적 권리에 관한 유럽연합의 제안. Committee on Legal Affairs of the European Parliament, "Report with recommendations to the Commission on Civil Law Rules on Robotics (2015/2103(INL))," 2017.

38. GDPR의 '설명을 요구할 권리' 조항은 사실 새로운 것이 아니다. 앞서 있던 1995년의 데이터 보호 지침Data Protection Directive 15(1)조와 매우 비슷하다.

39. 공정성에 관한 혜안이 돋보이는 수학적 분석을 제공하는 최근 논문 세 편. Moritz Hardt, Eric Price, and Nati Srebro, "Equality of opportunity in supervised learning," *Advances in Neural Information Processing Systems* 29, ed. Daniel Lee et al. (2016); Matt Kusner et al., "Counterfactual fairness," *Advances in Neural Information Processing Systems* 30, ed. Isabelle Guyon et al. (2017); Jon Kleinberg, Sendhil Mullainathan, and Manish Raghavan, "Inherent trade-offs in the fair determination of risk scores," *8th Innovations in Theoretical Computer Science Conference*, ed. Christos Papadimitriou (Dagstuhl Publishing, 2017).

40. 항공 관제 소프트웨어가 실패한 결과를 기술한 뉴스 기사. Simon Calder, "Thousands stranded by flight cancellations after systems failure at Europe's air-traffic coordinator," *The Independent*, April 3, 2018.

5. 지나치게 지적인 AI

1. 러브레이스는 이렇게 썼다. "해석 기관은 어떤 무언가를 창안하는 척하지 않는다. 우리가 그것에 수행하도록 명령을 내리는 법을 알기만 하면, 어떤 일이든 수행할 수 있다. 그 기관은 분석을 따라갈 수 있다. 그러나 진리의 분석적 관계를 예측할 능력은 전혀 없다." AI를 부정하는 이 논리는 튜링이 논박한 것 중 하나다. Alan Turing, "Computing machinery and intelligence," *Mind* 59 (1950): 433-460.

2. AI의 실존적 위험을 최초로 언급했다고 알려진 글. Richard Thornton, "The age of machinery," *Primitive Expounder* IV (1847): 281.

3. "기계의 책The Book of the Machines"이라는 장은 앞서 나온 새뮤얼 버틀러의 글을 토대로 했다. Samuel Butler, "Darwin among the machines," *The Press* (Christchurch, New Zealand), June 13, 1863.

4. 튜링이 인류의 굴복을 예측한 또 다른 강연. Alan Turing, "Intelligent machinery, a heretical theory" (1951년 맨체스터 51협회에서 한 강연). 강연 원고는 웹사이트(turingarchive.org)에 올라와 있다.

5. 기술의 인간 지배와 인류의 자율성을 간직하자는 청원을 다룬 위너의 선견지명을 담은 문헌. Norbert Wiener, *The Human Use of Human Beings* (Riverside Press, 1950).

6. 위너의 1950년 저서의 표지에 실린 광고 문구는 인류가 직면한 존재론적 위험을 연구하는 기관인 생명미래연구소의 표어와 놀라울 만치 비슷하다. "기술은 예전에는 결코 만개할 수 없었던 힘을 생명에게 주고 있다. … 바로 자기 파괴력이다."

7. 지적 기계의 가능성을 점점 더 깨닫게 되면서 위너의 견해도 수정되었다. Norbert Wiener, *God and Golem, Inc.: A Comment on Certain Points Where Cybernetics Impinges on Religion* (MIT Press, 1964).

8. 아시모프의 로봇 3원칙이 처음 실린 작품. Isaac Asimov, "Runaround," *Astounding Science Fiction*, March 1942. 원칙은 다음과 같다.

① 로봇은 인간에게 해를 끼치거나, 가만히 있음으로써 인간이 해를 입도록 놔두어서는 안 된다.

② 로봇은 제1 법칙과 충돌할 때를 제외하고, 인간이 내리는 명령에 따라야 한다.

③ 로봇은 제1 법칙 및 제2 법칙과 충돌하지 않는 한, 자신을 보호해야 한다.

아시모프가 이 원칙을 미래의 로봇학자들을 위한 진지한 지침으로서가 아니라, 흥미로운 이야기 구조를 짜는 방법으로서 제시한 것이라는 점을 이해하는 것이 중요하다. 〈런어라운드〉를 비롯한 그의 소설 몇 편은 이 원칙을 글자 그대로 받아들일 때 생기는 문제를 잘 보여준다. 현대 AI의 관점에서 보자면, 이 원칙은 확률과 위험의 구성 요소를 제대로 파악하지 못하고 있다. 따라서 인간을 어떤 확률로—얼마나 미미하든 간에—해를 입을 수 있는 상황에 노출시키는 로봇의 행동이 정당한지는 불분명하다.

9. 도구적 목표라는 개념의 출처. Stephen Omohundro, "The nature of self-improving artificial intelligence"(미발표 원고, 2008). 다음 문헌도 참조하라. Stephen Omohundro, "The basic AI drives," *Artificial General Intelligence 2008: Proceedings of the First AGI Conference*, ed. Pei Wang, Ben Goertzel, and Stan Franklin (IOS Press, 2008).

10. 조니 뎁이 연기한 윌 캐스터의 목적은 자기 아내 에벌린과 재회할 수 있도록 환생의 문제를 해결하는 것인 듯하다. 이는 총괄적인 목적의 성격이 중요하지 않음을 보여주는 것일 뿐이다. 도구적 목표들이 다 동일하기 때문이다.

11. 지능 폭발이라는 개념의 출처. I. J. Good, "Speculations concerning the first ultraintelligent machine," *Advances in Computers*, vol. 6, ed. Franz Alt and Morris Rubinoff (Academic Press, 1965).

12. 지능 폭발 개념이 안겨준 충격의 한 사례. Luke Muehlhauser, *Facing the Intelligence Explosion* (intelligenceexplosion.com). "굿의 문단이 열차처럼 내 머릿속을 달려갔다."

13. 수확 체감은 다음과 같이 설명할 수 있다. 기계의 지능이 16퍼센트 향상될 때 8퍼센트 개선을 이룰 수 있는 기계를 만들고, 후자는 다시 4퍼센트 개선된 기계를 만드는 식으로 죽 이어진다고 하자. 이 과정은 원래 수준보다 약 36퍼센트 더 높은 수준에서 한계에 다다를 것이다. 더 상세한 논의는 다음 문헌을 참조하라. Eliezer Yudkowsky, "Intelligence explosion microeconomics," technical report 2013-1, Machine Intelligence Research Institute, 2013.

14. AI가 인류와 무관해진다는 견해. Hans Moravec, *Mind Children: The Future of Robot and Human Intelligence* (Harvard University Press, 1988).《마음의 아이들》(김영사, 2011). 다음 문헌도 참조하라. Hans Moravec, *Robot: Mere Machine to Transcendent Mind* (Oxford University Press, 2000).

6. 그저 그런 AI 논쟁

1. 보스트롬의《슈퍼인텔리전스》에 관한 진지한 서평을 실은 진지한 출판물. "Clever cogs," *Economist*, August 9, 2014.

2. AI의 위험에 관한 신화와 오해를 논의한 글. Scott Alexander, "AI researchers on AI risk," *Slate Star Codex* (blog), May 22, 2015.

3. 다중 지능을 다룬 고전. Howard Gardner, *Frames of Mind: The Theory of Multiple Intelligences* (Basic Books, 1983).《하워드 가드너 심리학 총서 1: 지능이란 무엇인가》(사회평론, 2019).

4. 다중 지능이 초인적인 AI의 가능성에 어떤 의미를 지니는지를 논의한 글. Kevin Kelly, "The myth of a superhuman AI," *Wired*, April 25, 2017.

5. 침팬지가 인간보다 단기 기억이 더 뛰어나다는 증거. Sana Inoue and Tetsuro Matsuzawa, "Working memory of numerals in chimpanzees," *Current Biology* 17 (2007), R1004-5.

6. 규칙 기반 AI 시스템의 미래 전망에 의문을 제기한 중요한 초기 문헌. Hubert Dreyfus, *What Computers Can't Do* (MIT Press, 1972).

7. 의식을 물리적으로 설명하고자 하면서 AI 시스템이 진정한 지능을 달성할 가능성에 처음으로 의문을 제기한 책. Roger Penrose, *The Emperor's New Mind: Concerning Computers, Minds, and the Laws of Physics* (Oxford University Press, 1989).《황제의 새마음(상, 하)》(이화여자대학교출판문화원, 1996).

8. 불완전성 정리를 토대로 AI 비판 열기를 부활시킨 문헌. Luciano Floridi, "Should we be afraid of AI?" *Aeon*, May 9, 2016.

9. 중국어 방 논증을 토대로 AI 비판 열기를 부활시킨 문헌. John Searle, "What your computer can't know," *The New York Review of Books*, October 9, 2014.

448

10. 초인적인 AI가 아마도 불가능할 것이라고 주장하는 저명한 AI 연구자들의 보고서. Peter Stone et al., "Artificial intelligence and life in 2030," One Hundred Year Study on Artificial Intelligence, report of the 2015 Study Panel, 2016.

11. AI가 위험하지 않다는 앤드루 응의 견해를 토대로 한 뉴스 기사. Chris Williams, "AI guru Ng: Fearing a rise of killer robots is like worrying about overpopulation on Mars," *Register*, March 19, 2015.

12. "전문가가 가장 잘 안다"는 논증의 한 예. Oren Etzioni, "It's time to intelligently discuss artificial intelligence," *Backchannel*, December 9, 2014.

13. 진짜 AI 연구자들이 위험을 무시한다고 주장하는 뉴스 기사. Erik Sofge, "Bill Gates fears AI, but AI researchers know better," *Popular Science*, January 30, 2015.

14. 진짜 AI 연구자들이 AI의 위험을 무시한다는 또 다른 주장. David Kenny, "IBM's open letter to Congress on artificial intelligence," June 27, 2017, ibm.com/blogs/policy/kenny-artificial-intelligence-letter.

15. 유전공학의 자발적 제한을 제안한 워크숍에서 나온 보고서. Paul Berg et al., "Summary statement of the Asilomar Conference on Recombinant DNA Molecules," *Proceedings of the National Academy of Sciences* 72 (1975): 1981-1984.

16. 크리스퍼-캐스9 유전자 편집 도구의 발명을 계기로 나온 정책 선언. Organizing Committee for the International Summit on Human Gene Editing, "On human gene editing: International Summit statement," December 3, 2015.

17. 유력한 생물학자들에게서 나온 최신 정책 선언. Eric Lander et al., "Adopt a moratorium on heritable genome editing," *Nature* 567 (2019): 165-168.

18. 혜택을 언급하지 않고는 위험도 언급할 수 없다는 에치오니의 말은 AI 연구자들로부터 나온 설문 조사 자료를 토대로 한 그의 분석과 들어맞는 듯하다. Oren Etzioni, "No, the experts don't think superintelligent AI is a threat to humanity," *MIT Technology Review*, September 20, 2016. 그 분석에서 그는 초인적인 AI가 등장하려면 25년 이상 걸릴 것이라고 내다보는 사람—닉 보스트롬과 필자를 포함하여—은 AI의 위험을 걱정하지 않는다고 주장한다.

19. 머스크-저커버그 '논쟁'의 인용문을 담은 뉴스 기사. Alanna Petroff, "Elon Musk says Mark Zuckerberg's understanding of AI is 'limited,'" *CNN Money*, July 25, 2017.

20. 2015년 정보기술혁신재단은 "초지능 컴퓨터는 정말로 인류에게 위협일까?"라는 제목의 토론회를 주최했다. 재단 이사장 로버트 앳킨슨은 위험을 언급하다가는 AI에 대한 투자가 줄어들 수 있다고 주장한다. 다음 동영상을 참조하라. itif.org/events/2015/06/30/are-super-intelligent-computers-really-threat-humanity. 관련된 논의가 시작되는 부분은 41분 30초부터다.

21. AI의 위험을 아예 언급하지 않아도 우리의 안전 문화가 AI 통제 문제를 해결할 것이라는 주장. Steven Pinker, "Tech prophecy and the underappreciated causal power of ideas," *Possible Minds: Twenty-Five Ways of Looking at AI*, ed. John Brockman (Penguin Press, 2019).

22. 오라클 AI에 대한 흥미로운 분석. Stuart Armstrong, Anders Sandberg, and Nick Bostrom, "Thinking inside the box: Controlling and using an Oracle AI," *Minds and Machines* 22 (2012): 299-324.

23. AI가 일자리를 앗아가지 않을 것이라는 견해. Kenny, "IBM's open letter."

24. 인간의 뇌와 AI의 융합을 긍정적인 관점에서 보는 커즈와일의 견해. Ray Kurzweil, interview by Bob Pisani, June 5, 2015, Exponential Finance Summit, New York, NY.

25. 일론 머스크의 뉴럴 레이스를 인용한 글. Tim Urban, "Neuralink and the brain's magical future," *Wait But Why*, April 20, 2017.

26. 버클리의 신경 먼지 계획의 가장 최근 현황. David Piech et al., "StimDust: A 1.7 mm³, implantable wireless precision neural stimulator with ultrasonic power and communication," arXiv: 1807.07590 (2018).

27. 수전 슈나이더는 다음 책에서 업로딩과 신경 보철 같은 제시된 기술에서 무지의 위험을 지적한다. Susan Schneider, *Artificial You: AI and the Future of Your Mind* (Princeton University Press, 2019). 즉, 전자기기가 의식을 지닐지 진정으로 이해하지 못하고, 영속적인 개인 정체성을 둘러싸고 철학적 혼란이 계속되는 상황을 고려할 때, 우리는 우발적으로 의식적인 존재인 우리 자신을 끝장내거나, 의식적인 기계가 의식을 지니고 있음을 깨닫지 못한 채 그 기계에 고통을 안겨줄 수도 있다.

28. AI 위험에 관한 얀 르쿤의 인터뷰. Guia Marie Del Prado, "Here's what Facebook's artificial intelligence expert thinks about the future," *Business Insider*, September 23, 2015.

29. 테스토스테론 과다에서 비롯되는 AI 제어 문제의 진단. Steven Pinker, "Thinking does not imply subjugating," *What to Think About Machines That Think*, ed. John Brockman (Harper Perennial, 2015).

30. 자연 세계에서 도덕적 의무를 지각할 수 있는가 등의 여러 철학적 주제를 다룬 선구적인 저서. David Hume, *A Treatise of Human Nature* (John Noon, 1738).《도덕에 관하여》(서광사, 2008).

31. 충분히 지적인 기계가 인간의 목적을 추구할 수밖에 없다는 주장. Rodney Brooks, "The seven deadly sins of AI predictions," *MIT Technology Review*, October 6, 2017.

32. Pinker, "Thinking does not imply subjugating."

33. AI의 안정성 문제가 필연적으로 우리가 바라는 쪽으로 해결될 것이라는 낙관론. Steven Pinker, "Tech prophecy."

34. AI의 위험을 둘러싸고 '회의주의자'와 '신봉자' 사이에 의외로 견해가 일치하는 부분이 있다는 글. Alexander, "AI researchers on AI risk."

7. AI: 다른 접근법

1. 지금은 좀 낡았다고 볼 수 있지만, 상세한 뇌 모델링의 안내서. Anders Sandberg and Nick Bostrom, "Whole brain emulation: A roadmap," technical report 2008-3, Future of Humanity Institute, Oxford University, 2008.

2. 손꼽히는 전문가의 유전적 프로그래밍 입문서. John Koza, *Genetic Programming: On the Programming of Computers by Means of Natural Selection* (MIT Press, 1992).

3. 아시모프의 로봇 3원칙과 유사해 보이는 것은 전적으로 우연의 일치다.

4. 엘리저 유드코프스키도 같은 점을 지적했다. Eliezer Yudkowsky, "Coherent extrapolated volition," technical report, Singularity Institute, 2004. 유드코프스키는 "우리 모두가 AI에 집어넣기를 원하는 네 가지 원대한 도덕 원칙"을 직

접 탑재하는 것이 인류를 파멸시키는 확실한 길이라고 주장한다. "인류의 일관
성 있게 확대 추정한 의지coherent extrapolated volition of humankind"라는 그의 개
념은 첫 번째 원칙과 전반적으로 동일한 분위기를 풍긴다. 초지능 AI 시스템이
인류 전체가 진정으로 원하는 것을 실현할 수 있다는 개념이다.

5. 독자는 자신의 선호를 달성하는 일에 기계의 도움을 받을지, 아니면 스스로 달
성할지 분명히 나름의 선호를 지닐 수 있다. 예를 들어, 다른 모든 조건이 동일할
때, 당신이 B보다 A라는 결과를 선호한다고 하자. 당신은 도움을 받지 않으면 A
를 이룰 수 없지만, 그래도 기계의 도움을 받아서 A를 이루기보다는 차라리 B를
원한다. 그럴 때 기계는 당신을 돕지 않기로 결정해야 한다. 아마도 당신이 전혀
알아차릴 수 없는 방식으로 도울 수 있을 때를 제외하고 말이다. 물론 당신은 알
아차릴 수 있는 도움뿐 아니라 알아차릴 수 없는 도움에 관해서도 나름의 선호
를 지닐 수 있다.

6. '최대 다수의 최대 행복'이라는 말의 출처. Francis Hutcheson, *An Inquiry
into the Original of Our Ideas of Beauty and Virtue, In Two Treatises* (D.
Midwinter et al., 1725). 고트프리트 빌헬름 라이프니츠가 더 먼저 그 말을 했다고
보는 연구자도 있다. Joachim Hruschka, "The greatest happiness principle
and other early German anticipations of utilitarian theory," *Utilitas* 3
(1991): 165-177.

7. 독자는 기계가 자신의 목적 함수에 인간뿐 아니라 동물을 위한 항도 포함시켜야
한다고 주장할 수도 있다. 이 항들에 사람들이 동물을 얼마나 배려하느냐에 따라
가중치를 부여한다면, 최종 결과는 마치 기계가 동물을 배려하는 사람을 배려하
는 방법을 통해서만 동물을 배려하는 것과 동일할 것이다. 기계의 목적 함수에서
각 동물에 동일한 가중치를 부여한다면, 재앙이 일어날 것이 분명하다. 예를 들
어, 남극해의 크릴은 우리보다 수가 5만 배 더 많고, 세균은 100조 배 더 많다.

8. 도덕철학자 토비 오드Toby Ord도 이 책의 초고를 읽고서 같은 점을 지적했다.
"흥미롭게도, 그 말은 도덕철학 분야에도 들어맞아요. 결과의 도덕 가치에 관한
불확실성이라는 문제는 아주 최근까지 도덕철학 분야에서 거의 철저히 외면당
했어요. 우리가 남들에게 도덕적 조언을 요청하고 사실 도덕철학을 연구한다는
것 자체가 도덕 문제의 불확실성 때문인데도 말입니다!"

9. 선호의 불확실성에 주의를 기울이지 않는 데 대한 변명 중 하나는 그것이 다음
과 같은 의미에서 평범한 불확실성과 형식상 동일하다는 것이다. 즉, 내가 좋아
하는 것에 관해 불확실하다는 것은 무엇이 좋아할 만한 것인지에 관해 불확실
한 한편으로 내가 좋아할 만한 것을 좋아하는 것은 확실하다는 말과 같다는 것

이다. 이는 '내가 좋아할 만한 것'을 나 자신의 특성이 아니라 대상의 특성으로 만듦으로써, 불확실성을 세상으로 떠넘기는 듯한 기법일 뿐이다. 게임 이론에서는 1960년대 이래 이 기법이 으레 관행적으로 쓰는 것이 되었다. 고인이 된 내 동료이자 노벨상 수상자인 존 하사니가 일련의 논문을 발표한 이후로 그렇다. John Harsanyi, "Games with incomplete information played by 'Bayesian' players, Parts I-III," *Management Science* 14 (1967, 1968): 159-182, 320-334, 486-502. 의사 결정 이론의 표준 참고 문헌. Richard Cyert and Morris de Groot, "Adaptive utility," *Expected Utility Hypotheses and the Allais Paradox*, ed. Maurice Allais and Ole Hagen (D. Reidel, 1979).

10. 선호 추출preference elicitation 분야에서 일하는 AI 연구자들은 분명히 예외다. 다음 문헌을 참조하라. Craig Boutilier, "On the foundations of expected expected utility," *Proceedings of the 18th International Joint Conference on Artificial Intelligence* (Morgan Kaufmann, 2003); Alan Fern et al., "A decision-theoretic model of assistance," *Journal of Artificial Intelligence Research* 50 (2014): 71-104.

11. 잡지 기사에서 기자가 저자를 인터뷰한 짧은 내용을 잘못 해석한 것을 토대로 이로운 AI를 비판한 사례. Adam Elkus, "How to be good: Why you can't teach human values to artificial intelligence," *Slate*, April 20, 2016.

12. 트롤리 문제의 기원. Frank Sharp, "A study of the influence of custom on the moral judgment," *Bulletin of the University of Wisconsin* 236 (1908).

13. '인구 억제주의anti-natalist' 운동가들은 인간이 번식하는 것이 도덕적으로 잘못되었다고 믿는다. 삶은 곧 고통이고, 인간이 지구에 몹시 부정적인 영향을 미치기 때문이라는 것이다. 인류의 존재 자체를 도덕적 딜레마라고 생각한다면, 이 딜레마를 기계가 올바른 방식으로 해결해주기를 바라고 싶은 마음이 들 수도 있지 않을까?

14. 전국인민대표회의의 외교위원회 부의장 푸잉傅穎이 발표한 중국의 AI 정책. 2018년 상하이에서 열린 세계 AI 총회에 보낸 축사에서 시진핑 주석은 이렇게 썼다. "국제 협력이 깊어짐에 따라 법, 보안, 고용, 윤리, 통치 등의 분야에서 출현하는 새로운 현안에 대응할 필요가 있다." 내가 이런 성명서들을 알게 된 것은 브라이언 체Brian Tse 덕분이다.

15. 인간이 배치한 세계의 상태로부터 선호를 추론할 수 있음을 보여주는 비자연주의적 비오류non-naturalistic non-fallacy에 관한 흥미로운 논문. Rohin Shah et al.,

"The implicit preference information in an initial state," *Proceedings of the 7th International Conference on Learning Representations* (2019), iclr. cc/Conferences/2019/Schedule.

16. Paul Berg, "Asilomar 1975: DNA modification secured," *Nature* 455 (2008): 290–291.

17. 푸틴의 AI 연설을 소개한 뉴스 기사. "Putin: Leader in artificial intelligence will rule world," Associated Press, September 4, 2017.

8. 증명 가능하게 이로운 AI

1. 페르마의 마지막 정리는 a, b, c가 양의 정수이고, n이 2보다 큰 정수일 때, 방정식 $a^n=b^n+c^n$의 해가 존재하지 않는다는 것이다. 그는 《디오판토스의 산술Diophantus's Arithmetica》이라는 책 여백에 이렇게 썼다. "이 명제를 참으로 놀랍게 증명했지만, 여백이 너무 좁아서 적을 수가 없다." 그의 말이 사실이든 아니든, 그 뒤로 수학자들은 수 세기에 걸쳐 그 증명에 매달렸다. 개별 사례가 맞는지는 쉽게 검사할 수 있다. 예를 들어, 7^3은 6^3+5^3과 같을까? (거의 같다. 7^3은 343이고 6^3+5^3은 341이기 때문이다. 그러나 '거의'는 무의미하다.) 물론 검사할 사례는 무한히 많다. 그것이 바로 우리에게 단순한 컴퓨터 프로그래머가 아니라 수학자가 필요한 이유다.

2. 기계지능연구소의 한 논문에는 관련된 많은 현안이 논의되어 있다. Scott Garrabrant and Abram Demski, "Embedded agency," *AI Alignment Forum*, November 15, 2018.

3. '다요소 효용 이론'의 고전적인 연구. Ralph Keeney and Howard Raiffa, *Decisions with Multiple Objectives: Preferences and Value Tradeoffs* (Wiley, 1976).

4. 역강화 학습 개념을 도입한 논문. Stuart Russell, "Learning agents for uncertain environments," *Proceedings of the 11th Annual Conference on Computational Learning Theory* (ACM, 1998).

5. 마르코프 의사 결정 과정의 구조적 추정법을 도입한 논문. Thomas Sargent, "Estimation of dynamic labor demand schedules under rational expectations," *Journal of Political Economy* 86 (1978): 1009–1044.

6. IRL의 최초 알고리듬. Andrew Ng and Stuart Russell, "Algorithms for inverse reinforcement learning," *Proceedings of the 17th International Conference on Machine Learning*, ed. Pat Langley (Morgan Kaufmann, 2000).

7. 더 개선된 역강화 학습 알고리듬. Pieter Abbeel and Andrew Ng, "Apprenticeship learning via inverse reinforcement learning," *Proceedings of the 21st International Conference on Machine Learning*, ed. Russ Greiner and Dale Schuurmans (ACM Press, 2004).

8. 역강화 학습을 베이즈 갱신이라고 본 논문. Deepak Ramachandran and Eyal Amir, "Bayesian inverse reinforcement learning," *Proceedings of the 20th International Joint Conference on Artificial Intelligence*, ed. Manuela Veloso (AAAI Press, 2007).

9. 헬기에 비행과 곡예비행을 하는 법 가르치기. Adam Coates, Pieter Abbeel, and Andrew Ng, "Apprenticeship learning for helicopter control," *Communications of the ACM* 52 (2009): 97-105.

10. 돕기 게임의 원래 이름은 협력적 역강화 학습(CIRL) 게임이다. Dylan Hadfield-Menell et al., "Cooperative inverse reinforcement learning," *Advances in Neural Information Processing Systems* 29, ed. Daniel Lee et al. (2016).

11. 이 숫자들은 그저 게임을 흥미롭게 만들기 위해 고른 것이다.

12. 게임의 균형 해는 '반복 최적 대응'이라는 과정을 통해서 찾을 수 있다. 해리엇을 위해 아무 전략이든 고른다. 해리엇의 전략이 주어질 때, 로비에게 최선인 전략을 고른다. 로비의 전략이 주어질 때, 해리엇에게 최선의 전략을 택한다. 이런 식으로 죽 이어진다. 이 과정이 양쪽 전략이 변하지 않는 고정된 지점에 다다르면, 우리는 해를 발견한 것이다. 이 과정은 다음과 같이 진행된다.

① 해리엇의 탐욕 전략에서 시작한다. 해리엇이 종이 클립을 선호한다면 클립을 2개 만든다. 어느 쪽도 선호하지 않는다면, 양쪽을 1개씩 만든다. 스테이플을 선호한다면 스테이플을 2개 만든다.
② 해리엇의 전략이 이렇게 주어지면, 로비는 세 가지 가능성을 고려해야 한다.
　a. 로비는 해리엇이 클립을 2개 만드는 것을 보면, 해리엇이 클립을 선호한다고 추론하고, 따라서 이제 클립의 가격이 0.5달러에서 1달러 사이에 균일하게 분포해 있으며, 평균이 0.75달러라고 믿는다. 그럴 때 로비의 최선의

계획은 클럽을 90개 만드는 것이고, 그러면 해리엇의 기댓값은 67.50달러가 된다.

b. 로비가 해리엇이 클럽과 스테이플을 1개씩 만드는 것을 본다면, 로비는 해리엇이 클럽과 스테이플 가격을 0.5달러로 매겼다고 추론하고, 따라서 최선의 선택은 각각을 50개씩 만드는 것이다.

c. 로비가 해리엇이 스테이플을 2개 만드는 것을 본다면, ②(a)와 같은 논리로 그는 스테이플을 90개 만들어야 한다.

③ 로비의 전략이 이러할 때, 해리엇의 최적 전략은 이제 1단계에서의 탐욕 전략과 다소 달라진다. 해리엇이 양쪽을 1개씩 만든 것에 대응하여 로비가 양쪽을 50개씩 만들고 있다면, 해리엇은 정확히 공평한 것이 아니라, 대략 공평함에 가까이 있다고 할 때, 양쪽을 1개씩 만드는 것이 더 낫다. 사실, 최적 방침은 이제 해리엇이 클럽의 가격을 약 44.6센트에서 55.4센트 사이에 둔다면, 양쪽을 1개씩 만드는 것이다.

④ 해리엇의 새 전략이 이러할 때, 로비의 전략은 바꾸지 않고 유지하는 것이다. 예를 들어, 해리엇이 양쪽을 1개씩 만들기로 한다면, 로비는 클럽의 가격이 44.6센트에서 55.4센트 사이에 균일하게 분포해 있고, 평균이 50센트라고 추론하며, 따라서 최적 선택은 양쪽을 50개씩 만드는 것이다. 로비의 전략이 2단계에서와 동일하므로, 해리엇의 최적 대응은 3단계에서와 동일할 것이고, 우리는 균형에 도달한 것이다.

13. 전원 끄기 게임의 더 완벽한 분석. Dylan Hadfield-Menell et al., "The off-switch game," *Proceedings of the 26th International Joint Conference on Artificial Intelligence*, ed. Carles Sierra (IJCAI, 2017).

14. 적분 기호가 그다지 껄끄럽지 않은 독자에게는 일반적인 결과의 증명이 아주 단순하다. P(u)를 제시된 행동 a에 대한 해리엇의 효용에 관한 로비의 사전 확률 밀도라고 하자. 그러면 a에서 시작하는 값은 다음과 같다.

$$EU(a) = \int_{-\infty}^{\infty} P(u) \cdot u \, du = \int_{-\infty}^{0} P(u) \cdot u \, du + \int_{0}^{\infty} P(u) \cdot u \, du$$

(적분이 이런 식으로 나뉘는 이유는 잠시 뒤에 살펴보기로 하자.) 한편, 해리엇에게 맡겨진 행동 d의 값은 두 부분으로 이루어진다. 만일 u〉0라면, 해리엇은 로비에게 계속하라고 하고, 따라서 값은 u가 된다. 하지만 u〈0라면, 해리엇은 로비의 전원을 끄고, 따라서 값은 0이 된다.

$$EU(d) = \int_{-\infty}^{0} P(u) \cdot 0 \, du + \int_{0}^{\infty} P(u) \cdot u \, du$$

EU(a)와 EU(d)의 식을 비교하면, EU(d)≥EU(a)임을 금방 알게 된다. EU(d)의

식에서는 음의 효용 영역의 값이 0이 되기 때문이다. 두 선택지는 음의 영역의 확률이 0일 때만 동일한 값을 지닌다. 즉, 해리엇이 제시된 행동을 좋아한다는 것을 로비가 이미 확신하고 있을 때다. 이 정리는 정보의 비음성 기댓값에 관한 잘 알려진 정리의 직접적인 상동물이다.

15. 아마 인간 한 명과 로봇 한 대만이 있는 사례에서 같은 방향으로 그다음에 살펴볼 부분은 해리엇이 세계의 어떤 측면에 관해 자신의 선호를 아직 모르거나, 선호가 아직 형성되지 않은 상황을 고찰하는 것일 테다.

16. 로비가 정확히 어떻게 부정확한 믿음에 수렴되는지 알아보기 위해서, 해리엇이 약간 비합리적이고, 오류의 크기가 증가할 때 지수적으로 감소하는 확률로 오류를 저지르는 모형을 생각해보자. 로비는 해리엇에게 스테이플 1개와 종이 클립 4개를 교환하자고 제안한다. 해리엇은 거절한다. 로비의 믿음에 따르면, 그것은 비합리적이다. 설령 해리엇의 클립이 25센트이고 스테이플이 75센트라고 해도, 해리엇은 4대 1의 교환을 받아들여야 마땅하다. 따라서 실수를 저지르는 것이 분명하지만, 이 실수는 해리엇의 진짜 가격이 이를테면 30센트가 아니라, 25센트라고 할 때 저지를 가능성이 훨씬 더 크다. 해리엇의 종이 클립 가격이 30센트라면 오류의 비용이 훨씬 더 커지기 때문이다. 이제 로비의 확률 분포는 가장 가능성이 큰 값이 25센트다. 25센트보다 큰 값은 확률이 지수적으로 낮아지기에, 해리엇 입장에서 그 값이 최소 오류를 나타내기 때문이다. 로비가 같은 실험을 계속 시도한다면, 확률 분포는 점점 더 25센트에 가깝게 집중될 것이다. 이윽고 로비는 해리엇의 클립 값이 25센트라고 확신하게 된다.

17. 예를 들어, 로비는 교환율에 관한 자신의 사전 믿음의 정규(가우스) 분포를 지니게 될 수 있다. 이 분포는 −∞에서 +∞까지 뻗어 있다.

18. 필요할지도 모를 유형의 수학적 분석의 한 예. Avrim Blum, Lisa Hellerstein, and Nick Littlestone, "Learning in the presence of finitely or infinitely many irrelevant attributes," *Journal of Computer and System Sciences* 50 (1995): 32-40. 다음 논문도 참조하라. Lori Dalton, "Optimal Bayesian feature selection," *Proceedings of the 2013 IEEE Global Conference on Signal and Information Processing*, ed. Charles Bouman, Robert Nowak, and Anna Scaglione (IEEE, 2013).

19. 2017년 이로운 AI에 관한 애실로마 회의에서 모쉐 바르디가 한 질문을 조금 다듬은 것이다.

20. Michael Wellman and Jon Doyle, "Preferential semantics for goals,"

Proceedings of the 9th National Conference on Artificial Intelligence (AAAI Press, 1991). 이 논문은 훨씬 더 앞서 나온 다음 문헌을 인용한다. Georg von Wright, "The logic of preference reconsidered," *Theory and Decision* 3 (1972): 140–167.

21. 고인이 된 내 버클리 동료는 하나의 형용사가 되는 영예를 얻었다. Paul Grice, *Studies in the Way of Words* (Harvard University Press, 1989).

22. 뇌의 쾌락 중추를 직접 자극한 결과를 실은 원래 논문. James Olds and Peter Milner, "Positive reinforcement produced by electrical stimulation of septal area and other regions of rat brain," *Journal of Comparative and Physiological Psychology* 47 (1954): 419–427.

23. 생쥐가 단추를 누르게 한 실험. James Olds, "Self-stimulation of the brain; its use to study local effects of hunger, sex, and drugs," *Science* 127 (1958): 315–324.

24. 사람이 단추를 누르게 한 실험. Robert Heath, "Electrical self-stimulation of the brain in man," *American Journal of Psychiatry* 120 (1963): 571–577.

25. 강화 학습 행위자에게서 어떻게 그런 일이 일어나는지를 보여주는, 와이어헤딩을 처음 수학적으로 다룬 논문. Mark Ring and Laurent Orseau, "Delusion, survival, and intelligent agents," *Artificial General Intelligence: 4th International Conference*, ed. Jürgen Schmidhuber, Kristinn Thórisson, and Moshe Looks (Springer, 2011). 와이어헤딩 문제의 한 가지 가능한 해결책. Tom Everitt and Marcus Hutter, "Avoiding wireheading with value reinforcement learning," arXiv:1605.03143 (2016).

26. 어떻게 하면 지능 폭발이 안전하게 일어나게 할 수 있을까. Benja Fallenstein and Nate Soares, "Vingean reflection: Reliable reasoning for self-improving agents," technical report 2015-2, Machine Intelligence Research Institute, 2015.

27. 자기 자신과 후손들에 관한 추론을 할 때 행위자가 직면하는 문제들. Benja Fallenstein and Nate Soares, "Problems of self-reference in self-improving space-time embedded intelligence," *Artificial General Intelligence: 7th International Conference*, ed. Ben Goertzel, Laurent Orseau, and Javier Snaider (Springer, 2014).

28. 연산 능력이 한정되어 있다면, 행위자가 진정한 목적과 다른 목적을 추구할 수

도 있는 이유를 보여준 논문. Jonathan Sorg, Satinder Singh, and Richard Lewis, "Internal rewards mitigate agent boundedness," *Proceedings of the 27th International Conference on Machine Learning, ed. Johannes Fürnkranz and Thorsten Joachims* (2010), icml.cc/Conferences/2010/papers/icml2010proceedings.zip.

9. 상황을 복잡하게 만드는 요인: 우리들

1. 생물학과 신경과학도 직접적인 관련이 있다고 주장하는 이들도 있다. Gopal Sarma, Adam Safron, and Nick Hay, "Integrative biological simulation, neuropsychology, and AI safety," arxiv.org/abs/1811.03493 (2018).

2. 컴퓨터가 피해를 입힐 가능성. Paulius Čerka, Jurgita Grigienė, and Gintarė Sirbikytė, "Liability for damages caused by artificial intelligence," *Computer Law and Security Review* 31 (2015): 376-389.

3. 표준 윤리 이론과 그것이 AI 시스템 설계에 지닌 의미를 기계 지향적 관점에서 탁월하게 소개한 책. Wendell Wallach and Colin Allen, *Moral Machines: Teaching Robots Right from Wrong* (Oxford University Press, 2008).

4. 공리주의 사상의 원전. Jeremy Bentham, *An Introduction to the Principles of Morals and Legislation* (T. Payne & Son, 1789).

5. 스승인 벤담의 사상을 다듬은 밀은 자유주의 사상에 지대한 영향을 미쳤다. John Stuart Mill, *Utilitarianism* (Parker, Son & Bourn, 1863).

6. 선호 공리주의와 선호 자율성을 소개하는 논문. John Harsanyi, "Morality and the theory of rational behavior," *Social Research* 44 (1977): 623-656.

7. 다수를 위해 결정을 할 때 효용의 가중 합을 통해 사회 통합을 이루자는 주장. John Harsanyi, "Cardinal welfare, individualistic ethics, and interpersonal comparisons of utility," *Journal of Political Economy* 63 (1955): 309-321.

8. 하사니의 사회 통합 정리를 불균일한 사전 믿음의 사례에까지 일반화한 논문. Andrew Critch, Nishant Desai, and Stuart Russell, "Negotiable reinforcement learning for Pareto optimal sequential decision-making," *Advances in Neural Information Processing Systems* 31, ed. Samy Bengio

et al. (2018).

9. 이상적 공리주의의 원전. G. E. Moore, *Ethics* (Williams & Norgate, 1912).

10. 스튜어트 암스트롱이 잘못 인도된 효용 최대화의 다양한 사례를 제시했음을 알리는 뉴스 기사. Chris Matyszczyk, "Professor warns robots could keep us in coffins on heroin drips," CNET, June 29, 2015.

11. 포퍼의 소극적 공리주의negative utilitarianism 이론(나중에 스마트가 붙인 명칭이다). Karl Popper, *The Open Society and Its Enemies* (Routledge, 1945).

12. 소극적 공리주의의 반박. R. Ninian Smart, "Negative utilitarianism," *Mind* 67 (1958): 542-543.

13. "인간의 고통을 끝내라"는 명령에서 나오는 위험에 관한 전형적인 주장. "Why do we think AI will destroy us?," Reddit, reddit.com/r/Futurology/comments/38fp6o/why_do_we_think_ai_will_destroy_us.

14. AI의 자기 기만적 동기를 다룬 탁월한 문헌. Ring and Orseau, "Delusion, survival, and intelligent agents."

15. 개인들의 효용을 비교하기가 불가능하다는 논리. W. Stanley Jevons, *The Theory of Political Economy* (Macmillan, 1871).

16. 효용 괴물이 처음 언급된 문헌. Robert Nozick, *Anarchy, State, and Utopia* (Basic Books, 1974). 《아나키에서 유토피아로》(문학과지성사, 1997).

17. 예를 들어, 우리는 지금 당장의 죽음은 효용을 0이라고 하고, 최대로 행복한 삶은 효용을 1이라고 붙일 수 있다. John Isbell, "Absolute games," *Contributions to the Theory of Games*, vol. 4, ed. Albert Tucker and R. Duncan Luce (Princeton University Press, 1959).

18. 인구를 절반으로 줄이려는 타노스의 정책이 지나치게 단순하다는 주장. Tim Harford, "Thanos shows us how not to be an economist," *Financial Times*, April 20, 2019. 영화가 개봉되기 전부터, 타노스 옹호자들은 레딧의 한 동호회에 모이기 시작했다(r/thanosdidnothingwrong/). 그 동호회는 취지에 충실하게 나중에 회원 70만 명 중 절반인 35만 명을 추방했다.

19. 인구 크기에 따른 효용. Henry Sidgwick, *The Methods of Ethics* (Macmillan, 1874).

20. 당혹스러운 결론을 비롯한 공리주의 사상의 난제들. Derek Parfit, *Reasons and*

Persons (Oxford University Press, 1984).

21. 집단 윤리학을 공리적으로 접근하는 방식을 간결하게 요약한 문헌. Peter Eckersley, "Impossibility and uncertainty theorems in AI value alignment," *Proceedings of the AAAI Workshop on Artificial Intelligence Safety*, ed. Huáscar Espinoza et al. (2019).

22. 지구의 장기 수용력 계산. Daniel O'Neill et al., "A good life for all within planetary boundaries," *Nature Sustainability* 1 (2018): 88–95.

23. 집단윤리학에 도덕적 불확실성을 적용한 사례. Hilary Greaves and Toby Ord, "Moral uncertainty about population axiology," *Journal of Ethics and Social Philosophy* 12 (2017): 135–167. 더 포괄적인 분석. Will MacAskill, Krister Bykvist, and Toby Ord, *Moral Uncertainty* (Oxford University Press, forthcoming).

24. 흔히 짐작하는 것과 달리, 스미스가 이기심에 집착하지 않았음을 보여주는 인용문. Adam Smith, *The Theory of Moral Sentiments* (Andrew Millar; Alexander Kincaid and J. Bell, 1759). 《도덕감정론》 (비봉출판사, 2009).

25. 이타주의 경제학을 소개하는 문헌. Serge-Christophe Kolm and Jean Ythier, eds., *Handbook of the Economics of Giving, Altruism and Reciprocity*, 2 vols. (North-Holland, 2006).

26. 이기적 행위로서의 자선. James Andreoni, "Impure altruism and donations to public goods: A theory of warm-glow giving," *Economic Journal* 100 (1990): 464–477.

27. 방정식을 좋아하는 독자를 위해 설명해보자. 앨리스의 내적 행복을 측정한 값을 w_A, 밥의 내적 행복을 측정한 값을 w_B라고 하자. 그러면 앨리스와 밥의 효용은 다음과 같이 정의할 수 있다.

$$U_A = w_A + C_{AB}\, w_B$$

$$U_B = w_B + C_{BA}\, w_A$$

몇몇 연구자는 앨리스가 밥의 내적 행복인 w_B가 아니라 전체 효용 U_B를 고려한다고 주장하지만, 이는 일종의 순환 논법으로 이어진다. 앨리스의 효용은 밥의 효용에 의존하고, 밥의 효용은 앨리스의 효용에 의존하기 때문이다. 때로 안정적인 해가 발견될 수도 있지만, 기본 모형에 의문이 제기될 수도 있다. Hajime Hori, "Nonpaternalistic altruism and functional interdependence of social preferences," *Social Choice and Welfare* 32 (2009): 59-77.

28. 각 개인의 효용이 모든 사람의 행복의 선형 조합이라는 모델은 그저 하나의 가능성일 뿐이다. 훨씬 더 많은 일반 모형이 가능하다. 예를 들면, 일부는 설령 행복의 총량이 줄어든다고 해도 행복 분포의 심한 불평등을 피하는 쪽을 선호하는 반면에, 아무도 불평등에 관한 선호를 지니지 않기를 진심으로 바라는 이들도 있다고 가정하는 모형이 그렇다. 따라서 내가 제시하는 일반적인 접근법은 개개인이 지닌 다양한 도덕 이론을 수용한다. 그런 한편으로, 그런 도덕 이론 중 어느 하나가 옳다거나, 다른 이론을 지닌 이들에게 유리한 방향으로 결과를 조정해야 한다고 주장하지 않는다. 그 접근법이 이런 특징을 지니고 있다는 것은 토비 오드가 알려주었다.

29. 이런 유형의 주장은 결과의 평등을 확보하기 위해 고안된 정책에 반대할 때 제기되어왔다. 미국의 법철학자 로널드 드워킨이 대표적이다. Ronald Dworkin, "What is equality? Part 1: Equality of welfare," *Philosophy and Public Affairs* 10 (1981): 185-246. 이 문헌을 알려준 것은 아이슨 게이브리얼이다.

30. 위반에 대한 보복 기반의 처벌이라는 형태의 악의는 확실히 흔히 나타나는 경향이다. 비록 그것이 사회 구성원들에게 법규를 지키게 하는 사회적 역할을 하긴 하지만, 억제와 예방 위주의 정책도 마찬가지로 효과를 발휘할 수 있다. 즉, 위반자를 처벌할 때 내적 피해를 사회 전체가 받을 혜택과 비교하여 검토한다.

31. E_{AB}와 P_{AB}를 각각 질투심과 자존심의 계수라고 하고, 그것들이 행복의 차이에 관여한다고 하자. 그러면 앨리스의 효용을 말해주는 (좀 지나치게 단순화한) 공식은 다음과 같아질 수 있다.

$$U_A = w_A + C_{AB}\, w_B - E_{AB}(w_B - w_A) + P_{AB}(w_A - w_B)$$

$$= (1 + E_{AB} + P_{AB})w_A + (C_{AB} - E_{AB} - P_{AB})w_B$$

따라서 자존심과 질투심 계수가 양수라면, 그것들은 밥의 행복에 가학증 및 악의 계수와 똑같이 작용한다. 즉, 다른 조건이 모두 같을 때, 밥의 행복 수준이 낮을수록 앨리스는 더 행복하다. 현실에서 자존심과 질투심은 대개 행복의 차이가 아니라, 지위와 소유물 같은 가시적 측면의 차이에 적용된다. 소유물을 얻기 위해 밥이 힘들게 한 노력(그의 전반적인 행복을 줄이는)은 앨리스의 눈에 띄지 않을 수도 있다. 이는 '존스네 따라하기'(이웃과 생활 만족도를 비교하는)라는 자멸적 행동으로 이어질 수 있다.

32. 과시적 소비의 사회학. Thorstein Veblen, *The Theory of the Leisure Class: An Economic Study of Institutions* (Macmillan, 1899).

33. Fred Hirsch, *The Social Limits to Growth* (Routledge & Kegan Paul, 1977).

34. 사회 정체성 이론과 그것이 인간의 동기와 행동을 이해하는 데 중요하다는 점을 내게 알려준 사람은 지야드 마라Ziyad Marar다. Dominic Abrams and Michael Hogg, eds., *Social Identity Theory: Constructive and Critical Advances* (Springer, 1990). 주요 개념을 더 짧게 요약한 문헌. Ziyad Marar, "Social identity," *This Idea Is Brilliant: Lost, Overlooked, and Underappreciated Scientific Concepts Everyone Should Know*, ed. John Brockman (Harper Perennial, 2018).

35. 여기서 나는 인지의 신경망 구현을 반드시 상세히 이해할 필요가 있다고 주장하는 것이 아니다. 명시적이고 암시적인 선호가 어떻게 행동을 일으키는지 '소프트웨어' 수준에서 모형이 필요하다고 주장할 뿐이다. 그런 모형은 보상 시스템에 관해 알려진 지식을 통합해야 할 것이다.

36. Ralph Adolphs and David Anderson, *The Neuroscience of Emotion: A New Synthesis* (Princeton University Press, 2018).

37. Rosalind Picard, *Affective Computing*, 2nd ed. (MIT Press, 1998).

38. 두리안의 맛을 열정적으로 찬미한 글. Alfred Russel Wallace, *The Malay Archipelago: The Land of the Orang-Utan, and the Bird of Paradise* (Macmillan, 1869). 《말레이 제도》(지오북, 2017).

39. 두리안에 그다지 호의적이지 않은 견해. Alan Davidson, *The Oxford Companion to Food* (Oxford University Press, 1999). 두리안의 지독한 냄새 때문에 건물을 비우고 비행기를 돌려야 했다는 내용이다.

40. 이 장을 쓴 뒤에 동일한 철학적 목적으로 두리안의 사례를 든 책을 발견했다. Laurie Paul, *Transformative Experience* (Oxford University Press, 2014). 폴은 자신의 선호에 관한 불확실성이 결정 이론에 치명적인 문제를 안겨준다고 주장한다. 리처드 페티그루의 견해와 모순된다. Richard Pettigrew, "Transformative experience and decision theory," *Philosophy and Phenomenological Research* 91 (2015): 766-774. 두 저자 모두 더 앞서 나온 다음 두 저자의 연구를 언급하지 않았다. Harsanyi, "Games with incomplete information, Parts I-III," or Cyert and de Groot, "Adaptive utility."

41. 자신의 선호를 모르고 그것에 관해 배우고 있는 사람들을 돕는 초기 논문. Lawrence Chan et al., "The assistive multi-armed bandit," *Proceedings of the 14th ACM/IEEE International Conference on Human-Robot*

Interaction (HRI), ed. David Sirkin et al. (IEEE, 2019).

42. Eliezer Yudkowsky, *Coherent Extrapolated Volition* (Singularity Institute, 2004). 책에서 그는 '뒤죽박죽muddle'이라는 제목으로 이 모든 측면과 흔한 모순을 하나로 묶는다. 안타깝게도, 이 용어는 아직 받아들여지지 않고 있다.

43. 경험을 평가하는 두 자아. Daniel Kahneman, *Thinking, Fast and Slow* (Farrar, Straus & Giroux, 2011).

44. 매 순간의 행복을 측정하는 가상의 장치인 에지워스의 쾌락 측정기. Francis Edgeworth, *Mathematical Psychics: An Essay on the Application of Mathematics to the Moral Sciences* (Kegan Paul, 1881).

45. 불확실성 아래의 순차적 결정을 다룬 표준 참고 문헌. Martin Puterman, *Markov Decision Processes: Discrete Stochastic Dynamic Programming* (Wiley, 1994).

46. 효용의 시간에 따른 '부가 표상'을 정당화하는 공리적 가정. Tjalling Koopmans, "Representation of preference orderings over time," *Decision and Organization*, ed. C. Bartlett McGuire, Roy Radner, and Kenneth Arrow (North-Holland, 1972).

47. 2019년의 사람들(2099년이면 이미 죽은 지 오래거나 2099년 사람들의 더 이전 자아에 불과할 수도 있을)은 이해도도 얕고 제대로 생각도 하지 않았을 것이 분명한 2099년에 살고 있을 사람들의 선호에 영합하기보다는 2019년 사람들의 2019년 선호를 존중하는 방식으로 기계를 만들기를 바랄 것이다. 이는 그 어떤 수정도 허용하지 않는 헌법을 제정하는 것과 비슷할 것이다. 2099년의 사람들이 적절히 심사숙고한 뒤에 2019년 사람들이 탑재한 선호를 뒤엎고 싶다고 결정한다면, 그렇게 할 수 있어야 하는 것이 합당해 보인다. 아무튼, 그 결과를 안고 살아가야 할 이들은 그들과 그 후손들이니까.

48. 이 내용은 웬델 왈락Wendell Wallach에게 빚졌다.

49. 시간에 따른 선호의 변화를 다룬 초기 논문. John Harsanyi, "Welfare economics of variable tastes," *Review of Economic Studies* 21 (1953): 204-213. 더 최근의(그리고 좀 더 전문적인) 문헌. Franz Dietrich and Christian List, "Where do preferences come from?," *International Journal of Game Theory* 42 (2013): 613-637. 다음 문헌도 참조하라. Laurie Paul, *Transformative Experience* (Oxford University Press, 2014); Richard Pettigrew, "Choosing for Changing Selves," philpapers.org/archive/

PETCFC.pdf.

50. 비합리성에 관한 합리적 분석. Jon Elster, *Ulysses and the Sirens: Studies in Rationality and Irrationality* (Cambridge University Press, 1979).

51. 인간의 인지 보철에 관한 유망한 착상. Falk Lieder, "Beyond bounded rationality: Reverse-engineering and enhancing human intelligence" (2018년 버클리 캘리포니아대학교 박사 논문).

10. 해결된 문제는?

1. 돕기 게임을 운전에 응용한 사례. Dorsa Sadigh et al., "Planning for cars that coordinate with people," *Autonomous Robots* 42 (2018): 1405-1426.

2. 신기하게도 애플은 이 목록에 빠져 있다. 애플도 AI 연구진이 있으며, 빠르게 치고 올라오고 있다. 그러나 전통적으로 비밀을 중시하는 문화 때문에 사상의 시장에 미치는 영향은 아직 매우 제한되어 있다.

3. Max Tegmark, interview, *Do You Trust This Computer?*, directed by Chris Paine, written by Mark Monroe (2018).

4. "Cybercrime cost $600 billion and targets banks first," *Security Magazine*, February 21, 2018.

부록 A. 해결책 탐색

1. 그 뒤로 60년 동안 발전에 기여한 체스 프로그램을 위한 기본 계획. Claude Shannon, "Programming a computer for playing chess," *Philosophical Magazine*, 7th ser., 41 (1950): 256-275. 섀넌의 제안은 각 말의 가치를 더해서 말들의 배치 상황을 평가하는 수 세기에 걸친 전통적인 방식을 토대로 했다. Pietro Carrera, *Il gioco degli scacchi* (Giovanni de Rossi, 1617).

2. 체커에 관한 초기 강화 학습 알고리듬에 대한 새뮤얼의 영웅적인 연구 노력을 기술한 글. Arthur Samuel, "Some studies in machine learning using the game of checkers," *IBM Journal of Research and Development* 3 (1959):

210-229.

3. 합리적 메타추론 개념과 그것을 검색과 게임에 응용하려는 시도는 내 제자인 에릭 위펄드의 논문 주제에서 나왔다. 그는 논문을 완성하기 전에 교통사고로 세상을 떠났다. 논문은 사후에 출간되었다. Stuart Russell and Eric Wefald, *Do the Right Thing: Studies in Limited Rationality* (MIT Press, 1991). 다음 문헌도 참조하라. Eric Horvitz, "Rational metareasoning and compilation for optimizing decisions under bounded resources," *Computational Intelligence, II: Proceedings of the International Symposium*, ed. Francesco Gardin and Giancarlo Mauri (North-Holland, 1990); Stuart Russell and Eric Wefald, "On optimal game-tree search using rational meta-reasoning," *Proceedings of the 11th International Joint Conference on Artificial Intelligence*, ed. Natesa Sridharan (Morgan Kaufmann, 1989).

4. 아마 이 논문이 계층 조직화가 계획의 조합 복잡성을 어떻게 줄이는지를 보여준 최초의 문헌일 것이다. Herbert Simon, "The architecture of complexity," *Proceedings of the American Philosophical Society* 106 (1962): 467-482.

5. 계층적 계획의 표준 참고 문헌. Earl Sacerdoti, "Planning in a hierarchy of abstraction spaces," *Artificial Intelligence* 5 (1974): 115-135. 다음 문헌도 참조하라. Austin Tate, "Generating project networks," *Proceedings of the 5th International Joint Conference on Artificial Intelligence*, ed. Raj Reddy (Morgan Kaufmann, 1977).

6. 고등한 행동이 하는 일이 무엇인지에 관한 공식 정의 중 하나. Bhaskara Marthi, Stuart Russell, and Jason Wolfe, "Angelic semantics for high-level actions," *Proceedings of the 17th International Conference on Automated Planning and Scheduling*, ed. Mark Boddy, Maria Fox, and Sylvie Thiébaux (AAAI Press, 2007).

부록 B. 지식과 논리

1. 이 사례를 아리스토텔레스가 제시했을 가능성은 작지만, 서기 2-3세기에 살았을 섹스투스 엠피리쿠스Sextus Empiricus에게서 기원했을 가능성은 있다.

2. 최초의 1차 논리에서의 정리 증명 알고리듬은 1차 논리 문장을 (아주 많은 수의)

명제 문장으로 환원하는 방법을 썼다. Martin Davis and Hilary Putnam, "A computing procedure for quantification theory," *Journal of the ACM* 7 (1960): 201-215.

3. 명제 추론의 개선된 알고리듬 중 하나. Martin Davis, George Logemann, and Donald Loveland, "A machine program for theorem-proving," *Communications of the ACM* 5 (1962): 394-397.

4. 충족 가능성 문제—한 문장 집합이 어떤 세계에서 참인지를 결정하는—는 NP-완전이다. 추론 문제—한 문장이 알려진 문장들로부터 따라 나오는지를 결정하는—는 co-NP-완전이다. NP-완전 문제보다 더 어렵다고 여겨지는 범주다.

5. 이 규칙에는 두 가지 예외가 있다. 반복 금지(바로 전의 상황으로 반상을 되돌리는 수를 두어서는 안 된다)와 자살 금지(이미 에워싸여 있는 자리처럼, 돌을 놓자마자 따내게 될 자리에 두어서는 안 된다)다.

6. 오늘날 우리가 이해한 형태의 1차 논리를 제시한 문헌. Gottlob Frege, *Begriffsschrift, eine der arithmetischen nachgebildete Formelsprache des reinen Denkens* (Halle, 1879). '베그리프슈리프트Begriffsschrift'는 '개념 표기'라는 뜻이다. 프레게의 1차 논리 개념은 너무나 유별나고 다루기 힘들어서 곧 주세페 페아노Giuseppe Peano가 도입한 개념으로 대체되었다. 오늘날 널리 쓰이는 것은 후자다.

7. 지식 기반 시스템의 주도권을 잡겠다고 일본이 투자한 내용. Edward Feigenbaum and Pamela McCorduck, *The Fifth Generation: Artificial Intelligence and Japan's Computer Challenge to the World* (Addison-Wesley, 1983).

8. 전략컴퓨팅사업단Strategic Computing Initiative과 MCC Microelectronics and Computer Technology Corporation의 설립은 미국의 투자 노력의 산물이다. Alex Roland and Philip Shiman, *Strategic Computing: DARPA and the Quest for Machine Intelligence, 1983-1993* (MIT Press, 2002).

9. 1980년대에 AI의 부활에 영국이 보인 반응을 역사적으로 살펴본 책. Brian Oakley and Kenneth Owen, *Alvey: Britain's Strategic Computing Initiative* (MIT Press, 1990).

10. GOFAI 용어의 기원. John Haugeland, *Artificial Intelligence: The Very Idea* (MIT Press, 1985).

11. AI와 심층 학습의 미래에 관한 데미스 허사비스의 인터뷰. Nick Heath, "Google DeepMind founder Demis Hassabis: Three truths about AI," *TechRepublic*, September 24, 2018.

부록 C. 불확실성과 확률

1. 펄의 연구는 2001년 튜링상을 받음으로써 인정받았다.

2. 베이즈망을 더 상세히 살펴보자. 이 망의 모든 노드는 그 노드의 부모(즉, 그 노드로 이어지는 노드들)에 대한 각각의 가능한 값들의 조합이 주어졌을 때, 각 가능한 값의 확률이 딸려 있다. 예를 들어, 더블$_{12}$가 참인 값을 지닐 확률은 D_1과 D_2의 값이 같을 때는 1.0이고 다를 때는 0.0이다. 한 가지 가능한 세계는 모든 노드에 값을 할당하는 것이다. 그런 세계의 확률은 각 노드의 고유 확률들의 곱이다.

3. 베이즈망 응용 사례를 집대성한 문헌. Olivier Pourret, Patrick Naïm, and Bruce Marcot, eds., *Bayesian Networks: A Practical Guide to Applications* (Wiley, 2008).

4. 확률론적 프로그래밍의 기본 논문. Daphne Koller, David McAllester, and Avi Pfeffer, "Effective Bayesian inference for stochastic programs," *Proceedings of the 14th National Conference on Artificial Intelligence* (AAAI Press, 1997). 더 많은 참고 문헌은 다음 사이트(probabilistic-programming. org)를 참조하라.

5. 확률론적 프로그램을 이용하여 인간의 개념 학습을 모형화한 사례. Brenden Lake, Ruslan Salakhutdinov, and Joshua Tenenbaum, "Human-level concept learning through probabilistic program induction," *Science* 350 (2015): 1332-1338.

6. 지진 감시 등에 적용된 확률 모형을 상세히 다룬 문헌. Nimar Arora, Stuart Russell, and Erik Sudderth, "NET-VISA: Network processing vertically integrated seismic analysis," *Bulletin of the Seismological Society of America* 103 (2013): 709-729.

7. 최초의 심각한 자율주행차 충돌 사고를 다룬 뉴스 기사. Ryan Randazzo, "Who was at fault in self-driving Uber crash? Accounts in Tempe police report

disagree," *Republic* (azcentral.com), March 29, 2017.

부록 D. 경험을 통한 학습

1. 귀납 학습의 토대라 할 수 있는 문헌. David Hume, *Philosophical Essays Concerning Human Understanding* (A. Millar, 1748).

2. Leslie Valiant, "A theory of the learnable," *Communications of the ACM* 27 (1984): 1134-1142. 다음 문헌도 보라. Vladimir Vapnik, *Statistical Learning Theory* (Wiley, 1998). 밸리언트는 연산 복잡성에, 배프닉은 다양한 범주의 가설들의 학습 능력에 대한 통계 분석에 초점을 맞추었지만, 데이터와 예측 정확성의 연결이 이론의 핵심을 이룬다는 공통점이 있다.

3. 예를 들어, 동일 대국자 동형 반복 금지situational superko와 연속 동형 반복 금지natural situational superko 규칙(이 두 규칙은 패를 세분한 것인데, 전자는 한 대국자가 패를 앞서 있었던 모양과 동일한 상태로 만드는 것을 금지하는 것이고, 후자는 패를 다음 수를 둘 때 곧바로 이어서 동일한 상태로 만들지만 않으면 된다는 것이다—옮긴이)의 차이를 배울 때, 학습 알고리듬은 돌을 놓는 대신에 한 수 쉼을 함으로써 앞서 만들어진 배치를 반복하려고 시도해야 할 것이다. 그 결과는 나라마다 다를 것이다.

4. 이미지넷 경연 대회. Olga Russakovsky et al., "ImageNet large scale visual recognition challenge," *International Journal of Computer Vision* 115 (2015): 211-252.

5. 시각 심층망의 첫 사례. Alex Krizhevsky, Ilya Sutskever, and Geoffrey Hinton, "ImageNet classification with deep convolutional neural networks," *Advances in Neural Information Processing Systems* 25, ed. Fernando Pereira et al. (2012).

6. 개의 100여 가지 품종을 구별하는 일의 어려움. Andrej Karpathy, "What I learned from competing against a ConvNet on ImageNet," *Andrej Karpathy Blog*, September 2, 2014.

7. 구글의 인셉셔니즘 연구를 소개하는 블로그 글. Alexander Mordvintsev, Christopher Olah, and Mike Tyka, "Inceptionism: Going deeper into neural networks," *Google AI Blog*, June 17, 2015. 이 생각은 다음에서 비롯된 것으로 보인다. J. P. Lewis, "Creation by refinement: A creativity

paradigm for gradient descent learning networks," *Proceedings of the IEEE International Conference on Neural Networks* (IEEE, 1988).

8. 제프리 힌턴이 심층망을 재고한다는 내용의 뉴스 기사. Steve LeVine, "Artificial intelligence pioneer says we need to start over," *Axios*, September 15, 2017.

9. 심층 학습의 단점 목록. Gary Marcus, "Deep learning: A critical appraisal," arXiv:1801.00631 (2018).

10. 심층 학습의 인기 있는 교과서. 약점까지 솔직하게 평가하고 있다. François Chollet, *Deep Learning with Python* (Manning Publications, 2017).

11. 설명 기반 학습을 설명한 문헌. Thomas Dietterich, "Learning at the knowledge level," *Machine Learning* 1 (1986): 287-315.

12. 언뜻 보면, 설명 기반 학습을 전혀 다르게 설명한 듯한 글. John Laird, Paul Rosenbloom, and Allen Newell, "Chunking in Soar: The anatomy of a general learning mechanism," *Machine Learning* 1 (1986): 11-46.

사진 저작권

주변에서 늘 접하는 스마트폰이나 가전제품 같은 것들을 보면, 인공지능은 걷잡을 수 없이 발전하고 있는 듯하다. 너무 흔하게 접하다 보니, 인공지능을 막연히 먼 미래의 일이라고 여겼던 시대에 품었던 두려움은 꽤 가신 듯도 하다. 터미네이터가 인류 멸종에 나설 것이라는 두려움 말이다. 인간은 본래 친숙한 것에는 두려움을 덜 느끼기 마련이니까.

그래도 인공지능이 발전할수록 기계가 인류를 멸종시킬 가능성이 더 높아진다는 것도 분명해 보인다. 우리가 인공지능이 별것 아니라고 안심하고 있을 때 어느 순간 갑자기 인공지능이 의식을 갖추고서, 자기 자신을 위해 또는 지구를 위해 인류를 멸종시키는 편이 낫다는 판단을 내린다면? 아니, 저자가 말하듯이, 인공지능이 모호하기 그지없는 의식을 갖추는지 여부는 상관없을 수도 있다. 그냥 인류를 없애는 것이 인류가 내린 명령을 충실히 이행할 수 있는 최선의 해결책이라고 판단을 내릴 수도 있다. 영화 〈2001: 스페이스 오디세이〉에서 컴퓨터 할이 그랬듯이.

이 책에서 저자는 바로 이 문제를 깊이 파고든다. 인공지능이 의도하든 그렇지 않든 간에, 인류를 멸종시키는 행동을 저지르지 못하게 할, 아니 더 가볍게 말해서 인류에게 해를 끼치지 않도록 해줄 확실한 방법이 과연 있을까?

저자는 이 의문을 살펴보기 위해, 인공지능의 출범부터 현재에 이르기까지의 발전 과정을 살펴본다. 그리고 그런 일 따위는 일어날 리가 없다고 부정하는 견해부터 아예 난 모르니까 딴 데 가서 알아보라고 회피하는 입장에 이르기까지 인공지능 전문가들의 다양한 시각도 짚어본다.

그러면서 저자는 우리가 인공지능에 접근하는 방법 자체가 잘못되었다고 말한다. 즉, 인공지능을 만들 생각을 처음 했을 때부터 죽 잘못된 길로 나아왔다는 것이다. 우리는 인공지능에 일을 시키려면 최대한 명확하게 목적을 지정해줘야 한다고 여겼는데, 그 생각이 틀렸다고 말한다. 기계가 자신이 무엇을 어떻게 해야 할지 제대로 몰라야 사람에게 계속 물어보고 의도를 파악하려고 애쓰게 된다는 것이다. 그래야 아무리 발전한다고 해도 사람에게 의지할 수밖에 없게 된다.

이 개념이 옳을까? 오랫동안 인공지능의 교과서였던 책을 쓴 저자가 인공지능에 등을 돌린 것은 아닐까? 읽다 보면 저자가 인공지능의 발전과 미래를 얼마나 깊이 고민해왔는지를 실감할 수 있다. 트롤리 문제처럼 인공지능이 인간에게 해를 끼치지 않으려면 어떻게 해야 하는지를 논의할 때 으레 등장하는 문제들이 사소하게 여겨질 만치, 이 책은 논의의 폭과 깊이가 아주 넓고 깊다. 인공지능이 인류를 없앨 가능성을 걱정하는 사람이라면 읽어보시기를 권한다.

484